U0789949

化工设备机械基础

（第三版）

主　编　潘永亮
副主编　吉　华

科学出版社
北　京

内 容 简 介

本书为高等工科院校化工设备机械基础课程教材。全书分三篇，共 19 章。第一篇工程力学基础，包括：静力学基础，平面汇交力系，平面一般力系，直杆的轴向拉伸与压缩，剪切及扭转，弯曲，复杂应力状态及强度理论；第二篇化工容器及设备，包括：化工设备常用材料，容器设计基础，外压容器设计，容器零部件，管壳式换热器，塔设备，搅拌反应器；第三篇机械传动装置，包括：带传动，齿轮传动，蜗杆传动，轮系及减速器，轴、轴承和联轴器。本书重点突出，概念准确，在讲述基本理论的基础上，注重介绍现代科学技术发展的新成就，内容与化工机械技术发展同步。

本书可供高等工科院校化学工程与工艺专业及相近的非机械专业本科生使用，也可供相关工程技术人员参考。

图书在版编目(CIP)数据

化工设备机械基础/潘永亮主编. —3 版. —北京：科学出版社，2014.3

ISBN 978-7-03-039935-9

Ⅰ.①化…　Ⅱ.①潘…　Ⅲ.①化工设备-高等学校-教材②化工机械-高等学校-教材　Ⅳ.TQ05

中国版本图书馆 CIP 数据核字(2014)第 038126 号

责任编辑：郑祥志　陈雅娴　刘俊来 / 责任校对：钟　洋
责任印制：赵　博 / 封面设计：迷底书装

科学出版社 出版
北京东黄城根北街 16 号
邮政编码：100717
http://www.sciencep.com
三河市骏杰印刷有限公司印刷
科学出版社发行　各地新华书店经销
*
1999 年 9 月第　一　版　开本：787×1092　1/16
2007 年 2 月第　二　版　印张：19
2014 年 3 月第　三　版　字数：486 000
2025 年 1 月第二十九次印刷
定价：59.00 元
（如有印装质量问题，我社负责调换）

第三版前言

本书的编写和修订工作是由长期从事化工设备机械基础课程教学的教师完成的，在难度把握和编写方式上充分考虑了化学工程与工艺专业及其相近专业的教学实际。化工设备机械基础作为化学工程与工艺专业及其相近专业的专业基础课，既没有预备课程，也没有后续课程。如何让学生掌握化工设备和机械的基础知识，为以后的学习和工作打下坚实基础，又不会让学生觉得化工设备和机械知识难以掌握，是编者在编写和修订本书时一直思考的问题。本书在编写和论述的方式上，力求简明、突出重点、结构清晰，用简单的方式把复杂的问题阐述清楚，让学生能够清晰地建立起化工设备和机械的基本知识构架。

本次修订融合了编者多年的教学经验和使用本书的部分高校的修改意见。根据最新的国家标准进行了修订，特别是第 4 章中材料的机械性能部分和第二篇中化工容器及设备的设计部分。第 8 章采用了化工设备常用材料相关知识的新提法，突出材料性能的实际应用；增加一些应用实例和图形，以体现材料的化工设备特性；还根据最新的材料分类方法、牌号命名对相应部分进行了修订。为突出基础知识，去掉冗余，删除第 8 章中常压容器的设计、第 12 章中管壳式换热器设计与型号选择和第 16 章中标准直齿圆柱齿轮的强度计算，因为它们在难度上不适合化学工程与工艺专业及其相近专业。

本书参考学时数为 48，不同专业可根据要求对内容进行取舍。潘永亮编写和修订了第一篇，吉华编写和修订了第二篇第 8～10 章和第三篇第 17～19 章，陈志编写和修订了第二篇第 11～14 章和第三篇第 15、16 章。全书由潘永亮统稿，黄卫星教授审阅。

由于编者水平有限，编写时间仓促，书中难免有缺点和疏漏，敬请读者批评指正。

编　者

2013 年 9 月

第二版前言

本书是在面向21世纪教学改革的实践中产生的。几年来第一版教材在多所院校的教学实践中使用，受到使用学校师生的好评。为了适应新世纪的教学要求，根据第一版教材使用学校反馈的信息，作者对第一版教材进行了修订。本次修订在保持第一版教材基本体系的同时，对教材内容的安排做了较大幅度的调整，突出了各篇(章)内容的相对独立性和完整性，以方便教师按不同专业要求、不同学时情况选择教学内容。

本书第一篇、第二篇的第13、14章，第三篇的第15～18章由潘永亮编写，陈志、吉华编写了其中的部分小节；第二篇第8章、第三篇第19章由吉华编写；第二篇第9、10章由刘玉良编写；第二篇第11、12章由陈志编写。全书由潘永亮统稿，黄卫星教授审阅。

本书涉及的设计方法及所引用的标准，均采用最新颁布的国家或部级标准。

由于作者水平有限，书中难免存在不足，敬请读者批评指正。

编　者

2006年11月

第一版前言

《化工设备机械设计基础》是为化工工艺类专业及其他相近的非机械类专业编写的教材。学生通过本课程的学习，掌握必要的化工机械方面的基础知识，具备对化工机械中常用的机械传动装置和常压、低中压典型化工设备设计的初步能力。

化工设备是为化工工艺过程服务的，是完成化工生产的主要生产工具。因此，从事化工工艺过程的研究、设计和生产的工艺工程师，掌握一定的化工机械方面的基础知识，对搞好化工生产的工艺技术有极为重要的作用。

该书在编写过程中，力求重点突出、概念准确。在把最基本、最重要的内容讲清楚的同时，注意现代科学技术发展的新成就，努力使教材内容与化工机械技术发展同步。为便于教学，在论述中深入浅出、简明易懂，在内容上循序渐进，并留有一定的思考余地，藉以提高学生的求知欲望。

本书第一篇、第二篇第八、十、十二章、第三篇第十八、十九章由潘永亮编写，第二篇第十一章、第三篇第十三、十四、十五、十六、十七章由刘玉良编写，第二篇第九章由杨平编写。全书由潘永亮统编。

全书由方治华教授和黄卫星教授审阅。在编写过程中，杨平、施光明等同志对全书提出了不少宝贵意见，并对本书例题、习题及插图做了大量工作，特此一并致谢！

本书中涉及的设计方法及所引用的标准，均采用最新颁布的国家或部级标准。

由于编者水平有限，编写时间比较仓促，书中难免有些缺点和错误，敬请读者批评指正。

编　者

目　　录

第一篇　工程力学基础

第二篇　化工容器及设备

第三篇　机械传动装置

第一篇　工程力学基础

第 1 章　静力学基础

§1-1　静力学基本概念

静力学是研究物体平衡的科学。所谓平衡是指物体相对于地球保持静止或做匀速直线运动。物体处于平衡状态时，它所受到的若干力的作用效果相互抵消，而不会发生运动状态的改变。

静力学研究物体平衡问题时，将物体抽象化为刚体。所谓刚体是指在力作用下不发生变形的物体。事实上，任何物体在力作用下或多或少要产生一些变形，但是许多物体在受力后产生的变形是极微小的。忽略这种微小的变形，不会对静力学所研究问题的结果产生显著影响，同时能大大降低问题的复杂程度。

力是静力学中的一个重要的基本概念。人们经过长期的生产实践与理论总结，逐步地建立起了力的概念：力是物体间相互的机械作用，作用的结果是物体运动状态发生改变或物体的形状发生改变。值得注意的是，产生力的根本原因是物体间的相互机械作用，所以力不能离开物体而存在。一个物体受到了力的作用，就必然有其他物体对其施加力。

应当指出，物体受力所产生的效应有两种：物体的运动状态改变和物体的形状改变，前者称为力的外效应，后者称为力的内效应。力对物体作用产生的这两种效应是同时发生的。静力学主要研究力的外效应。

实践表明，力对物体的作用效应取决于下列三个要素：①力的大小；②力的方向；③力的作用点。改变力的任一要素，也就改变了力对物体的作用效应。力是一个有大小和方向的量，因此力是矢量。它可以用带箭头的线段来表示，如图 1-1 所示。书写时用黑体字母 **F**、**P** 等表示。

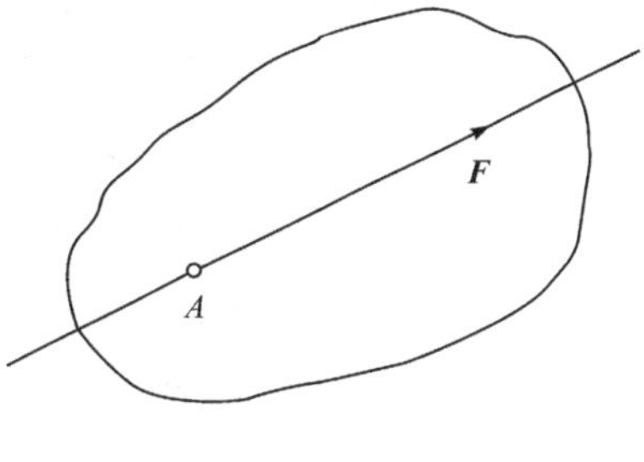

图 1-1

度量力大小的单位，在国际单位制中用牛顿(N)，采用工程单位制时，用公斤力(kgf)。

如果在一个物体上作用几个力，则将这一群力称为力系。如果物体在某力系作用下处于平衡状态，则称该力系为平衡力系。作用在物体上的某个力系可以用另一个力系来代替，而不改变物体的运动状态，则称这两个力系等效。若一个力与一个力系等效，则称这个力为该力系的合力，该力系中的各力称为该合力的分力。求合力的过程称为力的合成，将一个力分成几个分力的过程称为力的分解。

§1-2　静力学的公理

静力学的公理是人们经过长期的观察与实验，从大量的事实中概括和总结出来的客观规律，这些公理说明了力的基本性质，是静力学的理论基础。

公理一 二力平衡公理

作用在刚体上的两个力平衡的必要和充分条件是：两个力大小相等，方向相反，并且在同一条直线上，如图 1-2(a)、(b)所示。

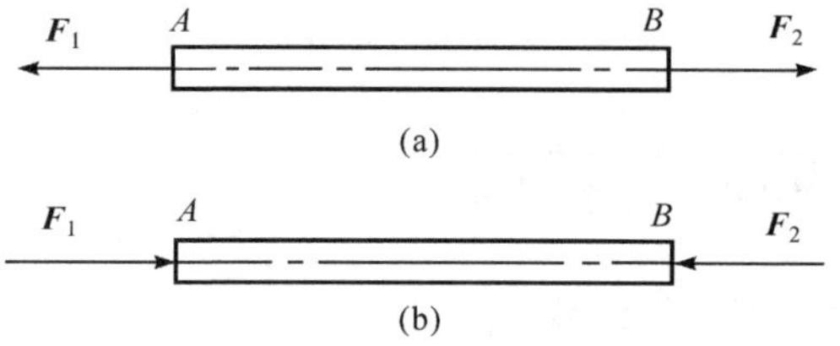

图 1-2

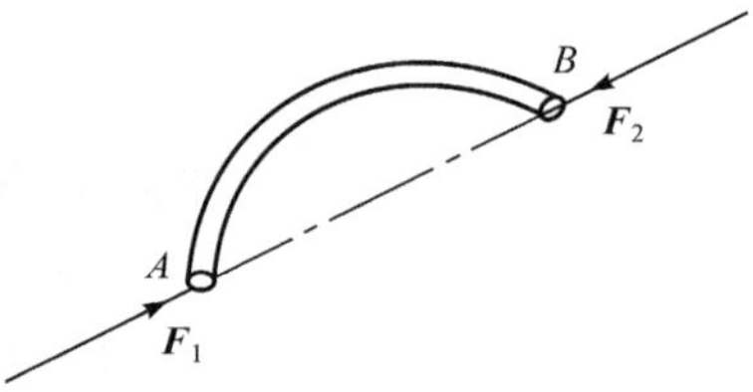

图 1-3

这个公理总结了作用于刚体上最简单力系的平衡条件。只有两个力作用下的处于平衡的构件称为二力构件或二力杆。其受力特点是两个力必定沿作用点的连线，如图 1-3 所示。

公理二 加减平衡力系公理

在作用于刚体的力系上，加上或者除去一个平衡力系，并不改变原力系对刚体的作用。

显然，这个公理是力系简化的依据，因为平衡力系对刚体的平衡或运动状态没有影响。

推论 力的可传性原理

作用在刚体上的力，可以沿其作用线移到刚体内任意一点，而不改变该力对刚体的作用效果。

证明 设力 $\boldsymbol{F}$ 作用于刚体上的 A 点，如图 1-4(a)所示。在其作用线任意一点 B，沿 AB 线加上等值而反向的一对力 $\boldsymbol{F}_1$ 和 $\boldsymbol{F}_2$，并使 $F=F_1=F_2$，由公理二知，这并不改变原来的 $\boldsymbol{F}$ 对刚体的效应，即力 $\boldsymbol{F}$ 与力系 $\boldsymbol{F}$、$\boldsymbol{F}_1$、$\boldsymbol{F}_2$ 等效，如图 1-4(b)所示，但 $\boldsymbol{F}$ 与 $\boldsymbol{F}_1$ 也是一对平衡力系，可以消去。最后只剩下一个作用于 B 点的力 $\boldsymbol{F}_2$，$\boldsymbol{F}_2$ 与 $\boldsymbol{F}$ 具有相同的作用线，并且大小和方向均相同，只是作用点不同，如图1-4(c)所示。推论得证。

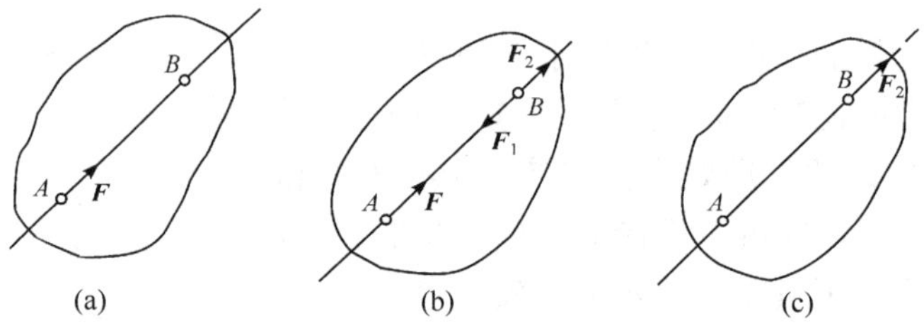

图 1-4

公理三 力的平行四边形公理

作用在刚体上同一点的两个力可以合成为作用于该点的一个合力，它的大小和方向由这两个力为边所构成的平行四边形的对角线来表示，如图 1-5 所示。

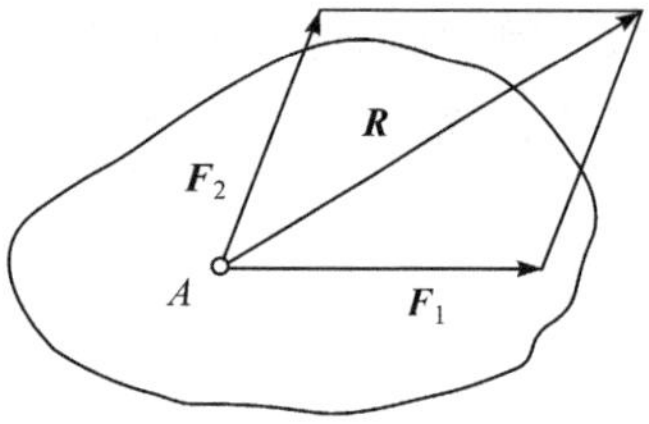

图 1-5

这个公理总结了最简单力系的简化规律。根据公理所作的平行四边形，称为力的平行四边形。如果以 $\boldsymbol{R}$ 表示两个力 $\boldsymbol{F}_1$ 和 $\boldsymbol{F}_2$ 的合力，这个公理可表示为

$$\boldsymbol{R}=\boldsymbol{F}_1+\boldsymbol{F}_2$$

即作用在物体上同一点的两个力的合力等于两分力的矢量和。

如果作用在物体上的两个力是共线的，按力的平行四边形公理可知：合力等于这两个力的代数和。

推论　三力平衡汇交定理

刚体在三个力作用下平衡，若其中任意两个力的作用线相交于一点，则第三个力的作用线也必然交于同一点。

证明　设在刚体的 A_1、A_2、A_3 三点分别作用有力 $\boldsymbol{F}_1$、$\boldsymbol{F}_2$、$\boldsymbol{F}_3$，$\boldsymbol{F}_1$ 和 $\boldsymbol{F}_2$ 的作用线交于 A 点，如图 1-6 所示。根据力的可传性原理，将 $\boldsymbol{F}_1$ 和 $\boldsymbol{F}_2$ 分别移到 A 点，然后用平行四边形公理求合力 $\boldsymbol{R}$。用 $\boldsymbol{R}$ 代替 $\boldsymbol{F}_1$ 和 $\boldsymbol{F}_2$ 的作用，显然刚体在 $\boldsymbol{R}$ 和 $\boldsymbol{F}_3$ 作用下平衡。按二力平衡公理，$\boldsymbol{R}$ 和 $\boldsymbol{F}_3$ 大小相等，方向相反，且作用在同一直线上。由此可见，$\boldsymbol{F}_3$ 的作用线必与 $\boldsymbol{R}$ 的作用线重合，而且通过 A 点。定理得证。

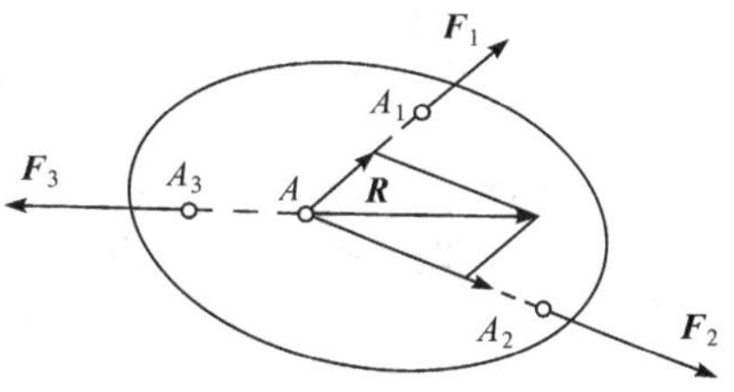

图 1-6

公理四　作用力与反作用力公理

两个物体间的作用力与反作用力大小相等，方向相反，作用线相同，分别作用在两个相互作用的物体上。

这个公理表明，一切力总是成对出现的，有作用力就必有反作用力，它们总是同时产生、同时消失。

必须注意，虽然作用力与反作用力大小相等、方向相反且在同一直线上，但绝不能认为这两个力互成平衡。因为这两个力并不作用在同一物体上。这与二力平衡公理中所指的一对力是完全不同的。

§1-3　约束与约束反力

在力学上，按物体的运动是否受到限制，将物体分为自由体和非自由体。在空间可以自由运动而位移不受任何限制的物体称为自由体，如空中飞行的炮弹、飞机等。位移受到某些限制的物体称为非自由体，如电线吊着的电灯、放在桌面上的木块等。

对非自由体的某些位移起限制作用的周围物体称为约束，如吊电灯的电线、支承木块的桌面都是约束。约束作用在物体上的力称为约束反力，简称反力。

物体除受约束反力外，通常还受重力、气体压力、机械动力等作用，这些力能主动改变物体的运动状态，故称为主动力。约束反力限制物体的位移，是由主动力引起的，所以称为被动力。约束反力还具有下述特征：

(1) 约束反力的作用点在约束与被约束物体的接触点处。

(2) 约束反力的方向与约束阻碍物体位移的方向相反。

下面讨论几种典型约束的约束反力。

一、柔性约束

由绳索、皮带、链条等柔性物体所构成的约束统称为柔性约束，这类物体的特点是柔软、易变形，不能抵抗压力，只能承受拉力。柔性约束只能限制物体沿柔性物体伸长方向的位移。约束反力的作用点在柔性物体与被约束物体的连接点上，力的作用线沿柔性物体指向背离物体。约束反力通常用字母 $\boldsymbol{T}$ 或 $\boldsymbol{S}$ 等表示，如图 1-7(a)所示。

在带传动中，当带绕过轮时，约束反力沿轮缘的切线方向，如图 1－7(b)所示。

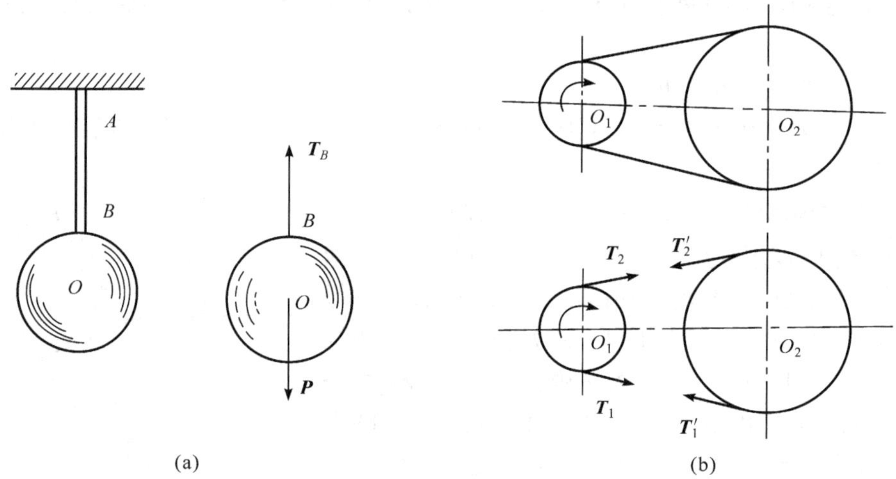

图 1－7

二、理想光滑面约束

这种约束只能限制物体沿光滑面(平面或曲面)的公法线且指向支承面的运动，不限制物体沿着光滑面或离开光滑面的运动。因此，光滑面的约束反力通过接触点，方向沿光滑面的公法线并指向被约束的物体，如图 1－8(a)～(c)所示。

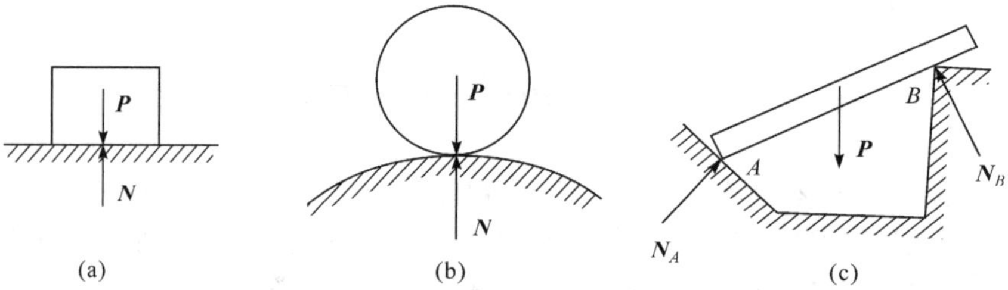

图 1－8

三、光滑圆柱铰链约束

两个物体各钻上同样大小的圆孔，并用圆柱形销钉连接起来，如图 1－9(a)所示。这种约束称为光滑圆柱铰链约束，简称铰链约束，简图如图 1－9(b)所示。铰链约束只能限制两物体的相对移动，不限制两物体绕销钉轴的转动。销钉与圆孔的接触视为两个光滑圆柱面接触，因此约束反力的作用线沿圆柱面上接触点处的公法线方向，并且必然通过销钉的中心。随着构件的受力不同，销钉与构件圆孔的接触点位置也不同，因此约束反力的方向就不能预先确定。为了计算方便，通常用两个正交分力 $\boldsymbol{X}_A$ 和 $\boldsymbol{Y}_A$ 表示，其指向可任意假定，如图 1－9(c)所示。

图 1－10 为某些屋架、桥梁架的简图。其中 C、D、E 点为铰链约束，A、B 处是框架的支座。支座的约束通常有以下两种形式。

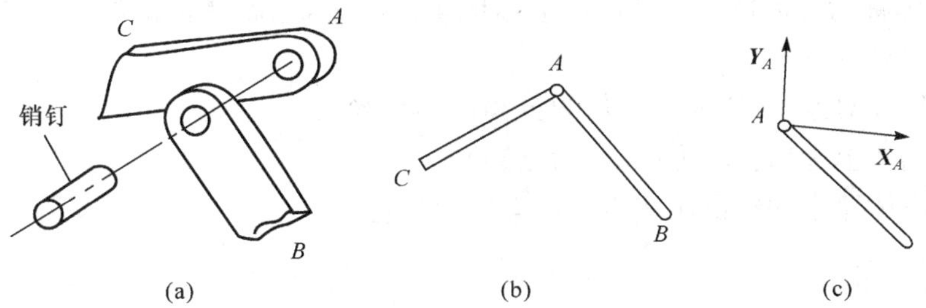

图 1－9

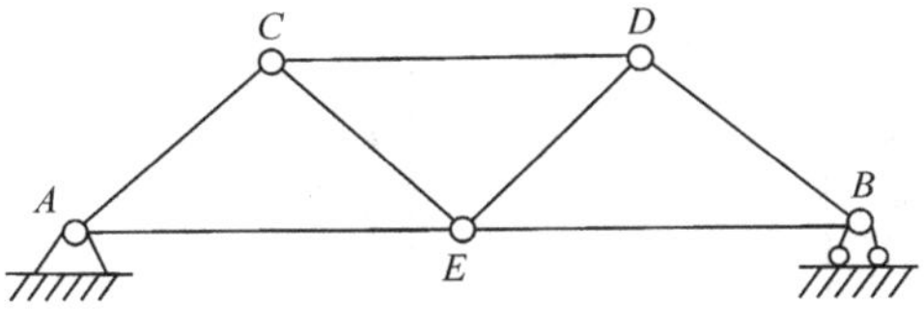

图 1－10

1. 固定铰链支座约束

如果将铰链约束的两构件之一固定在基础上，这种约束称为固定铰链支座约束，简称固定铰支，如图 1－11(a)所示。简图和约束反力表示如图 1－11(b)所示。

2. 可动铰链支座约束

这种约束是在铰链支座下面装上几个滚轴构成的，也称为滚轴支座约束，如图 1－12(a)所示。这种支座不能阻碍支座沿支承面的位移，只能限制支座沿支承面的法向位移，因此可动铰链支座的约束反力应垂直于支承面，并且通过铰链中心。简图及约束反力表示如图 1－12(b)所示。

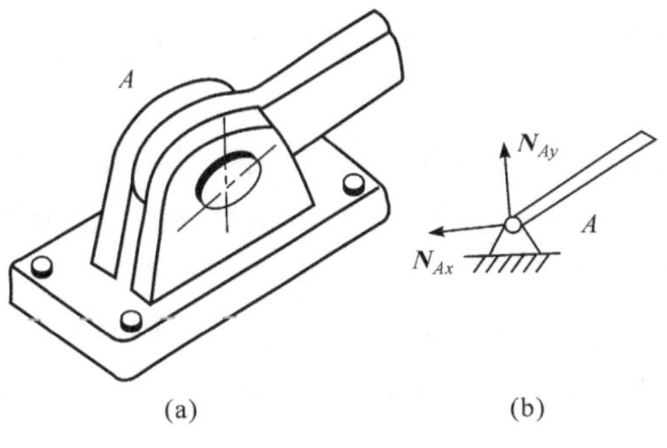

图 1－11

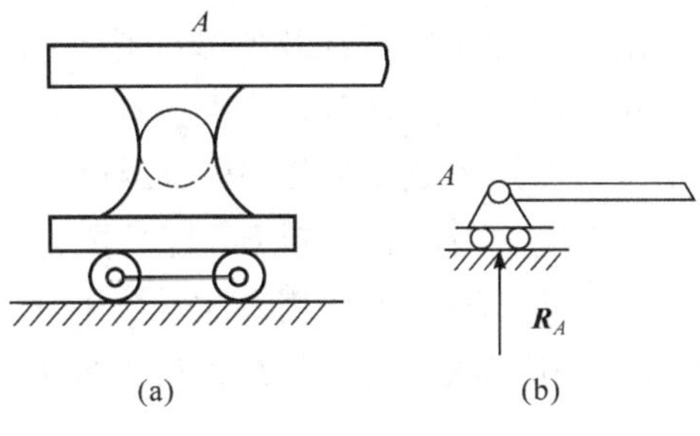

图 1－12

§1－4　受力分析和受力图

研究构件的平衡问题时，首先要明确研究对象，然后分析研究对象受哪些力的作用，这就是通常所说的构件的受力分析。

对研究对象进行受力分析时，就要把研究对象从与它联系的周围物体中分离出来，这种解除约束的自由体称为分离体。在分离体上标出全部的力，这就是构件的受力图。绘构件的受力图按以下几个步骤进行：

(1) 选定研究对象，将研究对象作为分离体单独画出。

(2) 在分离体上标出主动力(一般为已知)。

(3) 将分离体原来的约束用相应的约束反力代替。

【例 1-1】 如图 1-13(a)所示吊架，悬挂一重量为 $\boldsymbol{Q}$ 的物体，试分别画出重物和 AB 杆的受力图(AB 杆自重不计)。

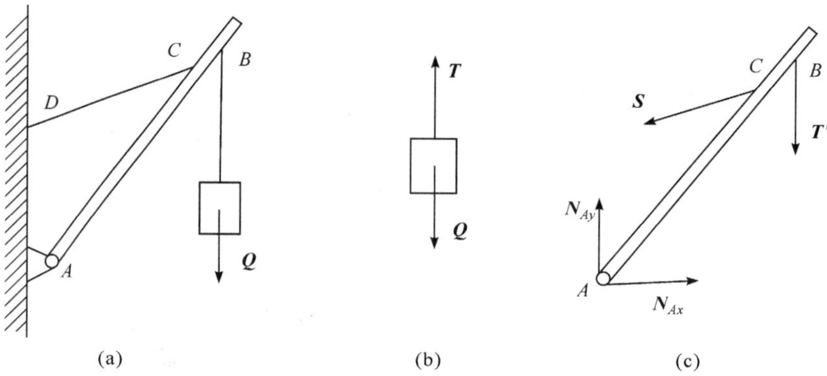

图 1-13

解 (1) 重物：作用在重物上的有主动力(重力)$\boldsymbol{Q}$ 和绳索的约束反力 $\boldsymbol{T}$，$\boldsymbol{T}$ 沿绳索且背离物体，该物体只受两个力 $\boldsymbol{Q}$ 和 $\boldsymbol{T}$ 作用，此二力必共线，受力图如图1-13(b)所示。

(2) AB 杆：杆的 B、C 点均为柔性约束，约束反力分别记作 $\boldsymbol{T}'$ 和 $\boldsymbol{S}$，其中 $\boldsymbol{T}'$ 与 $\boldsymbol{T}$ 互为反作用力关系。杆的 A 端为固定铰链支座，约束反力的大小和方向均未知，但可用 $\boldsymbol{N}_{Ax}$、$\boldsymbol{N}_{Ay}$ 两个未知力表示，受力图如图 1-13(c)所示。

【例 1-2】 有一起重机构如图 1-14(a)所示，梁 AB 自重为 $\boldsymbol{W}$，拉杆 BC 自重不计，试分别画出拉杆 BC、梁 AB 及整体的受力图。

解 (1) 拉杆 BC：该杆无主动力(自重不计)作用，两端为铰链约束，杆仅在其两端的两个约束反力作用下处于平衡，故 BC 杆为二力杆。$\boldsymbol{S}_B$ 和 $\boldsymbol{S}_C$ 的大小相等，方向相反，作用线沿 B、C 点的连线。由经验判断 BC 杆受拉、受力图如图 1-14(b)所示。

(2) 梁 AB：梁上作用有主动力 $\boldsymbol{G}$ 和 $\boldsymbol{W}$；B 点有约束反力 $\boldsymbol{S}_B'$，此力与 $\boldsymbol{S}_B$ 互为作用与反作用力；A 点为固定铰链支座，约束反力的大小和方向未知，用 $\boldsymbol{X}_A$、$\boldsymbol{Y}_A$ 表示。受力图如图 1-14(c)所示。

(3) 机构整体：机构上的外力有 $\boldsymbol{G}$、$\boldsymbol{W}$；约束反力只有 C 点的 $\boldsymbol{S}_C$ 和 A 点的 $\boldsymbol{X}_A$ 与 $\boldsymbol{Y}_A$。B 处的 $\boldsymbol{S}_B$ 和 $\boldsymbol{S}_B'$ 是整体机构的互为作用与反作用的内力，不画出。机构整体受力图如图 1-14(d)所示。

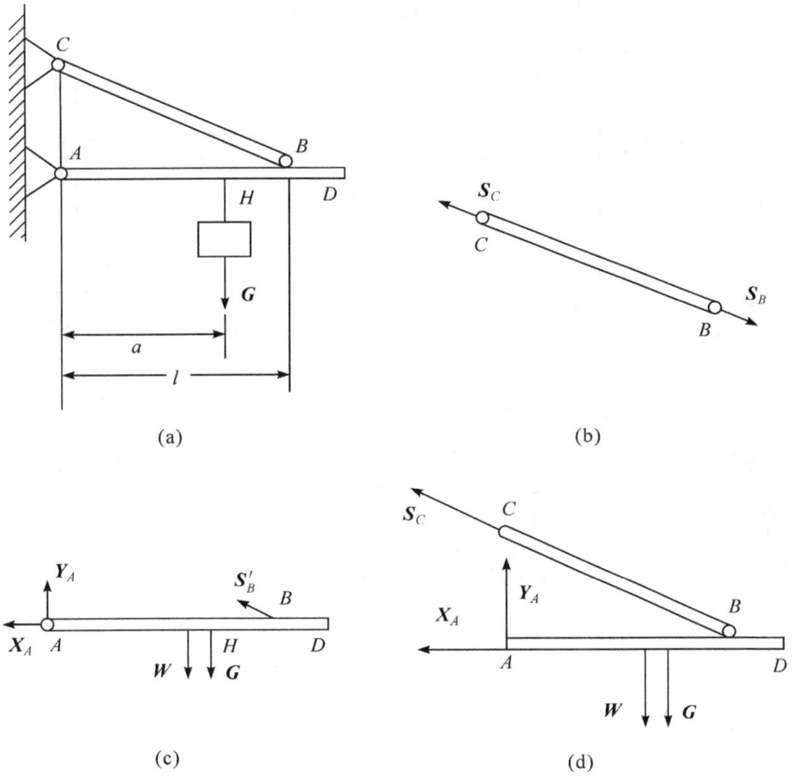

图 1 - 14

习　　题

1 - 1　画出图 1 - 15(a)～(f)所示物体的受力图。

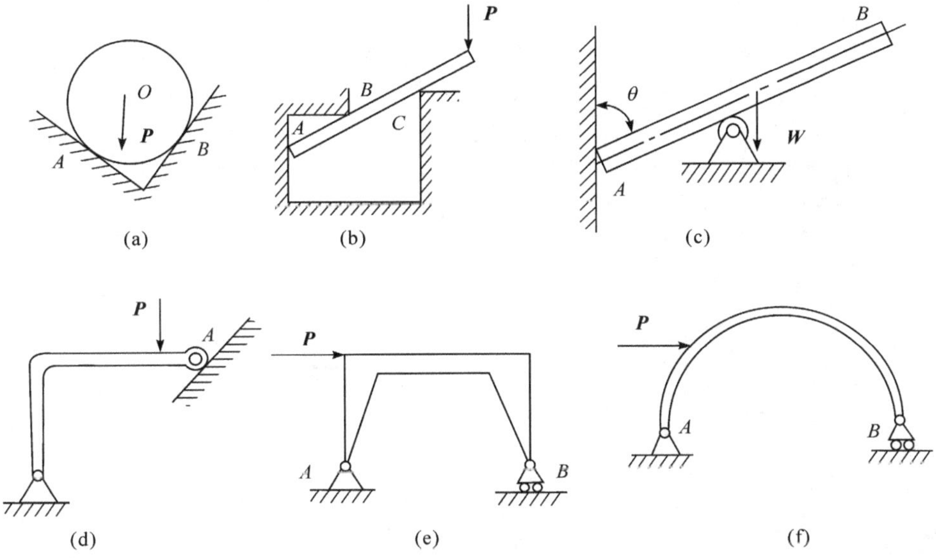

图 1 - 15

1-2　画出图 1-16(a)～(f)所示机构中各物体的受力图。

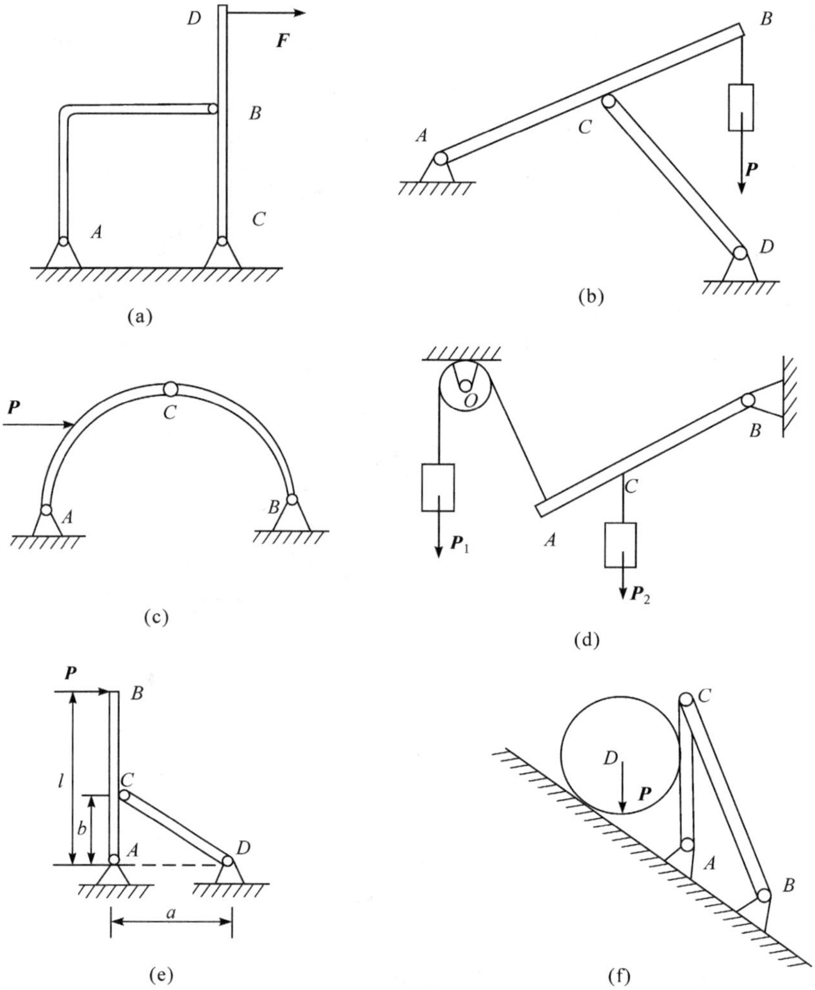

图 1-16

第 2 章　平面汇交力系

§2-1　平面汇交力系的合成

所谓平面汇交力系，是各力的作用线都在同一平面内且汇交于一点的力系。这种力系的合成方法有两种，即几何法和解析法。

一、几何法

设平面上有两个力 $\boldsymbol{F}_1$ 和 $\boldsymbol{F}_2$ 汇交于 A 点，要求这两个力的合力，可以直接应用力的平行四边形公理，如图 2-1(a)所示。平行四边形对角线表示合力 $\boldsymbol{R}$ 的大小和方向。合力作用点为原来二力的交点。由图可知，在求合力 $\boldsymbol{R}$ 时，可以不必画出整个力的平行四边形，只需画出它的上半部或下半部即可：从力 $\boldsymbol{F}_1$ 的终点画 $\boldsymbol{F}_2$，再将 $\boldsymbol{F}_1$ 的起点和 $\boldsymbol{F}_2$ 的终点连接起来，即得合力 $\boldsymbol{R}$，如图 2-1(b)所示。这种合成方法称为力三角形法则。

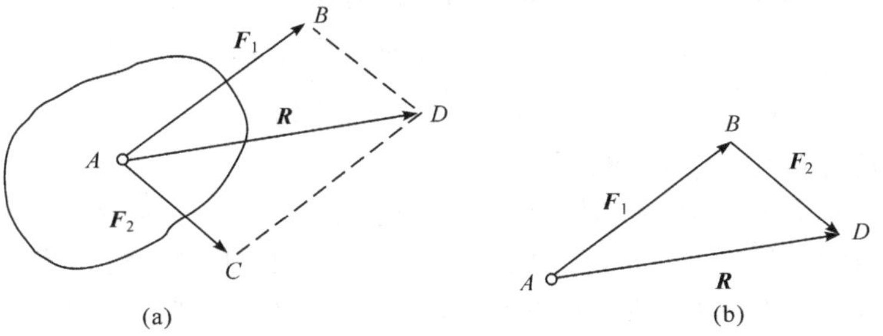

图 2-1

设刚体上受到平面汇交力系 $\boldsymbol{F}_1$、$\boldsymbol{F}_2$、$\boldsymbol{F}_3$、$\boldsymbol{F}_4$ 的作用，汇交点为 O，如图 2-2(a)所示。求合力时，只需连续利用力三角形法则，先求出 $\boldsymbol{F}_1$、$\boldsymbol{F}_2$ 的合力 $\boldsymbol{R}_1$，再求出 $\boldsymbol{R}_1$、$\boldsymbol{F}_3$ 的合力 $\boldsymbol{R}_2$，最后求出 $\boldsymbol{R}_2$ 和 $\boldsymbol{F}_4$ 的合力 $\boldsymbol{R}$，即为整个力系的合力，如图 2-2(b)所示。合力 $\boldsymbol{R}$ 的作用点即原力系的作用点。从以上作图过程可以看出，如果求整个力系的合力，中间的合力 $\boldsymbol{R}_1$、$\boldsymbol{R}_2$ 可以不必画出，只要依次将力 $\boldsymbol{F}_1$、$\boldsymbol{F}_2$、$\boldsymbol{F}_3$、$\boldsymbol{F}_4$ 首尾相接，最后将 $\boldsymbol{F}_1$ 的起点和 $\boldsymbol{F}_4$ 的终点连接起来，就得到合力 $\boldsymbol{R}$，如图 2-2(c)所示。所得出的多边形 $ABCDE$ 称为力多边形，这种求合力的几何作图法称为力多边形法则。

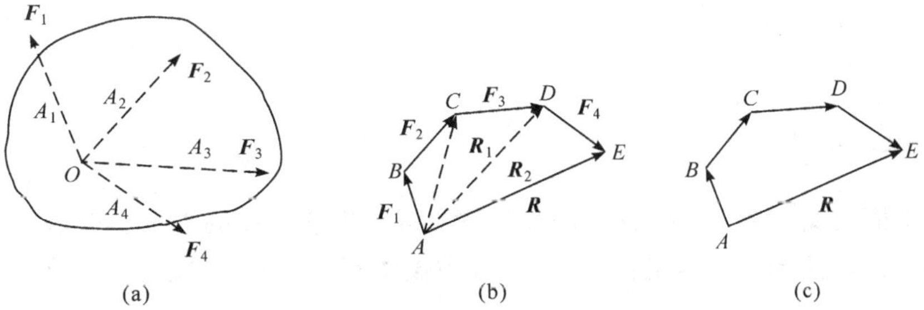

图 2-2

这一法则可以推广到汇交力系有任意个力的情况。由此可以得出结论:平面汇交力系的合成结果是一个合力,它的作用线通过力系的汇交点,大小和方向用力多边形的封闭边来表示:合力等于各力的矢量和。用矢量式表示为

$$\boldsymbol{R}=\boldsymbol{F}_1+\boldsymbol{F}_2+\boldsymbol{F}_3+\cdots+\boldsymbol{F}_n=\sum_{i=1}^{n}\boldsymbol{F}_i \tag{2-1}$$

二、解析法

解析法是通过力在坐标轴上的投影作为基础进行分析的。为此先介绍力在坐标轴上的投影。

1. 力在坐标轴上的投影

设力 $\boldsymbol{F}$ 作用于刚体的 A 点,如图 2-3 所示。在力 $\boldsymbol{F}$ 作用线所在平面取直角坐标系 Oxy,由力 $\boldsymbol{F}$ 两端点 A 和 B 分别向 x 轴作垂线,得到垂足 a 和 b。线段 ab 即是力 $\boldsymbol{F}$ 在 x 轴上的投影 F_x。同样,从 A 点和 B 点分别向 y 轴作垂线,可得到 $\boldsymbol{F}$ 在 y 轴上的投影 F_y。力在轴上的投影为代数量,其正负号规定:当从 a 到 b 的方向与 x 轴方向一致时,力的投影为正值;反之为负值。根据投影的几何关系,力 $\boldsymbol{F}$ 在坐标轴上的投影表示为

$$\left.\begin{aligned}F_x&=F\cos\alpha\\F_y&=F\cos\beta=F\sin\alpha\end{aligned}\right\} \tag{2-2}$$

式中,α、β 分别为 $\boldsymbol{F}$ 与 x、y 轴的夹角。

如果把力 $\boldsymbol{F}$ 沿 x、y 轴分解时,得到两个分力 $\boldsymbol{F}_x$ 和 $\boldsymbol{F}_y$。这两个分力的大小等于力 $\boldsymbol{F}$ 在两轴的投影 F_x 和 F_y 的绝对值,投影的正负号是指分力 $\boldsymbol{F}_x$ 和 $\boldsymbol{F}_y$ 是沿 x 轴和 y 轴的正向还是反向。可见利用力在轴上的投影,可以同时表明力沿直角坐标系分解时分力的大小和方向。

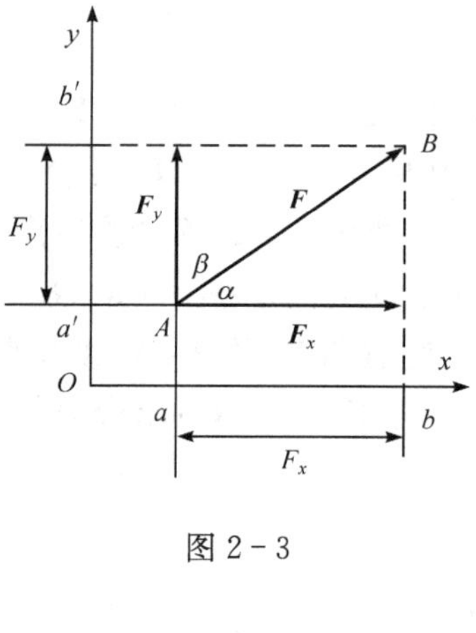

图 2-3

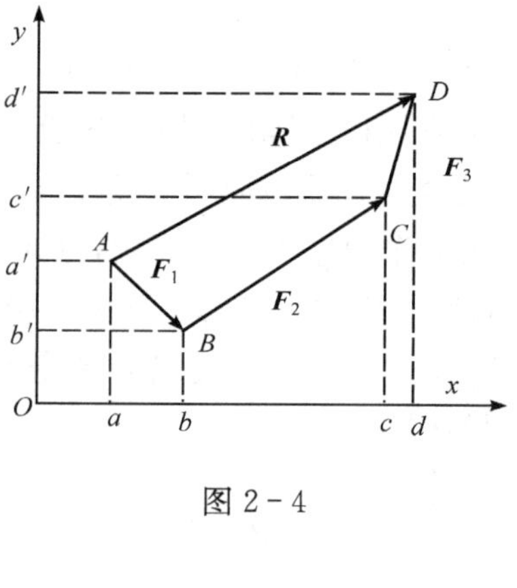

图 2-4

2. 合力投影定理

设有一平面汇交力系 $\boldsymbol{F}_1$、$\boldsymbol{F}_2$、$\boldsymbol{F}_3$,用几何法可以画出该力系的力多边形,如图 2-4 所示,$\boldsymbol{R}$ 为该力系的合力。任选一直角坐标 Oxy,将各力投影到 x 轴和 y 轴上,由图示可得

$$ad=ab+bc+cd$$

$$a'd' = -a'b' + b'c' + c'd'$$

即

$$R_x = F_{1x} + F_{2x} + F_{3x}$$

$$R_y = F_{1y} + F_{2y} + F_{3y}$$

上述结果可以推广到任意多个力的情况，即

$$\left.\begin{aligned} R_x &= F_{1x} + F_{2x} + F_{3x} + \cdots + F_{nx} = \sum F_x \\ R_y &= F_{1y} + F_{2y} + F_{3y} + \cdots + F_{ny} = \sum F_y \end{aligned}\right\} \tag{2-3}$$

式(2-3)说明：合力在任一轴上的投影等于各分力在同一轴上投影的代数和。这就是合力投影定理。

3. 平面汇交力系合成的解析法

平面汇交力系合成时，根据上述合力投影定理，可先求合力在 x 轴和 y 轴上的投影 R_x 和 R_y，即

$$\left.\begin{aligned} R_x &= \sum F_x \\ R_y &= \sum F_y \end{aligned}\right\}$$

R_x、R_y 的数值表示合力 $\boldsymbol{R}$ 的两分力的大小，正负号表示两分力的方向是否与轴的正向一致。

合力 $\boldsymbol{R}$ 的大小为

$$R = \sqrt{R_x^2 + R_y^2} = \sqrt{(\sum F_x)^2 + (\sum F_y)^2} \tag{2-4}$$

合力 $\boldsymbol{R}$ 的方向为

$$\left.\begin{aligned} \cos\alpha &= \frac{R_x}{R} \\ \cos\beta &= \frac{R_y}{R} \end{aligned}\right\} \tag{2-5}$$

式中，α 和 β 分别为合力 $\boldsymbol{R}$ 与 x 轴和 y 轴正向间的夹角。

§2-2　平面汇交力系的平衡条件

一、平面汇交力系平衡的几何条件

设刚体上作用一平面汇交力系，如图2-5(a)所示。如果将力系按力多边形法则合成时，得到一自行封闭的多边形，这表明该汇交力系的合力为零，如图2-5(b)所示，这种力系就是平衡力系。刚体在这种力系作用下处于平衡状态。由此可知，物体在平面汇交力系作用下处于平衡的必要和充分条件是：该力系的力多边形自行封闭，即合力为零。用矢量式表示为

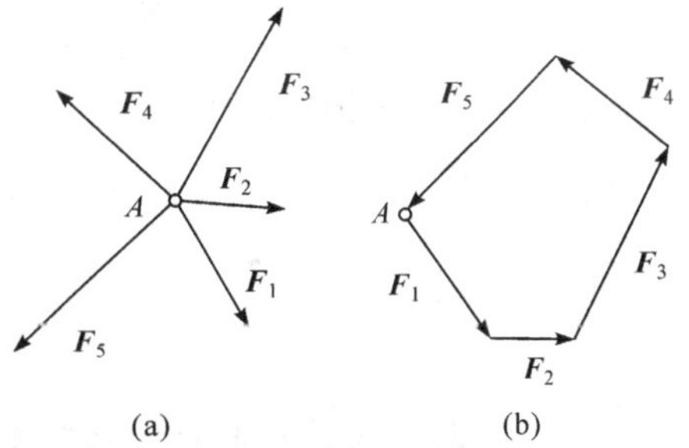

图2-5

$$\boldsymbol{R}=\sum \boldsymbol{F}=0 \tag{2-6}$$

二、平面汇交力系平衡的解析条件

既然平面汇交力系平衡的必要和充分条件是合力 $\boldsymbol{R}$ 为零，则由式(2-4)可得

$$R=\sqrt{R_x^2+R_y^2}=\sqrt{(\sum F_x)^2+(\sum F_y)^2}=0$$

即

$$\left.\begin{aligned}\sum F_x=0\\ \sum F_y=0\end{aligned}\right\} \tag{2-7}$$

式(2-7)说明，平面汇交力系平衡的解析条件是：力系中所有力在直角坐标系中 x、y 轴上的投影的代数和分别等于零。式(2-7)称为平面汇交力系的平衡方程。这是两个独立的方程，可以求解两个未知数。

【例 2-1】 如图 2-6(a)所示，起重机横梁 AB 与拉杆 BC 成 30°角，作用于梁中点处的载荷 $Q=5$kN，试计算拉杆 BC 及铰链 A 的约束反力。

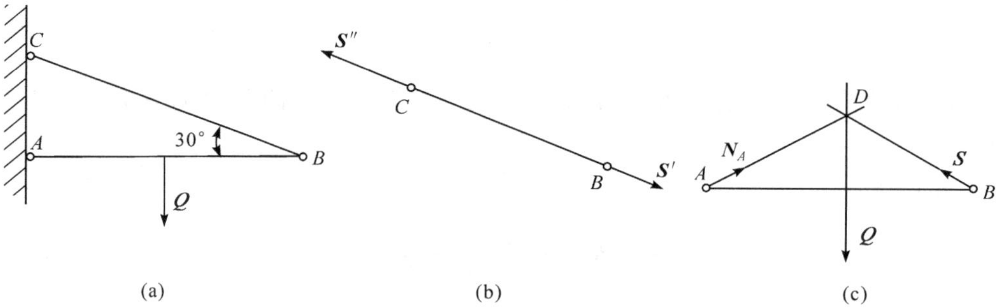

图 2-6

解 (1) 画 AB、BC 的受力图。BC 杆为二力杆，B、C 处两铰链的约束反力 $\boldsymbol{S}'$、$\boldsymbol{S}''$沿 B、C 两点连线[图 2-6(b)]。横梁 AB 中点处的主动力为 $\boldsymbol{Q}$，B 点的约束反力 $\boldsymbol{S}$ 与 $\boldsymbol{S}'$互为作用力与反作用力，铰链 A 点处的约束反力为 $\boldsymbol{N}_A$。因为横梁 AB 受三个力作用，根据三力平衡汇交定理可知，$\boldsymbol{N}_A$ 的作用线必过另两力的交点 D，如图 2-6(c)所示。

(2) 考虑横梁 AB 的平衡，由平衡方程

$$\sum F_x=0,\ N_A\cos30^\circ-S\cos30^\circ=0$$

$$\sum F_y=0,\ N_A\sin30^\circ+S\sin30^\circ-Q=0$$

解得铰链 A 处的约束反力

$$N_A=S=\frac{Q}{2\sin30^\circ}=\frac{5}{2\sin30^\circ}=5(\text{kN})$$

BC 杆的约束反力

$$S'=S''=S=5(\text{kN})$$

【例 2-2】 某简易起重设备如图 2-7(a)所示。AB 和 BC 杆端部均为铰链连接，在 B 处的销钉上装有一个滑轮，绕过滑轮的钢绳，一端悬重 $G=2$kN，另一端绕在卷扬机铰盘上。

求当重物匀速上升时，AB、BC 杆所受的力。

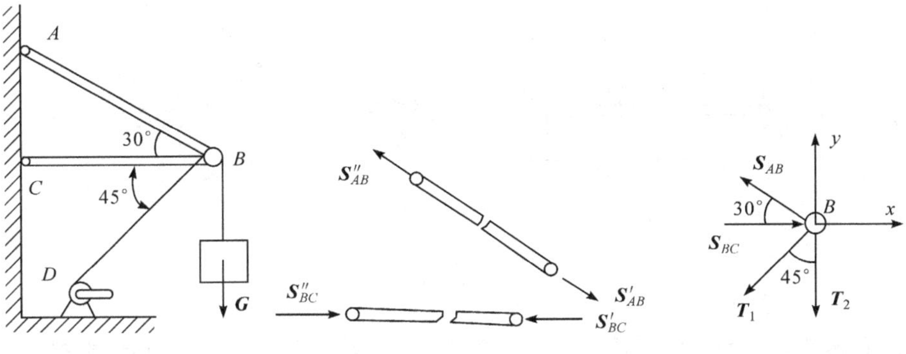

(a)　(b)　(c)

图 2-7

解　(1) 按题意选滑轮为研究对象，绘出滑轮的受力图。AB、BC 杆均为二力杆，二杆在 B 端的作用力分别用 $\boldsymbol{S}'_{AB}$ 和 $\boldsymbol{S}'_{BC}$ 表示，而二杆作用在滑轮上的力 $\boldsymbol{S}_{AB}$ 和 $\boldsymbol{S}_{BC}$ 分别是 $\boldsymbol{S}'_{AB}$ 和 $\boldsymbol{S}'_{BC}$ 的反作用力，绳 BD 的拉力 T_1 和重物向下的拉力 T_2 相等。滑轮的受力如图 2-7(c)所示。

(2) 利用平衡方程求 $\boldsymbol{S}_{AB}$ 和 $\boldsymbol{S}_{BC}$，以直角坐标系 Bxy，由平衡方程得

$$\sum F_x = 0,\ S_{BC} - S_{AB}\cos30^\circ - T_1\cos45^\circ = 0$$

$$\sum F_y = 0,\ S_{AB}\sin30^\circ - T_1\sin45^\circ - T_2 = 0$$

将 $T_1 = T_2 = G = 2\text{kN}$ 代入，得

$$S_{AB} = \frac{(1+\sin45^\circ)}{\sin30^\circ}\times 2 = 6.83(\text{kN})$$

$$S_{BC} = S_{AB}\cos30^\circ + 2\times\cos45^\circ = 7.33(\text{kN})$$

习　　题

2-1　螺栓环眼上系三根钢绳，分别受力 $P_1 = 1\text{kN}$，$P_2 = 2\text{kN}$，$P_3 = 4\text{kN}$，方向如图 2-8 所示。欲使合力铅垂向下，试确定合力 $\boldsymbol{P}$ 的大小及 $\boldsymbol{P}_3$ 与铅垂线的夹角 α。

2-2　支架由杆 AB、AC 构成，在 A 点有铅垂作用力 $\boldsymbol{G}$。求在图 2-9(a)、(b)所示两种情况下，杆 AB、AC 所受的力(杆的自重不计)。

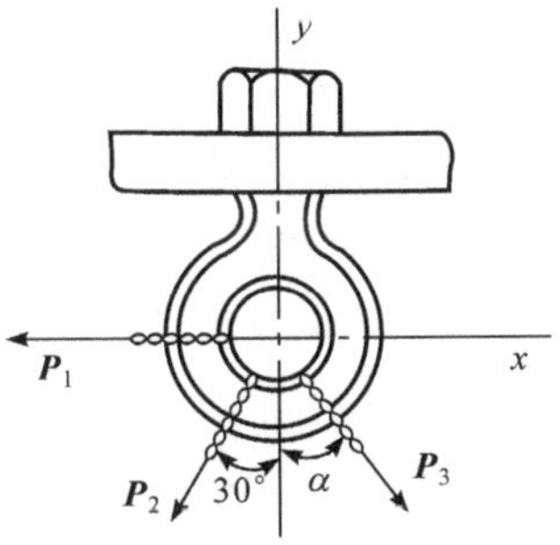

图 2-8

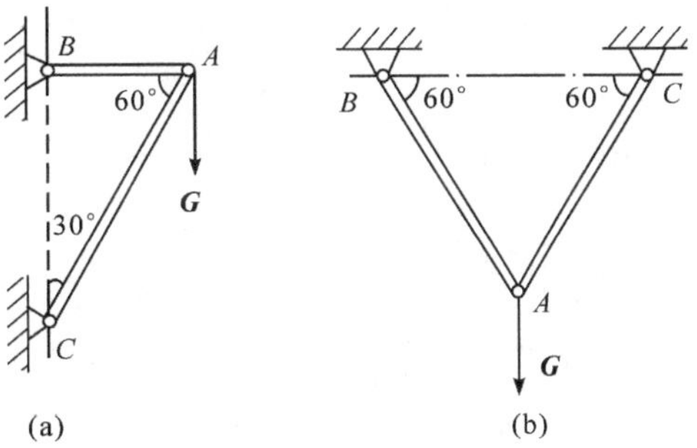

图 2-9

2－3　梁 AB 承受力 P＝15kN，方向如图 2－10 所示。求两种情况下 A、B 点的约束反力。

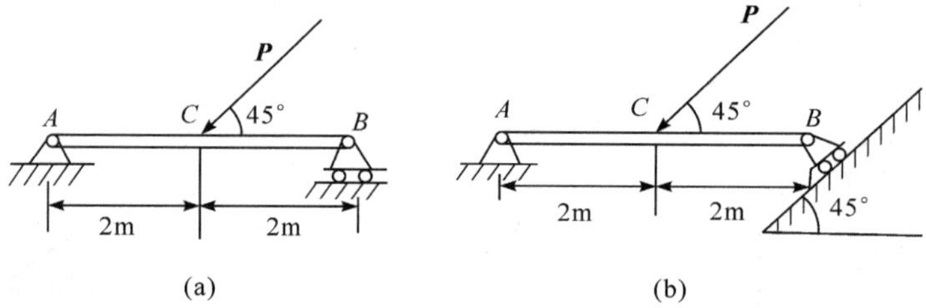

图 2－10

2－4　简易起重机由 AB、BC 及滑轮组成，如图 2－11(a)、(b)所示。吊起的重物 G＝4kN。忽略滑轮尺寸且不计杆的自重，求平衡时 AB、BC 杆所受的力。

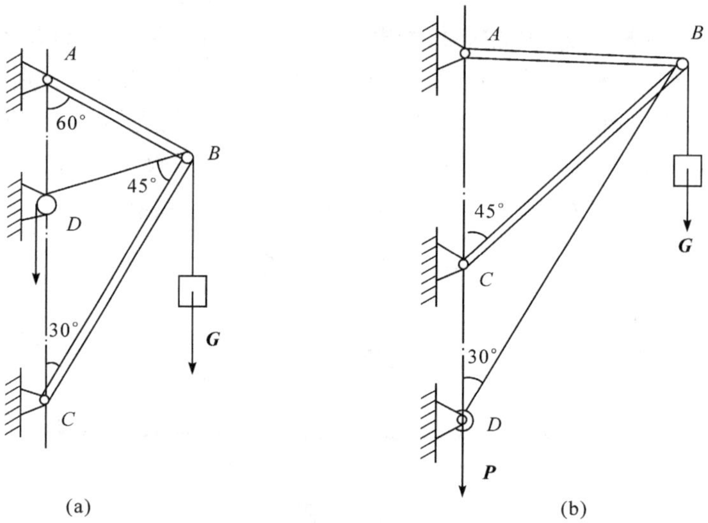

图 2－11

第 3 章　平面一般力系

§ 3 - 1　力矩与力偶

一、力矩

力对刚体除了产生移动效应外，在一定条件下，还可以产生转动效应。用扳手拧紧螺母时，在扳手上施加一个力 $\boldsymbol{F}$，扳手和螺母一起绕螺母的中心 O 点（过 O 点的轴）转动，如图 3 - 1 所示。经验告诉我们，扳手转动的效应不仅取决于力 $\boldsymbol{F}$ 的大小，而且和 O 点到该力 $\boldsymbol{F}$ 的作用线的垂直距离 d 有关，力 $\boldsymbol{F}$ 和 d 的值越大，转动效应就越强。因此，在力学上以乘积 $F \cdot d$ 作为力 $\boldsymbol{F}$ 使物体绕 O 点转动效应的度量，这个物理量称为力对 O 点的矩，简称力矩。以符号 $m_O(\boldsymbol{F})$ 表示，即

$$m_O(\boldsymbol{F}) = \pm F \cdot d \qquad (3-1)$$

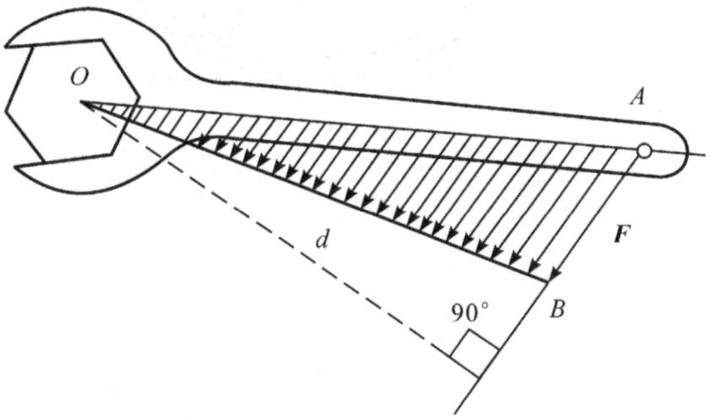

图 3 - 1

O 点称为矩心，距离 d 称为力臂。对于平面问题，力对点的矩为代数量，其绝对值等于力 $\boldsymbol{F}$ 的大小 F 和力臂 d 的乘积，它的符号规定：力使物体逆时针方向转动时为正，反之为负。

由式(3 - 1)知，如果力的作用线通过矩心时，力矩为零，因为力臂为零。如果力 $\boldsymbol{F}$ 沿其作用线任意移动时，它对某点的力矩并不改变，因为力和力臂的大小均未改变。

由图 3 - 1 可以看出，力 $\boldsymbol{F}$ 对 O 点的力矩的大小还可以用三角形 OAB 面积的两倍来表示，即

$$m_O(\boldsymbol{F}) = \pm 2\triangle OAB \qquad (3-2)$$

在国际单位制中，力矩的单位用牛顿 · 米(N · m)和千牛顿 · 米(kN · m)。

二、力偶

1. 力偶的概念与力偶矩

在实践中我们常会遇到物体上同时受两个大小相等、方向相反、作用线不重合的平行力的作用。例如，汽车司机开车、钳工用丝锥攻丝时，作用在方向盘(图 3 - 2)及丝锥扳手(图 3 - 3)上的就是这样一对反向平行力。力学上把两个大小相等、作用线平行的反向力所组成的力系称为力偶。如果将此二力分别记作 $\boldsymbol{F}$ 和 $\boldsymbol{F}'$，如图3 - 4所示，则用符号$(\boldsymbol{F},\boldsymbol{F}')$表示二力所组成的力偶。力偶中两力线间的垂直距离称为力偶臂，力偶所在的平面称为力偶的作用面。

经验表明，力偶作用物体时不产生移动效应，只能产生转动效应。力偶对物体的这种效应，不仅与力偶中的 $\boldsymbol{F}$ 大小成正比，而且与力偶臂 d 的大小成正比。与力矩类似，力偶对物体的转动效应，用力偶中两个力对一点的力矩的代数和度量。设物体上作用一力偶臂为 d 的力偶$(\boldsymbol{F},\boldsymbol{F}')$，如图 3 - 5 所示，则该力偶的两个力对于作用面内任意一点 O 的矩为

$$m_O(\boldsymbol{F}) + m_O(\boldsymbol{F}') = -Fx + F'(x+d) = F'd$$

上式表明，力偶对矩心 O 点的力矩只与 $\boldsymbol{F}$ 和力偶臂 d 的大小有关，而与矩心的位置无关。这说明力偶对物体的转动效应只取决于力偶中的力和力偶臂。因此，力学上用乘积 $F \cdot d$ 作为这种效应的度量，这个物理量称为力偶矩，记作$m(\boldsymbol{F},\boldsymbol{F}')$，简写为 m，即

$$m = m(\boldsymbol{F},\boldsymbol{F}') = \pm F \cdot d \tag{3-3}$$

式中，正负号规定和单位均与力矩相同。

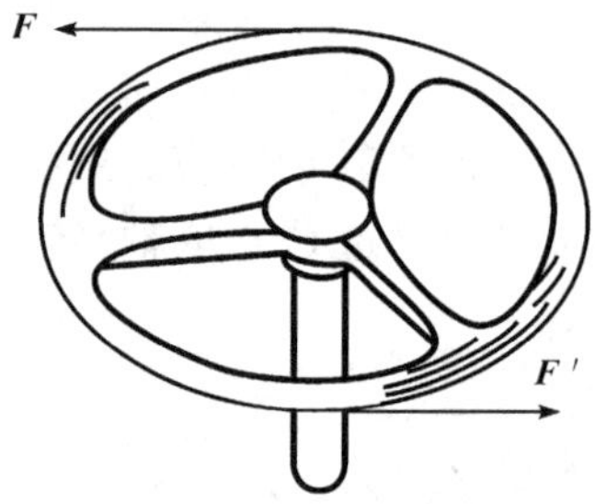

图 3-2

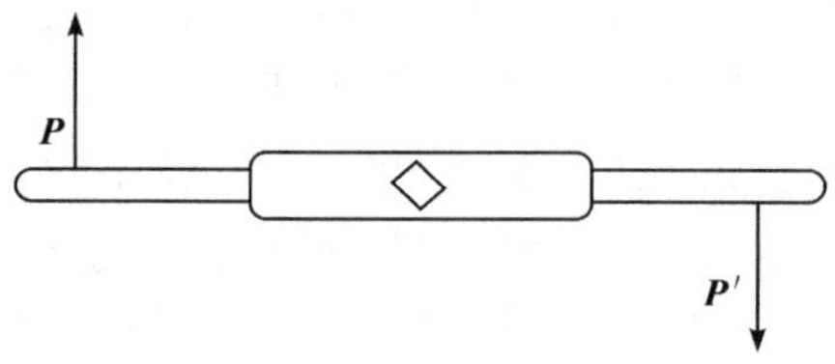

图 3-3

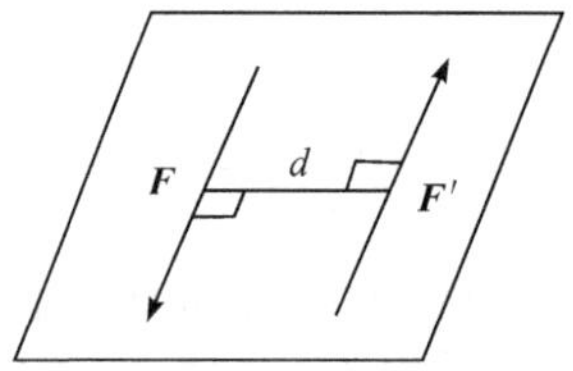

图 3-4

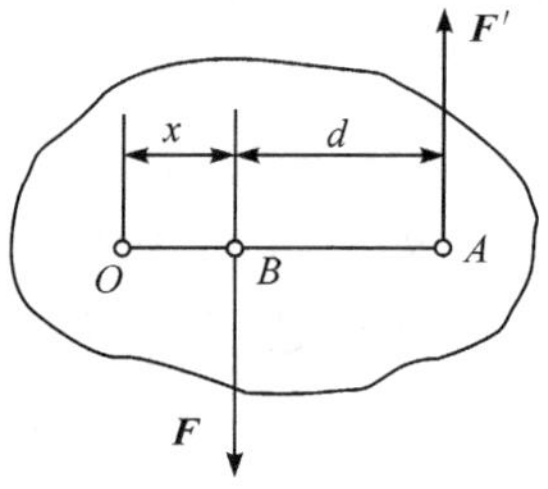

图 3-5

2. 力偶的性质

(1) 力偶无合力。由于力偶对刚体只有转动效应，没有移动效应，所以力偶不可能与一个力等效，也不能与一个力平衡。力偶只能与力偶等效，如果在同一平面内的两个力偶，它们的力偶矩大小相等，转向相同，则是彼此等效的力偶。

(2) 力偶在其作用面内任意移动，而不改变它对刚体的作用，即力偶对物体的作用与它在作用面内的位置无关。

(3) 在保持力偶矩大小和转向不变的条件时，可以任意改变力和力偶臂的大小，而不会改变力偶对刚体的作用。

(4) 如果在物体同一平面内作用有两个以上的力偶，即力偶系，可以用一个力偶来等效代替。代替力偶系的那个力偶称为合力偶，合力偶的力偶矩等于力偶系中各力偶矩的代数和，即

$$m = m_1 + m_2 + \cdots + m_n = \sum m_i \tag{3-4}$$

§3-2　力的平移定理

定理　作用于刚体上某点的力 $\boldsymbol{F}$，可以平行移动到刚体的另一点而保持外效应不变，只要

在平移后附加上一个力偶，此附加力偶的力偶矩等于原力 $\boldsymbol{F}$ 对平移点的矩。

力的平移定理是平面一般力系简化的依据，现证明如下：

设一个力 $\boldsymbol{F}$ 作用于 A 点，如图 3-6(a)所示，为了将力 $\boldsymbol{F}$ 移到另一点 B，先在 B 点加一对平衡力 $\boldsymbol{F}$ 和 $\boldsymbol{F}''$，使 $F=F'=F''$，如图 3-6(b)所示。显然，三个力 $\boldsymbol{F}$、$\boldsymbol{F}'$、$\boldsymbol{F}''$与原力 $\boldsymbol{F}$ 等效。而 $\boldsymbol{F}''$与 $\boldsymbol{F}$ 组成一个力偶，其力偶臂为 d，力偶矩

$$m = m(\boldsymbol{F},\boldsymbol{F}'') = m_B(\boldsymbol{F}) = F \cdot d$$

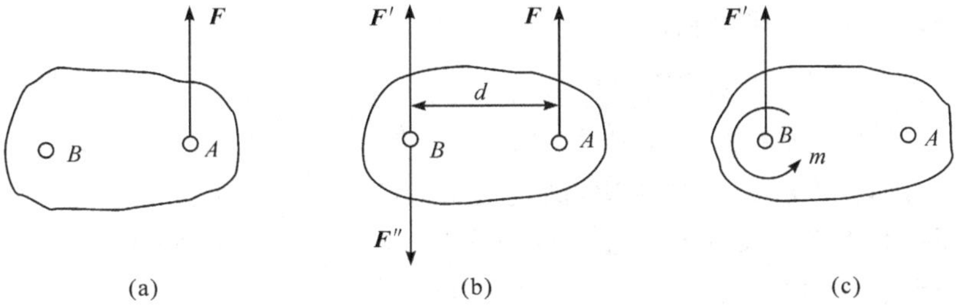

图 3-6

力 $\boldsymbol{F}$ 即平移到了 B 点，而作用在刚体上的有一个力 $\boldsymbol{F}'$和一个力偶，如图 3-6(c)所示，力平移后产生的力偶矩称为附加力偶矩，力 $\boldsymbol{F}'$和力偶矩 m 与 $\boldsymbol{F}$ 在原位置对刚体的作用等效。

根据力的平移定理可知，一个力可以分解为与其平行且等值的一个力和一个力偶，反之，一个力和一个力偶可以合成为一个力。

§3-3　平面一般力系的简化

各力的作用线在同一平面内的任意分布的力系，称为平面一般力系。设平面上作用一平面一般力系 $\boldsymbol{F}_1$、$\boldsymbol{F}_2$、…、$\boldsymbol{F}_n$，如图 3-7(a)所示，为了简化该力系，按力的平移定理将力系中各力分别平移到平面内任一点 O，O 点称为简化中心，于是得到作用于 O 点的平面汇交力系 $\boldsymbol{F}_1'$、$\boldsymbol{F}_2'$、…、$\boldsymbol{F}_n'$和一个平面力偶系$(\boldsymbol{F}_1,\boldsymbol{F}_1'')$、$(\boldsymbol{F}_2,\boldsymbol{F}_2'')$、…、$(\boldsymbol{F}_n,\boldsymbol{F}_n'')$，该力偶系的力偶矩分别为 $m_1=m_O(\boldsymbol{F}_1)$、$m_2=m_O(\boldsymbol{F}_2)$、…、$m_n=m_O(\boldsymbol{F}_n)$，如图 3-7(b)所示。显然，原力系与汇交力系和力偶系等效。现在对该汇交力系和力偶系进行简化。

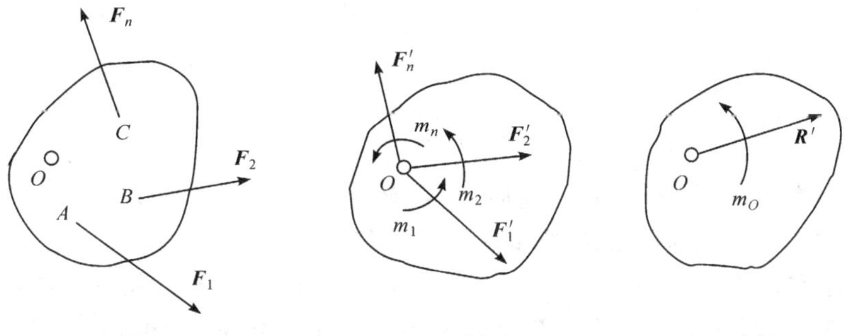

图 3-7

平面汇交力系 $\boldsymbol{F}_1'$、$\boldsymbol{F}_2'$、…、$\boldsymbol{F}_n'$按力多边形法则合成为一个合力 $\boldsymbol{R}'$，作用于 O 点，为

$$\boldsymbol{R}' = \boldsymbol{F}_1' + \boldsymbol{F}_2' + \cdots + \boldsymbol{F}_n'$$

因为该汇交力系中各力的大小和方向分别与原力系中对应的各力相同，即

$$\boldsymbol{F}_1'=\boldsymbol{F}_1,\ \boldsymbol{F}_2'=\boldsymbol{F}_2,\cdots,\boldsymbol{F}_n'=\boldsymbol{F}_n'$$

由此可得

$$\boldsymbol{R}'=\boldsymbol{F}_1+\boldsymbol{F}_2+\cdots+\boldsymbol{F}_n=\sum\boldsymbol{F} \tag{3-5}$$

矢量 $\boldsymbol{R}'$ 称为原力系的主矢。

平面力偶系($\boldsymbol{F}_1$,$\boldsymbol{F}_1''$)、($\boldsymbol{F}_2$,$\boldsymbol{F}_2''$)、…、($\boldsymbol{F}_n$,$\boldsymbol{F}_n''$)可以合成一个合力偶，其合力偶矩 m_O 等于原力系中各力对 O 点的矩的代数和，即

$$\begin{aligned} m_O &= m_1+m_2+\cdots+m_n \\ &= m_O(\boldsymbol{F}_1)+m_O(\boldsymbol{F}_2)+\cdots+m_O(\boldsymbol{F}_n)=\sum m_O(\boldsymbol{F}) \end{aligned} \tag{3-6}$$

m_O 称为原力系对简化中心 O 点的主矩，简化结果如图 3－7(c)所示。

结论：平面一般力系向其平面内任一点简化时，得到一个主矢和一主矩，这个主矢等于力系矢量和，主矩等于各力对简化中心取矩的代数和。

下面应用平面力系的简化理论，分析一种常见的固定端约束的约束反力。

图 3－8(a)所示的梁 AB，它的 B 端自由，而 A 端插入墙内被完全固定。工程上把这种梁称为悬臂梁，它所受到的约束称为固定端约束。这种约束的特点是物体端部完全固定，构件既不能移动，也不能转动。在外力作用下，构件插入部分与墙接触的各点都受到大小和方向都不确定的约束反力，如图 3－8(b)所示。这些不规则分布的约束反力可以向 A 点简化，得到一个约束反力(主矢)和一个力偶矩 m_A。为便于计算，一般将主矢用它的水平分量 $\boldsymbol{X}_A$ 和垂直分量 $\boldsymbol{Y}_A$ 表示，如图 3－8(c)所示。显然，$\boldsymbol{X}_A$、$\boldsymbol{Y}_A$、m_A 限制了构件的移动和转动。悬臂梁的简图如图 3－8(d)所示。

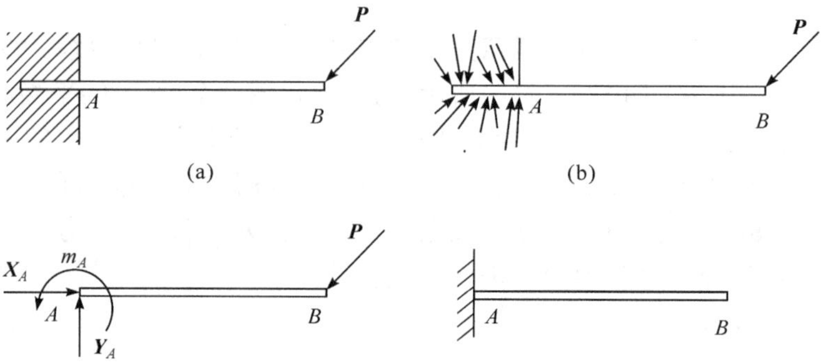

图 3－8

平面任意力系向平面内任一点简化后，如果 $\boldsymbol{R}'\neq0$，$m_O\neq0$，即主矢和主矩都不等于零。这种情况还不是原力系简化的最后结果，尚可进一步简化。

根据力的平移定理可知，一个力和一个力偶可以简化为一个力，简化过程如图 3－9所示。首先将力偶矩为 m_O 的力偶用与主矢 $\boldsymbol{R}'$ 大小相等的两个力 $\boldsymbol{R}$、$\boldsymbol{R}''$所构成的力偶($\boldsymbol{R}$,$\boldsymbol{R}''$)代替，其力偶臂为 $d=\dfrac{m_O}{R'}$，根据力偶的性质，将此力偶的一个力作用于 O 点，且与主矢 $\boldsymbol{R}'$ 的方向相反，于是 $\boldsymbol{R}'$ 与 $\boldsymbol{R}''$构成平衡力系，消去后仅剩下作用于 A 点的力 $\boldsymbol{R}$，此力就是原力系的合力，$\boldsymbol{R}$ 与主矢 $\boldsymbol{R}'$ 的大小和方向相同，其作用线与简化中心 O 点的距离为

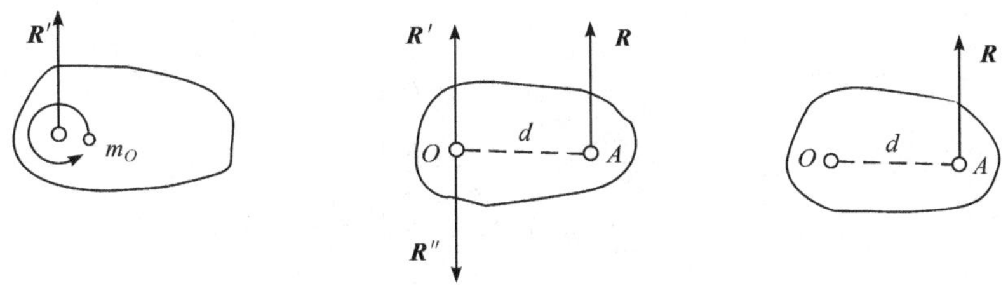

图 3 - 9

$$OA = d = \frac{m_O}{R'} = \frac{m_O}{R}$$

由图 3 - 9 可知,合力 **R** 对 O 点的矩为

$$m_O(\boldsymbol{R}) = R \cdot OA = m_O$$

但由式(3 - 6)

$$m_O = \sum m_O(\boldsymbol{F})$$

可得

$$m_O(\boldsymbol{R}) = \sum m_O(\boldsymbol{F}) \tag{3-7}$$

式(3 - 7)表明,平面力系的合力对任一点的矩等于各分力对同一点的矩的代数和。这一关系称为平面力系的合力矩定理。利用合力矩定理,往往可使力矩计算简化。

§3 - 4　平面一般力系的平衡条件和平衡方程

平面一般力系简化后得到一个主矢 $\boldsymbol{R}'$ 和一个主矩 m_O。如果 $\boldsymbol{R}' \neq 0$ 或 $m_O \neq 0$,物体都不能平衡,要使物体保持平衡,必须满足 $\boldsymbol{R}' = 0$ 和 $m_O = 0$ 的条件。因此,平面一般力系平衡的必要和充分条件是:力的主矢和对任一点的主矩都为零,即

$$R' = \sqrt{(\sum F_x)^2 + (\sum F_y)^2} = 0 \tag{3-8}$$

$$m_O = 0 \tag{3-9}$$

相当于

$$\left.\begin{aligned} \sum F_x &= 0 \\ \sum F_y &= 0 \\ \sum m_O(\boldsymbol{F}) &= 0 \end{aligned}\right\} \tag{3-10}$$

式(3 - 10)说明平面一般力系平衡的解析条件是:力系中各力在两个坐标轴上的投影的代数和分别为零;各力对平面上任一点的矩的代数和为零。式(3 - 10)称为平面力系的平衡方程。该方程除了这种形式外,还可以写成下面的形式

$$\left.\begin{aligned} \sum F_x &= 0 \\ \sum m_A(\boldsymbol{F}) &= 0 \\ \sum m_B(\boldsymbol{F}) &= 0 \end{aligned}\right\} \tag{3-11}$$

及

$$\left.\begin{aligned}\sum m_A(\boldsymbol{F})&=0\\ \sum m_B(\boldsymbol{F})&=0\\ \sum m_C(\boldsymbol{F})&=0\end{aligned}\right\}\qquad(3-12)$$

式(3-11)中的 A、B 两点连线不能垂直于 x 轴。式(3-12)中要求 A、B、C 三点是平面内不共线的任意三点。

三种不同形式的平衡方程都是由三个独立方程组成。不论用哪种平衡方程，最多只能求解三个未知数。

平面汇交力系、平面力偶系和平面平行力系均可看作平面一般力系的特殊情况。下面分析后两种力系的平衡方程。

(1) 平面力偶系。

由于平面力偶系可以简化为一个合力偶 m，而合力恒为零。在平面一般力系平衡方程中只剩下一个独立方程，即

$$\sum m_i=0\qquad(3-13)$$

式(3-13)表明，平面力偶系平衡的必要和充分条件是：力偶系中各力偶矩的代数和等于零。式(3-13)称为平面力偶系平衡方程。

(2) 平面平行力系。

各力作用线在同一平面内并相互平行的力系，称为平面平行力系，如图 3-10 所示。这种力系的平衡方程可以从平面一般力系的平衡方程得到。只要选择 Oy 轴与力系中各力平行，则各力在 x 轴上的投影为零，即方程 $\sum F_x=0$ 为 $0=0$ 的恒等式。平衡方程式(3-10)只剩下两个独立方程，即

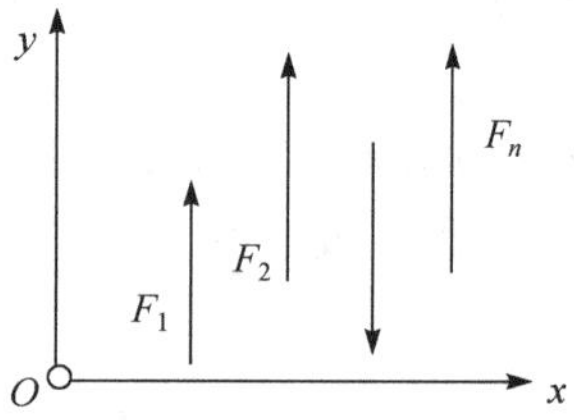

图 3-10

$$\left.\begin{aligned}\sum F_y&=0\\ \sum m(\boldsymbol{F})&=0\end{aligned}\right\}\qquad(3-14)$$

若利用式(3-11)，可得

$$\left.\begin{aligned}\sum m_A(\boldsymbol{F})&=0\\ \sum m_B(\boldsymbol{F})&=0\end{aligned}\right\}\qquad(3-15)$$

式(3-15)要求 A、B 两点的连线不与力的作用线平行。

【例 3-1】 悬臂梁 AB 如图 3-11(a)所示，梁上有均匀分布载荷，载荷集度为 q(单位长度上力的大小)，梁的自由端还受一集中力 $\boldsymbol{P}$ 和一力偶矩为 m 的力偶作用，梁长为 l，求固定端 A 处的约束反力。

解 取悬臂梁为研究对象，该梁所受的主动力有 q、$\boldsymbol{P}$ 和 m，约束反力有 $\boldsymbol{X}_A$、$\boldsymbol{Y}_A$ 和 $\boldsymbol{M}_A$，受力图如图 3-11(b)所示。

由平衡方程可得

$$\sum F_x = 0 \qquad X_A = 0$$
$$\sum F_y = 0 \qquad Y_A - ql - P = 0$$
$$\sum m_A(\boldsymbol{F}) = 0 \qquad M_A - ql \cdot \frac{l}{2} - Pl - m = 0$$

解得

$$X_A = 0$$
$$Y_A = ql + P$$
$$M_A = \frac{ql^2}{2} + Pl + m$$

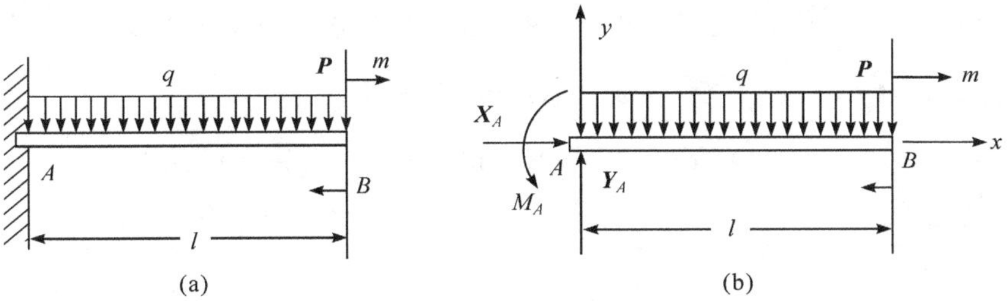

图 3 - 11

【例 3 - 2】　能绕铅垂轴 AB 转动的简易起重机如图 3 - 12(a)所示。悬挂在钩上的物体重量 G=50kN，若不计起重机本身的重量，求作用在止推轴承 A 和径向轴承 B 处的约束反力及 C、D、E 三铰链处的系统内的约束反力。

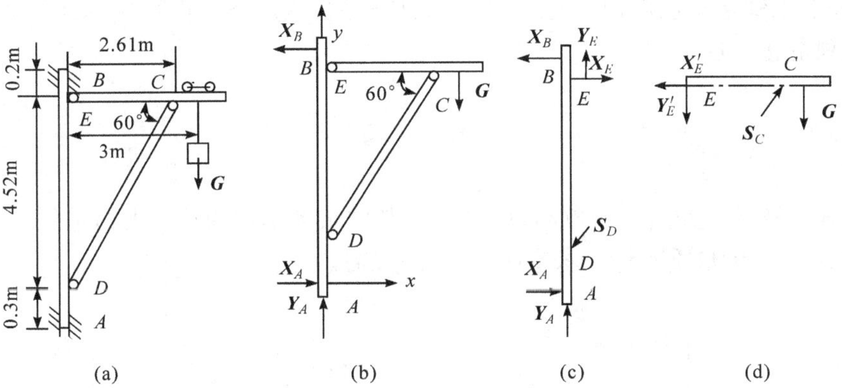

图 3 - 12

解　该起重机由 AB、EC、CD 三杆组成。欲求 A、B 两轴承处的反力，可先将整个系统作为研究对象。分离体上作用有主动力 $\boldsymbol{G}$ 和轴承处的约束反力 $\boldsymbol{X}_A$、$\boldsymbol{Y}_A$ 和 $\boldsymbol{X}_B$，受力图如图 3 - 12(b)所示。列出平衡方程为

$$\sum M_A(\boldsymbol{F}) = 0 \qquad 5.02X_B - 3G = 0$$

$$\sum X = 0 \qquad X_A - X_B = 0$$

$$\sum Y = 0 \qquad Y_A - G = 0$$

解得

$$X_A = X_B = \frac{3 \times 50}{5.02} = 29.88(\text{kN})$$

$$Y_A = G = 50(\text{kN})$$

为了求 C、D、E 三铰链处的约束反力，需将整个系统拆开，分别取 AB、EC 杆为研究对象，作出其受力图如图 3-12(c)和(d)所示。由于 CD 杆为二力杆，不必单独考虑。

对于 EC 杆，可列出三个平衡方程

$$\sum M_E(\boldsymbol{F}) = 0 \qquad S_C \sin 60^\circ \times 2.61 - 3G = 0$$

$$\sum X = 0 \qquad S_C \cos 60^\circ - X'_E = 0$$

$$\sum Y = 0 \qquad S_C \sin 60^\circ - G - Y'_E = 0$$

由此得

$$S_C = \frac{50 \times 3}{\sin 60^\circ \times 2.61} = 66.36(\text{kN})$$

$$X'_E = X_E = 66.36 \cos 60^\circ = 33.18(\text{kN})$$

$$Y'_E = Y_E = S_C \sin 60^\circ - G = 7.47(\text{kN})$$

因 CD 杆为二力杆，故有

$$S_D = S_C = 66.36(\text{kN})$$

至此，全部未知量均已解出，故不需再对 AB 杆列方程求解，但可用 AB 杆的平衡方程来校核上述结果的正确性。

习　　题

3-1　梁的载荷及尺寸如图 3-13(a)、(b)所示，其中长度单位为 cm，力的单位为 N，力偶的单位为 N·m，梁自重不计。求支座 A、B 的反力。

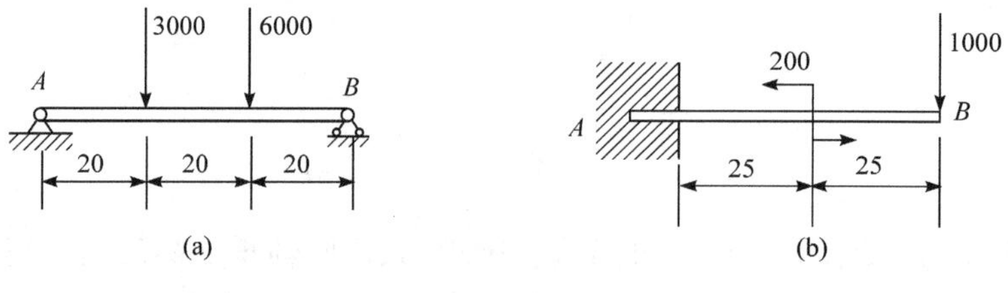

图 3-13

3-2　如图 3-14 所示的双支座的外伸梁，承受均布载荷，载荷集度 $q = 2.5\text{kN/m}$，梁长 4m，两支座间距离 3m。求该梁的支座反力。

3－3　曲杆结构如图 3－15 所示，AB 段为四分之一段弧，半径 $AC=2\text{m}$，$BD=1\text{m}$，杆上受力 $P_1=300\text{N}$，$P_2=600\text{N}$，$Q=400\text{N}$。试求固定端 A 的反力。

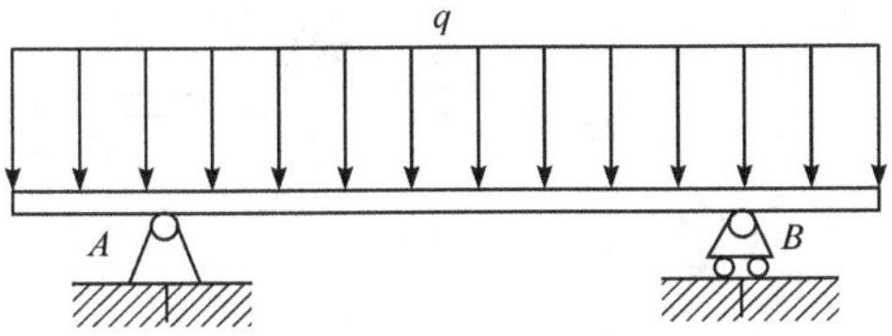

图 3－14

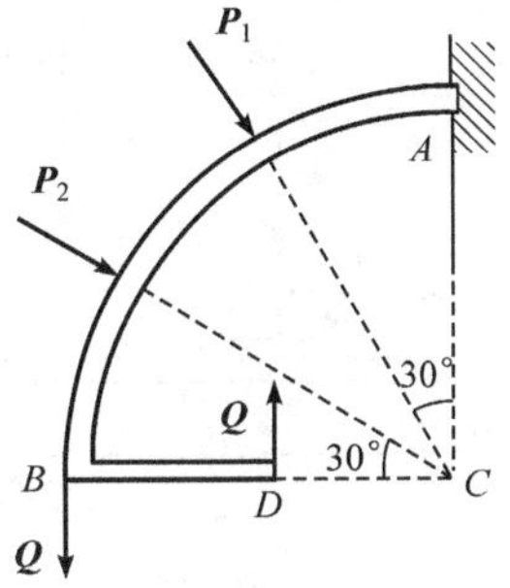

图 3－15

3－4　已知 $m_1=5\text{kN}\cdot\text{m}$，$m_2=3\text{kN}\cdot\text{m}$，$a=2\text{m}$。求图 3－16 所示钢架在 A 和 B 处的支座反力。

3－5　四杆机构在图 3－17 所示位置时平衡，$\alpha=30°$，$\beta=90°$。求平衡时 m_1/m_2。

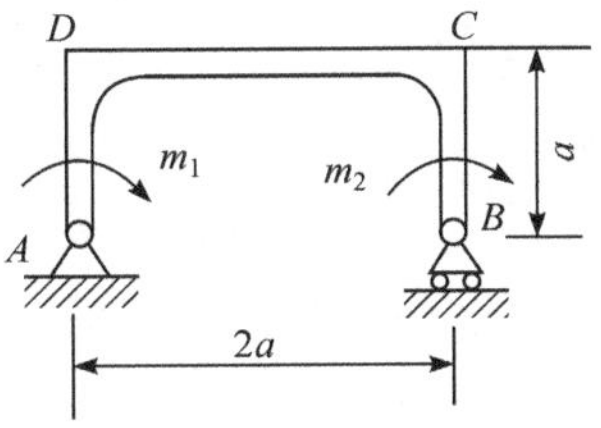

图 3－16

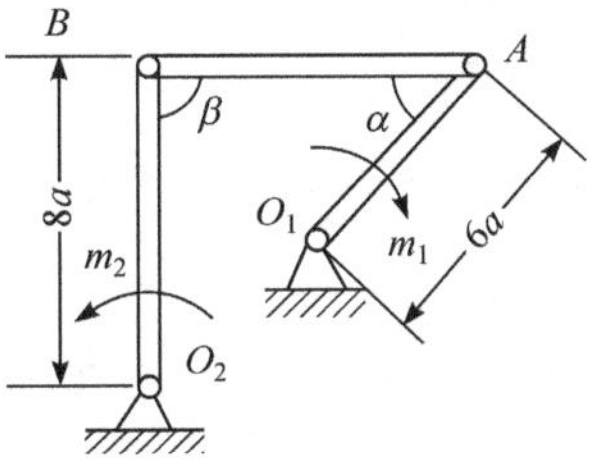

图 3－17

3－6　图 3－18 中起重机的构架 ABC 可沿铅垂轴 AB 转动，但在轴上有一固定凸台以支承构架。若 $P=12\text{kN}$，构架自重不计，求 A、B 处的反力。

3－7　图 3－19 所示起重机 ABC 具有铅垂转动轴 AB，起重机重 $G=3\text{kN}$，重心在 D，重物 $P=12\text{kN}$。试求轴承 A 和止推轴承 B 的约束反力。

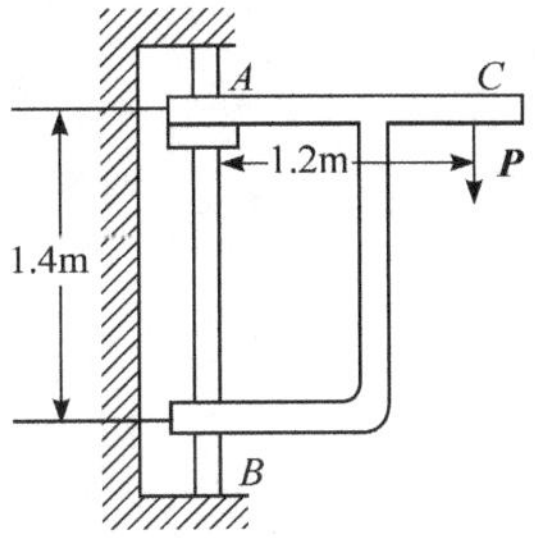

图 3－18

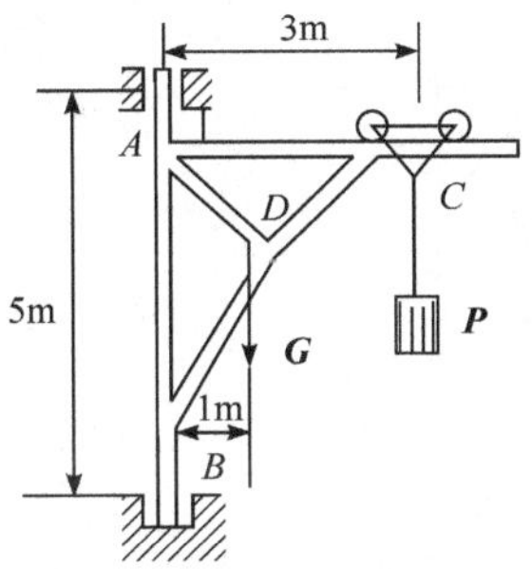

图 3－19

3－8　如图 3－20 所示梁上铺设有起重轨道。起重机重 50kN，其重心在铅垂线 CD 上，重物重 $P=10\text{kN}$。梁自重不计，求当起重机吊臂与梁 AB 在同一铅垂面内时，支座 A 和 B 的反力。

3－9　如图 3－21 所示，汽车停在长 30m 的水平桥上，设车前后两轴间的距离为 2.5m，前轴载荷为 15kN,后轴载荷为 25kN。为使支座 A 和 B 所受压力相等,汽车后轮到支座 A 的距离 x 应为多少?

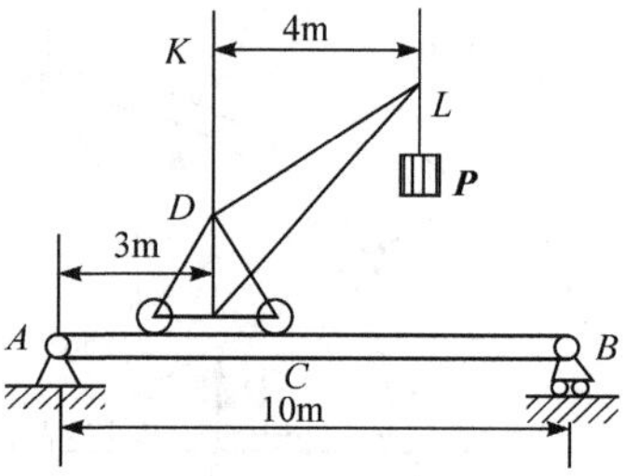

图 3-20

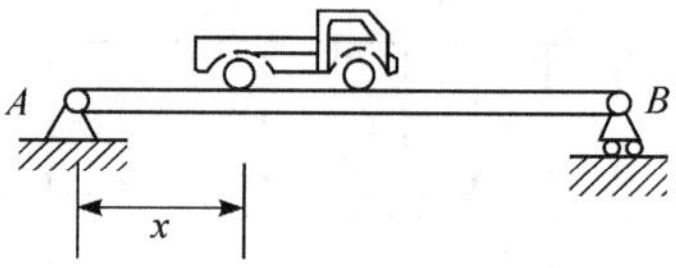

图 3-21

第 4 章　直杆的轴向拉伸与压缩

前 3 章讨论了力对物体的外效应，即分析构件所受的外力和平衡条件，从而解决构件平衡时外力的求法。本章以及后 3 章将讨论力对物体的内效应，即研究构件在外力作用下产生的内力和变形，以解决设计时构件的强度和刚度计算。

研究力的内效应时刚体的概念已不能用，而必须把构件视为变形固体，并且只讨论构件的小变形情况。

构件在不同力的作用下会产生不同的变形。本章讨论直杆的拉伸和压缩问题。

§4-1　直杆轴向拉伸及压缩的内力和应力

一、直杆横截面上的内力

杆件轴线为直线的杆称为直杆。外力作用线与直杆轴线重合，受力后轴线变长，这样的受力状态称为直杆的轴向拉伸。受力后轴线变短，则称为直杆的轴向压缩。

由于外力作用，物体各组成部分之间的相互作用力称为内力。为了研究内力，有必要使内力显示出来，通常采用截面法来达到这一目的。

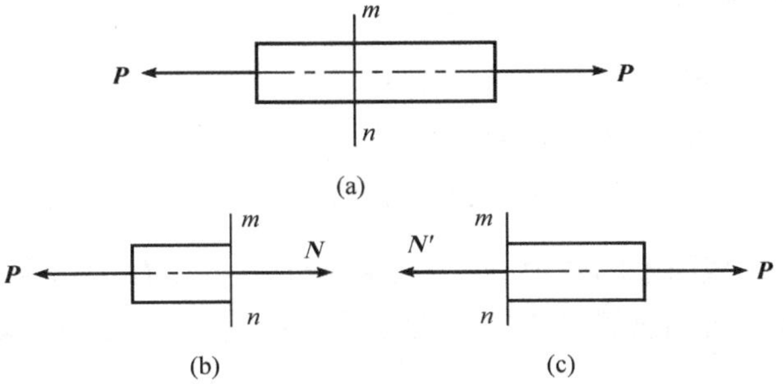

图 4-1

图 4-1(a)～(c)所示直杆，在一对等值、反向的轴向力作用下处于平衡。为了研究该杆横截面上的内力，现假想用垂直于轴线的平面 mn 将杆分为两段，以左段为研究对象，将右段对左段的作用以截面上的内力 $\boldsymbol{N}$ 代替。由左段杆的平衡方程式

$$\sum X = 0 \qquad N - P = 0$$

得

$$N = P$$

如果以右段为研究对象，并用内力 $\boldsymbol{N}'$ 表示左段对右段的作用。由该段的静力平衡方程 $\sum X = 0$ 可得

$$N' = P$$

$\boldsymbol{N}$、$\boldsymbol{N}'$ 是杆件左右两段间的相互作用力，它们的大小相等、方向相反，而它们实际上代表的

是同一个内力。

杆件产生拉伸变形时，横截面上内力的指向离开截面，称为拉力，符号规定为正。杆件产生压缩变形时，内力指向截面，称为压力，符号规定为负。

【例 4-1】 图 4-2(a)所示等截面直杆，受轴向外力 $\boldsymbol{P}_1$、$\boldsymbol{P}_2$、$\boldsymbol{P}_3$、$\boldsymbol{P}_4$ 作用，若 $P_1=4\times10^4\text{N}$、$P_2=7\times10^4\text{N}$、$P_3=6\times10^4\text{N}$、$P_4=3\times10^4\text{N}$，试求直杆各横截面上的内力。

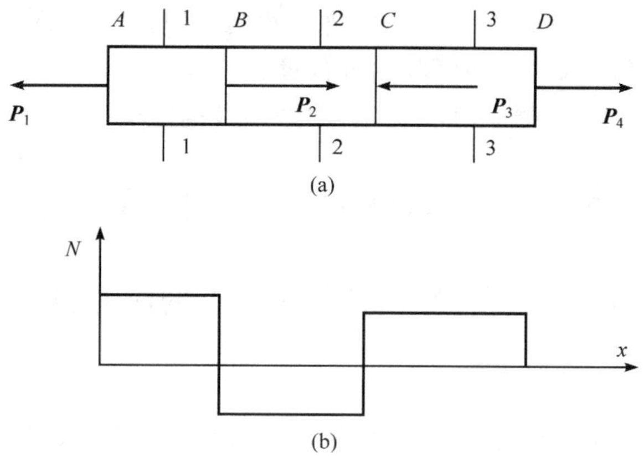

图 4-2

解　在 AB、BC、CD 段间选择横截面 1-1、2-2、3-3，并分别考虑各截面左段的平衡，根据平衡方程 $\sum X=0$ 得

$$N_1=P_1=4\times10^4(\text{N})$$
$$N_2=P_1-P_2=4\times10^4-7\times10^4=-3\times10^4(\text{N})$$
$$N_3=P_1-P_2+P_3=4\times10^4-7\times10^4+6\times10^4=3\times10^4(\text{N})$$

因 1-1、2-2、3-3 截面上的内力 $\boldsymbol{N}_1$、$\boldsymbol{N}_2$、$\boldsymbol{N}_3$ 分别代表 AB、BC、CD 各段的任一横截面上的内力，故可用图表示内力沿杆件长度方向的变化规律，该图称为轴力图，如图 4-2(b)。

二、直杆横截面上的应力

直杆轴向拉伸及压缩工作的安全与否，除受内力大小影响外，还与构件截面积有关。因此用应力指标来综合内力和截面积这两个因素。

单位面积上的内力称为应力。为了求出直杆横截面上任一点的应力，必须要知道内力在横截面上的分布规律。

现取一等截面直杆。在杆的表面画出两条垂直于杆轴线的横向线 mm 和 nn，如图 4-3(a)、(b)所示。然后在杆两端加一对轴向拉力 $\boldsymbol{P}$，此时可观察到两横向线平移到 m_1m_1 和 n_1n_1 处，但仍为垂直于轴线的直线。

根据以上现象，可以作出如下假设：横截面在变形后仍为垂直于轴线的平面。这个假设称为平面假设。

根据平面假设可以推知，当杆件受轴向拉伸(压缩)时，杆件所有纵向纤维的伸长(缩短)均相同。由此可进一步知道，杆件横截面上各点的应力是相等的，且为与横截面垂直的正应力。

如果杆件内力为 $\boldsymbol{N}$，横截面积为 A，截面上的正应力为

$$\sigma=\frac{N}{A}=\frac{P}{A} \tag{4-1}$$

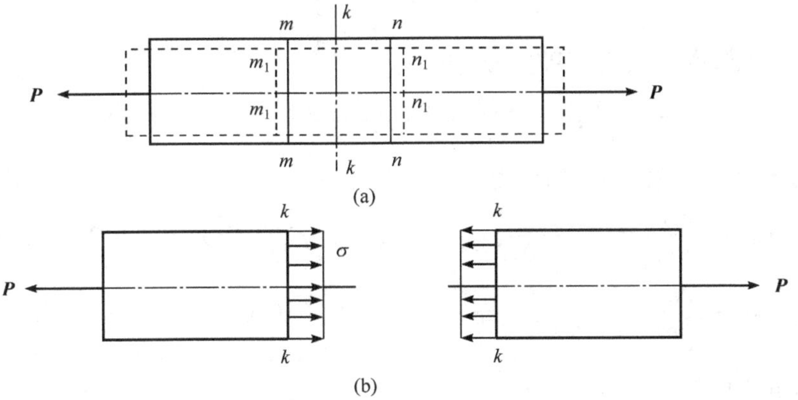

图 4－3

轴向拉伸时，横截面的正应力为拉应力，轴向压缩时，则为压应力。通常以拉应力为正，压应力为负。应力单位为 Pa 或 MPa。

【例 4－2】 如图 4－4 所示单个螺栓轴向拉力 $P=7600\text{N}$，螺纹内径 $d_1=10.106\text{mm}$。试求最小横截面上的应力。

解 螺栓最小横截面是以 d_1 为直径的截面，截面积为

$$A=\frac{\pi d_1^2}{4}=\frac{3.14\times10.106^2}{4}=80.17(\text{mm}^2)$$

故

$$\sigma=\frac{N}{A}=\frac{P}{A}=\frac{7600}{80.17}=94.8\ (\text{N/mm}^2)=94.8(\text{MPa})$$

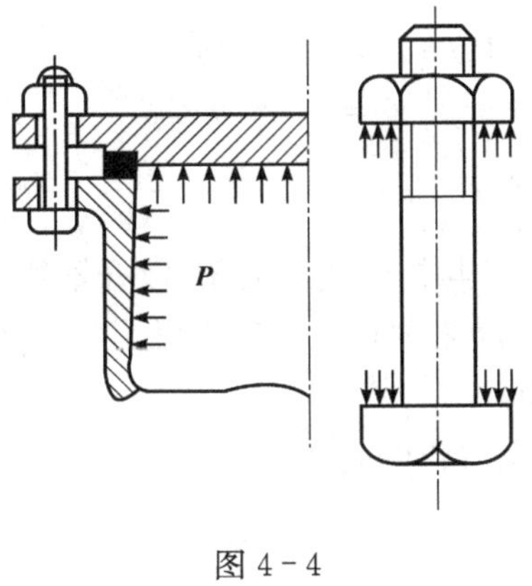

图 4－4

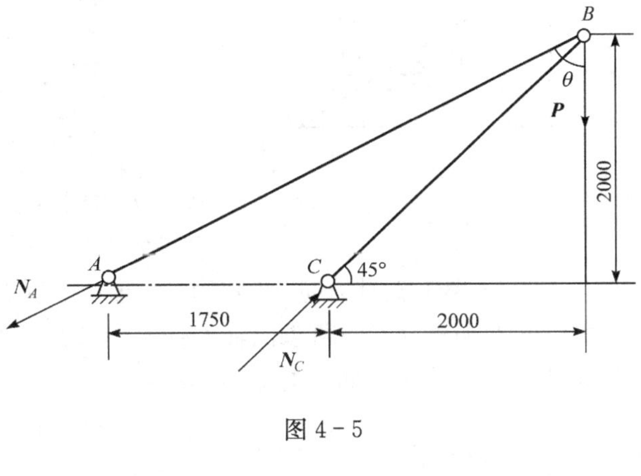

图 4－5

【例 4－3】 一起重机架由 100mm×100mm 的木杆 BC 及 30mm 直径的圆钢杆 AB 构成，如图4－5所示。当起吊重量 $P=35\text{kN}$ 时，试求 AB、BC 杆横截面上的正应力。

解 (1) 求 AB 及 BC 杆的外力

$$AB=\sqrt{BE^2+AE^2}=\sqrt{2^2+3.75^2}=4.25(\text{m})$$

$$\sum M_C = -2P + 1.75N_A\cos\theta = 0$$

$$N_A = \frac{2P}{1.75\cos\theta} = \frac{2\times 35\times 10^3\times 4.25}{1.75\times 2} = 8.5\times 10^4(\text{N})$$

$$\sum X = -N_A\sin\theta + N_C\cos 45^\circ = 0$$

$$N_C = \frac{N_A\sin\theta}{\cos 45^\circ} = \frac{8.5\times 10^4\times 3.75}{\cos 45^\circ\times 4.25} = 1.06\times 10^5(\text{N})$$

(2) 求 AB、BC 杆横截面上的压力

$$\sigma_{AB} = \frac{N_A}{A_{AB}} = \frac{8.5\times 10^4\times 4}{\pi\times 0.03^2} = 1.203\times 10^8(\text{Pa}) = 120.3(\text{MPa})$$

$$\sigma_{BC} = \frac{N_C}{A_{BC}} = \frac{-1.06\times 10^5}{0.1\times 0.1} = -1.06\times 10^7(\text{Pa}) = -10.6(\text{MPa})$$

三、直杆斜截面上的应力

如图 4-6(a)所示杆件，两端受轴向压力 $\boldsymbol{P}$，横截面积为 A，横截面上的正应力为

$$\sigma = \frac{P}{A}$$

现用一与横截面相交为 θ 的斜面将构件切开，取杆件的左部如图 4-6(b)所示，该斜截面的面积为

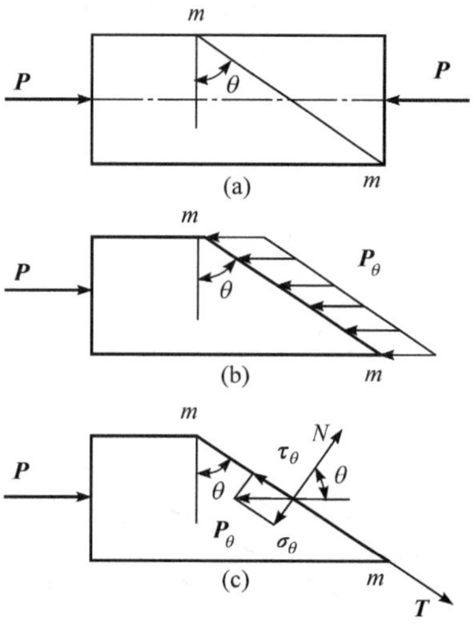

图 4-6

$$A_\theta = \frac{A}{\cos\theta}$$

斜截面上的总应力 $\boldsymbol{P}_\theta$ 由静力平衡方程求得

$$P_\theta = \frac{P}{A_\theta} = \frac{P}{A/\cos\theta} = \sigma\cos\theta$$

将 $\boldsymbol{P}_\theta$ 沿截面的法向和切向分解，得垂直于斜截面的正应力 $\boldsymbol{\sigma}_\theta$ 和平行于斜面的剪应力 $\boldsymbol{\tau}_\theta$，如图 4-6(c)所示。它们分别为

$$\sigma_\theta = -P_\theta\cos\theta = -\sigma\cos^2\theta \qquad (4-2)$$

$$\tau_\theta = -P_\theta\sin\theta = -\sigma\sin\theta\cos\theta = -\frac{1}{2}\sigma\sin 2\theta \qquad (4-3)$$

式中，θ 为截面外法线 N 与杆轴线的夹角，以杆轴线逆时针转到外法线者为正，反之为负。正应力以拉为正，压为负。剪应力以外法线顺时针方向转 90°所指方向为正，反之为负。

由式(4-2)和式(4-3)可求出杆件任一斜截面上的正应力和剪应力。

下面计算某些特殊截面上的应力，并用图 4-7 表示。

$$\left.\begin{aligned}\sigma_{\theta=0} &= -\sigma\\ \tau_{\theta=0} &= 0\end{aligned}\right\}$$

$$\left.\begin{aligned}\sigma_{\theta=180^\circ} &= -\sigma\\ \tau_{\theta=180^\circ} &= 0\end{aligned}\right\}$$

$$\left.\begin{aligned}\sigma_{\theta=90^\circ} &= 0\\ \tau_{\theta=90^\circ} &= 0\end{aligned}\right\}$$

$$\left.\begin{aligned}\sigma_{\theta=45^\circ}&=-\frac{\sigma}{2}\\ \tau_{\theta=45^\circ}&=-\frac{\sigma}{2}\end{aligned}\right\}$$

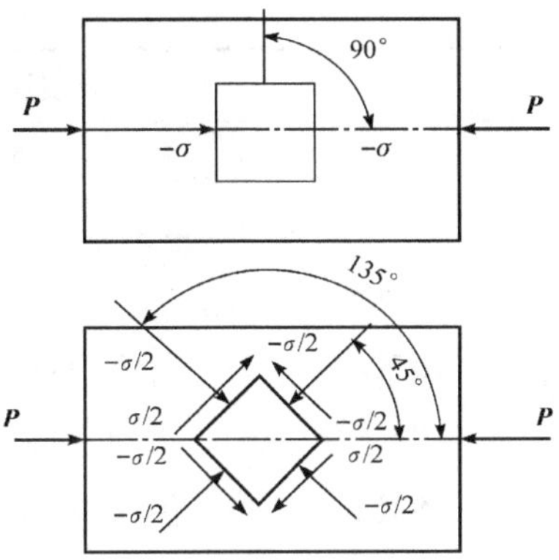

图 4-7

由式(4-2)可知，正应力最大值在横截面上，即 σ_θ。由式(4-3)可知，当 $\theta=45^\circ$时，剪应力具有极值，其值为$-\frac{\sigma}{2}$。另外，由式(4-3)可以求得，任何两个互相垂直截面上的剪应力总是大小相等，其方向则是均指向或均离开两截面的交线。这一规律称为剪应力互等定理。

§4-2　直杆拉伸和压缩时的变形

直杆在轴向拉力或压力作用下的变形可以通过试验观察到。图 4-8 为等截面直杆受轴向拉力作用。杆件由原长 l 增长到 l'，而杆的横向尺寸由原来的 b 减少到 b'，杆件的纵向尺寸和横向尺寸的绝对变化量分别为

纵向：$\Delta l=l'-l$

横向：$\Delta b=b'-b$

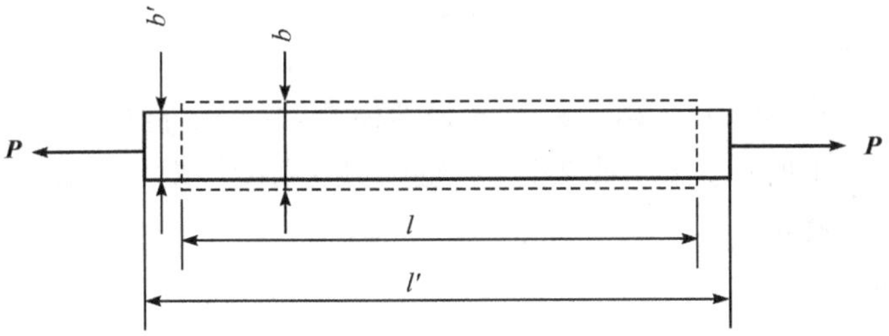

图 4-8

由于绝对变形量受杆原始尺寸影响，绝对变形量相同而原始尺寸不同的杆，其变形程度并不一样，为了真实反应变形程度，用构件的相对变形即应变来表示。所谓应变指构件单位长度的伸长量或缩短量。杆件拉伸或压缩时的纵向应变

$$\varepsilon=\frac{l'-l}{l}=\frac{\Delta l}{l} \tag{4-4}$$

横向应变

$$\varepsilon'=\frac{b'-b}{b}=\frac{\Delta b}{b} \tag{4-5}$$

材料的试验表明：杆的拉压变形在弹性范围时，横向应变 ε'与纵向应变 ε 之比的绝对值为一定值。若以 μ 表示此值，则

$$\mu=|\varepsilon'/\varepsilon| \text{ 或 } \varepsilon'=-\mu\varepsilon \tag{4-6}$$

μ 称为材料的横向应变系数或泊松比，其值由试验确定。表 4-1 列出了部分材料的 μ 值。

表 4-1 部分材料的弹性模量及泊松比

材料	弹性模量 $E/10^5$MPa	泊松比 μ	剪切弹性模量 $G/10^4$MPa
碳钢	1.96～2.16	0.25～0.33	7.85～7.95
合金钢	1.86～2.16	0.24～0.33	7.95
灰铸铁	1.15～1.60	0.23～0.27	4.41
铜及其合金	0.73～1.28	0.31～0.42	3.92～4.51
铝及其合金	0.7～0.73	0.33	2.55～2.65
混凝土	0.143～0.358	0.16～0.18	—
玻璃	0.56	0.25	2.2
橡胶	0.0008	0.47	—

由一系列实验证明，当杆的外力不超过某一限度时，杆的伸长量与杆所受的力 $\boldsymbol{P}$、杆的原长 l 和横截面面积 A 有下列关系

$$\Delta l=\frac{Pl}{EA}$$

由 $N=P$，可将上式改写为

$$\Delta l=\frac{Nl}{EA} \tag{4-7}$$

以上关系称为胡克定律。式中，E 称为材料的弹性模量，它表示材料抵抗变形的能力。部分材料的弹性模量如表 4-1 所示。EA 称为杆的抗拉(压)刚度。对于长度相同、受力相同的杆，其 EA 越大，杆的变形就越小。

将式(4-7)变形为

$$\frac{\Delta l}{l}=\frac{N}{EA}$$

由此可得胡克定律的另一形式

$$\varepsilon=\frac{\sigma}{E} \tag{4-8}$$

式(4-8)表示拉(压)杆的正应力与线应变之间的关系，这是研究构件的应力与变形的基本理论依据之一。

【例 4-4】 45 号钢制圆形阶梯轴如图 4-9(a)所示，轴各段的直径分别为 $d_1=32$mm，$d_2=28$mm，$d_3=34$mm，若外力 $P_1=120$kN，$P_2=220$kN，$P_3=260$kN，$P_4=160$kN，试计算轴的总变形量。

解 (1) 求轴各段内力，并画出轴力图。

根据静力平衡方程式 $\sum X=0$，得

$$N_{AB}=P_1=120(\text{kN})$$
$$N_{BC}=P_1-P_2=120-220=-100(\text{kN})$$

$$N_{CD}=P_1-P_2+P_3=120-220+260=160(\text{kN})$$

画出轴力图[图 4 - 9(b)]。

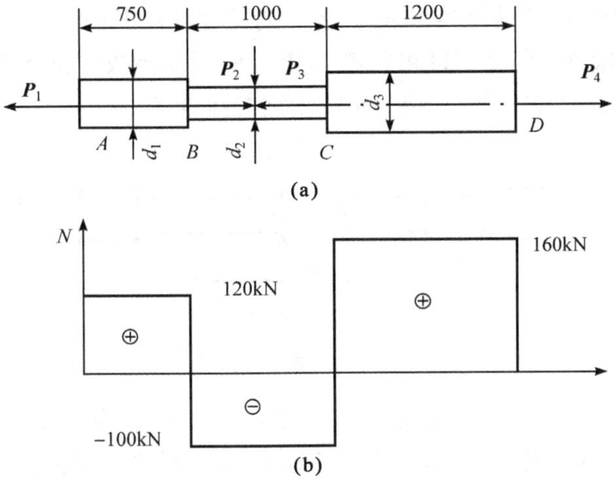

图 4 - 9

(2) 求轴各段横截面的应力。

$$\sigma_{AB}=\frac{N_{AB}}{A_{AB}}=\frac{4N_{AB}}{\pi d_1^2}=\frac{4\times120\times10^3}{\pi\times0.032^2}=1.492\times10^8(\text{Pa})=149.2(\text{MPa})$$

$$\sigma_{BC}=\frac{N_{BC}}{A_{BC}}=\frac{4N_{BC}}{\pi d_2^2}=\frac{4\times(-100\times10^3)}{\pi\times0.028^2}=-1.624\times10^8(\text{Pa})=-162.4(\text{MPa})$$

$$\sigma_{CD}=\frac{N_{CD}}{A_{CD}}=\frac{4N_{CD}}{\pi d_3^2}=\frac{4\times160\times10^3}{\pi\times0.034^2}=1.762\times10^8(\text{Pa})=176.2(\text{MPa})$$

(3) 计算轴向总变形。由表 4 - 1 确定材料的弹性模量 $E=2.0\times10^5$ MPa，轴的总轴向变形 Δl 为

$$\begin{aligned}\Delta l&=\Delta l_{AB}+\Delta l_{BC}+\Delta l_{CD}\\&=\frac{\sigma_{AB}l_{AB}}{E}+\frac{\sigma_{BC}l_{BC}}{E}+\frac{\sigma_{CD}l_{CD}}{E}\\&=\frac{1}{E}(\sigma_{AB}l_{AB}+\sigma_{BC}l_{BC}+\sigma_{CD}l_{CD})\\&=\frac{1}{2.0\times10^{11}}(149.2\times10^6\times0.75-162.4\times10^6\times1+176.2\times10^6\times1.2)\\&=8.047\times10^{-4}(\text{m})\\&=0.8047(\text{mm})(\text{伸长})\end{aligned}$$

§4 - 3　材料的机械性能

材料的机械性能是材料从开始加载直到破坏的全过程中，在强度和变形方面所表现出来的力学性质，它是材料所固有的特性。要判断杆件在工作时是否安全，应该将工作时的应力与材料的强度进行比较，而材料的强度要通过试验来测定。

一、低碳钢拉伸及压缩时的机械性能

取一低碳钢标准试件，如图 4－10 所示。把它夹持在试验机上进行试验，试件受到自零开始逐渐增加的拉力 $\boldsymbol{P}$ 作用，试件发生伸长变形。在试验过程中记录一系列拉力 $\boldsymbol{P}$ 与试件原始标距长 l_0 的绝对伸长量 Δl，直至试件被拉断为止。根据试验数据画出 $\boldsymbol{P}$ 与 Δl 的关系曲线，称为材料的拉伸图或 P-Δl 曲线。图 4－11 为低碳钢的拉伸图。

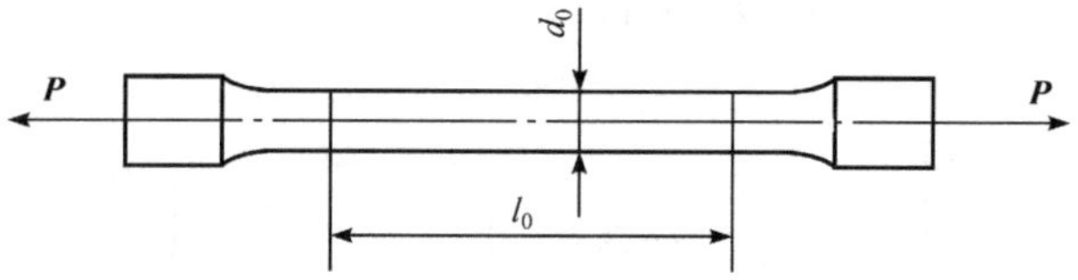

图 4－10　低碳钢标准试件

为了消除试件尺寸的影响，以反映材料本身的特性，将 P 除以试件工作段截面积 A 变为应力 σ，将 Δl 除以 l_0 变为应变 ε，并用纵坐标表示应力 σ，横坐标表示应变 ε，这样可得 σ－ε 曲线，称为应力-应变图，如图 4－12 所示。

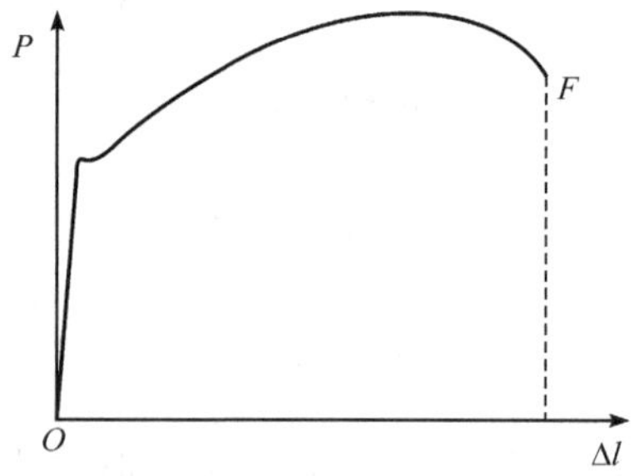

图 4－11　低碳钢的拉伸图

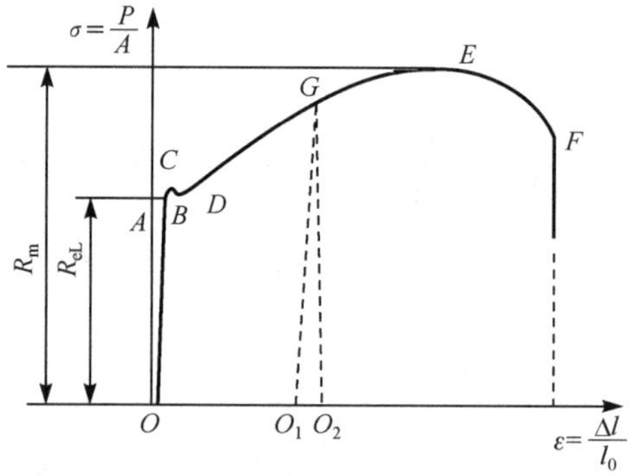

图 4－12　低碳钢的应力-应变图

下面根据 σ-ε 曲线讨论低碳钢拉伸时的机械性能。

1. *OB* 弹性段

OB 段由 *OA* 倾斜直线段和 *AB* 微弯曲段构成。在该段内，当外力消除后，由外力所引起的变形 Δl 可完全恢复，故 *OB* 段又称为弹性阶段。在 *OA* 直线段部分，应变 ε 与应力 σ 成正比例关系，即 $\sigma=E\varepsilon$。因 *AB* 微弯曲段曲率很小，仍可近似地认为应变 ε 与应力 σ 成正比。

2. *BD* 屈服段

BD 段由波纹线段构成。当应力 σ 超过 *B* 点后，即使外力完全消除，试样的变形 Δl 也不可能完全恢复，通常把不能恢复的变形称为塑性变形。应力值超过 *B* 点进入 *BD* 段后，不仅有塑性变形产生，而且试样表面变粗，光泽度下降，并出现与轴线相交为 45°～55°的倾斜直线，该倾斜直线常称为滑移线。当观察试样变形时，发现在外力变化很小时，其变形也很大，因此在 σ－ε 曲线上出现波纹线段，此时试件变形的显著增大，就好像固体材料丧失了抵抗变形的能力，这种现象被称为材料的屈服现象。在波纹线内通常有两个极限应力。较大的极值应力

受影响的因素多，上下波动较大，而较小的极值应力受影响因素少，比较稳定，其下限极值应力用 R_{eL} 表示，称为材料的屈服强度。

有些塑性材料在拉伸时没有明显的屈服现象，无法测定 R_{eL}，采用 $R_{p0.2}$ 代替。$R_{p0.2}$ 规定为塑性延伸强度，表示规定塑性延伸率为 0.2% 时的应力。

3. *DE* 强化段

DE 段为一上升的曲线，到曲线顶点 *E* 时，试件迅速断裂破坏。*E* 点的极限应力用 R_m 表示，称为材料的抗拉强度。

当应力值超过屈服段时，材料晶粒间的滑动已到一定程度，材料抵抗变形的能力得到强化，试件变形速度下降，只有外力增加幅度较大时，才能使试件的变形继续增加，故 *DE* 段称为强化段。

4. *EF* 颈缩段

试件的应力达到抗拉强度 R_m 时，在试件的某一部位处的横截面面积迅速减小，出现"颈缩"现象。过了 *E* 点后，因颈缩处截面面积显著减小，此时试件继续变形所需的拉力随之减小，应力-应变曲线（*EF* 段）下弯，最后至 *F* 点试件断裂。

试样断裂后，载荷完全消除，弹性变形恢复，仅保留塑性变形。设试样断裂后合拢的断后标距长度为 l_u，颈缩部分断后最小横截面积为 S_u，则

$$A = \frac{l_u - l_0}{l_0} \times 100\% \tag{4-9}$$

$$Z = \frac{S_0 - S_u}{S_0} \times 100\% \tag{4-10}$$

式中，l_0 为未变形时的标距长度；S_0 为未变形时试样的横截面面积。

通常把 *A* 称为材料的断后伸长率，*Z* 称为材料的断面收缩率。常用材料的断后伸长率及断面收缩率来判断材料塑性的好坏，因此 *A* 及 *Z* 是衡量塑性的基本参数。工程中把 *A* 大于 5% 的材料称为塑料材料，把 *A* 小于 5% 的材料称为脆性材料。

低碳钢压缩时的 σ-ε 曲线如图 4-13 所示。在屈服强度之前，低碳钢的压缩机械性能与拉伸机械性能相同，即弹性模量 *E*、屈服强度 R_{eL} 等相同。由于低碳钢系塑性材料，变形较大，压缩时试件越压越扁，始终不能使其破坏，因此无法测出抗拉强度 R_m。工程上常用塑性材料拉伸时的抗拉强度代替压缩时的抗压强度。

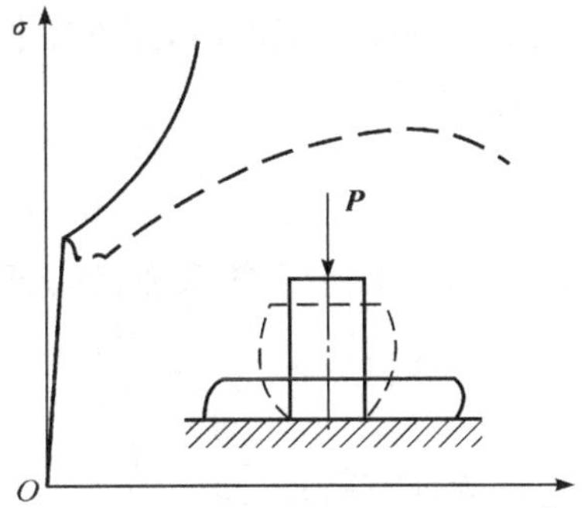

图 4-13　低碳钢压缩时的 σ-ε 曲线

二、脆性材料的机械性能

铸铁是一种典型的脆性材料，图 4-14 表示铸铁拉伸时的 σ-ε 曲线，图 4-15 为压缩时的 σ-ε 曲线。由图可知，铸铁受拉伸与压缩时，都没有明显的直线部分，也无屈服阶段。因此，铸铁没有屈服强度，只有抗拉强度。压缩的强度比拉伸时的强度高出数倍，故铸铁及其他脆性材料常用作承压构件。

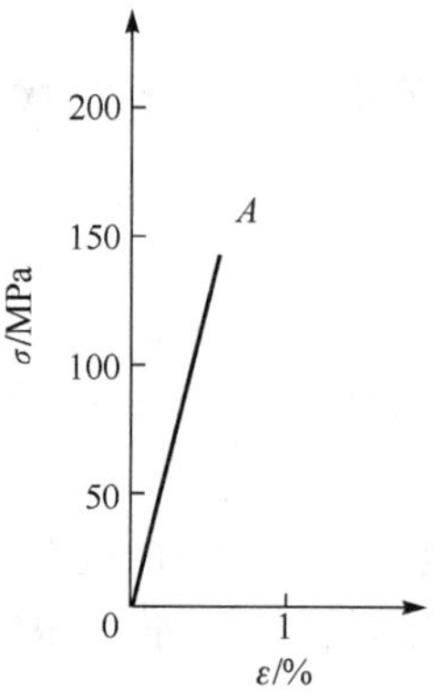

图- 14　铸铁拉伸时的 σ-ε 曲线

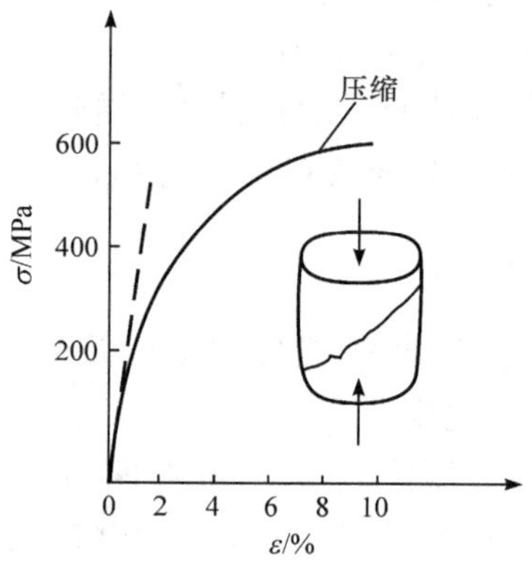

图 4-15　铸铁压缩时的 σ-ε 曲线

§4-4　杆件在拉伸及压缩时的强度计算

一、材料的许用应力

若受力构件截面上的最大应力达到一定数值，则构件不能起到预定的作用而产生失效。例如，塑性材料的直杆在轴向拉伸及压缩时，若截面上的最大正应力达到或超过材料屈服强度 R_{eL} 时，构件因变形过大，并产生不能恢复的塑性变形，丧失正常工作能力而失效。若脆性材料的直杆拉伸及压缩时，截面上的最大正应力达到材料的拉伸强度时，构件也将迅速断裂，因不能正常工作而失效。通常把构件不能正常工作而失效时材料的应力称为材料的极限应力，用 σ_{jx} 表示。一般把塑性材料的屈服强度 R_{eL} 及拉伸强度 R_m，脆性材料的抗拉强度 R_m 定为极限应力。

在生产中为保证安全，必须把拉伸及压缩时直杆横截面处的最大应力控制在小于材料极限应力的安全范围内，工作中构件材料能安全采用的最大应力称为材料的许用应力，用 $[\sigma]$ 表示，其值为

$$[\sigma]=\frac{\sigma_{jx}}{n}$$

式中，n 为大于 1 的系数，称为安全系数。由于 σ_{jx} 的取值与材料性质有关，因此

塑性材料：　$[\sigma]=\dfrac{R_{eL}}{n_{eL}}$

脆性材料：　$[\sigma]=\dfrac{R_m}{n_m}$

式中，n_{eL} 和 n_m 分别为 R_{eL} 和 R_m 所对应的安全系数。确定安全系数的大小，要考虑一系列因素。例如，构件的重要程度、计算载荷的精确性、材料的性质和质量、构件的加工质量、计算公式的可靠性及构件工作条件等。一般机械设计中的取值范围为

$$n_{eL}=1.5\sim2.0$$

$$n_m=2\sim3.5$$

正确地选择安全系数的大小是一个很复杂的问题。选用较大的安全系数虽不容易发生事故，但浪费材料，机械外形尺寸大、笨重。若选用较小安全系数虽解决了上述问题，但又容易发

生事故，影响安全。为此必须根据生产实际状况和行业特点，从有关资料中合理地选用安全系数。

二、强度计算

为了保证杆件受轴向拉伸和压缩时能够正常工作，必须把构件的实际最大应力控制在安全范围内，即应满足下列条件

$$\sigma=\frac{N}{A}\leqslant[\sigma] \tag{4-11}$$

式(4-11)称为轴向拉伸及压缩杆件的强度条件，利用该式可解决下列三方面的问题。

1. 设计断面尺寸

已知载荷 $\boldsymbol{P}$(或内力 $\boldsymbol{N}$)及许用应力$[\sigma]$，利用下式确定杆件的横截面面积

$$A\geqslant\frac{N}{[\sigma]}$$

2. 确定最大工作载荷

根据横截面面积 A 及许用应力$[\sigma]$，由下式计算杆件的最大轴向载荷

$$P\leqslant A[\sigma]$$

3. 校核强度

若已知载荷 $\boldsymbol{P}$(或内力 $\boldsymbol{N}$)及杆件的横截面面积 A，则可计算出杆件横截面上的最大应力 $\sigma_{\max}$，按照强度条件校核构件工作时是否安全，即

$$\sigma_{\max}=\frac{N}{A}\leqslant[\sigma]$$

【例 4－5】　如图 4－16(a)所示起重机架，BC 杆直径 $d=24\text{mm}$，材料许用应力$[\sigma]=120\text{MPa}$，试由 BC 杆确定该起重机所能起吊的最大重量 Q。

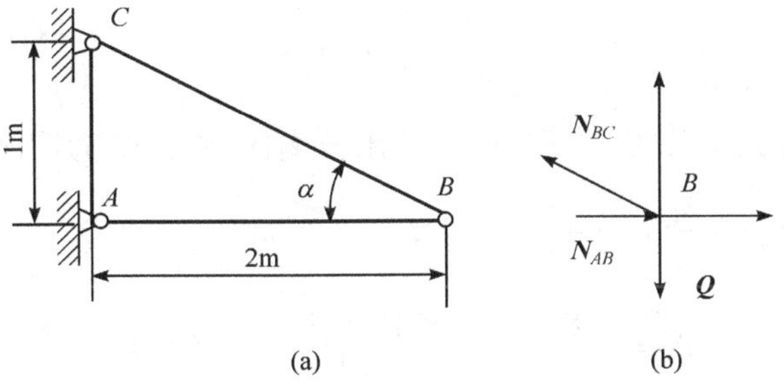

图 4－16

解　机构中的 A、B、C 均为铰接，且 AB、BC 为二力构件，取 B 点进行受力分析，如图 4－16(b)所示。

$$\sum F_y=N_{BC}\sin\alpha-Q=0$$

$$N_{BC}=\frac{Q}{\sin\alpha}$$

$$\sin\alpha=\frac{AC}{\sqrt{AC^2+AB^2}}=\frac{1}{\sqrt{1^2+2^2}}=\frac{\sqrt{5}}{5}$$

$$N_{BC}=\frac{Q}{\sin\alpha}=\sqrt{5}Q$$

根据强度条件

$$\sigma_{BC}=\frac{N_{BC}}{A_{BC}}\leqslant[\sigma]$$

即

$$\frac{4\sqrt{5}Q}{\pi d^2}\leqslant 120\times 10^6$$

解得

$$Q=\frac{120\times10^6\pi d^2}{4\sqrt{5}}=\frac{120\times10^6\pi\times0.024^2}{4\sqrt{5}}=24.3\times10^3(\mathrm{N})$$

【例 4-6】 已知一桁架机构如图 4-17(a)所示，若外力 $P=15\mathrm{kN}$，AB 为直径 $d=15\mathrm{mm}$ 的钢杆，材料许用应力$[\sigma]=120\mathrm{MPa}$，试校核该钢杆的强度。

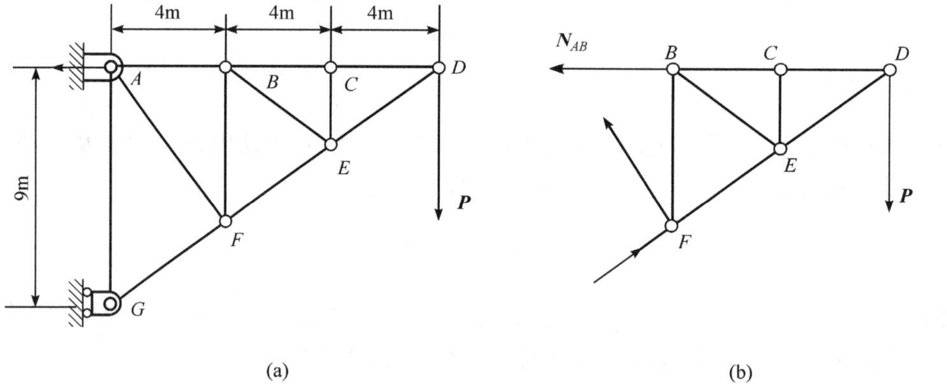

图 4-17

解 将桁架从 AB、AF、GF 中间剖开，取出分离体，画出受力图[图 4-17(b)]。

$$\sum m_F(\boldsymbol{F})=-8P+6N_{AB}=0$$

$$N_{AB}=\frac{8P}{6}=\frac{8\times15\times10^3}{6}=2\times10^4(\mathrm{N})$$

$$\sigma_{AB}=\frac{N_{AB}}{A_{AB}}=\frac{2\times10^4\times4}{\pi\times(0.015)^2}=1.13\times10^8(\mathrm{Pa})=113(\mathrm{MPa})$$

因 $\sigma_{AB}=113\mathrm{MPa}<[\sigma]$，故 AB 杆的强度足够。

【例 4-7】 如图 4-18(a)所示，构件悬吊在 AB、AC、DC 三根圆形钢杆上，A、B、C、D 四点为铰链连接。构件重量 $P=100\mathrm{kN}$，构件受水平推力 $G=25\mathrm{kN}$，钢杆材料许用应力$[\sigma]=150\mathrm{MPa}$ 时，试计算三钢杆的最小直径。

解 将机构从 AB、AC、DC 中间剖开，画出分离体受力图[图 4-18(b)]。

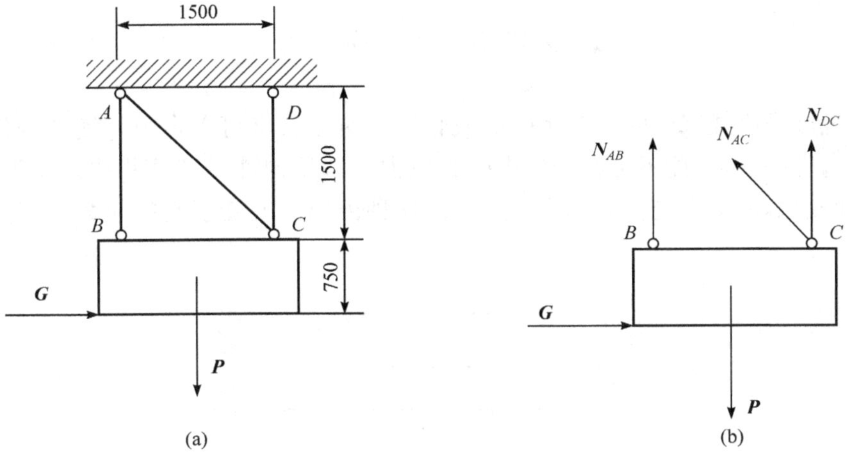

图 4-18

（1）求各钢杆的内力。

$$\sum m_C(\boldsymbol{F}) = -1.5N_{AB} + 0.75G + 0.75P = 0$$

$$N_{AB} = \frac{0.75(G+P)}{1.5} = \frac{0.75\times(25\times10^3+100\times10^3)}{1.5}$$

$$=6.25\times10^4(\mathrm{N})$$

$$\sum X = G - N_{AC}\cos45^\circ = 0$$

$$N_{AC}=\frac{G}{\cos45^\circ}=\frac{25\times10^3}{\cos45^\circ}=3.536\times10^4(\mathrm{N})$$

$$\sum Y = N_{AB} - P + N_{AC}\cos45^\circ + N_{DC} = 0$$

$$N_{DC} = P - N_{AB} - N_{AC}\cos45^\circ$$

$$=100\times10^3-6.25\times10^4-23.536\times10^4\cos45^\circ$$

$$=1.25\times10^4(\mathrm{N})$$

（2）计算各钢杆的最小直径。

由强度条件得 $A\geqslant\frac{N}{[\sigma]}$，即$\frac{\pi d^2}{4}\geqslant\frac{N}{[\sigma]}$，解得

$$d\geqslant\sqrt{\frac{4N}{\pi[\sigma]}}$$

$$d_{AB}\geqslant\sqrt{\frac{4N_{AB}}{\pi[\sigma]}}=\sqrt{\frac{4\times6.25\times10^4}{\pi\times150\times10^6}}=0.023(\mathrm{m})$$

$$d_{AC}\geqslant\sqrt{\frac{4N_{AC}}{\pi[\sigma]}}=\sqrt{\frac{4\times3.536\times10^4}{\pi\times150\times10^6}}=0.0173(\mathrm{m})$$

$$d_{DC}\geqslant\sqrt{\frac{4N_{DC}}{\pi[\sigma]}}=\sqrt{\frac{4\times1.25\times10^4}{\pi\times150\times10^6}}=0.0103(\mathrm{m})$$

取三根钢杆直径为

$$d_{AB}=23\mathrm{mm}\qquad d_{AC}=18\mathrm{mm}\qquad d_{DC}=11\mathrm{mm}$$

§4-5　热　应　力

构件的温度升高或降低时会产生膨胀或收缩。对于长度可以自由伸缩的构件，温度的变化只会引起构件的变形，而不会在构件内引起应力。如果构件受到某些约束而不能自由伸缩时，一旦温度变化，便会在构件内部产生应力。这种由温度改变引起的应力，称为热应力或温差应力。

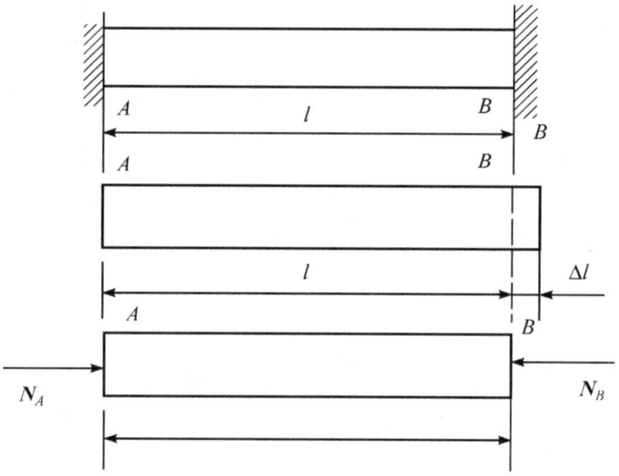

图 4-19

如图 4-19 所示构件 AB 两端刚性固定，当构件温度从 t_1 升高到 t_2 时，构件必然存在膨胀伸长的趋势。但两端为刚性约束，不允许构件伸长，这就意味着构件两端有约束反力 N，约束反力使构件产生压应力，即构件的热应力。约束反力使构件产生的压缩量 Δl 恰好等于构件温度升高时所引起的自由伸长量 Δl_t，即

$$\Delta l_t - \Delta l = 0 \tag{4-12}$$

式(4-12)是求解热应力所必需的补充方程，称为变形协调方程。

构件温度从 t_1 升高到 t_2 时，其自由伸长量为

$$\Delta l_t = \alpha l(t_2 - t_1) = \alpha l \Delta t$$

式中，α 为构件材料的线膨胀系数。

约束反力使构件产生的压缩量为

$$\Delta l = \frac{Nl}{EA}$$

将 Δl_t 和 Δl 代入式(4-12)得

$$\alpha l(t_2 - t_1) - \frac{Nl}{EA} = 0$$

$$N = \alpha EA(t_2 - t_1)$$

热应力

$$\sigma=\frac{N}{A}=\alpha E(t_2-t_1)=\alpha E\Delta t \tag{4-13}$$

由式(4-13)可以看出，构件热应力的大小与材料种类及温差有关，而与构件断面尺寸无关。所以不能像一般强度问题那样，靠增加构件断面面积来减小热应力，断面尺寸增大后，反而使支座反力加大，受力状况恶化。解决热应力最有效的途径是让构件在温度差作用下能自由地变形，从而降低热应力。例如，在固定管板式热换器壳体上焊接膨胀节，使具有温度差的传热管与壳体均能较自由膨胀变形而减小热应力。

【例 4-8】 如图 4-20 所示，蒸汽管为 $\phi108\times4$ 的无缝钢管，如果管道两端刚性固定，安装时温度 $t_1=20$℃，且无装配应力，工作时输送压力为 0.1MPa（绝）的蒸汽，求管壁工作时的温差应力和支座约束反力。当输送管外径不变、管壁厚度增大一倍时，求管壁温差应力及支座约束反力。

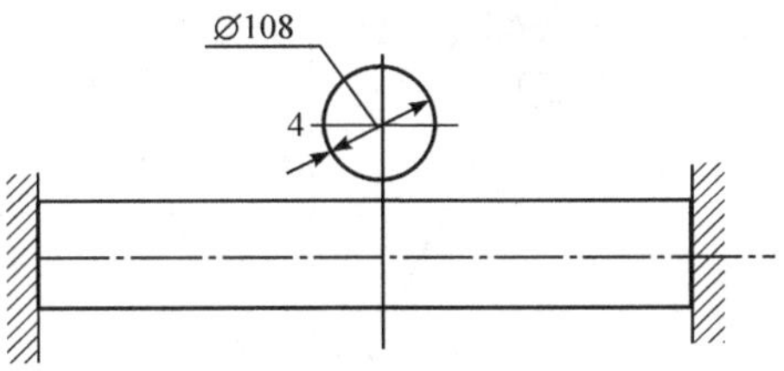

图 4-20

解　(1) 求管壁厚度为 4mm 时的温差应力及约束反力。当表压 $p=0$ 时，蒸汽的饱和温度 $t_2=100$℃，查有关手册得钢管材料的线膨胀系数 $\alpha=11.9\times10^{-6}/$℃，弹性模量 $E=2.0\times10^5$MPa，则温差应力为

$$\begin{aligned}\sigma&=\alpha E(t_2-t_1)\\&=11.9\times10^{-6}\times2\times10^{11}\times(100-20)\\&=1.9\times10^8(\text{Pa})=190(\text{MPa})\end{aligned}$$

支座约束反力为

$$\begin{aligned}N&=A\sigma=\frac{\pi}{4}(D^2-d^2)\sigma\\&=\frac{\pi}{4}(0.108^2-0.1^2)\times1.9\times10^8\\&=248.31(\text{kN})\end{aligned}$$

(2) 当管壁厚度加倍时，温差应力 σ' 及支座反力 N' 分别为

$$\sigma'=\alpha E(t_2-t_1)=190(\text{MPa})$$

$$\begin{aligned}N'&=A'\sigma'=\frac{\pi}{4}(D^2-d^2)\sigma'\\&=\frac{\pi}{4}(0.108^2-0.092^2)\times1.9\times10^8\\&=477.52(\text{kN})\end{aligned}$$

由上例可以看出，两端刚性固定的蒸汽输送管在安装温度与工作温度相差 80℃时，管道横截面上产生的温差应力高达 190MPa，已接近材料的屈服强度，也就是说，材料变形已处于弹性变形边缘。若温差再稍微增大，则材料失效，管道不能安全工作。为了减小管道的温差应力，应使其在温度升高时容易产生变形。

习　题

4-1　如图 4-21 所示，AB 及 AC 为等直径钢杆，在 A 点吊一重物，重量 $G=50\text{kN}$，A、B、C 三点为铰链连接，当夹角 $\alpha=30°$ 及 60°时，钢杆许用应力$[\sigma]=120\text{MPa}$，试求上述状态下钢杆的最小直径。

4-2　图 4-22 所示机构中，CD 杆为直径 $d=20\text{mm}$ 的铝合金杆，其材料屈服强度 $R_{eL}=275\text{MPa}$，抗拉强度 $R_m=330\text{MPa}$，安全系数 $n_{eL}=1.6$，$n_m=4$，试校核 CD 杆的强度。

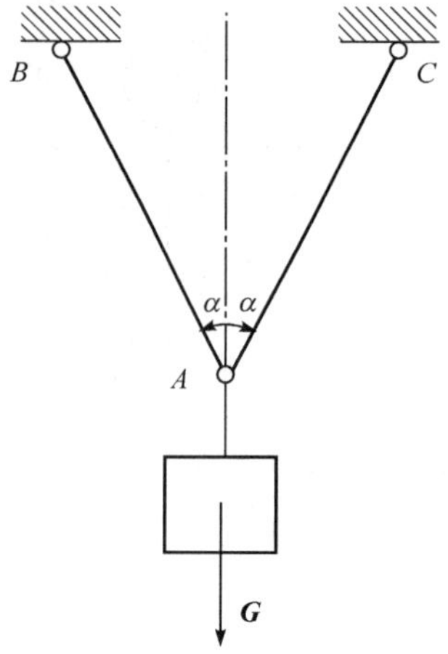

图 4-21

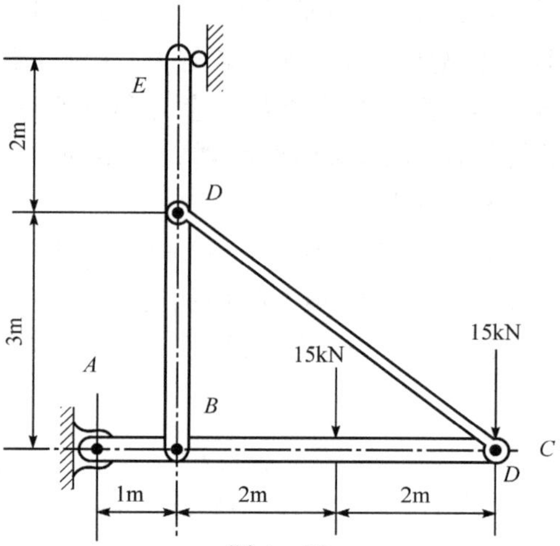

图 4-22

4-3　如图 4-23 所示，AC 为钢杆，直径 $d_1=20\text{mm}$，BD 为铜杆，直径 $d_2=25\text{mm}$，钢及铜的弹性模量分别为 $E_1=2\times10^5\text{MPa}$，$E_2=1\times10^5\text{MPa}$，$P=30\text{kN}$，当保持 AB 杆处于水平位置时，求 $\boldsymbol{P}$ 的位置及 AC、BC 杆横截面的正应力。

4-4　如图 4-24 所示变直径杆件，由 $d_1=65\text{mm}$，$d_2=40\text{mm}$，$d_3=25\text{mm}$ 三段圆柱组成，$P_1=200\text{kN}$，$P_2=100\text{kN}$，$P_3=40\text{kN}$，材料许用应力$[\sigma]=120\text{MPa}$，试校核杆的强度。

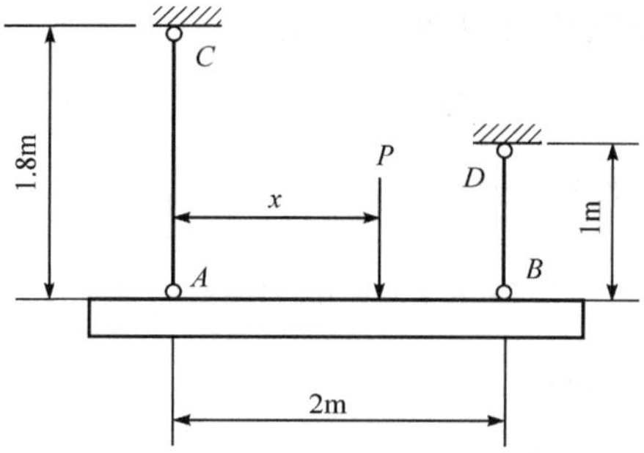

图 4-23

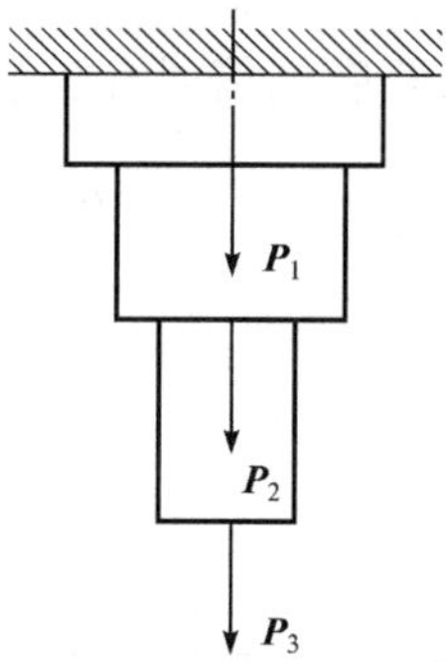

图 4-24

4-5　如图 4-25 所示机构中，C 杆为刚性杆，在外载荷 $\boldsymbol{P}$ 作用下，测得 A 杆的纵向应变 $\varepsilon_A=0.0024$，A、B 杆材料相同，其弹性模量 $E=8\times10^4\text{MPa}$，当 $d_B=6\text{mm}$，$d_A=8\text{mm}$ 时，计算作用力 $\boldsymbol{P}$ 的大小。

4－6　两端刚性固定的等直径圆杆如图 4－26 所示，在 $t_1=20℃$时安装，安装时引起的内应力 $\sigma=20\text{MPa}$（压应力），杆件材料的弹性模量 $E=1\times10^5\text{MPa}$，线膨胀系数 $\alpha=1.76\times10^{-6}/℃$，杆的直径 $d=100\text{mm}$，工作温度 $t_2=60℃$，求杆件工作时横截面上的正应力及支座反力。

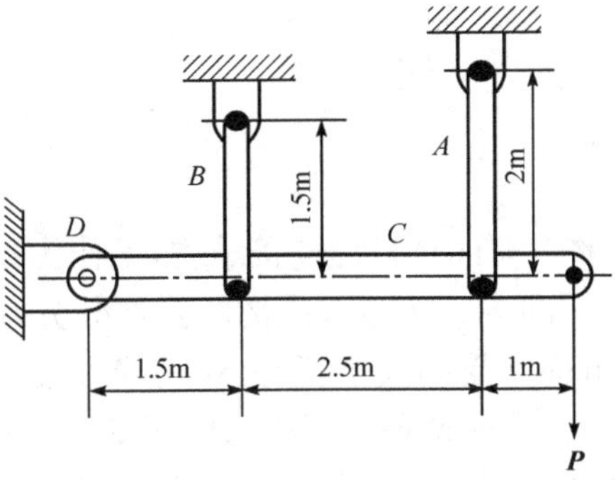

图 4－25

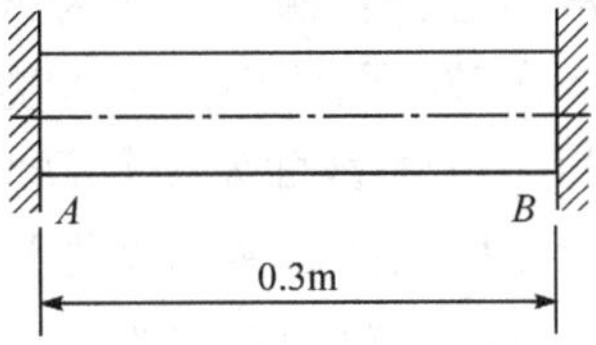

图 4－26

第 5 章 剪切及扭转

§5-1 剪 切

一、剪切变形

工程上，常用键、销、铆钉等作为连接件。图 5-1(a)为键连接结构，键作为动力及运动传递的中间零件，在键的两侧面上受外力 P 作用[图 5-1(b)]，使键的两部分分别沿作用力方向，顺着两作用力间的截面发生错动变形。当构件受到大小相等、作用线很近的两个力作用时，构件沿两力作用线间的截面发生相对错动，构件的这种变形称为剪切变形。发生相对错动的平面称为剪切面。剪切时，原来互相垂直的两边所改变的角度 γ 称为剪应变，如图 5-1(c)所示。

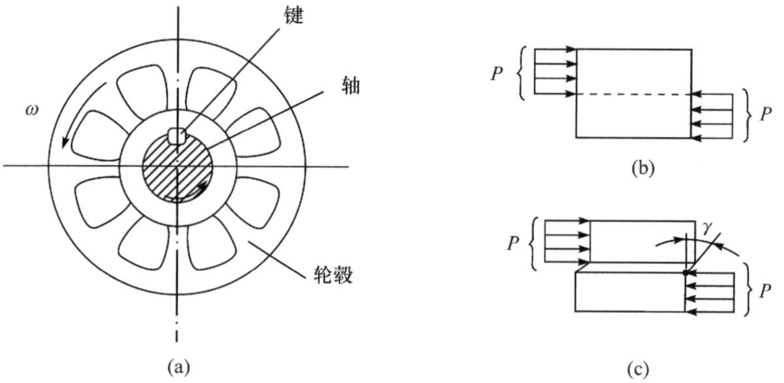

图 5-1 键连接结构及其变形

二、剪应力及剪切强度计算

图 5-2(a)所示为铆钉连接结构，用铆钉连接在一起的两板受力 P 作用时，铆钉发生剪切变形。剪切面为两板接触面处的横截面。现分析铆钉的受力，如图5-2(b)所示，每个铆钉传

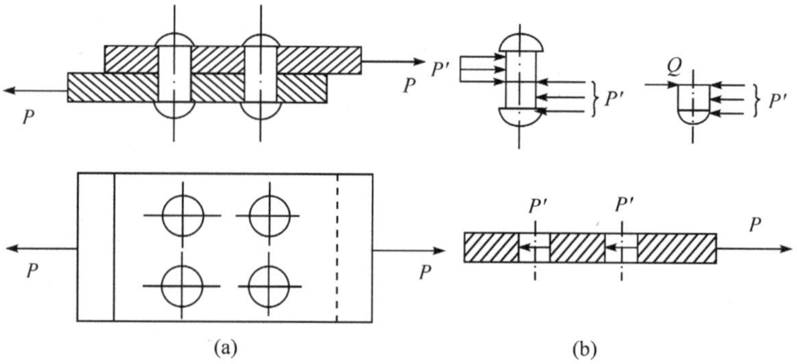

图 5-2

递的力 $P'=\frac{P}{4}$。现用截面将铆钉沿剪切面切开，截面上的内力为 Q，称为剪力。剪力 Q 可以根据切出的上段（或下段）的静力平衡条件求得，即

$$\sum X = Q - P' = 0$$

$$Q = P' = \frac{P}{4}$$

剪切面上的应力一般都不是均匀分布的，要真实地了解其分布情况是很困难的。为简化计算，通常假设剪力 Q 在剪切面上的分布是均匀的。因此，剪切面上的剪应力 τ 为

$$\tau = \frac{Q}{A} \tag{5-1}$$

式中，Q 为剪切面上的内力，即剪力；A 为剪切面面积。

剪切的强度条件为

$$\tau = \frac{Q}{A} \leqslant [\tau] \tag{5-2}$$

式中，$[\tau]$为材料的许用剪应力，$[\tau]$与许用拉应力$[\sigma]$之间有下列关系。

塑性材料：$[\tau]=(0.6\sim0.8)[\sigma]$

脆性材料：$[\tau]=(0.8\sim1.0)[\sigma]$

三、剪切胡克定律

试验表明，当剪应力不超过材料的剪切比例极限时，剪应力 τ 与剪应变 γ 成正比，即

$$\tau = G\gamma \tag{5-3}$$

式(5-3)称为剪切胡克定律，式中，G 称为剪切弹性模量。某些材料的 G 值可参阅表 4-1。

可以证明，对于各向同性材料，剪切弹性模量 G、拉压弹性模量 E 及泊松比 μ 之间存在如下关系

$$G = \frac{E}{2(1+\mu)} \tag{5-4}$$

四、挤压及其强度计算

受剪构件往往同时受挤压作用。图 5-1 所示受剪切作用的键，其两侧的部分表面受到正压力作用，这种构件局部表面的受压现象称为挤压。

如果作用在挤压面上的挤压力为 P，则作用在挤压面上的挤压应力 σ_j 为

$$\sigma_j = \frac{P}{A_j} \tag{5-5}$$

式中，A_j 为挤压面的计算面积，当挤压面为平面时，为接触面的实际面积；当挤压面为圆柱面时，为圆柱面在挤压力方向的投影面积。

挤压强度条件为

$$\sigma_j = \frac{P}{A_j} \leqslant [\sigma_j] \tag{5-6}$$

式中，$[\sigma_j]$为材料的许用挤压应力。对于塑性材料，$[\sigma_j]$与$[\sigma]$有如下关系

$$[\sigma_j] = (1.7 \sim 2.0)[\sigma]$$

【例 5 - 1】 厚度 $\delta_2=4$mm 的两块钢板及厚度 $\delta_1=10$mm 的一块钢板用两列共 6 个铆钉铆接在一起，如图 5 - 3(a)所示。若作用力 $P=100$kN，材料许用应力$[\tau]=100$MPa，$[\sigma_j]=240$MPa，试确定铆钉的最小直径 d。

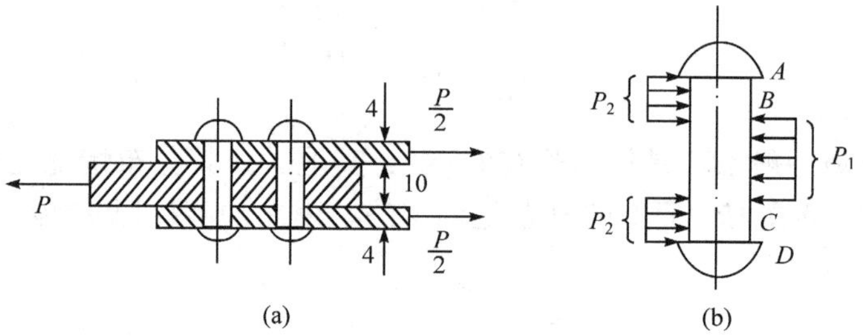

图 5 - 3

解　(1) 从铆钉中取出一个并画出其受力图[图 5 - 3(b)]。

由每个铆钉的平衡得

$$\sum X = 2P_2 - P_1 = 0$$

$$P_1 = 2P_2$$

由上板的平衡得

$$\sum X = -6 \times P_2 + \frac{P}{2} = 0$$

$$P_2 = \frac{P}{12}$$

由中间板的平衡得

$$\sum X = -P + 6P_1 = 0$$

$$P_1 = \frac{P}{6}$$

(2) 按剪切强度计算铆钉最小直径 d_τ。

过 B 及 C 点的剪切面上具有极值剪力，为

$$Q = Q_B = Q_C = P_2 = \frac{P}{12}$$

由剪切强度条件得

$$\tau = \frac{Q}{A} = \frac{4Q}{\pi d_\tau^2} \leqslant [\tau]$$

$$d_\tau \geqslant \sqrt{\frac{4Q}{\pi[\tau]}} = \sqrt{\frac{4P}{12\pi[\tau]}}$$

$$d_\tau \geqslant \sqrt{\frac{4 \times 100 \times 10^3}{12\pi \times 100 \times 10^6}} = 0.0103(\text{m})$$

(3) 按挤压强度条件计算铆钉最小直径 d_j。

按厚板与铆钉的接触部分进行计算

$$\sigma_{j1} = \frac{P_1}{A_1} = \frac{P}{6\delta_1 d_{j1}} \leqslant [\sigma_j]$$

$$d_{j1} \geqslant \frac{P}{6\delta_1[\sigma_j]} = \frac{100\times10^3}{6\times0.01\times240\times10^6} = 6.94\times10^{-3}(\mathrm{m})$$

由两薄板与铆钉的接触部分进行计算

$$\sigma_{j2} = \frac{P_2}{A_2} = \frac{P}{12\delta_2 d_{j2}} \leqslant [\sigma_j]$$

$$d_{j2} \geqslant \frac{P}{12\delta_2[\sigma_j]} = \frac{100\times10^3}{12\times0.004\times240\times10^6} = 8.68\times10^{-3}(\mathrm{m})$$

比较 d_τ、d_{j1}、d_{j2}，取其中的最大值，故铆钉最小直径 $d_{\min}=0.0103\mathrm{m}$。再根据 $d_{\min}=0.0103\mathrm{m}$ 取标准铆钉直径。

【例 5-2】 两块钢板用焊接连接，如图 5-4 所示。钢板厚度分别为 $t_1=10\mathrm{mm}$，$t_2=8\mathrm{mm}$，焊缝长度 $l=100\mathrm{mm}$，焊缝的许用剪应力 $[\tau]=80\mathrm{MPa}$，试计算焊缝的许可拉力 P。

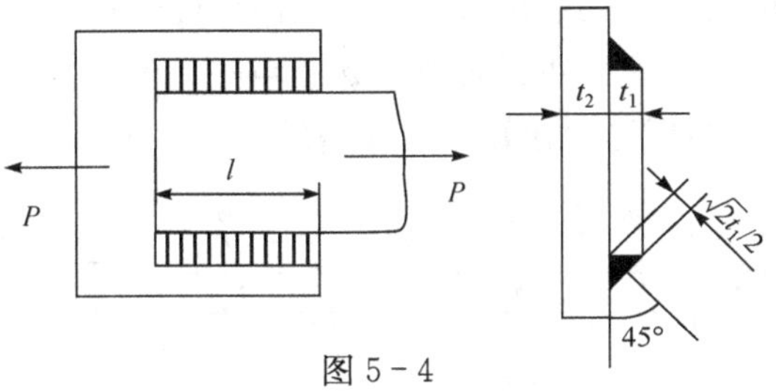

图 5-4

解 实践表明，角焊缝通常是在与直角成 45°的斜面上发生剪切破坏。由于焊缝截面可看成是等腰直角三角形，两条焊缝斜面的总面积为

$$A = 2t_1\sin45^\circ \cdot l$$

根据剪切强度条件得

$$\begin{aligned} P \leqslant A[\tau] &= 2t_1\sin45^\circ \cdot l[\tau] \\ &= 2\times10\times\frac{\sqrt{2}}{2}\times100\times80 \\ &= 113.14(\mathrm{kN}) \end{aligned}$$

§5-2 圆轴扭转时的外力和内力

一、扭转概念

若在杆件的不同横截面上受到力偶（或力矩）作用时，杆的横截面将绕轴线发生相对转动，纵向直线变成螺旋线。杆件的这种变形称为扭转变形。以扭转变形为主的直杆称为轴。图 5-5为圆形截面的轴，一端安装带轮，另一端安装齿轮。带轮输入的外力偶矩（动力）M_1 通

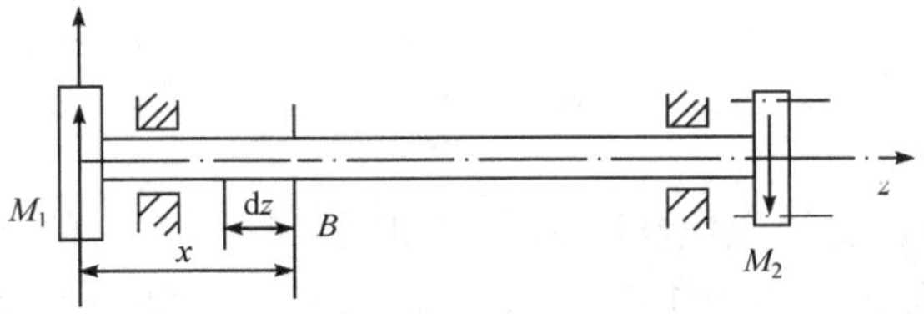

图 5-5

过齿轮输出时,齿轮受到与 M_1 大小相等、方向相反的阻力偶矩 M_2 作用,该轴发生扭转变形。

二、外力偶矩

工程上作用于轴的外载荷通常用功率表示,单位为千瓦。为了进行轴的强度和刚度计算,必须将功率换算成外力偶矩。换算关系如下:

$$M = 9550\,\frac{N}{n} \tag{5-7}$$

式中,N 为功率,kW;n 为轴的转速,r/min。

三、扭转时的内力——扭矩

轴在外力偶作用下发生扭转变形时,其任意横截面上必然有抵抗变形、力图恢复原状的内力产生,各横截面上的内力仍可用截面法来加以显示并计算。图5-6(a)所示的轴受外力偶矩 M_1、M_2、M_3、M_4 和 M_5 作用。为了求 1-1 截面上的内力,可假想将轴沿 1-1 截面切开,截面上的内力必须与截面左段或右段的外力偶矩平衡。由于力偶只能用力偶来平衡,因此,截面上也必然是内力偶矩,此内力偶矩称为扭矩,用 M_n 表示。

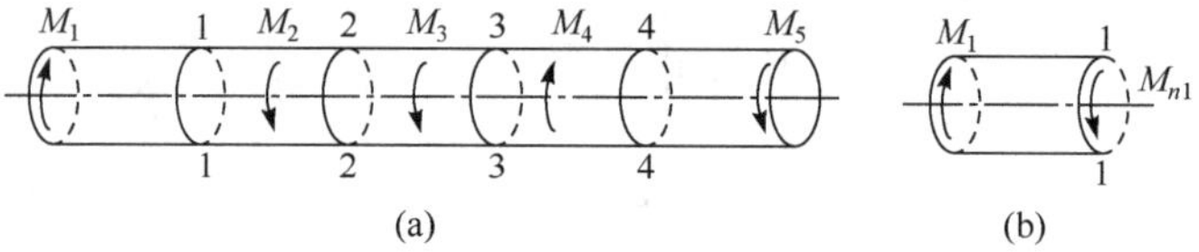

图 5-6

考虑截面左段[图 5-6(b)]的平衡,即

$$\sum M = 0 \qquad -M_1 + M_{n1} = 0$$

得

$$M_{n1} = M_1$$

为了使从左右段求得的扭矩的数值和符号都相同,可对扭矩符号作下述规定:按右手螺旋法则将扭矩用矢表示,当矢的方向离开截面时为正,指向截面为负。

采用上述同样的方法,可分别求出 2-2、3-3、4-4 截面上的扭矩,为

$$M_{n2} = M_1 - M_2$$
$$M_{n3} = M_1 - M_2 - M_3$$
$$M_{n4} = M_1 - M_2 - M_3 + M_4$$

以上各式计算结果表明,轴中任一横截面上的扭矩等于该截面任一边所有外力偶矩的代数和,即

$$M_n = \sum M_i \tag{5-8}$$

为了表明扭矩沿轴长度的变化情况和最大扭矩所在截面的位置,可将扭矩随截面位置的变化规律作成图,这种图称为扭矩图。作图时,取平行于轴线的坐标表示各截面的位置,以垂直于轴线的坐标表示各相应截面上扭矩的大小和正负。

【例 5-3】 图 5-7(a)所示转轴上装有四个皮带轮，轮 1 为输入，轮 2、3、4 为输出，轴的转速 $n=80\text{r/min}$，$N_1=7.5\text{kW}$，$N_2=1.5\text{kW}$，$N_3=4.5\text{kW}$，$N_4=1.5\text{kW}$，不计轴承的摩擦损失。求轴各段的扭矩并画扭矩图。

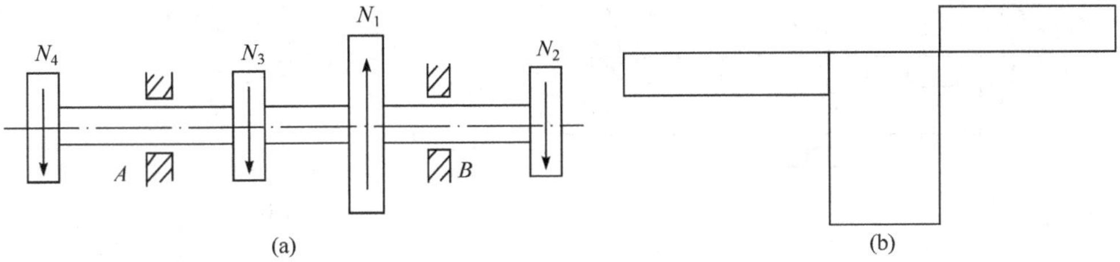

图 5-7

解 (1) 计算轴的外力偶矩。

$$M_1=9550\frac{N_1}{n}=9550\times\frac{7.5}{80}=895(\text{N}\cdot\text{m})$$

$$M_2=9550\times\frac{1.5}{80}=179(\text{N}\cdot\text{m})$$

$$M_3=9550\times\frac{4.5}{80}=537(\text{N}\cdot\text{m})$$

$$M_4=M_2=179(\text{N}\cdot\text{m})$$

(2) 计算各横截面的扭矩。

由式(5-9)得

$$M_{n_{12}}=M_2=179(\text{N}\cdot\text{m})$$

$$M_{n_{13}}=M_2-M_1=179-895=-716(\text{N}\cdot\text{m})$$

$$M_{n_{34}}=M_2-M_1+M_3=179-895+537=-179(\text{N}\cdot\text{m})$$

(3) 画扭矩图，如图 5-7(b)所示。

§5-3　圆轴扭转时的应力

由于圆轴扭转时，横截面上的内力是扭矩，故相应地在横截面上的应力为剪应力。为了确定剪应力的计算公式，先从实验观察入手，找出变形的几何关系和应变的变化规律；然后根据应力应变间的物理关系，得到应力的分布规律；最后由应力与内力之间的静力学关系得到剪应力的计算公式。下面按此步骤进行讨论。

一、变形几何关系

取一等截面圆轴，在轴的表面画一些平行于轴线的纵向线和与轴线垂直的圆周线，如图 5-8(a)所示。然后将轴放在扭转试验机上进行扭转试验。由试验观察到：轴表面的纵向线近似地为直线，只是倾斜了一个角度 γ；所有的圆周线都只绕轴线转过了不同的角度，各圆周线的形状、大小及两圆周线间的距离均未改变。

根据以上观察到的现象，可作出横截面的平面假设：圆轴扭转时，其横截面像刚性平面一

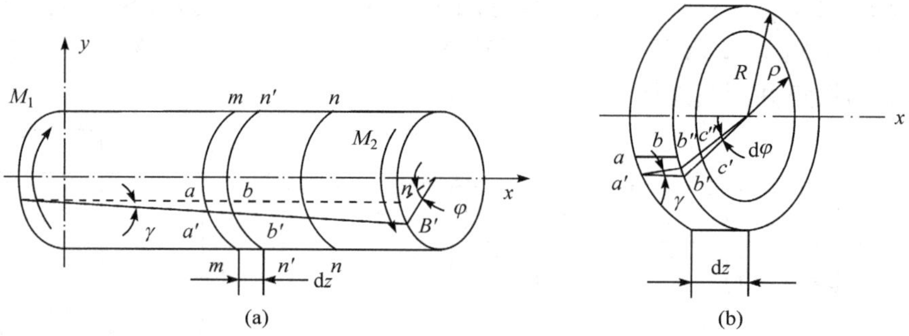

图 5-8

样地绕轴线旋转了一定的角度，但仍保持为平面，其大小、形状均未改变且横截面的径向线仍为直线。

根据以上假设，由扭转变形的几何关系，即可找出横截面上任一点处的剪应变。从圆轴上取出长为 dz 的微段来研究[图 5-8(b)]，根据平面假设，该段右截面相对于左截面转动一个角度 dφ，纵向线 ab 变形到 $a'b'$ 相对于原位置倾斜了 γ，这就是横截面边缘上的点在垂直于半径平面内的剪应变。在小变形时，可得

$$\gamma \approx \tan\gamma = \frac{\widehat{b''b'}}{ab} = \frac{\widehat{b''b'}}{\mathrm{d}z}$$

而 $\widehat{b''b'} = R\mathrm{d}\varphi$，所以

$$\gamma = R\frac{\mathrm{d}\varphi}{\mathrm{d}z}$$

在横截面上半径为 ρ 处点的剪应变为

$$\gamma_\rho = \frac{\widehat{c''c'}}{\mathrm{d}z} = \frac{\rho\mathrm{d}\varphi}{\mathrm{d}z} \tag{5-9}$$

式(5-9)表达了圆轴扭转时横截面上各点剪应变的变化规律。式中，$\frac{\mathrm{d}\varphi}{\mathrm{d}z}$表示扭转角 φ 沿轴线 z 的变化率，由于 φ 在同一截面上是常量，故该式表明了 γ_ρ 与 ρ 成正比，在同一半径 ρ 的圆周上各点处 γ_ρ 均相同。

二、物理关系

圆轴扭转时，当横截面上的剪应力不超过材料的剪切比例极限时，由剪切胡克定律得

$$\tau_\rho = G\gamma_\rho$$

将式(5-9)中的 γ_ρ 代入上式，得

$$\tau_\rho = G\rho\frac{\mathrm{d}\varphi}{\mathrm{d}z} \tag{5-10}$$

式(5-10)表明了横截面上剪应力的分布规律。圆轴横截面上某点的剪应力 τ_ρ 与该点到圆心的距离 ρ 成正比，圆心处 τ 为零，轴表面 τ 最大。因剪应变 γ_ρ 是发生在垂直于半径的平面内，故剪应力 τ_ρ 的方向是垂直于半径的。剪应力沿半径的变化规律如图 5-9 所示。

三、静力学关系

下面从剪应力与扭矩之间的关系来推导剪应力的实用计算公式。在图 5－9 所示横截面上，扭矩为 M_n。在半径为 ρ 处取一微面积 dA，此微面积上的合力为 $\tau_\rho \mathrm{d}A$，该力对圆心的微力矩为 $\mathrm{d}M_n = \tau_\rho \mathrm{d}A\rho$，截面上所有剪力对圆心的力矩之和，就等于该截面上的扭矩，即

$$M_n = \int_A \mathrm{d}M_n = \int_A \rho\tau_\rho \mathrm{d}A$$

将式(5－10)代入上式，得

$$M_n = \int G\rho^2 \frac{\mathrm{d}\varphi}{\mathrm{d}z}\mathrm{d}A = G\frac{\mathrm{d}\varphi}{\mathrm{d}z}\int_A \rho^2 \mathrm{d}A = G\frac{\mathrm{d}\varphi}{\mathrm{d}z}J_\rho \qquad (5-11)$$

式中，J_ρ 称为横截面的极惯性矩，$J_\rho = \int \rho^2 \mathrm{d}A$。

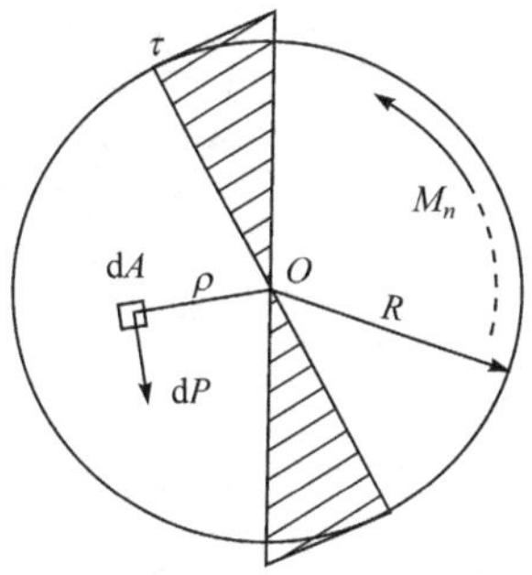

图 5－9

由式(5－10)得

$$\frac{\mathrm{d}\varphi}{\mathrm{d}z} = \frac{\tau_\rho}{G\rho}$$

将此式代入式(5－11)，得

$$M_n = \frac{\tau_\rho J_\rho}{\rho}$$

即

$$\tau_\rho = \frac{M_n \rho}{J_\rho} \qquad (5-12)$$

这就是圆轴扭转时截面上任一点处的剪应力计算公式。

由式(5－12)可知，横截面上的最大剪应力 $\tau_{\max}$ 在轴的表面处，即

$$\tau_{\max} = \frac{M_n \rho_{\max}}{J_\rho} = \frac{M_n}{J_\rho / R} = \frac{M_n}{W_n} \qquad (5-13)$$

式中，$W_n = \dfrac{J_\rho}{R}$，称为抗扭截面模量。

§5－4 圆轴扭转时的强度和刚度计算

一、强度计算

为保证轴在扭转时能正常工作，必须将轴的最大剪应力 $\tau_{\max}$ 控制在材料的允许范围内，即

$$\tau_{\max} = \frac{M_n}{W_n} \leqslant [\tau] \qquad (5-14)$$

式(5－14)称为轴的扭转剪切强度条件。$[\tau]$ 为材料的许用剪应力，对于塑性材料，一般取 $[\tau] = (0.5 \sim 0.6)[\sigma]$。

工程上，常用圆形及圆环形截面作扭转轴，这两种截面的极惯性矩和抗扭截面模量可按下述方法计算。

对于圆形截面，设圆轴直径为 D，在距中心 ρ 处取一环形微面积 $\mathrm{d}A = 2\pi\rho \mathrm{d}\rho$，如图 5－10(a)所示，则圆形截面的极惯性矩为

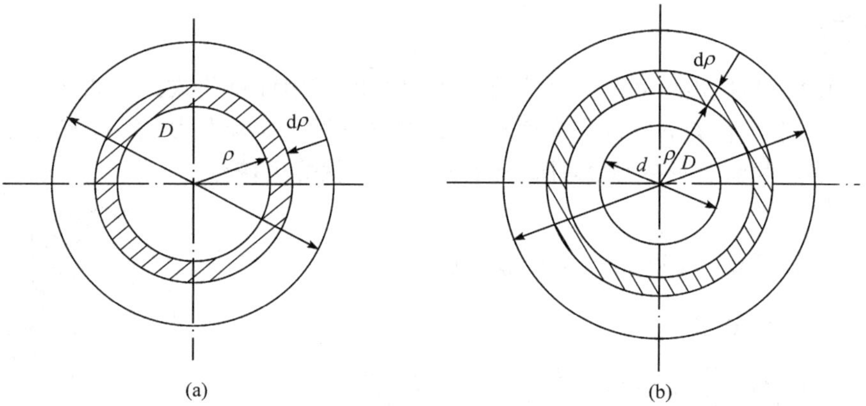

图 5-10

$$J_\rho=\int_A \rho^2 \mathrm{d}A=\int_0^{\frac{D}{2}} 2\pi\rho^3 \mathrm{d}\rho=\frac{\pi D^4}{32} \tag{5-15}$$

抗扭截面模量为

$$W_n=\frac{J_\rho}{R}=\frac{J_\rho}{\frac{D}{2}}=\frac{\pi D^3}{16} \tag{5-16}$$

对于圆环形截面，设环的内、外直径分别为 d 和 D，如图 5-10(b)所示，则极惯性矩为

$$J_\rho=\int_A \rho^2 \mathrm{d}A=\int_{\frac{d}{2}}^{\frac{D}{2}} 2\pi\rho^3 \mathrm{d}\rho=\frac{\pi}{32}(D^4-d^4) \tag{5-17}$$

抗扭截面模量为

$$W_n=\frac{J_\rho}{R}=\frac{J_\rho}{\frac{D}{2}}=\frac{\pi(D^4-d^4)}{16D}=\frac{\pi D^3}{16}(1-K^4) \tag{5-18}$$

式中，$K=\frac{d}{D}$。

二、圆轴的变形及刚度计算

圆轴的扭转变形通常用扭转角来表示，由式(5-11)可知，相距为 $\mathrm{d}z$ 的两横截面间的扭转角为 $\mathrm{d}\varphi$，即

$$\mathrm{d}\varphi=\frac{M_n}{GJ_\rho}\mathrm{d}z$$

相距为 l 的两横截面间的相对扭转角(图 5-11)为

$$\varphi=\int \mathrm{d}\varphi=\int_0^l \frac{M_n}{GJ_\rho}\mathrm{d}z=\frac{M_n l}{GJ_\rho} \tag{5-19}$$

式中，GJ_ρ 称为轴的抗扭刚度，它表征轴抵抗扭转变形的能力。

由式(5-19)得单位长度扭转角 θ 为

$$\theta=\frac{\varphi}{l}=\frac{M_n}{GJ_\rho} \quad (5-20)$$

圆轴扭转时的刚度条件为

$$\theta=\frac{M_n}{GJ_\rho}\leqslant[\theta] \quad \text{rad/m} \quad (5-21)$$

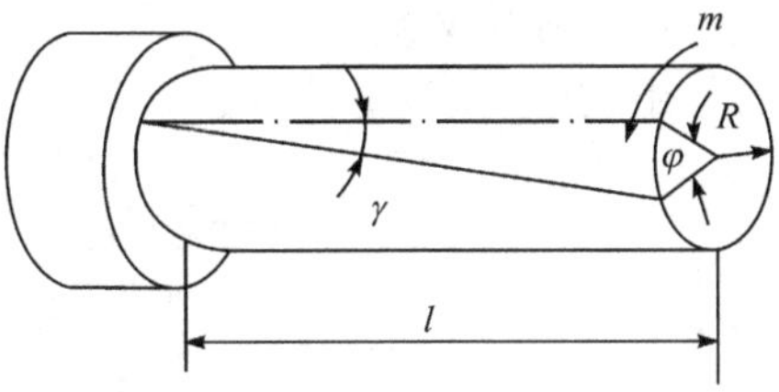

图 5 - 11

或

$$\theta=\frac{M_n}{GJ_\rho}\cdot\frac{180}{\pi}\leqslant[\theta] \quad (°)/\text{m} \quad (5-22)$$

式中，$[\theta]$为许用扭转角，对于一般传动轴，$[\theta]=0.5°\sim1.0°/\text{m}$。

【例 5 - 4】 一传动轴如图 5 - 12 所示，电动机将功率输入 B 轮，再由 A 轮及 C 轮输出。已知 $N_B=7\text{kW}$、$N_A=4.5\text{kW}$、$N_C=2.5\text{kW}$，轴直径 $d=40\text{mm}$，以 $n=50\text{rpm}$ 匀速回转，轴材料许用应力$[\tau]=80\text{MPa}$，许用扭转角$[\theta]=0.5°/\text{m}$，$G=8\times10^4\text{MPa}$。试校核轴的强度及刚度。

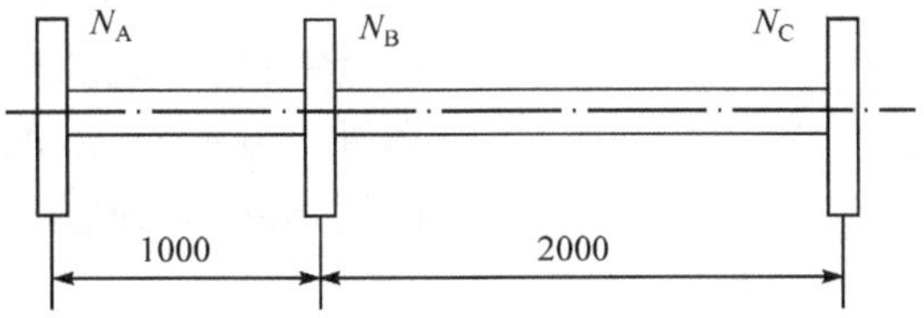

图 5 - 12

解 (1) 强度校核。

$$M_A=9550\frac{N_A}{n}$$

$$M_B=9550\frac{N_B}{n}$$

$$M_C=9550\frac{N_C}{n}$$

由式(5 - 9)得

$$M_{nAB}=\sum M_i=M_A$$

$$M_{nBC}=\sum M_i=M_C$$

$$M_{n\max}=M_A=9550\frac{N_A}{n}$$

$$\tau_{\max}=\frac{M_{n\max}}{W_n}=\frac{9550N_A\times16}{n\pi d^3}=\frac{9550\times4.5\times16}{50\times\pi\times0.04^3}=68.4(\text{MPa})$$

$$\tau_{\max}<[\tau]$$

故轴的强度足够。

(2) 刚度校核。

由式(5-22)得

$$\theta_{\max}=\frac{M_{n\max}}{GJ_{\rho}}\cdot\frac{180}{\pi}=\frac{9550N_{A}\times 32}{nG\pi d^{4}}\cdot\frac{180}{\pi}$$

$$=\frac{9550\times 4.5\times 32\times 180}{50\times 8\times 10^{10}\times \pi^{2}\times 0.04^{4}}=2.45(°/\mathrm{m})$$

$$\theta_{\max}>[\theta]$$

故轴的刚度不够。

习　　题

5-1　如图5-13所示两厚度为10mm的钢板，用两个直径$d=10$mm的铆钉铆接在一起，钢板受拉力$P=15$kN作用。已知材料许用应力$[\sigma]=160$MPa、$[\tau]=100$MPa、$[\sigma_j]=280$MPa。试校核钢板和铆钉的强度。

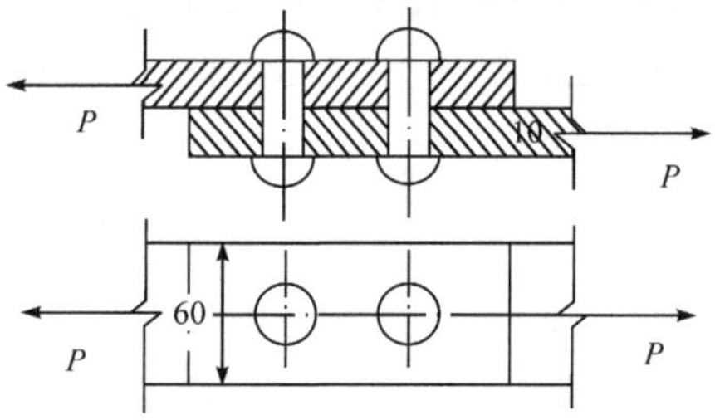

图5-13

5-2　如图5-14所示等截面圆轴上装有四个皮带轮，各带轮传递的功率分别为N_1、N_2、N_3、N_4，若轴以$n=85$rpm的速度匀速回转。试画出轴的扭矩图，并确定最大扭矩$M_{n\max}$。

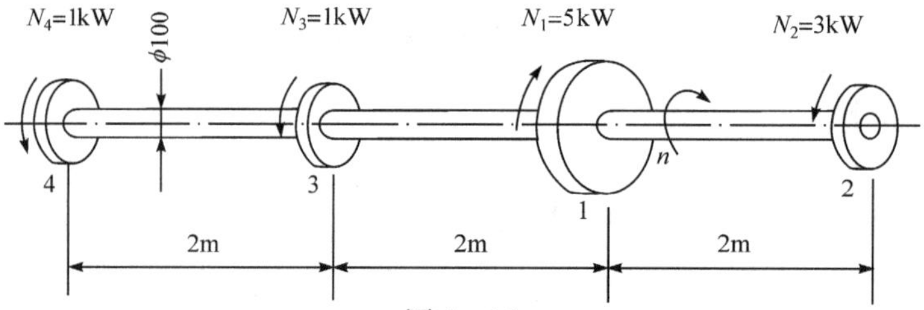

图5-14

5-3　画出图5-15所示轴的扭矩图，确定最大扭矩$M_{n\max}$及其所在横截面位置。

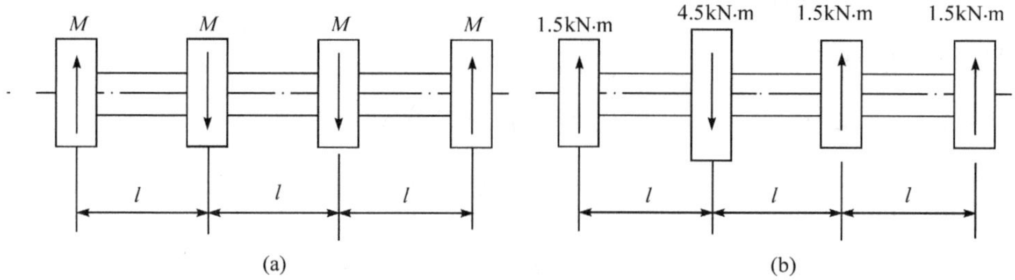

图5-15

5-4　直径$d=45$mm的等截面圆轴，采用键连接将原动机功率一次输出(图5-16)，轴以$n=100$rpm的速度匀速回转。键为方头平键，尺寸为$b\times h\times l=14\times 9\times 50$，轴材料许用应力$[\tau]=55$MPa，$[\sigma_j]=300$MPa键材料与轴相同。在只考虑扭转作用时，试确定轴能传递的最大功率。

5-5　若图 5-16 中轴的直径变为 $d=40\text{mm}$，传递功率 $N=5\text{kW}$。键的截面尺寸为 $b\times h=12\times 8$。试计算键的最小长度 $l_{\min}$。

5-6　如图 5-17 所示，等直径传动轴有三个轮，三轮给轴的力偶矩分别为 $M_1=5\text{kN}\cdot\text{m}$，$M_2=2\text{kN}\cdot\text{m}$，$M_3=3\text{kN}\cdot\text{m}$。若轴材料许用应力 $[\tau]=55\text{MPa}$，许用扭转角 $[\theta]=0.25°/\text{m}$。试根据强度及刚度条件计算圆轴的最小直径 d（$G=8\times 10^4\text{MPa}$）。

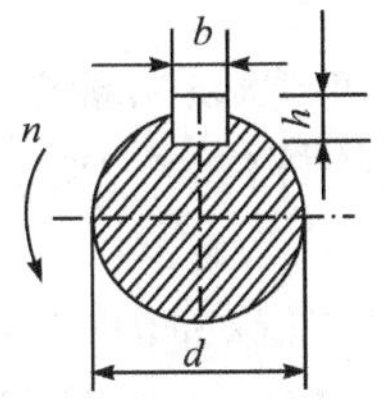

图 5-16

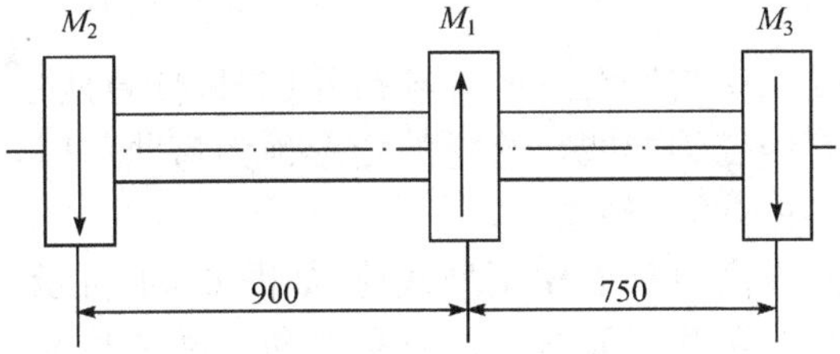

图 5-17

第6章 弯　　曲

§6-1 平面弯曲及梁的类型

当杆件受到垂直于轴线的外载荷作用时，任意两横截面绕垂直于杆轴线的轴做相对转动，杆的轴线由直线变为曲线。这样的变形称为弯曲。以弯曲变形为主的杆件称为梁。在工程结构中，梁是最基本的构件之一。

若在梁的纵向对称面作用外载荷，如图6-1所示，其轴线在纵向对称面内变形为一平面曲线。这种弯曲称为平面弯曲。它是弯曲构件中最简单、最常见的情况。本章只研究直杆的平面弯曲问题。

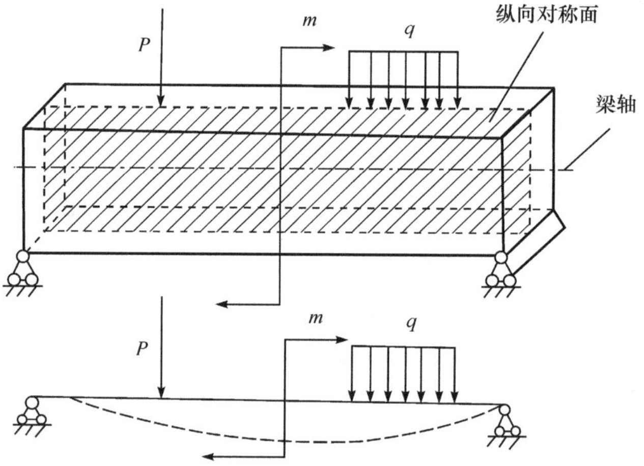

图6-1

常见的梁有以下三种基本类型。

1. 简支梁

一端为固定铰链支座，另一端为活动铰链支座组成的梁称为简支梁。如图6-2(a)、(b)所示，起重机的主梁可简化为简支梁。

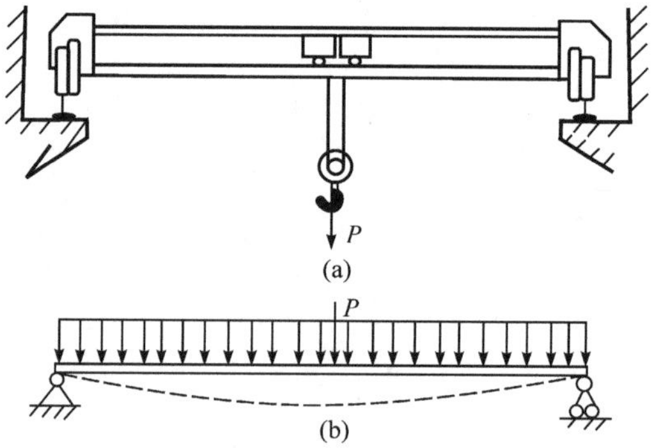

图6-2

2. 外伸梁

一端或两端伸出支座以外的简支梁称为外伸梁。如图 6－3(a)、(b)所示，支承在两鞍座上的卧式容器可简化为一端固定铰链支座、另一端为活动铰链支座、两端自由外伸的外伸梁。

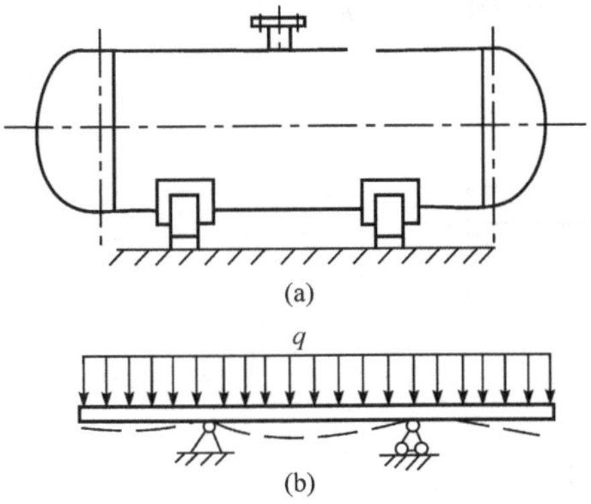

图 6－3

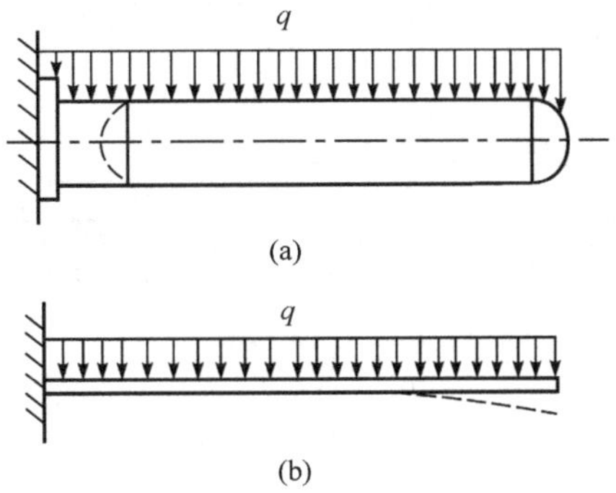

图 6－4

3. 悬臂梁

如图 6－4(a)、(b)所示，一端刚性固定，另一端处于自由状态的梁称为悬臂梁。

上述几种梁的约束反力均可由静力平衡条件求出，故称为静定梁。当梁的支座反力多于静力平衡方程时，则为静不定梁(或超静定梁)。

至于作用在梁上的外载荷，有集中力、集中力偶和分布载荷三种形式。

§6－2 梁弯曲时的内力——剪力和弯矩

梁受外力作用时，它的横截面便产生内力。要求解横截面上的内力，通常是先计算梁的支座反力，然后用截面法求出外力引起的内力。

图 6－5(a)～(c)为集中力 P 作用的简支梁。现研究 m-n 上的内力。为此，沿m-n位置将梁切开，讨论左段梁的平衡，将该段梁 A 端的约束解除后，用约束反力 R_A 代替。由该段梁的平衡条件可知，横截面上必然存在内力 Q 和内力矩 M。由于内力 Q 有把梁沿横截面剪断的趋势，故称为剪力；内力矩使梁产生弯曲变形而称为弯矩。

下面计算梁 m-n 截面上的剪力 Q 和弯矩 M。

(1) 梁的支座反力。

根据梁的静力平衡方程，求出梁的支座反力，即

$$\sum M_B = 0 \qquad -R_A l + Pb = 0$$

得

$$R_A = \frac{Pb}{l}$$

$$\sum M_A = 0 \qquad R_B l - Pa = 0$$

得

$$R_B = \frac{Pa}{l}$$

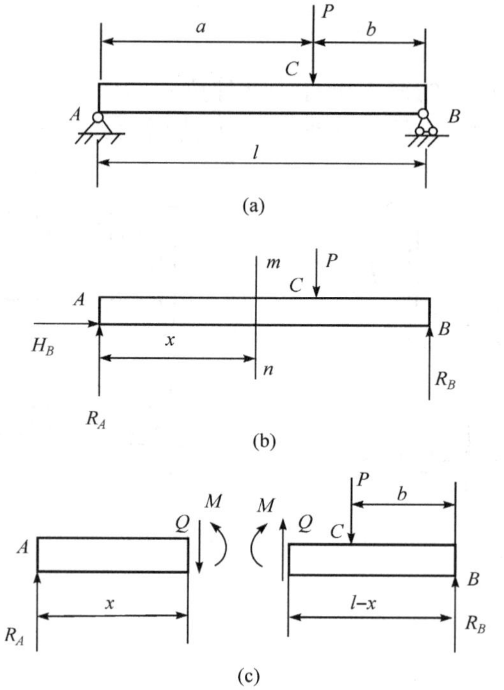

图 6-5

(2) m-n 截面上的剪力 Q 和弯矩 M。

若取 m-n 截面左段梁作为分离体，根据静力平衡条件，求出剪力和弯矩。

$$\sum y=0 \qquad R_A-Q=0$$

$$Q=R_A=\frac{Pb}{l}$$

以横截面的形心 O 为矩心，即

$$\sum M_O=0 \qquad M-R_Ax=0$$

$$M=R_Ax=\frac{Pb}{l}x$$

若取 m-n 截面右段梁作为分离体，同样可由静力平衡条件求出 Q 和 M。

$$\sum y=0 \qquad Q-P+R_B=0$$

得

$$Q=P-R_B=P-\frac{Pa}{l}=\frac{Pb}{l}$$

$$\sum M=0$$

即

$$-M-P(l-x-b)+R_B(l-x)=0$$

得

$$M=R_B(l-x)-P(l-x-b)=\frac{Pb}{l}x$$

梁的任一横截面上的剪力 Q 和弯矩 M 都可用同样的方法求得。

以上计算表明，无论用左段或右段作为分离体进行计算，同一横截面上的剪力和弯矩的数值都相同，但方向相反。为了使从左段或右段求得的同一截面的剪力和弯矩有相同的符号，需对剪力和弯矩的符号作如下规定：

(1) 外力使左段梁相对于右段梁向上错动，或者右段梁相对于左段梁向下错动，截面上的剪力为正，否则为负，如图 6-6(a)、(b)所示。

(2) 使梁弯曲成上凹下凸，则弯矩为正，反之为负，如图 6-6(c)、(d)所示。

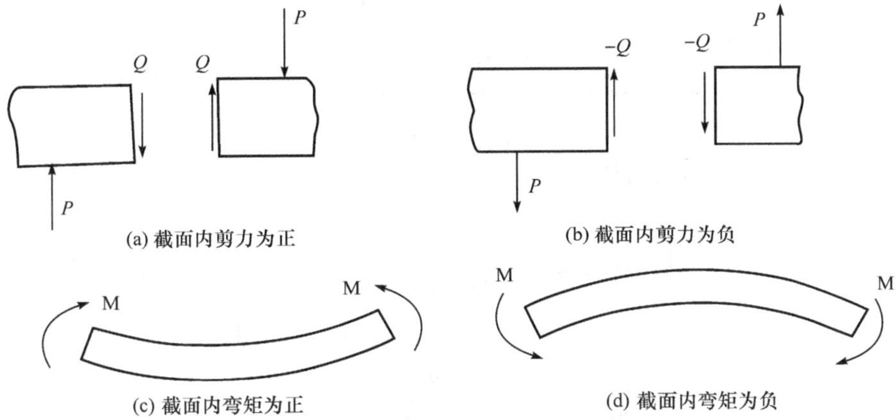

图 6-6

按照上述规定可知，横截面左侧梁向上的外力及右侧梁向下的外力在横截面上形成正剪力，相反则形成负剪力。所有向上的外力在横截面上形成正弯矩，所有向下的外力在横截面上形成负弯矩。

§6-3　剪力图和弯矩图

梁横截面上的剪力和弯矩一般是随横截面的位置变化的。如果用坐标 x 来表示横截面沿梁轴线的位置，则梁各个横截面上的剪力和弯矩可表示为 x 的函数，即

$$Q=Q(x)$$
$$M=M(x)$$

以上函数表达式分别称为梁的剪力方程式和弯矩方程式。为了直观表明梁各横截面上的剪力和弯矩沿梁长的变化情况，确定最大剪力和最大弯矩所在的截面位置及大小。通常以截面沿梁轴线的位置为横坐标 x，纵坐标表示横截面上的剪力 Q 和弯矩 M 作图，这种图称为剪力图和弯矩图。绘图的一般方法是，首先分别写出梁的剪力方程和弯矩方程，然后根据它们来作图。

【例 6-1】　图 6-7 所示为简支梁。画出该梁的剪力图和弯矩图，并找出最大剪力和最大弯矩。

解　(1) 求支座反力。

根据梁的平衡条件 $\sum M_B=0$ 得

$$100R_A-80P_1-40P_2=0$$
$$R_A=220(\mathrm{N})$$

由 $\sum M_A=0$ 得

$$100R_B - 20P_1 - 60P_2 = 0$$
$$R_B = 130(\text{N})$$

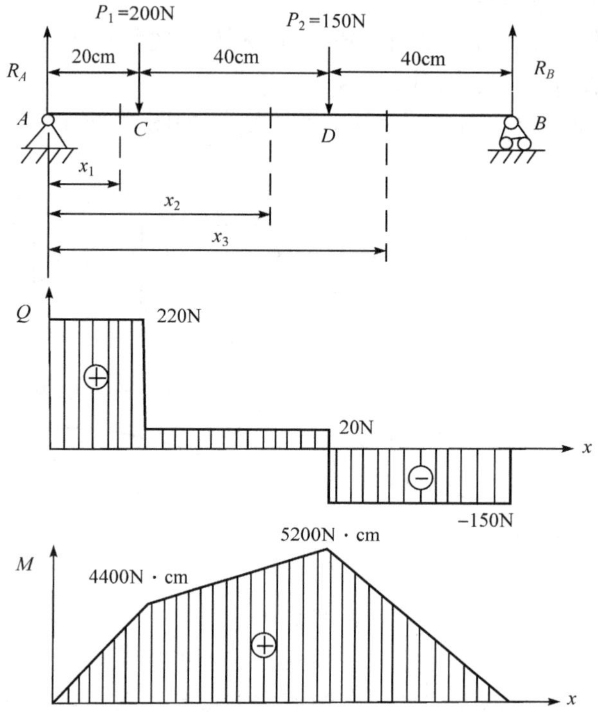

图 6－7

(2) 列出剪力方程和弯矩方程。

当梁受集中力或力偶作用时，在力和力偶作用处两侧的各段梁上，剪力方程式和弯矩方程式各不相同，需要分别写出每一段梁的这些方程。对于 AB 梁，则需要写出 AC、CD、CB 三段梁的剪力方程和弯矩方程。在每段梁上各取一横截面，即 1－1、2－2 和 3－3 截面，它们距支座 A 的距离分别为 x_1、x_2 和 x_3。分别取各截面左端梁作为分离体，由静力平衡条件 $\sum Y = 0$ 得

$$Q(x_1) = R_A = 220(\text{N}) \qquad (0 < x_1 < 20)$$
$$Q(x_2) = R_A - P_1 = 220 - 200 = 20(\text{N}) \qquad (20 < x_2 < 60)$$
$$Q(x_3) = R_A - P_1 - P_2 = 220 - 200 - 150 = -130(\text{N}) \qquad (60 < x_3 < 100)$$

由 $\sum M = 0$ 得

$$M(x_1) = R_A x_1 = 220x_1 \qquad (0 \leqslant x_1 \leqslant 20)$$
$$M(x_2) = R_A x_2 - P_1(x_2 - 20) = 20x_2 + 4000 \qquad (20 \leqslant x_2 \leqslant 60)$$
$$M(x_3) = R_A x_3 - P_1(x_3 - 20) - P_2(x_3 - 60) = -130x_3 + 13000 \qquad (60 \leqslant x_3 \leqslant 100)$$

(3) 画剪力图和弯矩图。

由剪力方程可知，剪力图为三条平行于 x 轴的直线。由弯矩方程可以看出，弯矩图为三条倾斜直线。因此，只需确定每一倾斜直线上两点的值，即可将图绘出。

观察剪力图和弯矩图，可知最大剪力在 AC 段上，$Q_{max} = 220\text{N}$；最大弯矩在 $x_2 = 60\text{cm}$ 处，

$M_{max}=5200N\cdot cm$。

【例 6-2】 简支梁 AC 如图 6-8 所示，在 B 处受外力偶 m 作用，梁的跨长为 l，试画出该梁的剪力图和弯矩图，并找出最大剪力和最大弯矩。

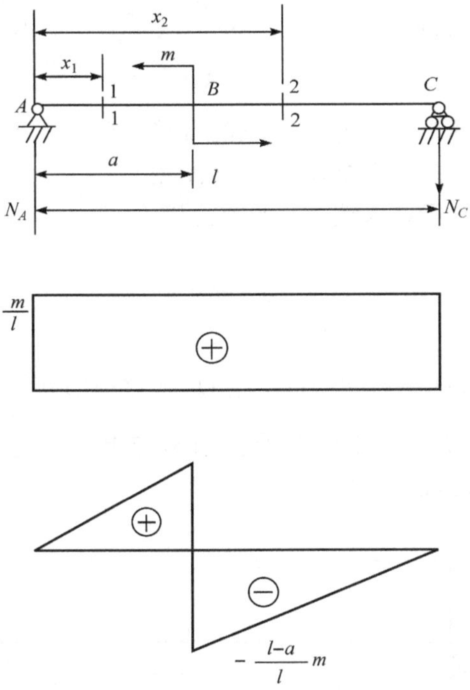

图 6-8

解 (1) 求支座反力。

首先解除约束，画出梁的受力图，由静力平衡方程得

$$\sum M_C = -lN_A + M = 0$$

$$N_A = \frac{m}{l}$$

由 $\sum Y=0$ 得

$$N_A - N_C = 0$$

即

$$N_C = N_A = \frac{m}{l}$$

(2) 写剪力方程和弯矩方程。

由于梁上为一力偶作用，需要分别写出 AB 和 BC 两段的剪力方程和弯矩方程。在两段梁上分别取横截面 1-1 及 2-2，两横截面距支座 A 的距离分别为 x_1 和 x_2，由静力平衡条件得 AB 段

$$Q(x_1)=N_A=\frac{m}{l} \qquad (0\leqslant x_1\leqslant a)$$

$$M(x_1)=N_A x_1=\frac{m}{l}x_1 \qquad (0\leqslant x_1\leqslant a)$$

BC 段

$$Q(x_2)=N_A=\frac{m}{l} \qquad (a\leqslant x_2\leqslant l)$$

$$M(x_2)=N_Ax_2-m=\frac{m}{l}x_2-m \qquad (a\leqslant x_2\leqslant l)$$

(3) 画剪力图和弯矩图。

由剪力方程可知，剪力图为一平行于 x 轴的直线。由弯矩方程可知，弯矩图为两条倾斜直线。因此，只需确定其上两点的弯矩，即可将图绘出。

由剪力图和弯矩图可知，梁各横截面上的剪力相等，即

$$Q_{\max}=\frac{m}{l}$$

最大弯矩在集中力偶作用截面 B 上，由于 $a<\frac{l}{2}$，最大弯矩的数值为 $M_{\max}=-\frac{l-a}{l}m$。

【例 6－3】 一外伸梁 ABC 如图 6－9 所示，在外伸端 BC 内受均布载荷 q 作用，试画出该梁的剪力图和弯矩图，并找出最大剪力和最大弯矩。

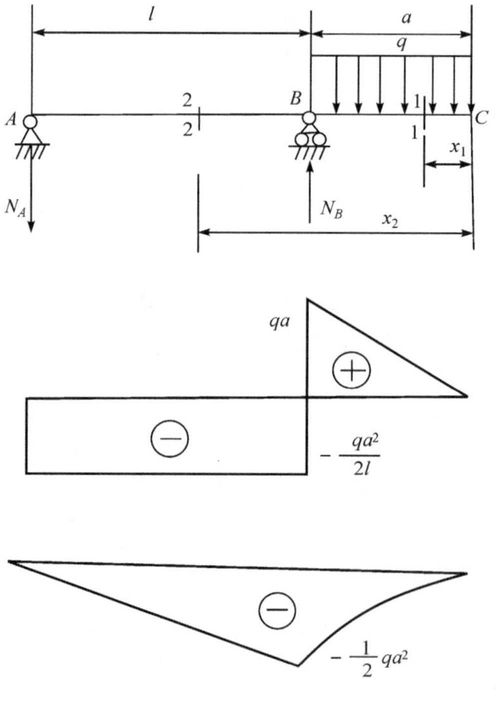

图 6－9

解 (1) 求支座反力。

解除外伸梁的约束，画出梁的总体受力图。由平衡方程式得

$$\sum m_B = N_Al-\frac{1}{2}qa^2=0$$

$$N_A = \frac{qa^2}{2l}$$

$$\sum Y = -N_A + N_B - qa = 0$$

$$N_B = qa + N_A = qa + \frac{qa^2}{2l}$$

(2) 列出剪力方程及弯矩方程。

在梁的 CB、BA 段分别取与端点 C 相距为 x_1 及 x_2 的 1－1、2－2 横截面。

$$Q(x_1) = qx_1 \qquad (0 \leqslant x_1 < a)$$

$$\begin{aligned} Q(x_2) &= qa - N_B \\ &= qa - \frac{q(2la + a^2)}{2l} \\ &= -\frac{qa^2}{2l} \qquad (a \leqslant x_2 \leqslant l + a) \end{aligned}$$

$$M(x_1) = -\frac{1}{2}qx_1^2 \qquad (0 \leqslant x_1 \leqslant a)$$

$$\begin{aligned} M(x_2) &= -qa\left(x_2 - \frac{a}{2}\right) + N_B(x_2 - a) \\ &= -qa\left(x_2 - \frac{a}{2}\right) + \frac{q(2la + a^2) + (x_2 - a)}{2l} \\ &= \frac{qa^2}{2l}(x_2 - l - a) \qquad (a \leqslant x_2 \leqslant l + a) \end{aligned}$$

(3) 画剪力图和弯矩图。

由剪力方程及弯矩方程可以看出，CB 段的剪力图为倾斜直线，弯矩图为二次曲线，凹口向下，BA 段的剪力图为平行于 x 轴的直线，弯矩图为倾斜直线。

当 $\frac{a}{2l} > 1$ 时，最大剪力 $Q_{max} = -\frac{qa^2}{2l}$，当 $\frac{a}{2l} < 1$ 时，$Q_{max} = qa$，最大弯矩 $M_{max} = \frac{1}{2}qa^2$。

§6－4　梁横截面上的正应力

从前面讨论知道，梁在弯曲时横截面上有剪力和弯矩。因此，横截面有与这些内力相对应的应力。由于剪力在一般情况下对梁的强度影响很小，可忽略不计，以后只着重讨论与弯矩有关的应力。为使问题简化，通常取纯弯曲梁来研究。所谓纯弯曲是指梁横截面上只有弯矩，而剪力为零的弯曲。

与研究扭转时的应力相似，研究梁弯矩产生的应力时，首先根据试验观察到的弯曲变形现象，作出适当假设，然后考虑几何、物理及静力学三方面的关系，最终解决弯曲时应力在截面上的分布规律和应力计算公式。

一、几何方面

取一矩形截面的直梁，如图 6－10 所示，在梁表面上画出垂直于轴线的横向线 1－1 及 2－2，并于两横向线之间画出平行于轴的纵向线 ab、cd，然后施加载荷使梁研究部分的弯曲为纯弯曲。观察梁的变形，可发现如下现象：

(1) 横向线变形后仍为直线，且与轴线垂直，只相对于原位置偏转了一角度。

(2) 纵向线变弯曲，仍与变形后的横向线垂直，且凹边的 ab 线缩短，凸边的 cd 线伸长。

根据观察到的现象，可作出如下假设：梁在受力弯曲后，其横截面仍然为平面，它只是绕该截面某一轴旋转一角度，仍垂直于梁变形后的轴线。这就是梁弯曲时的平面假设。

我们设想梁由纵向纤维组成，根据以上假设可知，由于横截面只相对偏转了一个角度，这种转动将使凹边纤维缩短，凸边纤维伸长，各层纤维只是受到轴向拉伸或压缩，因此横截面上只有正应力作用，使凸边纤维伸长，存在拉应力，凹边纤维缩短，存在压应力。另外，各层纤维从凹边到凸边逐渐由压缩到伸长，由于变形的连续性，中间必有一层既不缩短也不伸长的纤维层，称为中性层。中性层与横截面的交线称为中性轴(图 6 - 11)。

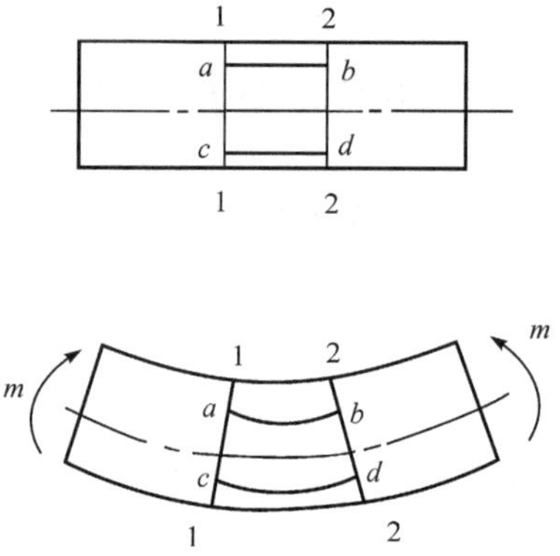

图 6 - 10

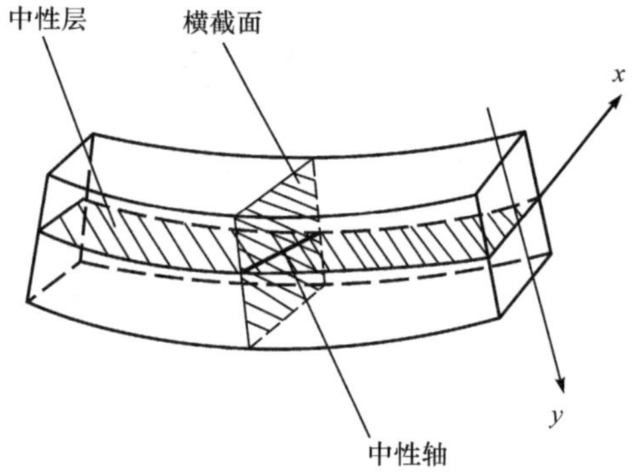

图 6 - 11

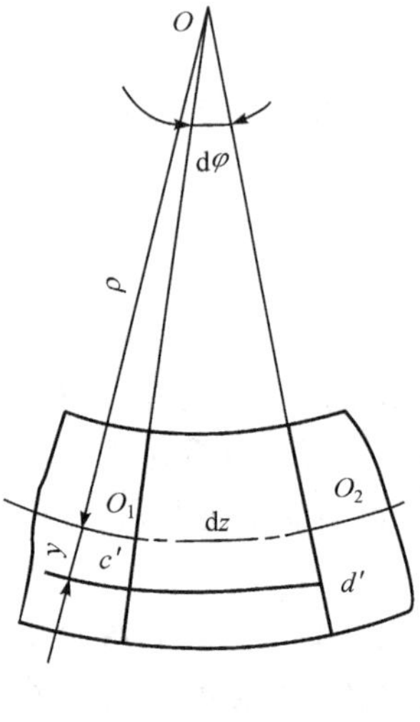

图 6 - 12

现分析 dz 微段梁的变形，横截面变形后绕中性轴转过一角度，两横截面变形后的夹角为 dφ，中性层的曲率半径为 ρ，如图 6 - 12 所示。现分析距中性层距离为 y 的 $c'd'$ 纤维的变形。由于中性层变形前后长度不变，所以

$$\overline{O_1O_2}=\widehat{O_1O_2}=\overline{c_1d_1}=\rho \mathrm{d}\varphi$$

变形后 $\widehat{c_1d_1}$ 的长度为

$$\widehat{c_1d_1}=(\rho+y)\mathrm{d}\varphi$$

c_1d_1 的应变为

$$\varepsilon=\frac{(\rho+y)\mathrm{d}\varphi-\rho \mathrm{d}\varphi}{\rho \mathrm{d}\varphi}=\frac{y}{\rho} \qquad (6-1)$$

式(6 - 1)说明任意纵向纤维的应变 ε 与其离中性层的距离 y 成正比，与中性层的曲率半径 ρ 成反比。

二、物理方面

由于梁横截面上各点处于受拉或受压的应力状态，根据胡克定律可得

$$\sigma=E\varepsilon=E\frac{y}{\rho} \tag{6-2}$$

式(6-2)表明了横截面上弯曲应力的分布规律，如图6-13所示。横截面上任一点的正应力与该点到中性轴的距离y成正比；距中性轴同一高度上各点的正应力相等，中性轴上各点的正应力为0；在中性轴的一边是拉应力，另一边是压应力，正应力的最大值在横截面的上、下边缘处。

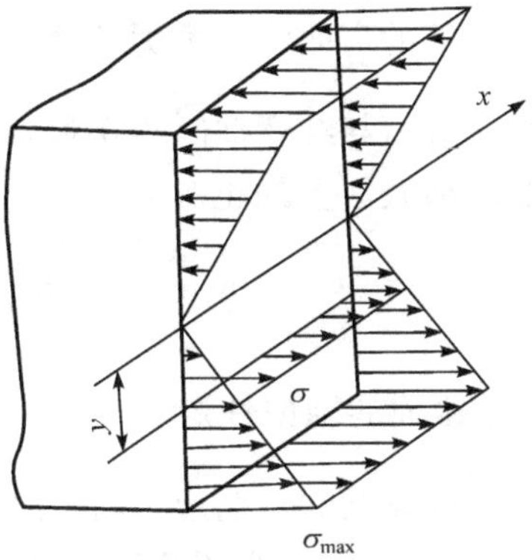

图6-13

三、静力学方面

由于梁中性层的曲率半径ρ与弯矩之间的关系尚不知道，因此不能直接用式(6-2)来计算梁横截面上的应力。必须要建立横截面上的正应力σ与弯矩M之间的静力学关系。对于纯弯曲的梁，横截面上的弯矩正是截面上正应力的合成结果。显然，中性轴一边的拉应力与另一边的压应力可以合成为一对反向平行力，这两个力组成力偶，其力偶矩就是该截面上的弯矩。

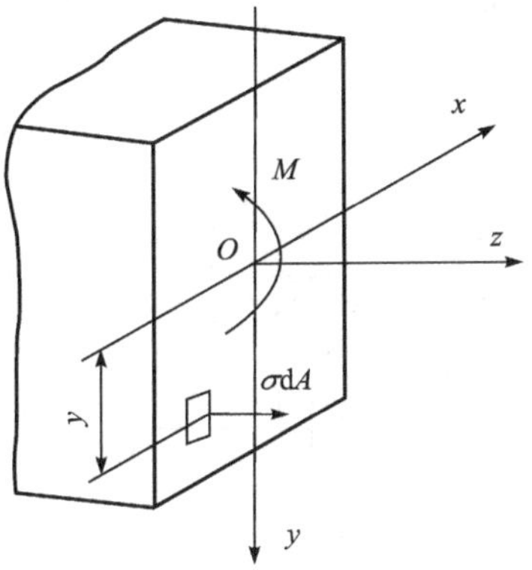

图6-14

在横截面上任取一微面积$\mathrm{d}A$，如图6-14所示。作用在该微面积上的内力为$\sigma\mathrm{d}A$，将该内力对中性轴取矩，即

$$\mathrm{d}M=y\sigma\mathrm{d}A$$

上式表示的微力矩在整个截面上的总和就是截面上的弯矩，即

$$M=\int_A \mathrm{d}M=\int_A y\sigma\mathrm{d}A$$

将$\sigma=\frac{Ey}{\rho}$代入上式，得

$$M=\frac{E}{\rho}\int_A y^2\mathrm{d}A$$

式中，定积分$\int_A y^2\mathrm{d}A$称为横截面对中性轴x的轴惯性矩，以J_x表示，则上式可写为

$$\frac{1}{\rho}=\frac{M}{EJ_x} \tag{6-3}$$

式中，EJ_x称为梁的抗弯刚度，其值越大，则表明刚度越大，梁的变形越小。

将式(6-2)代入式(6 3)，得

$$\frac{\sigma}{Ey}=\frac{M}{EJ_x}$$

$$\sigma=\frac{My}{J_x} \tag{6-4}$$

式(6-4)表明，梁横截面上任一点的正应力σ与该截面的弯矩M和点到中性轴的距离y成正比，与截面对中性轴的惯性矩J_x成反比。

上述弯曲应力公式是在纯弯曲状态下得出的。当横截面上既有剪力又有弯矩时，梁在此情况下的弯曲称为横力弯曲。对于这种弯曲，当梁的跨度与横截面高的比$\frac{l}{h}$大于5时，截面上的正应力与纯弯曲时很接近，即剪力的影响很小。因此，仍用纯弯曲正应力公式来计算横力弯曲时横截面上的正应力。

§6－5　轴惯性矩和梁的强度计算

一、截面的轴惯性矩

计算梁的弯曲应力时，需要用到横截面的轴惯性矩 J_x。这个量是取决于截面形状及尺寸的几何量，下面介绍几种常见截面的轴惯性矩。

1. 矩形截面

在矩形截面内取一平行于中性轴 x、距离 x 轴为 y、高度为 dA 的微条(图6－15)，其面积 dA 为

$$dA=bdy$$

$$J_x=\int_A y^2 dA=\int_{-h/2}^{+h/2} by^2 dy=\frac{bh^3}{12} \tag{6-5}$$

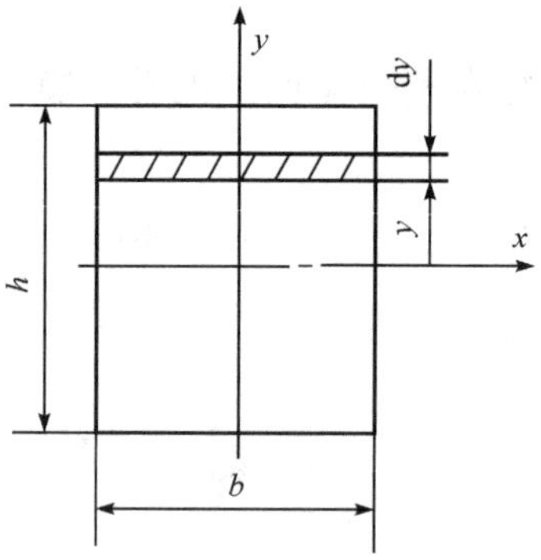

图6－15

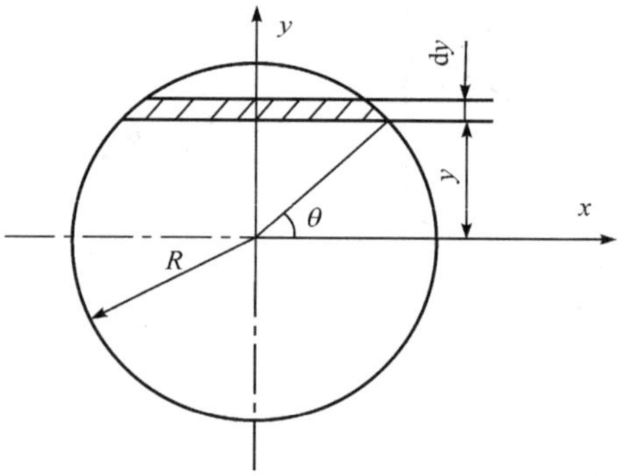

图6－16

2. 圆形截面

如图6－16所示，在圆形截面内取一平行于中性轴 x、与中性轴距离为 y、高度为 dy 的微条，其面积为

$$dA=bdy$$

因为 $y=R\sin\theta$，$dy=R\cos\theta d\theta$，$b=2R\cos\theta$，故 $dA=2R^2\cos^2\theta d\theta$，则

$$\begin{aligned}J_x&=\int_A y^2 dA=\int_{-\pi/2}^{+\pi/2} R^2\sin^2\theta\cdot 2R^2\cos^2\theta\cdot d\theta\\&=\frac{R^4}{2}\int_{-\pi/2}^{+\pi/2}\sin^2 2\theta d\theta=\frac{R^4}{4}\int_{-\pi/2}^{+\pi/2}(1-\cos^4\theta)d\theta\\&=\frac{R^4}{16}[4\theta-\sin4\theta]_{-\pi/2}^{+\pi/2}=\frac{\pi R_4}{4}\end{aligned}$$

$$J_x = \frac{\pi D^4}{64} \tag{6-6}$$

3. 圆环形截面

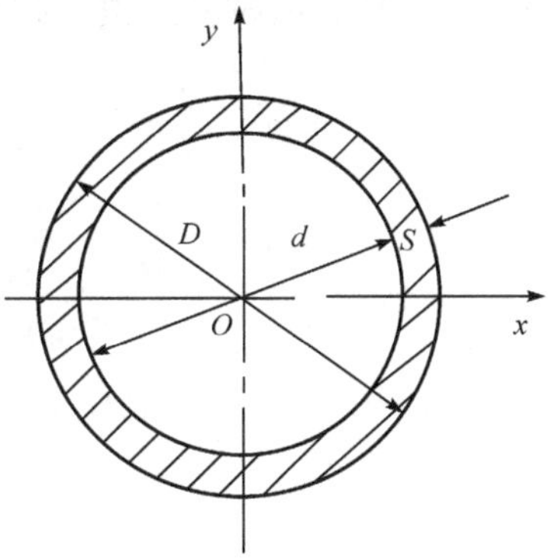

图 6 - 17

圆环可以看成一种简单的组合截面，组合截面对任一轴的惯性矩，等于它的各简单截面对同一轴的惯性矩之和。由于圆环形截面可看成直径为 D 的圆及直径为 d 的圆组合后的截面，如图 6 - 17 所示。它的轴惯性矩为

$$J_x = \sum J_{xi} = J_{x1} - J_{x2} = \frac{\pi(D^4 - d^4)}{64} \tag{6-7}$$

型钢和简单几何形状截面的惯性矩可从有关手册查得。

二、弯曲正应力的强度条件

在一般情况下，梁的强度是由截面上的最大正应力决定的。从式(6 - 4)可知，在同一截面上距中性轴最远的外边缘处，弯曲正应力最大，即

$$\sigma_{max} = \frac{My_{max}}{J_x} \tag{6-8}$$

为计算方便起见，令 $W_x = \frac{J_x}{y_{max}}$，则式(6 - 8)变为

$$\sigma_{max} = \frac{M}{W_x} \tag{6-9}$$

式中，W_x 称为横截面对中性轴 x 的抗弯截面模量，单位是 m^3 或 mm^3。几种常见截面的抗弯截面模量为

矩形截面

$$W_x = \frac{bh^3/12}{h/2} = \frac{bh^2}{6} \tag{6-10}$$

圆形截面

$$W_x = \frac{J_x}{y_{max}} = \frac{\pi D^3/64}{D/2} = \frac{\pi D^3}{32} \tag{6-11}$$

圆环形截面

$$W_x = \frac{J_x}{y_{max}} = \frac{\pi(D^4 - d^4)/64}{D/2} = \frac{\pi D^3}{32}(1 - K^4) \tag{6-12}$$

式中，$K = \frac{d}{D}$。

为了保证梁能安全可靠地工作，应将梁的最大工作应力 σ_{max} 控制在材料允许范围内，故强度条件为

$$\sigma_{max} = \frac{M}{W_x} \leqslant [\sigma] \tag{6-13}$$

式中，$[\sigma]$为弯曲许用应力。

利用梁的强度条件，可以对梁进行应力校核或确定梁的允许载荷、截面形状及尺寸。

【例 6-4】 一受均匀载荷作用的简支梁如图 6-18 所示。已知梁的跨度 $l=3\text{m}$，其横截面为矩形，高度 $h=15\text{cm}$，宽度 $b=10\text{cm}$，均布载荷集度 $q=3000\text{N/m}$，材料的许用弯曲应力 $[\sigma]=10\text{MPa}$，试校核此梁的强度。

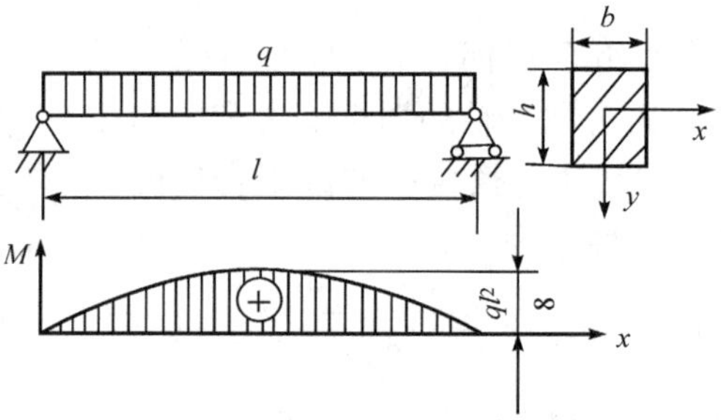

图 6-18

解 (1) 求支座反力。

由静力平衡方程式得

$$N_A=N_B=\frac{ql}{2}$$

(2) 画弯矩图。

根据弯矩方程绘图。从弯矩图中可看出，最大弯矩在梁的中央，其值为

$$M_{\max}=\frac{ql^2}{8}=\frac{3000\times 3^2}{8}=3375(\text{N}\cdot\text{m})$$

(3) 强度校核。

$$W_x=\frac{bh^2}{6}=\frac{0.1\times 0.15^2}{6}=3.75\times 10^{-4}(\text{m}^3)$$

$$\sigma_{\max}=\frac{M_{\max}}{W_x}=\frac{3375}{3.75\times 10^{-4}}=9\times 10^6(\text{Pa})=9(\text{MPa})$$

因 $\sigma_{\max}<[\sigma]$，所以梁的强度足够。

【例 6-5】 外伸梁由 50a 普通工字钢构成，如图 6-19 所示。当 $l=6\text{m}$，材料许用应力 $[\sigma]=120\text{MPa}$ 时，试求均布载荷 q 及集中力 P 的最大值。

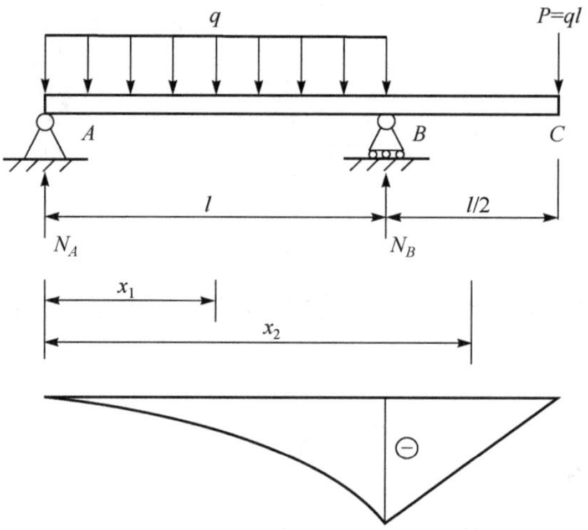

图 6-19

解　(1) 求支座反力。

由静力平衡方程式得

$$\sum m_B = \frac{ql^2}{2} - \frac{lP}{2} - N_A l = 0$$

$$N_A = \frac{ql}{2} - \frac{P}{2} = \frac{ql}{2} - \frac{ql}{2} = 0$$

$$\sum Y = N_B - ql - P = 0$$

$$N_B = ql + ql = 2ql$$

(2) 画弯矩图。

$$M(x_1) = -\frac{q}{2}x_1^2 \qquad (0 \leqslant x_1 \leqslant l)$$

$$\begin{aligned} M(x_2) &= -ql\left(x_2 - \frac{l}{2}\right) + N_B(x_2 - l) \\ &= -qlx_2 + \frac{q}{2}l^2 + 2qlx_2 - 2ql^2 \\ &= q\left(lx_2 - \frac{3}{2}l^2\right) \qquad \left(l \leqslant x_2 \leqslant \frac{3}{2}l\right) \end{aligned}$$

根据弯矩方程画弯矩图,并找出最大弯矩

$$M_{max} = \frac{ql^2}{2}$$

(3) 计算允许的最大均布载荷及集中力。

查阅有关手册可知,50a 工字钢的抗弯截面模量为 $W_x = 1860\text{cm}^3$。由式(6－13)得

$$\sigma_{max} = \frac{M_{max}}{W_x} = \frac{ql^2}{2W_x} \leqslant [\sigma]$$

$$q \leqslant \frac{2W_x[\sigma]}{l^2} = \frac{2 \times 1860 \times 10^{-6} \times 120 \times 10^6}{6^2} = 1.24 \times 10^4 (\text{N/m})$$

故

$$q_{max} = 1.24 \times 10^4 (\text{N/m})$$

$$P_{max} = q_{max} l = 1.24 \times 10^4 \times 6 = 7.44 \times 10^4 (\text{N}) = 74.4 (\text{kN})$$

§6－6　梁横截面的合理选择

从梁横截面最大弯曲正应力公式 $\sigma_{max} = \dfrac{M}{W_x}$ 可知,当梁的弯矩一定时,梁截面的抗弯截面模量越大,应力就越小,梁的强度越高。而抗弯截面模量 W_x 的大小不仅与截面面积有关,而且与截面形状有关。下面讨论如何恰当选择梁横截面的问题。

一、合理的截面形状

如图 6-20(a)、(b)所示，正方形及矩形面积相等，设正方形边长为 a，矩形宽度为 b，高度为 h，则正方形面积 A_1 和矩形面积 A_2 分别为

$$A_1=a^2 \qquad A_2=bh$$

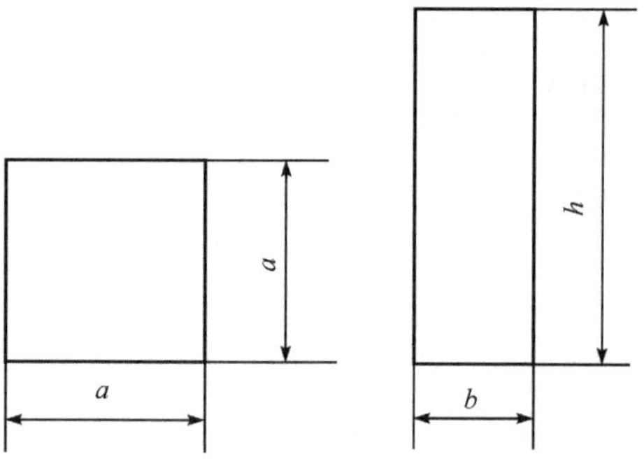

(a) (b)

图 6-20

若矩形高度为宽度的三倍，即 $h=3b$，则

$$a^2=bh=3b^2 \qquad b=\frac{\sqrt{3}}{3}a$$

正方形截面的抗弯截面模量

$$W_1=\frac{a^3}{6}$$

矩形截面的抗弯截面模量

$$W_2=\frac{\sqrt{3}a^3}{6}$$

两种截面的抗弯截面模量之比为

$$\frac{W_1}{W_2}=\frac{a^3}{6}\cdot\frac{6}{\sqrt{3}a^3}=0.577$$

上述结果表明，横截面面积相等的正方形断面的抗弯截面模量仅为高宽比 $h/b=3$ 的矩形断面的 57.7%，也就是说，矩形断面的承载能力大。若承载能力相同，则矩形截面梁的耗材量小。之所以如此，是因为矩形截面梁在中性轴附近的材料少，应力也小，而远离中性轴的地方应力大，截面积也增大了，这样就充分发挥了材料的潜力。表 6-1 列出了几种面积基本相同截面的抗弯截面模量 W_x。

表 6-1 几种面积基本相同截面的抗弯截面模量

截面形状	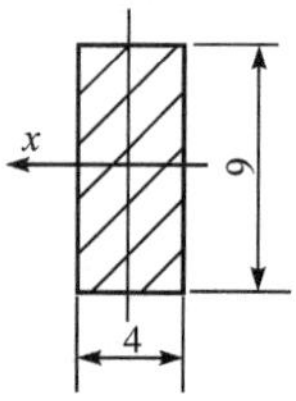	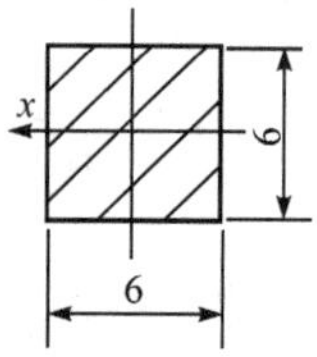	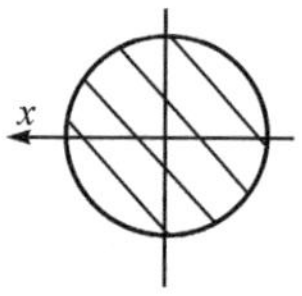
面积 A/cm^2	36	36	36
W_x/cm^3	54	36	30.4
截面形状	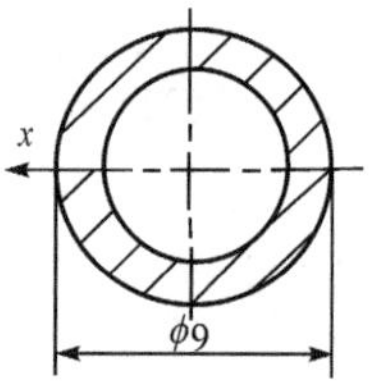	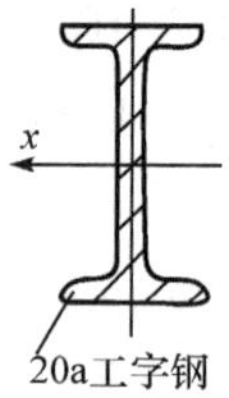 20a工字钢	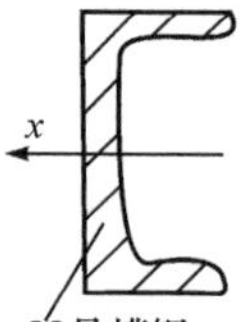 22号槽钢
面积 A/cm^2	36	35.5	36.24
W_x/cm^3	58.1	237	233.8

二、合理的工作位置

从上面的分析可知，矩形截面梁比正方形截面梁承载能力强。但是必须注意其工作位置，当梁受载方向不同时，梁的承载能力相差甚大。如图 6－21 所示，将图 6－21(a)的矩形截面梁卧放为图 6－21(b)，此时抗弯截面模量 W_1 变为 W_1'，在 $h/b=3$ 时，W_1、W_1'分别为

$$W_1=\frac{1}{6}bh^2=\frac{1}{6}b\cdot(3b)^2=\frac{3}{2}b^3$$

$$W_1'=\frac{1}{6}b^2h=\frac{1}{2}b^3$$

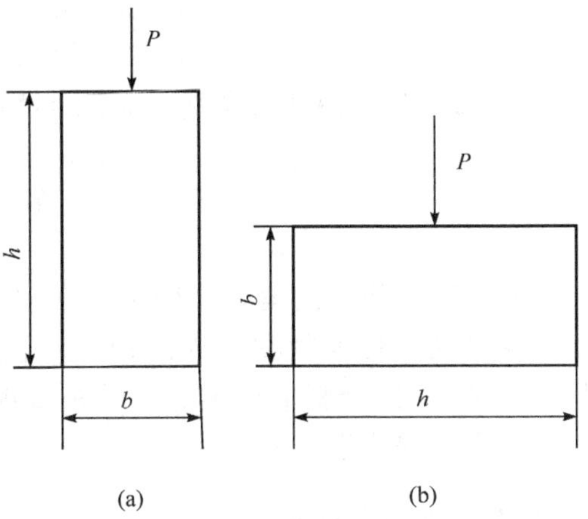

图 6－21

竖放与卧放时，其抗弯截面模量之比为

$$\frac{W_1}{W_1'}=\frac{3}{2}b^3\bigg/\frac{1}{2}b^3=3$$

这表明高度与宽度之比为 3 的矩形截面梁竖放时的承载能力是横放时的 3 倍，横放时的矩形截面梁的承载能力比同面积的正方形截面梁还要低。因此应特别注意梁的工作位置，在满足梁侧向稳定的前提下，梁的截面形状及工作位置应使横截面对中性轴的抗弯截面模量为最大。

三、截面形状应适应材料的机械性能

在设计梁的断面形状时，应充分发挥材料作用，合理利用材料的机械性能，使同重量、同材料的梁具有较大的承载能力。

对于塑性材料，因为拉伸及压缩许用应力相等，为保证梁横截面上的最大拉伸及压缩弯曲应力同时达到材料的许用应力，横截面适于设计成以中性轴为对称轴的图形[图 6－22(a)、(b)]，如矩形、圆形、圆环形、工字形、槽形均属于轴对称图形。

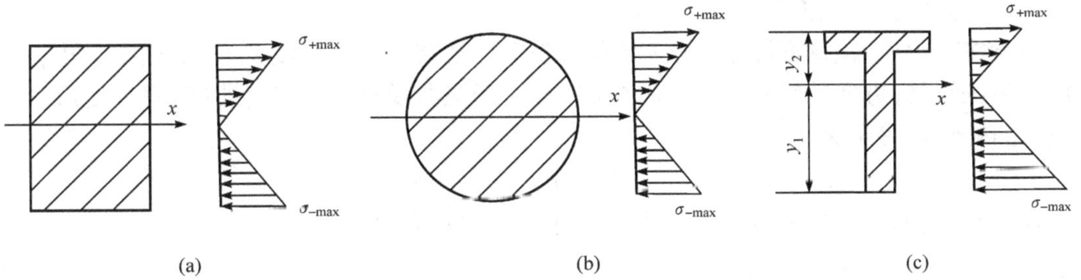

图 6－22

对于脆性材料，由于拉伸及压缩许用应力不相等，且压缩许用应力比拉伸许用应力大得多，为充分发挥材料的抗压能力，梁横截面中性轴应设计成靠近材料许用应力低的一方[图 6－22(c)]。设截面承受最大压应力及拉应力的外缘至中性轴的距离分别为 y_1 及 y_2，其大小应满足

$$\frac{\sigma_{-\max}}{\sigma_{+\max}}=\frac{M_{\max}y_1/J_x}{M_{\max}y_2/J_x}=\frac{y_1}{y_2}=\frac{[\sigma_-]}{[\sigma_+]}$$

式中，$[\sigma_+]$为材料拉伸许用应力；$[\sigma_-]$为材料压缩许用应力。

§6-7　梁的变形

对于工程上使用的梁，一般说来，不仅要满足强度条件，而且还要满足刚度条件，也就需要将梁的变形控制在允许的使用范围内，否则会影响正常工作。例如，车床的主轴弯曲变形过大时，会影响加工零件的精确度，高速回转的离心式压缩机的轴变形过大时，会产生较大的噪声和振动。因此必须对弯曲变形有所了解。

一、梁的挠度和截面转角

如图 6-23 所示悬臂梁，在均布载荷作用下发生弯曲变形。梁在变形前的轴线为 OA，梁受力发生弯曲变形后，轴线 OA 由原来的直线变成一条平面曲线 OA'，这条曲线称为挠曲线。变形后截面的形心在垂直于 z 轴方向的位移 y，称为挠度。挠度的符号规定为：与坐标轴 y 正向一致时为正，反之为负。

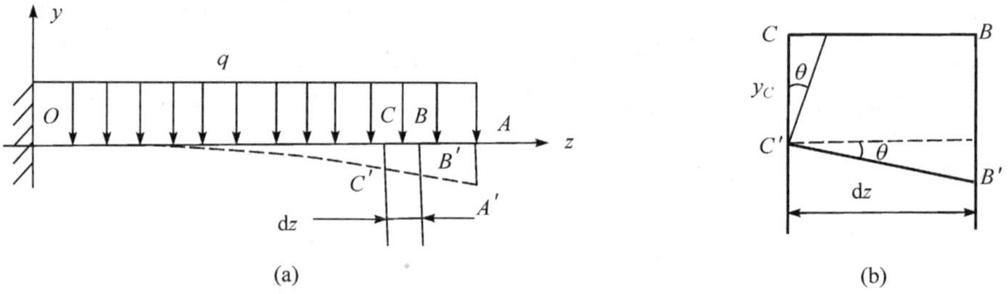

图 6-23

挠度 y 随横截面的位置而变化，所以挠曲线可用下列方程式表示

$$y=f(z)$$

上式称为梁的挠曲线方程。

梁在变形后，横截面除产生挠度外，还绕中性轴转过一个角度 θ，称为截面转角。θ 的符号规定为：逆时针方向的转角为正，反之为负。由于挠曲线是一条光滑曲线，并且变形很小，故横截面的转角可表示为

$$\theta=\tan\theta=y'=f'(z)$$

上式表明：挠曲线上任一点处的斜率 y'等于该点处横截面的转角 θ。

二、挠曲线近似微分方程式

在推导纯弯曲应力时，已经得到梁在纯弯曲时的曲率与弯矩和抗弯刚度之间的关系，即

$$\frac{1}{\rho}=\frac{M}{EJ}$$

对于有剪力存在的横力弯曲，因剪力对梁的变形影响很小，故上述关系仍然适用。由于梁上各点曲率、横截面的弯矩均随坐标 z 而变化，故上式可改为

$$\frac{1}{\rho(z)}=\frac{M(z)}{EJ} \tag{6-14}$$

又因为平面曲线的曲率可表示为

$$\frac{1}{\rho(z)}=\pm\frac{\frac{\mathrm{d}^2y}{\mathrm{d}z^2}}{\left[1+\left(\frac{\mathrm{d}y}{\mathrm{d}z}\right)^2\right]^{\frac{3}{2}}} \tag{6-15}$$

由式(6－14)、式(6－15)得

$$\pm\frac{\frac{\mathrm{d}^2y}{\mathrm{d}z^2}}{\left[1+\left(\frac{\mathrm{d}y}{\mathrm{d}z}\right)^2\right]^{\frac{3}{2}}}=\frac{M(z)}{EJ} \tag{6-16}$$

式(6－16)称为梁挠曲线微分方程。

因梁的轴线弯曲幅度很小，$\left(\frac{\mathrm{d}y}{\mathrm{d}z}\right)^2$ 的值远小于 1，可略去不计，这样式(6－16)变为

$$\pm\frac{\mathrm{d}^2y}{\mathrm{d}z^2}=\frac{M(z)}{EJ} \tag{6-17}$$

根据弯矩的符号规定，当选用如图 6－24 坐标时，(a)图梁的变矩 $M(z)$为正，$\frac{\mathrm{d}^2y}{\mathrm{d}z^2}$也为正；(b)图弯矩 $M(z)$为负，$\frac{\mathrm{d}^2y}{\mathrm{d}z^2}$也为负。这说明式(6－17)左右两端具有相同符号，故式(6－17)左端应取正号，即

$$\frac{\mathrm{d}^2y}{\mathrm{d}z^2}=\frac{M(z)}{EJ} \tag{6-18}$$

式(6－18)称为挠曲线近似微分方程式。

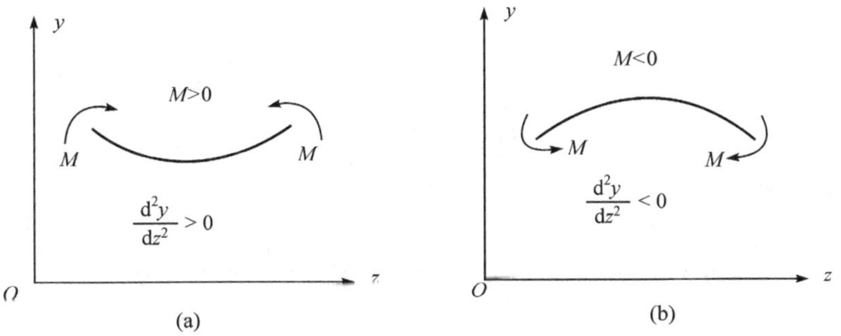

图 6－24

对于等截面梁，EJ 为常量，式(6－18)变为

$$EJ\frac{\mathrm{d}^2y}{\mathrm{d}z^2}=M(z) \tag{6-19}$$

将式(6－19)积分一次得

$$EJ\frac{\mathrm{d}y}{\mathrm{d}z}=EJ\theta(z)=\int M(z)\mathrm{d}z+A \tag{6-20}$$

式(6－20)称为梁的转角方程。

再积分一次，得梁的挠曲线方程

$$EJy=\iint M(Z)\mathrm{d}z\mathrm{d}z+Az+B \tag{6-21}$$

式中，A、B 为积分常数，通过梁的变形条件(或称边界条件)求得。例如，悬臂梁固定端的边界条件为：挠度 $y=0$，转角 $\theta=0$，简支梁的两支座处的边界条件为挠度$y=0$。通常在计算梁的变形时，总有足够的边界条件来确定积分常数。积分常数一旦确定，就可以求得转角方程和挠曲线方程，并可进一步确定任一横截面的转角和轴线上任一点的挠度。

【例 6－6】 如图 6－25 所示等截面悬臂梁，在梁上受均布载荷 q 作用，若悬臂长度为 l，横截面抗弯刚度为 EJ，试求该梁的转角方程及挠曲线方程，并确定最大转角、最大挠度及其所在横截面位置。

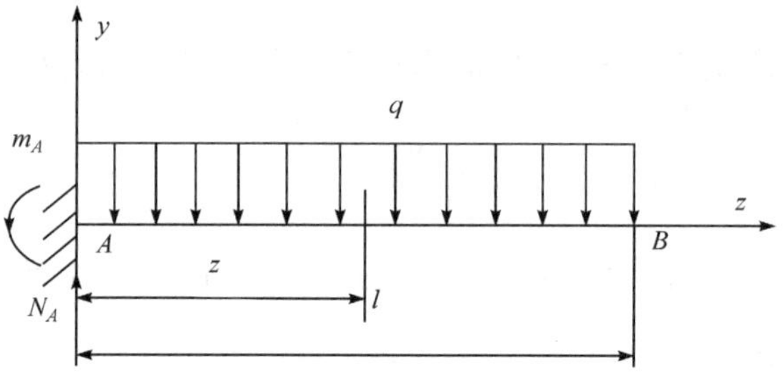

图 6－25

解　(1) 求支座反力。

$$\sum Y=N_A-ql=0$$

$$N_A=gl$$

$$\sum m_A=m_A-\frac{1}{2}ql^2=0$$

$$m_A=\frac{1}{2}ql^2$$

(2) 求弯矩方程。

$$M(z)=N_Az-\frac{1}{2}qz^2-m_A=qlz-\frac{1}{2}qz^2-\frac{1}{2}ql^2$$

$$M(z)=\frac{q}{2}(2lz-z^2-l^2)\qquad(0\leqslant z\leqslant l)$$

(3) 求转角方程及挠曲线方程。

$$EJ\theta(z)=\int M(z)\mathrm{d}z+A$$

$$=\int\frac{q}{2}(2lz-z^2-l^2)\mathrm{d}z+A$$

$$=\frac{-qz}{6}(z^2-3lz+3l^2)+A$$

根据边界条件 $z=0$ 时,$\theta=0$ 得 $A=0$,则

$$\theta(z)=\frac{-qz}{6EJ}(z^2-3lz+3l^2)$$

$$EJy(z)=\iint M(z)\mathrm{d}z\mathrm{d}z+Az+B$$

$$=\int\frac{-q}{6}(z^3-3lz^2+3l^2z)\mathrm{d}z+Az+B$$

$$=\frac{-q}{6}\left(\frac{z^2}{4}-lz^3+\frac{3}{2}l^2z^2\right)+Az+B$$

$$=\frac{-qz^2}{24}(z^2-4lz+6l^2)+Az+B$$

当 $z=0$ 时,$y=0$,$\theta=0$ 得 $A=0$,$B=0$,则

$$y(z)=\frac{-qz^2}{24EJ}(z^2-4lz+6l^2)$$

(4) 求转角和挠度值 $\theta_{\max}$、$y_{\max}$。

由变形可知,当 $z=l$ 时,转角和挠度均具有极值,分别为

$$\theta_{\max}=\frac{-ql^3}{6EJ}$$

$$y_{\max}=-\frac{ql^4}{8EJ}$$

梁在几种简单载荷作用时的变形如表 6-2 所示。计算时可直接由表查取。

表 6-2 简单载荷作用下梁的挠度和转角

载荷和支承情况	梁端转角	挠曲线方程	最大挠度
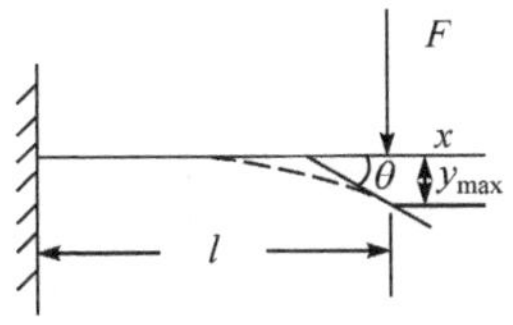	$\theta=-\frac{Fl^2}{2EJ}$	$y=-\frac{Fx^2}{6EJ}(3l-x)$	$y_{\max}=-\frac{Fl^3}{3EJ}$
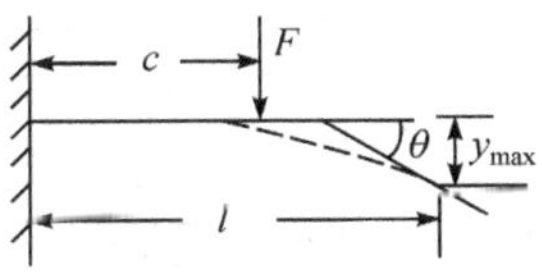	$\theta=-\frac{Fc^2}{2EJ}$	$y=-\frac{Fx^2}{6EJ}(3c-x)$ $0\leqslant x\leqslant c$ $y=-\frac{Fc^2}{6EJ}(3x-c)$ $c\leqslant x\leqslant l$	$y_{\max}=-\frac{Fc^2}{6EJ}(3l-c)$
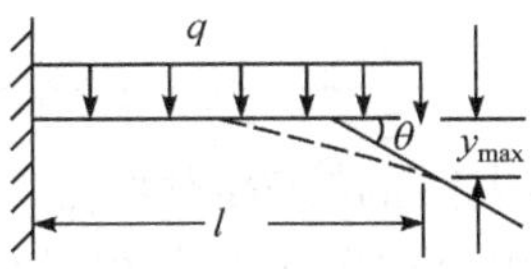	$\theta=-\frac{ql^3}{6EJ}$	$y=-\frac{qx^2}{24EJ}(x^2+6l^2-4lx)$	$y_{\max}=-\frac{ql^4}{8EJ}$

续表

载荷和支承情况	梁端转角	挠曲线方程	最大挠度
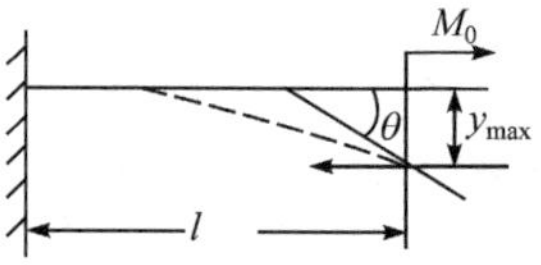	$\theta=-\frac{M_0 l}{EJ}$	$y=-\frac{M_0 x^2}{2EJ}$	$y_{max}=-\frac{M_0 l^2}{2EJ}$
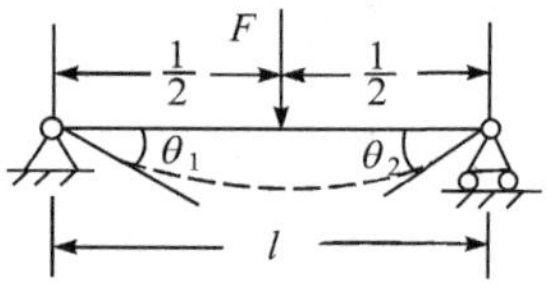	$\theta_1=-\theta_2=-\frac{Fl^2}{16EJ}$	$y=-\frac{Fx}{48EJ}(3l^2-4x^2)$ $0\leqslant x\leqslant\frac{1}{2}$	$y_{max}=-\frac{Fl^3}{48EJ}$
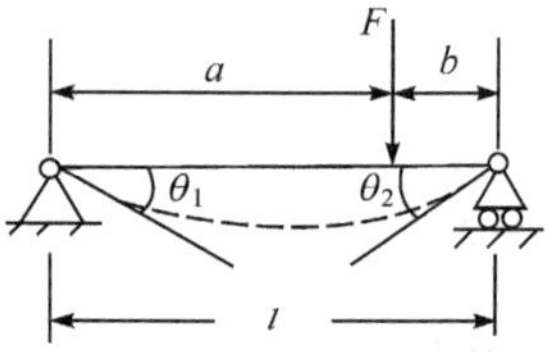	$\theta_1=-\frac{Fab(l+b)}{6lEJ}$ $\theta_2=+\frac{Fab(l+a)}{6lEJ}$	$y=-\frac{Fbx}{6lEJ}(l^2-x^2-b^2)$ $0\leqslant x\leqslant a$ $y=-\frac{Fb}{6lEJ}[(l^2-b^2)x-x^3+\frac{1}{b}(x-a)^3]$ $a\leqslant x\leqslant l$	若 $a>b$，在 $x=\sqrt{\frac{l^2-b^2}{3}}$ 处， $y_{max}=-\frac{\sqrt{3}Fb}{27lEJ}(l^2-b^2)^{\frac{3}{2}}$； 在 $x=l/2$ 处， $y_{1/2}=-\frac{Fb}{48EJ}(3l^2-4b^2)$
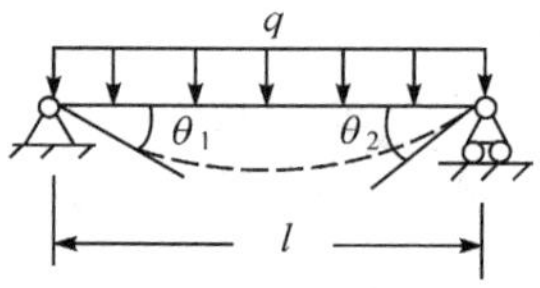	$\theta_1=-\theta_2=-\frac{ql^3}{24EJ}$	$y=-\frac{qx}{24EJ}(l^3-2lx^2+x^3)$	$y_{max}=-\frac{5ql^4}{384EJ}$
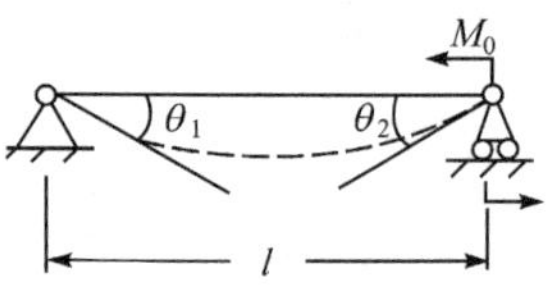	$\theta_1=-\frac{M_0 l}{6EJ}$ $\theta_2=+\frac{M_0 l}{3EJ}$	$y=-\frac{M_0 x}{6lEJ}(l^2-x^2)$	在 $x=\frac{l}{\sqrt{3}}$ 处，$y_{max}=-\frac{M_0 l^2}{9\sqrt{3}EJ}$ 在 $x=\frac{l}{2}$ 处，$y_{1/2}=-\frac{M_0 l^2}{16EJ}$

从表 6-2 可以看出，为了提高梁的刚度，可以减少梁的跨度 l 或增大梁的抗弯刚度 EJ。

当梁受到几种载荷联合作用时，可以按叠加原理计算梁的变形。即先算出各个载荷单独作用时梁的挠度和转角，然后将它们叠加(取代数和)，就得到梁在几个载荷同时作用时的变形。

三、梁的刚度计算

计算梁刚度的目的是要控制梁的变形，即把梁的最大转角 θ_{max} 及最大挠度 y_{max} 控制在工程的许可范围内。梁的刚度条件为

$$\theta_{max} \leqslant [\theta] \tag{6-22}$$

$$y_{max} \leqslant [y] \tag{6-23}$$

式中，$[\theta]$为梁的许用转角；$[y]$为梁的许用挠度。

许用转角$[\theta]$及许用挠度$[y]$可从有关设计手册中查到。

习 题

6-1 画出图 6-26(a)～(f)中各梁的剪力图及弯矩图，并找出最大剪力 Q_{max}、最大弯矩 M_{max} 及相应的截面位置。

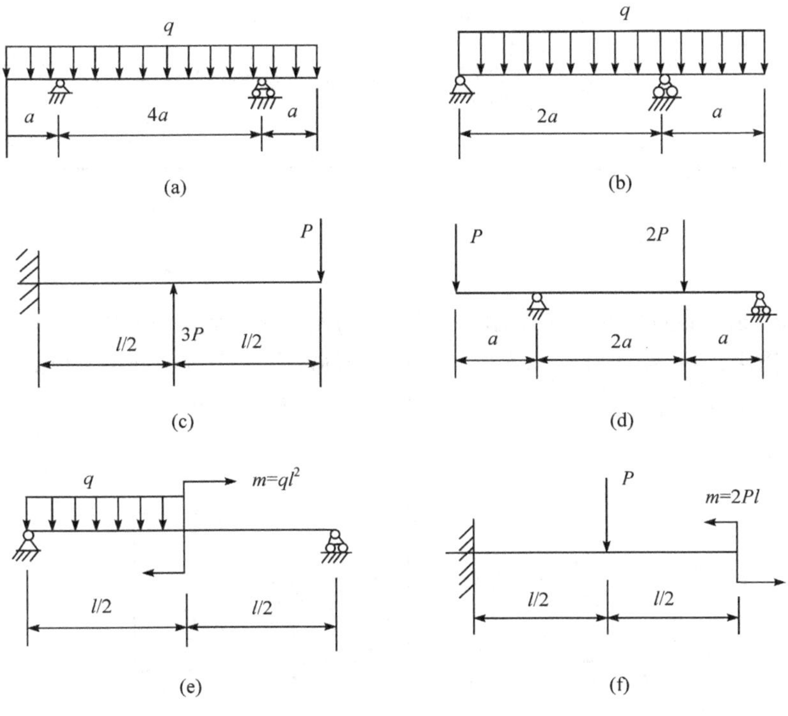

图 6-26

6-2 一悬臂梁如图 6-27 所示，由两段等截面矩形梁组成，DB 段截面尺寸刚好为 AD 段相应尺寸的一半，已知 $q_1=8\text{kN/m}$，$q_2=4\text{kN/m}$，$h/b=2$，梁材料许用应力$[\sigma]=50\text{MPa}$。试按强度条件确定该梁的最小断面尺寸 h。

6-3 图 6-28 所示热轧普通工字钢梁 AB 段受均布载荷 $q=10\text{kN/m}$，中部受集中力 $P=5\text{kN}$ 作用，若梁长度 $l=6\text{m}$，材料许用应力$[\sigma]=120\text{MPa}$。当工字钢为 20b 时，试校核梁的强度。

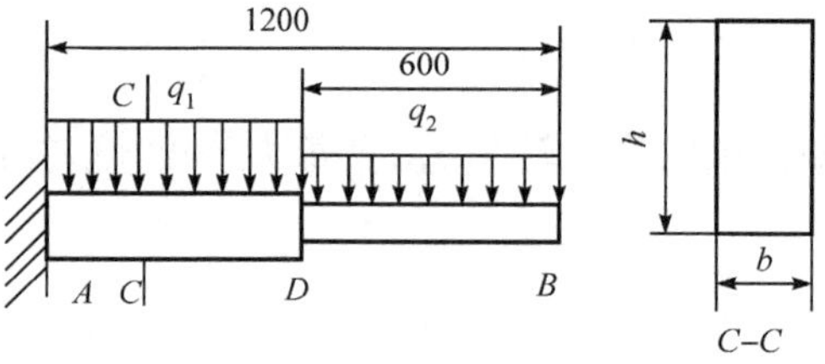

图 6 - 27

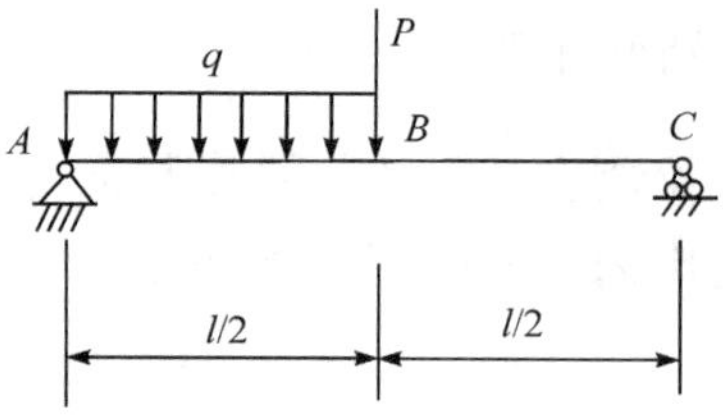

图 6 - 28

6 - 4　一矩形木梁由直径 d=350mm 的圆木切割而成(图 6 - 29),梁跨度 l=4.5m,木材许用弯曲应力[σ]=8MPa。试求圆木切割出的矩形梁的最大承载力 P。

6 - 5　一矩形截面简支梁如图 6 - 30 所示,梁中部受集中载荷 P=45kN 及力偶m=40kN·m 作用。梁长 l=4m,材料许用应力[σ]=7MPa,矩形断面高宽之比 h/b=3。试确定梁的截面尺寸。

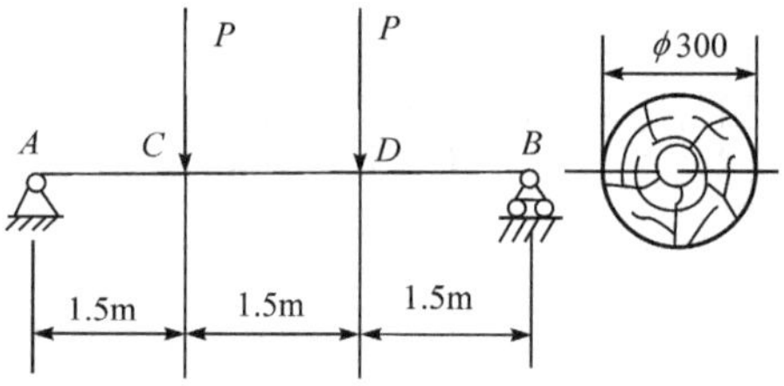

图 6 - 29

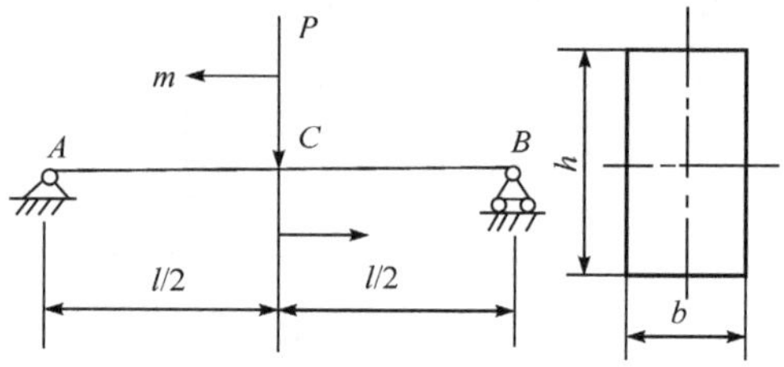

图 6 - 30

6 - 6　矩形截面简支梁如图 6 - 31 所示,在 A 端支座处受力偶 m 作用,距 A 支座 4m 处受集中力 P 作用。m=35kN·m,P=25kN,矩形截面 b=75mm,h=150mm,材料许用应力[σ]=150MPa,弹性模量 $E=2\times10^5$MPa。试用叠加法求梁支座处的转角及梁跨中截面处的挠度。

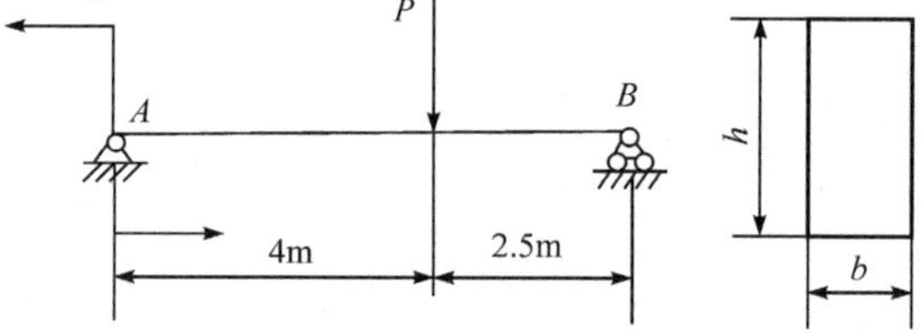

图 6 - 31

第 7 章 复杂应力状态及强度理论

§7-1 应力状态概念

从讨论拉(压)杆件的应力可知,杆横截面上只有正应力,斜截面上既有正应力,又有剪应力。在考虑拉(压)杆件的强度问题时,认为构件破坏是由于横截面上的正应力达到材料的极限应力,强度条件是以横截面的正应力为基础建立的。事实上,构件的破坏并不都是发生在横截面上,例如,铸铁受压时,在大约与杆轴线成 45°的倾斜方向出现剪切破坏。在一般情况下,研究构件的强度时,常需要全面研究通过构件一点的各个截面上的应力。

在讨论横力弯曲的强度计算时,强度条件是以离中性轴最远边缘上的正应力为基础建立的,最远边缘处的剪应力为零。在除了边缘和中性轴以外,横截面的其他各点处既有正应力,又有剪应力。如果按这些点对梁进行强度计算,是不能分别按正应力和剪应力建立强度条件的。工程上要解决这样一类应力情况下构件的强度计算问题,也需要全面研究构件内任一点各个截面上的应力。

要研究构件任一点各个截面上的应力,通常取一个包括该点在内的微元体。微元体各个面上的应力就称为这点的应力状态。由于微元体边长为无穷小量,所以,微元体平面上的应力是均匀分布且相等的。如果知道微元体各个面上的应力,就可用截面法求出任一斜截面上的应力。

可以证明,从受力构件中任取一微元体,在该微元体上,总存在着三个相互垂直的平面,在这些平面上只有正应力而无剪应力。这样的平面称为主平面。拉(压)杆的横截面和纵截面上都没有剪应力,这样的平面就是主平面。主平面上的应力称为主应力,用 σ_1、σ_2 和 σ_3 表示。主应力按代数值大小从大到小排列,即 $\sigma_1>\sigma_2>\sigma_3$。一点处的应力状态通常用三个主应力表示。按三个主应力有几个不等于零,将一点处的应力状态分为三类。

1. 单向应力状态

只有一个主应力不等于零。例如,杆件拉(压)时,杆件内各点包括横截面在内的三个主平面上的主应力中,只有横截面上的主应力不为零,其他截面上的应力均为零,如图 7-1(a)~(c)所示。

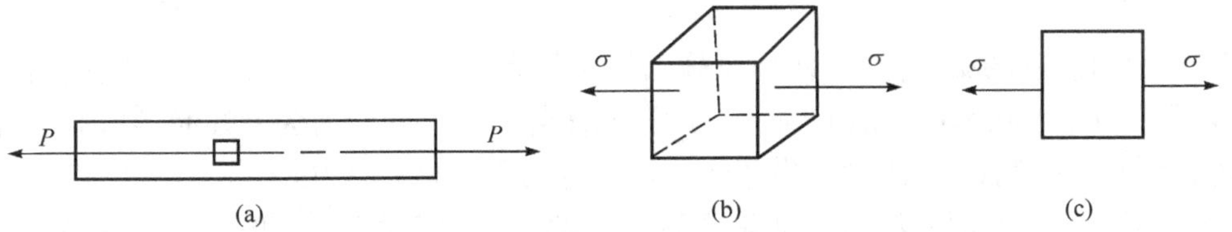

图 7-1

2. 二向(平面)应力状态

两个主应力不等于零。受扭转的轴除轴线上各点外的其他各点的应力状态[图 7－2(a)～(c)]和压力作用的薄壁容器各点的应力状态(图 7－3)均为二向应力状态。

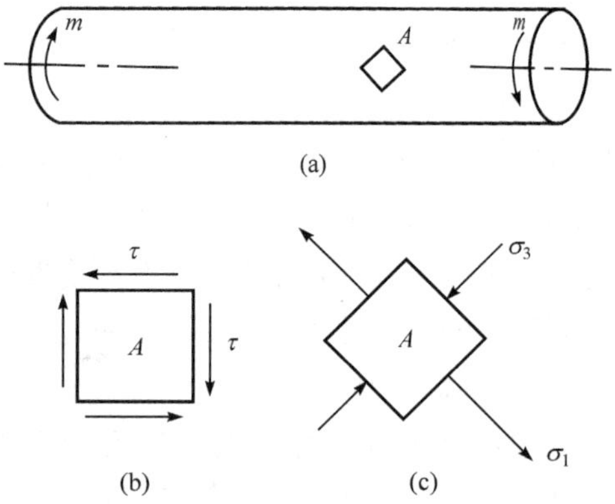

图 7－2

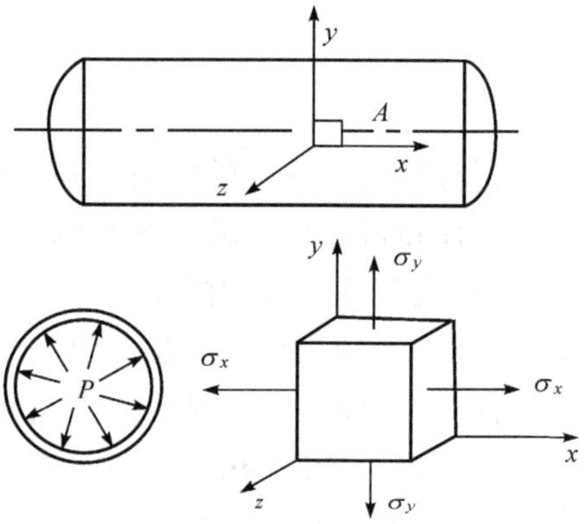

图 7－3

3. 三向应力状态

三个主应力都不等于零。例如,高压厚壁筒体各点的应力状态是三向应力状态(图 7－4)。

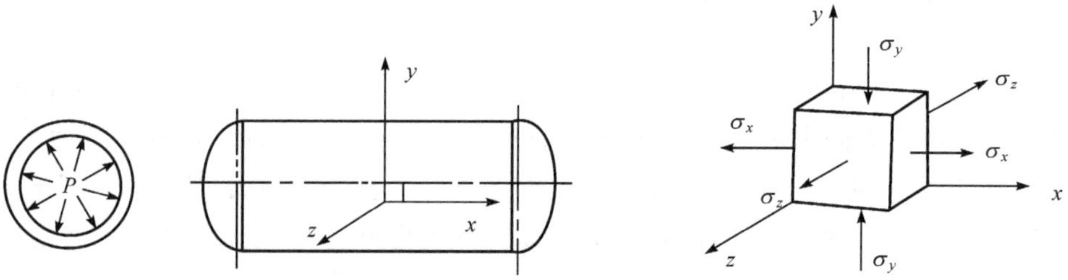

图 7－4

单向应力状态又称为简单应力状态,二向和三向应力状态称为复杂应力状态。

§7－2　复杂应力状态

一、二向应力状态

图 7－5(a)所示的微元体,在外法线分别与 x 轴和 y 轴重合的平面上既有正应力,也有剪应力,这是二向应力状态最一般的情况。当微元体各个面上的应力为已知时,利用截面法可求出该微元体任一斜截面上的应力,并可进一步确定微元体的主应力。

取斜截面 ef,该截面外法线与轴夹角为 α,斜截面上的应力用 σ_α 和 τ_α 表示,如图 7－5(b)、(c)所示。设 ef 面面积为 $\mathrm{d}A$,则 bf、be 面面积分别为 $\sin\alpha\mathrm{d}A$ 和 $\cos\alpha\mathrm{d}A$,由剪应力互等定理可知,$\tau_x=\tau_y=\tau$,根据静力平衡方程 $\sum n=0$,得

$$\sigma_\alpha \mathrm{d}A + (\tau\sin\alpha - \sigma_x\cos\alpha)\cos\alpha\mathrm{d}A + (\tau\cos\alpha - \sigma_y\sin\alpha)\sin\alpha\mathrm{d}A = 0$$

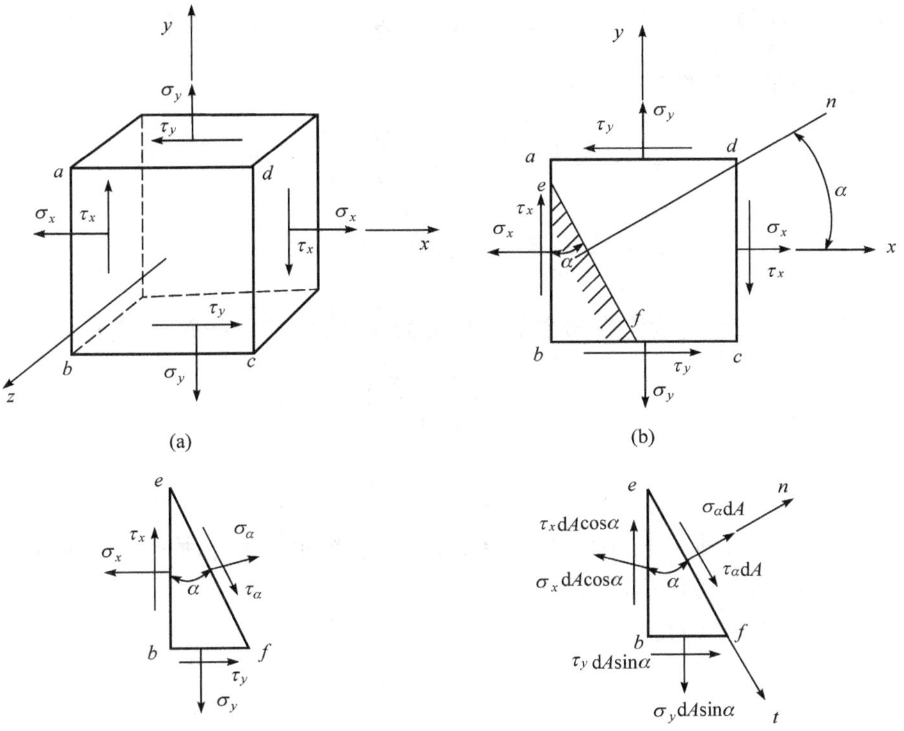

图 7 - 5

将 $\sin 2\alpha = 2\sin\alpha \cdot \cos\alpha, \sin^2\alpha = \dfrac{1-\cos 2\alpha}{2}, \cos^2\alpha = \dfrac{1+\cos 2\alpha}{2}$代入上式后化简得

$$\sigma_\alpha = \frac{\sigma_x + \sigma_y}{2} + \frac{\sigma_x - \sigma_y}{2}\cos 2\alpha - \tau\sin 2\alpha \tag{7-1}$$

由 $\sum\tau = 0$ 得

$$\tau\mathrm{d}A - (\tau\cos\alpha + \sigma_x\sin\alpha)\cos\alpha\mathrm{d}A + (\tau\sin\alpha + \sigma_y\cos\alpha)\sin\alpha\mathrm{d}A = 0$$

化简得

$$\tau_\alpha = \frac{\sigma_x - \sigma_y}{2}\sin 2\alpha + \tau\cos 2\alpha \tag{7-2}$$

式(7 - 1)和式(7 - 2)就是任一斜截面上正应力和剪应力的计算公式。根据这些公式,可以求出主应力。

对式(7 - 1)中的变量 α 求一阶导数,使$\dfrac{\mathrm{d}\sigma_\alpha}{\mathrm{d}\alpha}=0$,即

$$\frac{\mathrm{d}\sigma_\alpha}{\mathrm{d}\alpha} = \frac{\sigma_x - \sigma_y}{2}(-2\sin 2\alpha) - 2\tau\cos 2\alpha = 0$$

化简上式,令满足极值条件时的倾斜角为 α_0,得

$$\tan 2\alpha_0 = \frac{-2\tau}{\sigma_x - \sigma_y} \tag{7-3}$$

将式(7-3)的 α_0 值代入式(7-2)，得剪应力 $\tau_{\alpha 0}=0$。这说明倾斜角为 α_0 时的斜截面为主平面。α_0 有两个值：α_0 及 $\alpha_0+\frac{\pi}{2}$，这表明主平面为两个相互垂直的平面。将这两个值代入式(7-1)得两个主平面上的主应力为

$$\left.\begin{aligned}\sigma_1&=\frac{\sigma_x+\sigma_y}{2}+\sqrt{\left(\frac{\sigma_x-\sigma_y}{2}\right)^2+\tau^2}\\\sigma_2&=\frac{\sigma_x+\sigma_y}{2}-\sqrt{\left(\frac{\sigma_x-\sigma_y}{2}\right)^2+\tau^2}\end{aligned}\right\}\tag{7-4}$$

同样，分析式(7-2)，可确定在与主平面相交为45°方向的斜截面上，有最大剪应力，为

$$\left.\begin{aligned}\tau_{\max}&=+\sqrt{\left(\frac{\sigma_x-\sigma_y}{2}\right)^2+\tau^2}\\\tau_{\min}&=-\sqrt{\left(\frac{\sigma_x-\sigma_y}{2}\right)^2+\tau^2}\end{aligned}\right\}\tag{7-5}$$

以上公式是按图7-5(a)所示应力的矢量导出的，如果微元体上作用的应力 σ_x、σ_y、τ_x 的矢量指向与图示方向相反，就应以负值代入公式计算。

由式(7-4)和式(7-5)得

$$\left.\begin{aligned}\tau_{\max}&=+\frac{\sigma_1-\sigma_2}{2}\\\tau_{\min}&=-\frac{\sigma_1-\sigma_2}{2}\end{aligned}\right\}\tag{7-6}$$

二、三向应力状态

对于三向应力状态，按三个主平面方向取出一微元体，如图7-6所示。下面分析该微元体的最大剪应力。

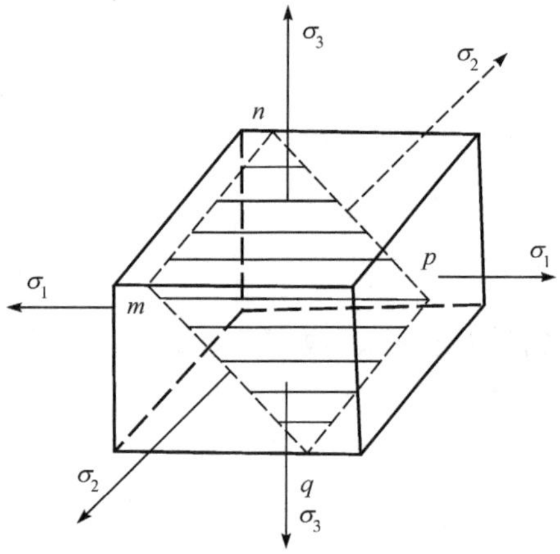

图7-6

由单向应力状态的应力分析可知，σ_2 不会在和它平行的斜截面 $mnpq$ 上引起应力，所以对于这种截面来说，相当于只有 σ_1 和 σ_3 作用的二向应力状态，因此最大剪应力为

$$\tau_{1,3}=\frac{1}{2}(\sigma_1-\sigma_3)$$

同理，平行于 σ_1 的各斜截面上的最大剪应力为

$$\tau_{2,3}=\frac{1}{2}(\sigma_2-\sigma_3)$$

平行于 σ_3 的各斜截面上的最大剪应力为

$$\tau_{1,2}=\frac{1}{2}(\sigma_1-\sigma_2)$$

由于 $\sigma_1>\sigma_2>\sigma_3$，所以该微元体的最大剪应力为

$$\tau_{\max}=\frac{1}{2}(\sigma_1-\sigma_3)\tag{7-7}$$

【例 7－1】 一点处的应力状态如图 7－7 所示，已知 $\sigma_x=100\text{MPa}$，$\sigma_y=-80\text{MPa}$，$\tau_x=40\text{MPa}$，试求该微元体的主应力和最大、最小剪应力。

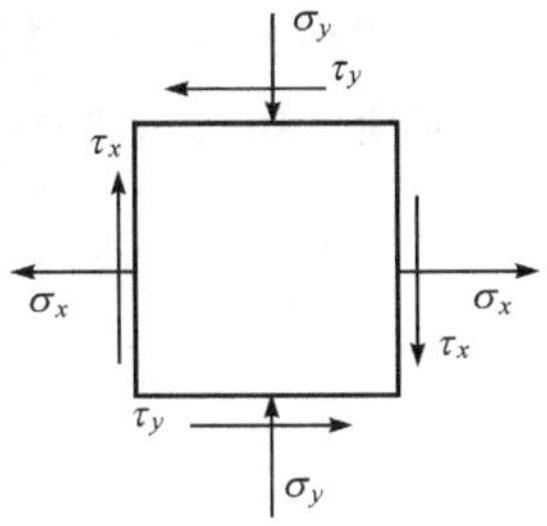

图 7－7

解　由式(7－4)得

$$\sigma_1=\frac{\sigma_x+\sigma_y}{2}+\sqrt{\left(\frac{\sigma_x-\sigma_y}{2}\right)^2+\tau^2}=\frac{100-80}{2}+\sqrt{\left(\frac{\sigma_x-\sigma_y}{2}\right)^2+\tau^2}=108.5$$

$$\sigma_2=\frac{\sigma_x+\sigma_y}{2}-\sqrt{\left(\frac{\sigma_x-\sigma_y}{2}\right)^2+\tau^2}=\frac{100-80}{2}-\sqrt{\left(\frac{\sigma_x-\sigma_y}{2}\right)^2+\tau^2}=-88.5$$

由式(7－6)得

$$\tau_{\max}=\frac{\sigma_1-\sigma_2}{2}=\frac{108.5+88.5}{2}=98.5(\text{MPa})$$

$$\tau_{\min}=-\frac{\sigma_1-\sigma_2}{2}=-\frac{108.5+88.5}{2}=-98.5(\text{MPa})$$

§7－3　广义胡克定律

受拉杆件在拉应力作用下轴向伸长，轴向应变 ε 与横截面上的正应力 σ 的关系为

$$\varepsilon=\frac{\sigma}{E}$$

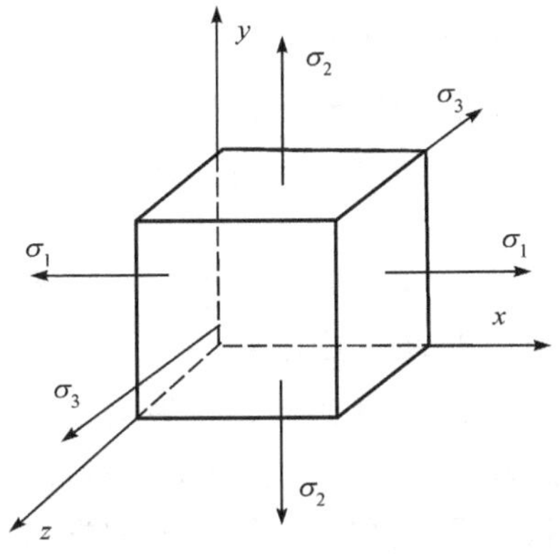

图 7－8

杆横向尺寸缩短，横向应变为 ε'，ε 与 ε' 的绝对值之比为常数，即 $\mu=\left|\frac{\varepsilon'}{\varepsilon}\right|$。由于拉(压)杆件的轴向应变 ε 与横向应变 ε' 符号相反，所以

$$\varepsilon'=-\mu\varepsilon$$

现在讨论复杂应力状态下应力与应变间的关系。如图 7－8 所示微元体，设主应力 σ_1、σ_2、σ_3 与坐标轴 x、y、z 方向一致，当只有 σ_1 作用时，与拉(压)杆的变形相同，在 x 方向的应变为$\frac{\sigma_1}{E}$，y 和 z 方向的应变为$-\mu\frac{\sigma_1}{E}$。

同理，可求出 σ_2、σ_3 单独作用时在 x、y、z 方向的应变。三个主应力分别在三个方向的应变如表 7-1 所示。

表 7-1　三个主应力在三个方向的应变

主应力	应变		
	x 方向	y 方向	z 方向
σ_1	$\frac{\sigma_1}{E}$	$-\mu\frac{\sigma_1}{E}$	$-\mu\frac{\sigma_1}{E}$
σ_2	$-\mu\frac{\sigma_2}{E}$	$\frac{\sigma_2}{E}$	$-\mu\frac{\sigma_2}{E}$
σ_3	$-\mu\frac{\sigma_3}{E}$	$-\mu\frac{\sigma_3}{E}$	$\frac{\sigma_3}{E}$

微体在 σ_1、σ_2、σ_3 共同作用时，x、y、z 方向的总应变 ε_1、ε_2、ε_3 分别为三个主应力单独在同一方向所产生的应变的总和，即

$$\left.\begin{aligned}\varepsilon_1&=\frac{\sigma_1}{E}-\mu\frac{\sigma_2}{E}-\mu\frac{\sigma_3}{E}\\ \varepsilon_2&=\frac{\sigma_2}{E}-\mu\frac{\sigma_1}{E}-\mu\frac{\sigma_3}{E}\\ \varepsilon_3&=\frac{\sigma_3}{E}-\mu\frac{\sigma_1}{E}-\mu\frac{\sigma_2}{E}\end{aligned}\right\}$$

化简后得

$$\left.\begin{aligned}\varepsilon_1&=\frac{1}{E}[\sigma_1-\mu(\sigma_2+\sigma_3)]\\ \varepsilon_2&=\frac{1}{E}[\sigma_2-\mu(\sigma_1+\sigma_3)]\\ \varepsilon_3&=\frac{1}{E}[\sigma_3-\mu(\sigma_1+\sigma_2)]\end{aligned}\right\} \tag{7-8}$$

式(7－8)称为广义胡克定律，ε_1、ε_2、ε_3 称为主应变。

§7－4　强度理论

在第 4 章研究拉(压)杆的强度问题时，强度条件为杆横截面上的正应力 $\sigma=\frac{N}{A}$ 不超过材料的许用应力[σ]。而许用压力[σ]的确定，是由试验测出材料的极限应力后，除以适当安全系数得到的。这种直接根据试验结果建立强度条件的方法，对处于单向应力状态的构件进行强度计算是最简单的方法。

对于复杂应力状态，三个主应力 σ_1、σ_2、σ_3 有多种组合形式，如果要仿照拉(压)杆强度条件的建立方法，即由试验确定材料在各种复杂应力状态下的极限应力将极为困难。

作杆件的拉伸试验时，如果是脆性材料，杆件无明显的屈服现象，直到断裂才失去工作能力。而塑性材料在轴向拉伸时，会出现显著的塑性变形失效。对于复杂应力状态下的构件，破坏形式也与单向应力状态的相同。因此，为了建立复杂应力状态下的强度条件，人们根据对材料破坏现象的分析研究，提出了各种关于材料破坏原因的假说，这种假说通常称为强度理论。

1. 最大拉应力理论(第一强度理论)

这个理论认为材料的破坏是由最大拉应力引起的，即不论什么样的应力状态，只要构件内一点处的三个主应力中的最大拉应力 σ_1 达到单向拉伸时材料的极限应力值 σ_{jx}，材料就发生破坏。按这一理论建立的强度条件为

$$\sigma_1\leqslant[\sigma] \tag{7-9}$$

2. 最大伸长线应变理论(第二强度理论)

这个强度理论认为材料破坏是由最大拉应变引起的，即不论材料处于什么应力状态，只要构件某一点处的最大拉应变 ε_1 达到单向拉伸时材料的极限应变值 ε_{jx}，就会引起材料的断裂破

坏。破坏条件为

$$\varepsilon_1 = \varepsilon_{jx} = \frac{\sigma_{jx}}{E}$$

由广义胡克定律可知

$$\varepsilon_1 = \frac{1}{E}[\sigma_1 - \mu(\sigma_2 + \sigma_3)]$$

所以上式可改写为

$$\frac{1}{E}[\sigma_1 - \mu(\sigma_2 + \sigma_3)] = \frac{\sigma_{jx}}{E} \text{ 或 } \sigma_1 - \mu(\sigma_2 + \sigma_3) = \sigma_{jx}$$

要使构件不破坏，强度条件应为

$$\sigma_1 - \mu(\sigma_2 + \sigma_3) \leqslant [\sigma] \tag{7-10}$$

3. 最大剪应力理论（第三强度理论）

该理论认为材料的破坏是由最大剪应力引起的，即不论什么应力状态，只要构件内任一点处的最大剪应力达到单向拉伸时材料的极限剪应力 τ_{jx}，材料就发生破坏。破坏条件为

$$\tau_{max} = \tau_{jx} = \frac{\sigma_{jx}}{2}$$

复杂应力状态下的最大剪应力为 $\tau_{max} = \frac{1}{2}(\sigma_1 - \sigma_3)$，所以上式可改写成为

$$\frac{1}{2}(\sigma_1 - \sigma_3) = \frac{\sigma_{jx}}{2} \text{ 或 } \sigma_1 - \sigma_3 = \sigma_{jx}$$

强度条件应该是

$$\sigma_1 - \sigma_3 \leqslant [\sigma] \tag{7-11}$$

4. 形状改变比能理论（第四强度理论）

该理论是考虑材料的变形能，认为受力构件的形状改变比能是引起材料破坏的根本原因，即不论什么应力状态，当材料某点的形状改变比能 u 达到单向拉伸时材料的极限形状改变比能 u_{jx}时，材料发生破坏。

单向拉伸时材料的极限形状改变比能为

$$u_{jx} = \frac{1+\mu}{3E}\sigma_{jx}^2$$

复杂应力状态下材料的形状改变比能为

$$u = \frac{1+\mu}{6E}[(\sigma_1 - \sigma_2)^2 + (\sigma_2 - \sigma_3)^2 + (\sigma_3 - \sigma_1)^2]$$

将以上 u_{jx}、u 代入这个强度理论的破坏条件

$$u = u_{jx}$$

得

$$\sqrt{\frac{1}{2}[(\sigma_1 - \sigma_2)^2 + (\sigma_2 - \sigma_3)^2 + (\sigma_3 - \sigma_1)^2]} = \sigma_{jx}$$

由此得强度条件为

$$\sqrt{\frac{1}{2}[(\sigma_1-\sigma_2)^2+(\sigma_2-\sigma_3)^2+(\sigma_3-\sigma_1)^2]} \leqslant [\sigma] \tag{7-12}$$

第一强度理论和第二强度理论一般只适用于脆性材料的某些强度计算，对于塑性材料则多用第三或第四强度理论。

按照四个强度理论建立的强度条件可统一写成下列形式

$$\sigma_{xd} \leqslant [\sigma] \tag{7-13}$$

式中，σ_{xd}称为相当应力。

【例 7-2】 一等直径圆轴受扭转作用，转速 $n=750$rpm，传递功率 $N=10$kW，轴外径 $d=30$mm，材料为 45 号优质钢，许用应力$[\sigma]=200$MPa，试按强度理论校核轴的强度。

解 (1) 求轴的最大剪应力。

$$M_n = 9550\frac{N}{n}$$

圆轴横截面外缘的最大剪应力 τ_{max}为

$$\tau_{max}=\frac{M_n}{W_n}=\frac{9550\dfrac{N}{n}}{\dfrac{\pi d^3}{16}}=\frac{16\times 9550N}{\pi d^3 n}$$

(2) 求最大剪应力处的主应力。

用垂直于轴的两平面切出一包括最大剪应力点在内的微元体，如图 7-9所示。

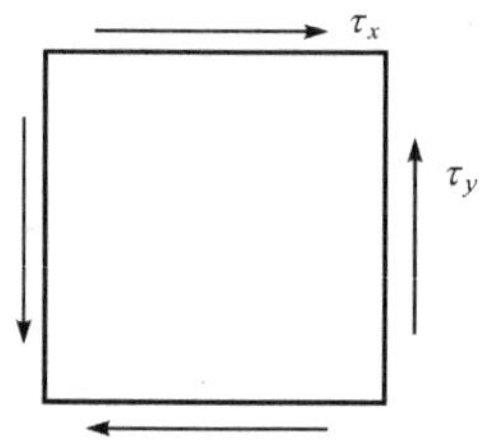

图 7-9

$$\tau_x=\tau_y=\tau_{max}$$

$$\sigma_x=\sigma_y=0$$

$$\left.\begin{matrix}\sigma_1\\ \sigma_2\end{matrix}\right\}=\frac{\sigma_x+\sigma_y}{2}\pm\sqrt{\left(\frac{\sigma_x-\sigma_y}{2}\right)^2+\tau^2}=\pm\tau$$

主应力按代数值从大到小排列，则

$$\sigma_1=\tau=\tau_{max}$$

$$\sigma_3=-\tau=-\tau_{max}$$

$$\sigma_2=0$$

(3) 按强度理论校核轴的强度。

轴材料为塑性材料，处于拉-压两向应力状态，首先按第三强度理论计算：

$$\begin{aligned}\sigma_{xd3}&=\sigma_1-\sigma_3=2\tau_{max}\\&=\frac{2\times 16\times 9550N}{\pi d^3 n}=\frac{2\times 16\times 9550\times 10}{\pi\times 0.03^3\times 750}\\&=48.1\times 10^6(\text{Pa})=48.1(\text{MPa})\end{aligned}$$

因 $\sigma_{xd3}<[\sigma]$，故轴的强度足够。

按第四强度理论计算：

$$\begin{aligned}\sigma_{xd4}&=\sqrt{\frac{1}{2}[(\sigma_1-\sigma_2)^2+(\sigma_2-\sigma_3)^2+(\sigma_3-\sigma_1)^2]}\\&=\sqrt{\frac{1}{2}[(\tau_{max}-0)^2+(0+\tau_{max})^2+(-\tau_{max}-\tau_{max})^2]}\end{aligned}$$

$$=\sqrt{3}\tau_{\max}$$

$$=\frac{\sqrt{3}\times 16\times 9550N}{\pi d^3 n}=\frac{\sqrt{3}\times 16\times 9550\times 10}{\pi\times 0.03^3\times 750}$$

$$=41.6\times 10^6(\text{Pa})=41.6(\text{MPa})$$

因 $\sigma_{xd4}<[\sigma]$，故轴的强度足够。

§7-5　杆件组合变形时的强度计算

工程上，有许多构件受外力作用时，往往同时产生两种或两种以上的基本变形，这种情况称为组合变形。例如，塔器除受自重作用引起压缩外，还会由于风力引起弯曲；机器中的传动轴则同时受到弯曲与扭转作用。下面分析这些组合变形时的强度问题。

一、拉伸(压缩)与弯曲变形的组合

杆件发生这种组合变形时，由于拉伸(或压缩)和弯曲的横截面均引起正应力，所以杆件横截面上的总应力为这两个正应力的代数和。

图 7-10(a)所示杆两端作用轴向拉力 P 和力偶 m，在杆的截面 nn' 上，由拉力 P 引起的正应力为

$$\sigma'=\frac{N}{A}=\frac{P}{A}$$

式中，N 表示截面上的内力。

力偶 m 引起的正应力为

$$\sigma''=\pm\frac{M}{W}$$

式中，M 为横截面上的弯矩，由于杆两端受力偶 m 作用，所以杆的各个截面上的弯矩相同。对于一般情况，M 应为危险截面上的最大弯矩。

P 和 m 同时作用时，按 σ' 和 σ'' 的代数值叠加，如图 7-10(d)所示。极值正应力在杆横截面的上下边缘处，分别为

$$\sigma_{\max}=\sigma'+\sigma''=\frac{P}{A}+\frac{M}{W}$$

$$\sigma_{\min}=\sigma'-\sigma''=\frac{P}{A}-\frac{M}{W}$$

由于 $\sigma_{\max}>|\sigma_{\min}|$，故拉伸与弯曲组合变形时的强度条件为

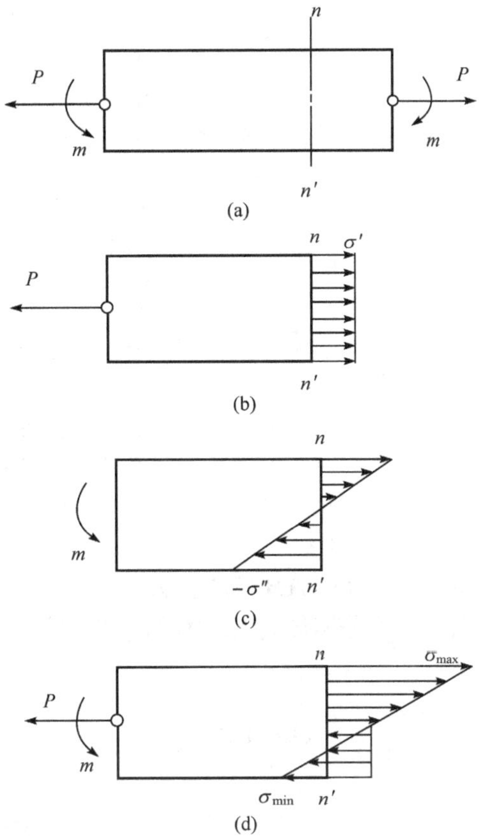

图 7-10

$$\sigma_{\max}=\frac{P}{A}+\frac{M}{W}<[\sigma] \tag{7-14}$$

如果 P 为压力，杆件为压缩与弯曲组合变形。对于这种情况，杆横截面上下边缘处的极值应力分别为

$$\sigma_{\max}=\left|-\frac{P}{A}-\frac{M}{W}\right|$$

$$\sigma_{\min}=\left|-\frac{P}{A}+\frac{M}{W}\right|$$

故压缩与弯曲组合变形时的强度条件为

$$\sigma_{\max}=\left|-\frac{P}{A}-\frac{M}{W}\right|\leqslant[\sigma] \tag{7-15}$$

【例 7-3】 图 7-11 为一设备支承架，由 18 号工字钢制作的 AB、BC 杆组成。$AB=2.6\text{m}$，AB 杆中点处放的设备重 $Q=25\text{kN}$，已知材料的许用应力 $[\sigma]=100\text{MPa}$，不计杆自重。试校核 AB 杆的强度。

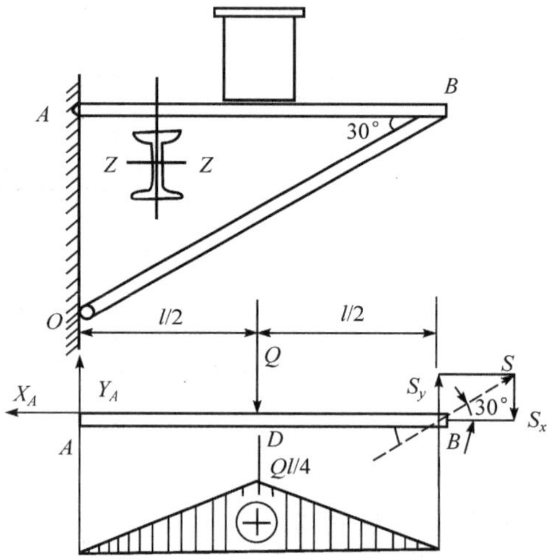

图 7-11

解　(1) 分析 AB 杆的受力。

以 AB 为分离体，作受力图，由静力平衡方程得

$$\sum m_A(\boldsymbol{F})=0$$

$$AB\cdot S\cdot\sin30^\circ-\frac{Q\cdot AB}{2}=0$$

$$S=25(\text{kN})$$

$$\sum X=0\qquad S_x-X_A=0$$

$$X_A=S_x=S\cos30^\circ=21.6(\text{kN})$$

$$\sum Y=0\qquad Y_A-Q+S_y=0$$

$$Y_A = Q - S\sin 30^\circ = S_y = 12.5(\text{kN})$$

AB 杆受垂直于杆轴线的力系($\boldsymbol{Y}_A$、$\boldsymbol{Q}$、$\boldsymbol{S}_y$)作用，使杆发生弯曲变形；杆受到沿轴线方向的力系($\boldsymbol{X}_A$、$\boldsymbol{S}_x$)作用，发生轴向拉伸变形。因此 AB 杆的变形为拉弯组合变形。

(2) 内力和应力计算。

由手册可查出 18 号工字钢横截面积 A=30.6cm²，抗变截面模量 W=185cm³。

AB 杆各截面的轴力

$$N = 21.6\text{kN}$$

最大弯矩在杆的跨中截面 D 处，其值为

$$M_{\max} = \frac{Ql}{4} = \frac{25\times 2.6}{4} = 16.25(\text{kN}\cdot\text{m})$$

该组合变形的危险截面为跨中截面 D。在该截面上，由轴力引起的拉应力为

$$\sigma' = \frac{N}{A} = \frac{21.6\times 10^3}{3.06\times 10^{-3}} = 7.07(\text{MPa})$$

最大弯矩在危险截面上下边缘引起的最大弯曲应力为

$$\sigma'' = \pm\frac{M_{\max}}{W} = \pm\frac{16.25\times 10^3}{185\times 10^{-6}} = \pm 87.8(\text{MPa})$$

(3) 强度校核。

$$\sigma_{\max} = \frac{N}{A} + \frac{M_{\max}}{W} = 7.07 + 87.8 = 94.87(\text{MPa}) < [\sigma] = 100(\text{MPa})$$

所以 AB 杆强度足够。

【例 7-4】 一塔设备如图 7-12 所示，塔高 17m，底部为裙式支座，塔体与裙座筒体的内径均为 D_i=1000mm，壁厚 S=8mm，已知塔及物料总重 Q=105kN，塔高 10m 以上的水平风压 q_2=745N/m，10m 以下的风压 q_1=655N/m，裙座材料许用应力[σ]=140MPa。试校核裙座筒壁的强度。

解　该设备为压缩与弯曲组合变形，裙座底部的弯矩最大，故裙座底部横截面为危险截面，最大弯矩为

$$\begin{aligned} M_{\max} &= \frac{q_1 h_1^2}{2} + q_2 h_2\left(h_1 + \frac{h_2}{2}\right) \\ &= \frac{655\times 10^2}{2} + 745\times 7\times\left(10 + \frac{7}{2}\right) \\ &= 103.1\times 10^3(\text{N}\cdot\text{m}) \end{aligned}$$

裙座筒体的抗弯截面模量为

$$\begin{aligned} W &= \frac{\pi}{4}D_i^2 S = 0.785\times 1000^2\times 8 \\ &= 6.28\times 10^6(\text{mm}^3) \end{aligned}$$

横截面面积为

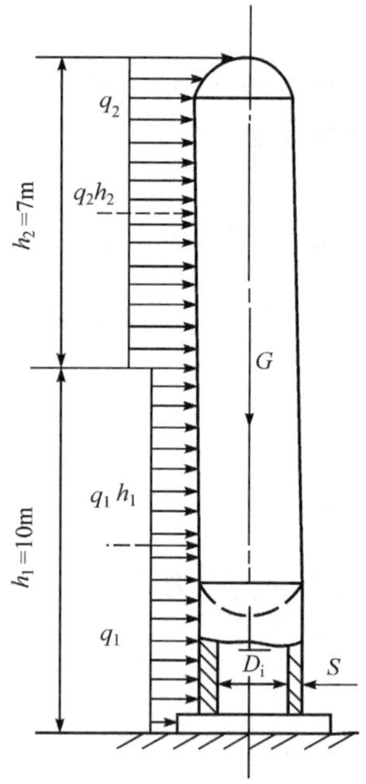

图 7-12

$$A=\pi D_i S=\pi\times 1000\times 8=25.13\times 10^3(mm^2)$$

重量在裙座筒壁内引起的压应力为

$$\sigma'=-\frac{Q}{A}=-\frac{105\times 10^3}{25.13\times 10^{-3}}=-4.18(MPa)$$

风载荷引起的最大弯曲力为

$$\sigma''=\pm\frac{M_{max}}{W}=\pm\frac{103.1\times 10^3}{6.28\times 10^6\times 10^{-9}}=\pm 16.4(MPa)$$

危险点在裙座底部背风侧，其合成应力为

$$\sigma_{max}=\left|-\frac{Q}{A}-\frac{M_{max}}{W}\right|=|-4.18-16.4|$$
$$=20.58(MPa)$$

因 $\sigma_{max}<[\sigma]=140MPa$，所以裙座筒壁的强度足够。

二、弯曲与扭转变形的组合

一般在传动轴在发生扭转时，同时还受到弯曲。轴的横截面上既有扭矩，又有弯矩，这就是弯曲与扭转的组合变形。下面分析这类组合变形时的强度计算问题。

图 7-13(a)为连接有一水平曲柄的实心圆杆 AB，集中力 P 作用于曲柄的端部 C 点处。将作用力 P 向杆端截面的形心 B 简化，得作用于 B 点处的集中力 P 和作用于杆端截面内的力偶 m，如图 7-13(b)所示。分别考虑 P 和 m 对杆的作用，可画出弯矩图和扭矩图[图 7-13(c)、(d)]，由图可知杆的固定端截面是危险截面。在危险截面外边缘上[图 7-13(e)]的最大剪应力为

$$\tau=\frac{M_n}{W_n}$$

式中，M_n 为危险截面上的扭矩；W_n 为横截面的抗扭截面模量。

在危险截面的 C_1、C_2[图 7-13(f)]点处的最大弯曲应力为

$$\sigma=\frac{M}{W}$$

式中，M 为危险截面上的弯矩；W 为横截面的抗弯截面模量。

为了建立弯曲与扭转组合变形时的强度条件，首先从围绕危险截面最上边缘的 C_1 点取一微元体，该点是二向应力状态，如图 7-13(g)所示。

利用式(7-4)，即

$$\sigma_1=\frac{\sigma_x+\sigma_y}{2}+\sqrt{\left(\frac{\sigma_x-\sigma_y}{2}\right)^2+\tau^2}$$

$$\sigma_3=\frac{\sigma_x+\sigma_y}{2}-\sqrt{\left(\frac{\sigma_x-\sigma_y}{2}\right)^2+\tau^2}$$

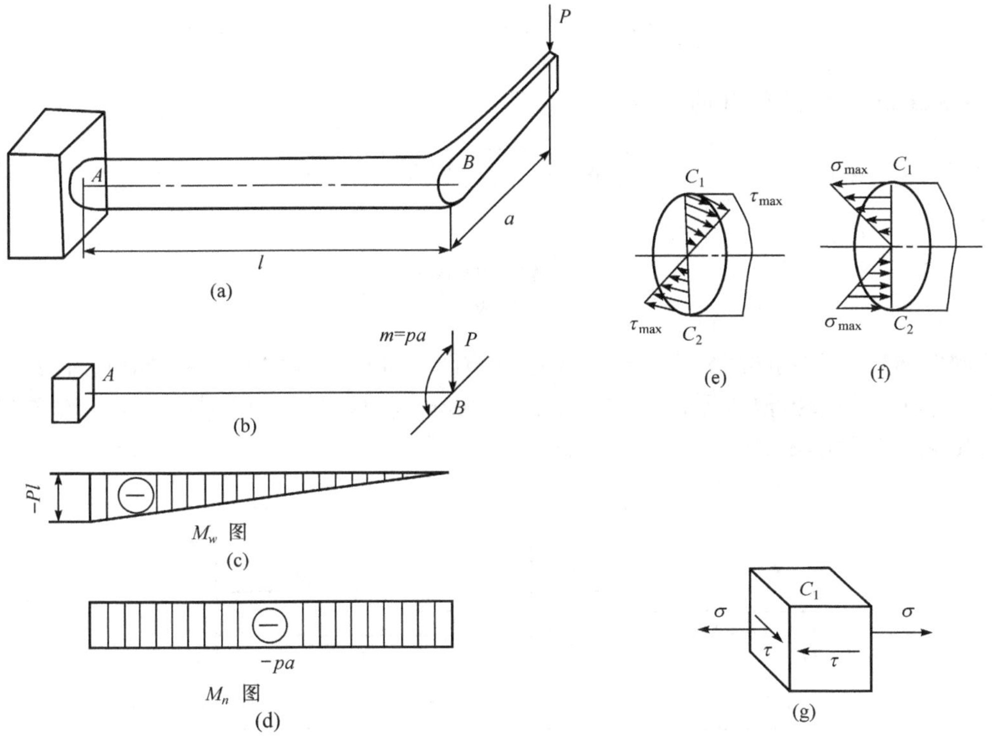

图 7 - 13

求主应力为

$$\sigma_1 = \frac{\sigma}{2} + \frac{1}{2}\sqrt{\sigma^2 + 4\tau^2}$$

$$\sigma_3 = \frac{\sigma}{2} - \frac{1}{2}\sqrt{\sigma^2 + 4\tau^2}$$

按第三强度理论的强度条件

$$\sigma_{xd3} = \sigma_1 - \sigma_3 \leqslant [\sigma]$$

将 σ_1、σ_3 代入上式得

$$\sigma_{xd3} = \sigma_1 - \sigma_3 = \sqrt{\sigma^2 + 4\tau^2} \leqslant [\sigma] \tag{7-16}$$

将 $\sigma=\frac{M}{W}, \tau=\frac{M_n}{W_n}=\frac{M_n}{2W}$代入上式得

$$\sqrt{\left(\frac{M}{W}\right)^2 + 4\left(\frac{M_n}{2W}\right)^2} \leqslant [\sigma]$$

化简后得弯曲与扭转组合变形的强度条件为

$$\frac{\sqrt{M^2 + M_n^2}}{W} \leqslant [\sigma] \tag{7-17}$$

按第四强度理论的强度条件

$$\sigma_{xd4}=\sqrt{\frac{1}{2}[(\sigma_1-\sigma_2)^2+(\sigma_2-\sigma_3)+(\sigma_3-\sigma_1)^2]}\leqslant[\sigma]$$

将 σ_1、σ_2、σ_3 的值代入，化简后得

$$\sigma_{xd4}=\sqrt{\sigma^2+3\tau^2}\leqslant[\sigma] \tag{7-18}$$

或

$$\sigma_{xd4}=\frac{\sqrt{M^2+0.75M_n^2}}{W}\leqslant[\sigma] \tag{7-19}$$

【例 7-5】 一转轴如图 7-14 所示。轴上装有两传动轮，重量均为 $P=5\text{kN}$，轴直径 $d=80\text{mm}$，以 $n=50\text{rpm}$ 匀速回转，传递功率 $N=10\text{kW}$，$l=2000\text{mm}$，材料许用应力 $[\sigma]=120\text{MPa}$，试按第三、四强度理论校核该轴的强度。

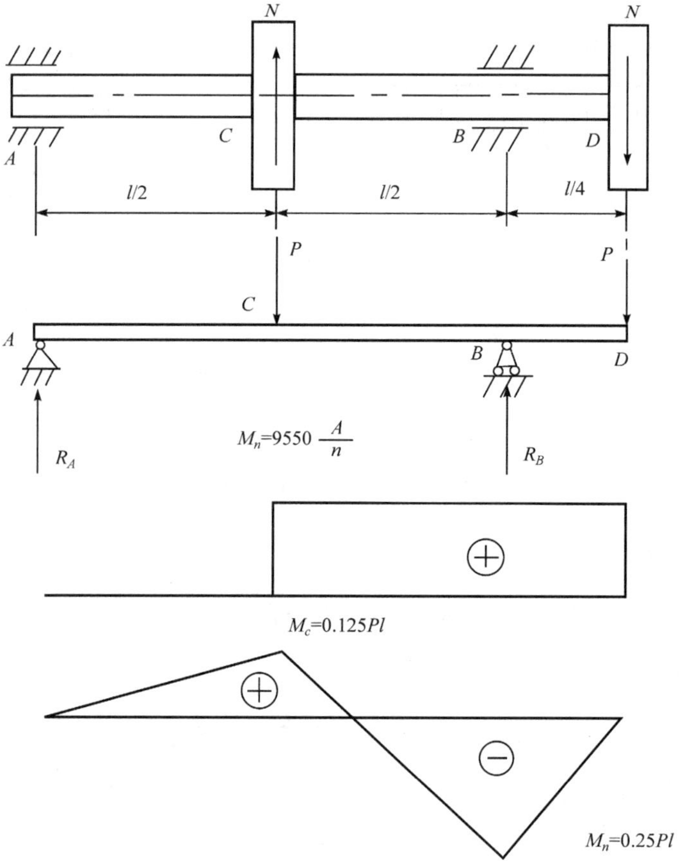

图 7-14

解　(1) 画轴的扭矩图及弯矩图。

$$\sum m_A = \frac{-Pl}{2} + l R_B - \frac{5}{4}Pl = 0$$

$$R_B = 1.25P + 0.5P = 1.75P$$

$$\sum Y = R_A + R_B - 2P = 0$$

$$R_A = 2P - R_B = 0.25P$$

$$M_B = -0.25l \times P = -0.25Pl$$

$$M_C = -0.75Pl + 0.5l \times 1.75P = 0.125Pl$$

画出扭矩图及弯矩图(图 7-14),由扭矩图及弯矩图可知,过 B 点的横截面为危险截面,其

$$M_n = 9550\frac{N}{n} \qquad M = M_B = 0.25Pl$$

(2) 按第三、四强度理论校核弯曲与扭转组合变形构件的强度。

按第三强度理论校核

$$\sigma_{xd3} = \frac{\sqrt{M^2 + M_n^2}}{W} = \frac{\sqrt{(0.25Pl)^2 + \left(\frac{9550N}{n}\right)^2}}{\frac{\pi d^3}{32}}$$

$$= \frac{32 \times \sqrt{(0.25 \times 5 \times 10^3 \times 2)^2 + \left(\frac{9550 \times 10}{50}\right)^2}}{\pi \times 0.08^3}$$

$$= 62.59 \times 10^6 (\text{Pa}) = 62.59(\text{MPa})$$

$\sigma_{xd3} < [\sigma]$,该轴强度足够。

按第四强度理论校核

$$\sigma_{xd4} = \frac{\sqrt{M^2 + 0.75M_n^2}}{W} = \frac{\sqrt{(0.25Pl)^2 + 0.75\left(9550\frac{N}{n}\right)^2}}{\frac{\pi d^3}{32}}$$

$$= \frac{32 \times \sqrt{(0.25 \times 5 \times 10^3 \times 2)^2 + 0.75\left(\frac{9550 \times 10}{50}\right)^2}}{\pi \times 0.08^3}$$

$$= 59.64 \times 10^6 (\text{Pa}) = 59.64(\text{MPa}) < [\sigma]$$

故该轴强度足够。

习　　题

7-1　一木材单元微体应力状态如图 7-15 所示,若沿木纹方向木材的许用剪应力 $[\tau] = 1.8\text{MPa}$,试校核木材沿木纹方向的剪应力强度。

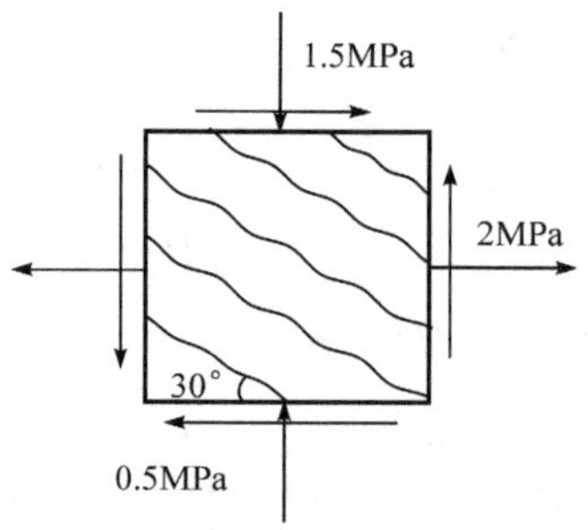

图 7-15

7-2　试按第三强度理论建立图 7-16 所示圆筒拉伸——扭转组合变形时的强度计算公式。

7-3　如图 7-17 所示机构中，AB、BC 杆均为圆形截面，直径 $d_{AB}=90\text{mm}$、$d_{BC}=20\text{mm}$，AB 长为 2m，杆材的许用应力$[\sigma]=100\text{MPa}$。

(1) 当作用于 AB 中点处的载荷 $Q=12\text{kN}$ 时，校核机构各构件的强度。

(2) 当载荷可在 AB 上任意移动时，求该机构能承受的最大载荷 Q_{max}。

图 7-16

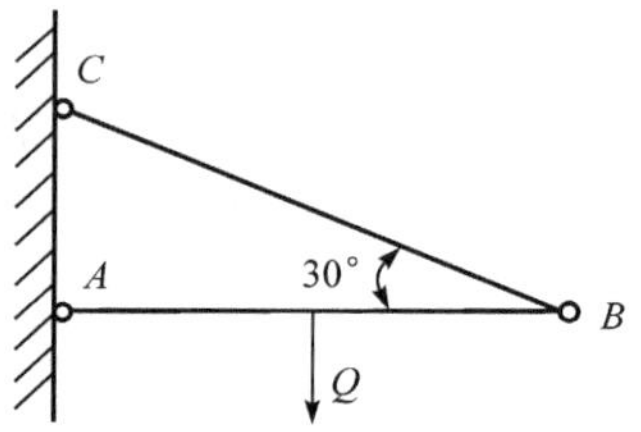

图 7-17

7-4　钢轴如图 7-18 所示，直径 $d=60\text{mm}$，轴上装有两个轮子，直径均为 $D=500\text{mm}$，若轴材料许用应力$[\sigma]=220\text{MPa}$，试分别按第四、第三强度理论校核轴的强度。

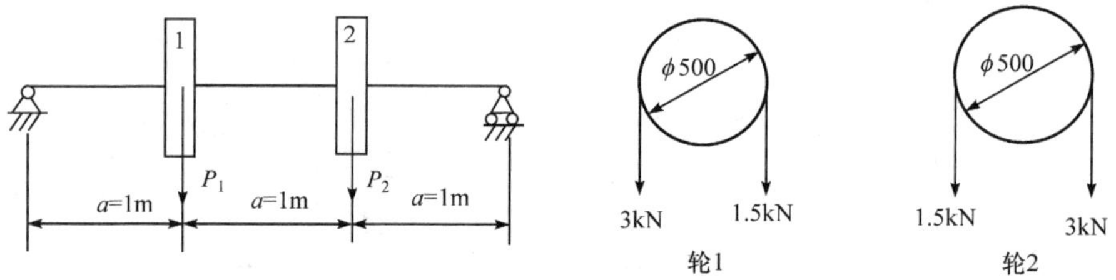

图 7-18

第二篇　化工容器及设备

第 8 章　化工设备常用材料

化工设备常用材料种类很多，主要有金属材料、非金属材料和复合材料。化工生产条件十分复杂，温度从低温到高温，压力从真空到超高压，介质具有易燃、易爆、有毒及强腐蚀性等特点，不同的生产条件对材料有不同的要求。因此，为了保证化工设备的安全运行及经济性要求，必须根据设备的具体操作条件及制造等方面的要求，合理地选择材料。

§8－1　化工设备常用金属材料的基本性能

金属材料是化工设备最常用的一种材料。金属材料的基本性能主要有机械性能、耐腐蚀性能、物理性能和加工工艺性能等。

一、机械性能

机械性能是指金属材料在外力作用下表现出来的特性，主要包括材料强度、塑性、韧性和硬度等。

1. 强度

强度是指材料抵抗外载荷能力大小的指标，常用的强度指标有屈服强度 R_{eL} 和抗拉强度 R_m。这两个指标是确定材料许用应力的主要依据。设计时，选用强度较高的材料，可减少构件的尺寸及重量。另外，屈服强度 R_{eL} 和抗拉强度 R_m 的比值称为屈强比，它反映材料屈服后强化能力的高低。低强钢的屈强比数值较小，屈服后的强度裕量较大；高强钢的屈强比数值较大，屈服后的强度裕量较小。

2. 塑性

材料的塑性是指材料在破坏前产生永久变形的能力。常用的塑性指标有断后伸长率 A 和断面收缩率 Z。凡是采用冷作加工成型工艺制造的化工设备，必须要求材料具有良好的塑性。用塑性好的材料制造的设备，在破坏前会发生明显的塑性变形，而塑性差的材料制造的设备，往往没有产生明显的变形而突然遭到破坏。因此，从设备的加工制造和安全运行角度考虑，要求材料的塑性要好。化工设备中的主要用材，一般要求断后伸长率 A 在 15%～20%或 20%以上。另外，对冷弯成型的化工设备的用材，还需对材料作冷弯性能试验，冷弯 180°后不开裂方可作为设备的用材。

3. 韧性

韧性是材料在断裂前吸收变形能量的能力，其单位为焦耳。材料韧性好坏可用冲击韧性表示。韧性好的材料，即使存在缺口或裂纹也有较好的防止发生脆性断裂和裂纹快速扩展的能力。

某些材料在低温下韧性明显下降，这种现象称为材料的低温脆性。材料韧性值发生突然明显降低的温度，称为材料的无塑性转变温度(NDT)。由于材料的低温脆性，设备在低温下容易发生脆性断裂，破坏时应力较低，又无可见的变形现象发生，危险性较大。

压力容器常用冲击韧性指标为KV2，即夏比V形缺口冲击功，其中V表示缺口几何形状为V形缺口，2表示摆锤刀刃半径为2mm。夏比V形缺口冲击功KV2并不是单位面积上所消耗的功，即冲击韧度，而是标准试样在冲击试验中所消耗的功，可由 h 和 h' 计算获得。图8-1为KV2测试用的一种标准试样的示意图；图8-2表示一次摆锤冲击试验的原理和试样摆放位置。图8-1和图8-2共同表示了半径为2mm的摆锤刀刃冲击试样时的位置。

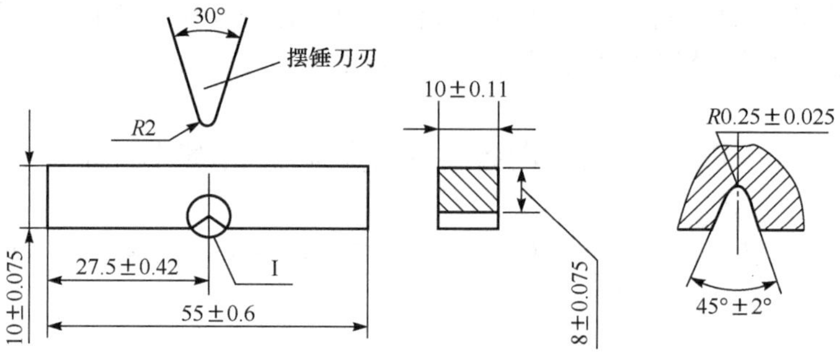

图8-1　夏比冲击试样

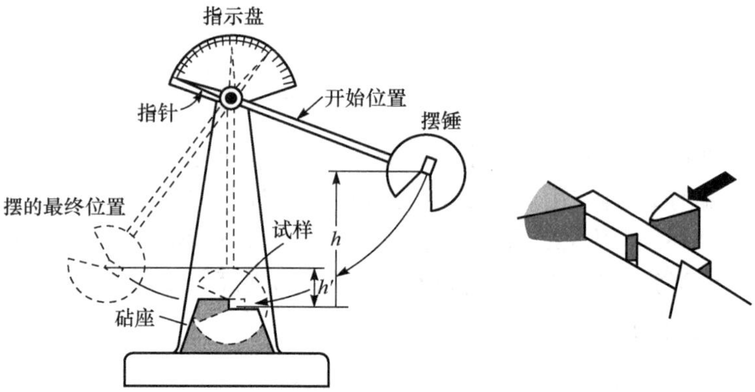

图8-2　一次摆锤冲击试验示意图

4. *硬度*

硬度是指材料对局部塑性变形的抵抗能力。常用硬度指标有布氏硬度(HB)、洛氏硬度(HR)和维氏硬度(HV)等。硬度大小反映材料的耐磨性能和切削加工的可能性，一般来说，硬度越高，耐磨性能好，但切削加工性能较差；硬度值和金属抗拉强度 R_m 之间有一定的对应关系；硬度还能敏感地反映出金属材料的化学成分和组织结构的差异；硬度试验方法简单、迅速，可以直接在原材料或者零件表面上测试。因而硬度被广泛用于检查金属材料的性能、热加工工艺的质量或研究金属组织结构的变化。

化工设备中的某些相互连接的配合结构，其零部件的硬度有不同的要求。例如，列管式换热器中的管子与管板的连接，当采用胀接时，要求管板的硬度比管子的硬度高，这是由于管子通过胀接固定在管板上时，要求硬度小的管子发生扩张变形来实现管子与管板的连接，当管子损坏需要更换时，不至影响管板孔的尺寸和粗糙度。又如，在螺栓连接法兰密封结构中，要求螺栓的硬度大于螺母的硬度，在装拆时螺母易损而便于更换，同时也可以避免螺栓和螺母咬死。

布氏硬度试验原理如图 8-3 所示，采用一定直径 D 的硬质合金球压头，以相应的试验力 F 压入试样表面，经规定保持时间，卸力后，根据试样表面压痕直径 d 计算材料的布氏硬度值。其他硬度试验原理与布氏硬度试验相似，但压头和试验参数与布氏硬度试验不同。

$$\mathrm{HBW} = 0.102 \times \frac{F}{A} \tag{8-1}$$

$$A = \frac{1}{2}\pi D(D - \sqrt{D^2 - d^2}) \tag{8-2}$$

式中，F 为试验力，N；A 为压痕表面积，mm^2；D 为压头直径，mm；d 为压痕直径，mm。

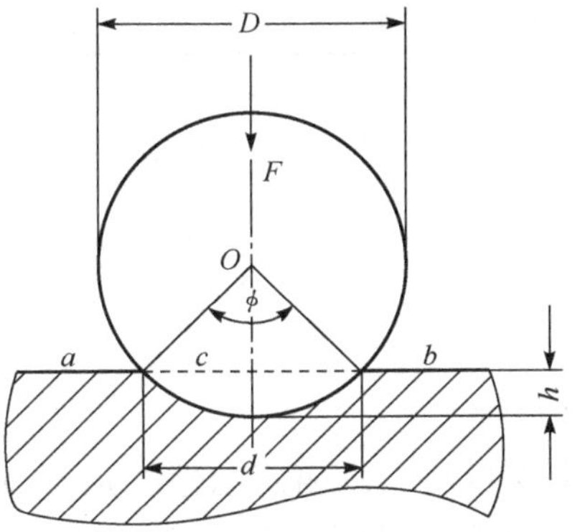

图 8-3　布氏硬度试验原理图

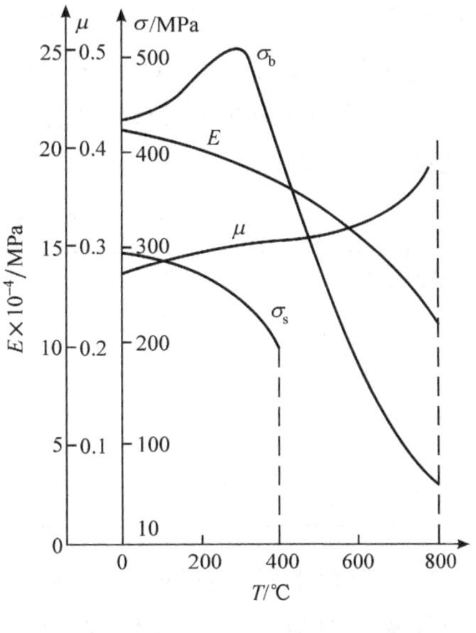

图 8-4　温度变化对碳钢机械性能的影响

5. 高温下材料的机械性能

金属材料机械性能随温度升高而发生变化。铜、铝等材料，温度升高，其强度降低，塑性提高。但对于低碳钢，温度升高时，材料的强度也升高，当温度超过 350℃以后，强度下降，塑性提高，如图 8-4 所示。

高温下金属力学行为的一个重要特点就是产生蠕变。所谓蠕变，就是金属在长时间的一定温度、一定应力的作用下，缓慢产生塑性变形的现象。由于蠕变现象，金属材料可能会产生蠕变变形失效、蠕变断裂失效和应力松弛失效。约束这三种失效的指标分别为蠕变极限、持久强度和松弛稳定性。

蠕变极限是指材料在恒定高温下，经历 10 万小时发生蠕变率为 1% 时的应力，用 R_n^t 表示。持久强度是指材料在恒定高温下，经历 10 万小时发生蠕变断裂时的应力，用 R_D^t 表示。高温时，R_n^t 和 R_D^t 是确定材料许用应力的依据之一。松弛稳定性可通过应力松弛试验测定的应力松弛曲线来评定。

二、耐蚀性能

对于均匀腐蚀，通常以腐蚀速率来衡量金属材料的耐腐蚀性能。腐蚀速率有质量指标、深度指标和电流指标，工程设计上多用前两种指标，尤其是深度指标。

质量指标腐蚀速率

$$K = \frac{W_0 - W_1}{A \times t} \tag{8-3}$$

深度指标腐蚀速率

$$K_d = 8.75 \frac{K}{\rho} \tag{8-4}$$

式中，K 为单位表面积、单位时间内腐蚀引起的质量变化，g/(m^2 · h)；K_d 为单位时间内腐蚀引起的厚度变化量，mm/a；W_0 为材料的初始质量，g；W_1 为消除腐蚀产物后材料的质量，g；A 为材料与腐蚀介质接触面积，m^2；t 为腐蚀作用时间，h；ρ 为材料的密度，g/cm^3。

工程上常按腐蚀深度四级标准评定金属的耐均匀腐蚀性能，如表 8-1 所示。金属材料的腐蚀速度可以从腐蚀手册中查得。设计时，根据设备寿命确定腐蚀裕量。

表 8-1　金属材料耐均匀腐蚀性能四级标准

腐蚀速率/(mm/a)	耐蚀性等级	耐蚀性评定
<0.05	1	耐蚀
0.05～0.5	2	较耐蚀
0.5～1.5	3	可用
>1.5	4	不可用

当金属材料发生局部腐蚀时，采用均匀腐蚀速率来衡量材料的耐腐蚀性能是不适当的。大多数局部腐蚀的结果，如点腐蚀、晶间腐蚀、应力腐蚀、氢腐蚀及腐蚀疲劳等，几乎都是在无明显的质量损失的情况下遭受突然破坏的。对于这些类型的腐蚀应通过各种相应的试验方法来判断材料对这些腐蚀行为的倾向。如把腐蚀前后的金属进行拉伸、弯曲、扭转等试验，以测定金属的强度、塑性等性能的变化；把腐蚀前后的材料试样进行金相分析或电镜分析，以观测腐蚀前后材料的组织结构变化、化学成分变化及裂纹产生、扩展情况；也可以把腐蚀前后的金属材料做电极过程的测试，以分析其电化学腐蚀的行为等。不能用增加腐蚀裕度的方法来解决金属材料的局部腐蚀问题，必须选择相应的耐腐蚀材料及防护措施。

三、物理性能

金属材料的物理性能指导热系数、线膨胀系数、密度、熔点及导电性等。材料在不同的使用场合，对其物理性能要求不同。例如，用作传热表面的材料，必须考虑材料的导热性能，对衬里或复合钢板所制设备，应尽量使不同材料的线膨胀系数相等或接近。

四、加工工艺性能

材料的加工工艺性能有焊接性能、铸造性能、压力加工性能、机械加工性能和热处理性能等。对化工设备用材的加工工艺性能要求，取决于设备的结构和加工方式。例如，用板材制造设备的壳体时，要求材料具有良好的压力加工、切削加工和焊接性能等。

§8－2　金属材料的腐蚀与防护

化工生产所处理的物料大多是有腐蚀性的。对介质的耐腐蚀性能通常是选材的主要依据。应根据介质的腐蚀特点，合理选择材料，这关系到设备是否能安全运行、使用寿命、产品质量及环境污染等问题。

一、金属腐蚀的原理

腐蚀是金属及其合金与周围介质发生化学或电化学作用而引起的破坏。按腐蚀的原理可将金属的腐蚀分为化学腐蚀和电化学腐蚀两类。

1. 化学腐蚀

化学腐蚀是金属与干燥气体和非电解质溶液等介质直接发生化学作用而引起的破坏。腐蚀过程是一种单纯的化学反应过程，过程中无电流产生。金属在高温气体中的腐蚀，金属在高温高压下的氢腐蚀以及金属在四氯化碳、甲醇等介质中的腐蚀都属于化学腐蚀。

1）铁碳合金的高温氧化

金属与环境介质中的氧化合生成金属氧化物的过程是一种很普遍的腐蚀形式。在腐蚀过程中，金属原子失去电子变成金属离子，氧原子获得电子成为氧离子。碳钢在高温含氧气体中发生的氧化反应为

$$Fe+\frac{1}{2}O_2 = FeO$$

在较低温度（200～300℃）下，碳钢表面开始出现氧化膜，随着温度升高，氧化速度加快，在570℃以下，氧化膜由 Fe_3O_4 和 Fe_2O_3 组成，它们的结构致密，有较好的保护作用。但在570℃以上时，生成由 FeO、Fe_3O_4 和 Fe_2O_3 三种氧化物组成的氧化膜，这种疏松的氧化膜对碳钢不起保护作用，使碳钢被腐蚀。从氧化考虑，碳钢使用温度应低于570℃，但实际上在400～500℃时，碳钢的机械性能就大幅度下降，所以碳钢常用温度不超过475℃。

铸铁在高温气体中的体积增大现象称为“体胀”，灰铸铁在400℃以上长期与高温空气接触会产生下列反应

$$2C+O_2 \longrightarrow 2CO$$

$$Fe+\frac{1}{2}O_2 \longrightarrow FeO$$

铸铁发生以上反应后，体积显著增大，机械性能大为降低。

如果在碳钢和铸铁中加入 Cr、Si、Al 等元素，可以提高抗氧化的能力。由于这些具有良好抗氧化能力的合金元素的加入，生成的合金元素和基本元素的复合氧化物具有较高的抗氧化

能力，使基本金属得到保护。

2）铁碳合金在高温下的氢腐蚀

钢材受高温高压氢气作用而变脆甚至破裂的现象称为氢腐蚀。一般将钢材的氢腐蚀分为两个阶段：氢脆阶段和氢腐蚀阶段。

（1）氢脆阶段。当温度和压力比较低，或者温度、压力较高，但钢材与氢气接触时间不长时，钢材与氢气接触后，被吸附在钢材表面的氢以原子状态沿晶界向钢材内部扩散。尤其当钢材受力变形时，会剧烈加速氢原子的扩散，氢原子在滑移面上转变为分子状态，在晶间积聚产生内压力，使钢材韧性降低，材料变脆。这一阶段钢的组织并未受到破坏，钢中的氢往往可以用在低压下加热或常温下静置的方法从钢材中逐出，钢材的脆性可以部分消除，甚至可以恢复原来的性能。

（2）氢腐蚀阶段。当温度、压力较高时，或钢材与氢气接触时间很长时，溶解在钢中的氢将与钢中的渗碳体（Fe_3C）发生脱碳反应生成甲烷

$$Fe_3C+2H_2 \longrightarrow 3Fe+CH_4$$

随着反应的不断进行，生成的 CH_4 在钢中扩散困难，只能积聚在晶界原有的微观空隙内，形成局部高压，造成应力集中，在钢材中出现大量细小的晶界裂纹和气泡，使材料机械性能大为降低，甚至开裂破坏。

钢中加入合金元素 Cr、Mo、W、V、Nb、Ti，与钢中的碳优先结合成稳定的化合物，可提高钢的抗氢腐蚀能力。

2. 电化学腐蚀

金属与电解质溶液接触时发生电化学反应而引起的破坏称为电化学腐蚀。金属在酸、碱、盐溶液、工业用水、大气中的腐蚀，都属于电化学腐蚀。现以 Zn-Cu 原电池来说明电化学腐蚀的原理。

将 Zn、Cu 浸入同一稀 H_2SO_4 中（图 8－5），由于 Zn 的电极电势低于 Cu 的电极电势，电流从铜极（阴极）流向锌极（阳极），电子从锌极流向铜极。原电池的反应过程如下

$$\text{阳极}\quad Zn \longrightarrow Zn^{2+}+2e^-$$

$$\text{阴极}\quad 2H^++2e^- \longrightarrow H_2$$

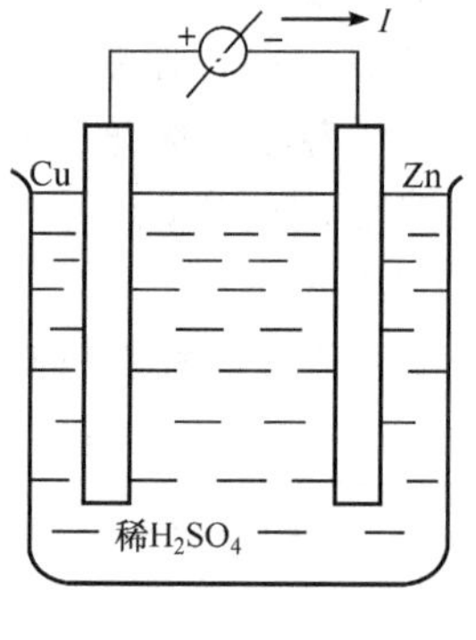

图8－5　Zn-Cu 原电池装置示意图

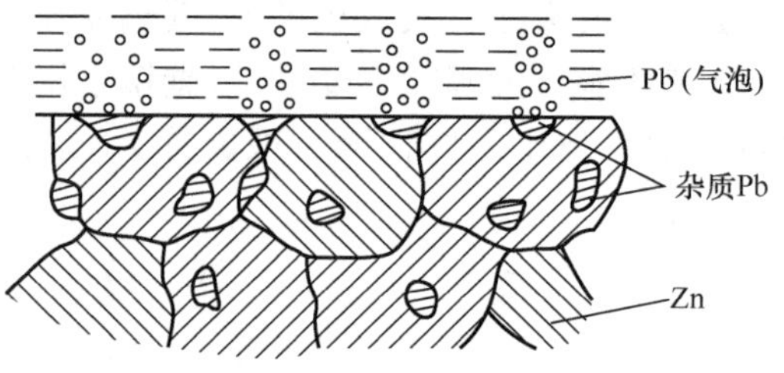

图 8－6　含杂质铅的锌在硫酸中微电池腐蚀示意图

上述过程使 Zn 不断溶解，即 Zn 被腐蚀。这就是金属发生电化学腐蚀的实质。

显然，在同一电解质溶液中，两种金属直接接触将发生电化学腐蚀；同一金属与同一电解

质溶液接触时，因金属化学成分、结构、物理状态不均匀，或介质的浓度、温度、流速等不同，都将发生电化学腐蚀。

图 8-6 就是由于化学成分不均匀而形成的微观电池，由于工业中所使用的金属大多为合金，所以这种微观电池非常普遍。

二、金属腐蚀破坏的特征

1. 均匀腐蚀

均匀腐蚀是指介质与金属接触的整个表面上产生程度基本相同的腐蚀。例如，碳钢在强酸、强碱中的电化学腐蚀属于均匀腐蚀。这种腐蚀是在金属表面以同一腐蚀速率向金属内部延伸，腐蚀速率可以预测，因此危险性较小。发生均匀腐蚀的腐蚀速率可用单位时间(年)的腐蚀深度 K(mm/a)表示。工程上常以腐蚀速率评定材料的耐蚀性能，见表 8-1。

2. 局部腐蚀

局部腐蚀是指腐蚀集中在金属的局部区域，而其他部分几乎不发生腐蚀或腐蚀很轻微。发生局部腐蚀的情况下，均匀腐蚀的数据不能用于估计设备寿命。局部腐蚀的类型很多，下面介绍几种常见的形式。

(1) 孔蚀。在金属表面的局部地方出现小的深坑或局部区域出现密集斑点的腐蚀为孔蚀。孔蚀一般是由氯化物、溴化物及含有氯离子的溶液腐蚀而引起的。一般蚀孔直径小但较深。蚀孔常被腐蚀产物遮盖，不易被发现，常常是其他部分金属还比较完好时局部的点穿透而导致设备失效。

很多因素都可能导致孔蚀的发生，形成蚀孔。蚀孔的存在又引起腐蚀加速。良好的加工表面能够减少孔蚀，另外，金属成分不均匀或者焊缝中存在缺陷也会引起孔蚀。

(2) 晶间腐蚀。晶间腐蚀发生在晶粒边界处，并沿晶粒边缘向深处发展，使晶粒间的连接遭到破坏，降低了金属晶粒间的结合力，材料的力学性能明显下降，其外表不易发现，这种破坏是突然发生的。晶间腐蚀尽管材料的损失很小，可是对设备的危害极大，应尽量避免。

(3) 应力腐蚀。应力腐蚀是金属在特定腐蚀介质与拉应力共同作用下引起的，发生应力腐蚀时，腐蚀与应力相互促进。开始是在材料表面形成微裂纹，继而裂纹向材料纵深方向扩展，从而可能导致金属材料早期脆性破坏。引起应力腐蚀的应力源主要是工作应力、热应力和加工残余应力。引起应力腐蚀的特定腐蚀介质中常存在 Cl^-、OH^-、NO_2^- 等离子。钢制压力容器的碱脆、氯离子存在下的不锈钢的腐蚀就是应力腐蚀的典型例子。选择对腐蚀介质不敏感的材料，加工成型和焊接后进行退火热处理消除残余应力可以避免应力腐蚀的发生。

(4) 缝隙腐蚀。当金属与金属或金属与非金属之间存在很小的缝隙时，缝内介质不易流动而形成滞留，促使缝隙内的金属加速腐蚀，这种腐蚀称为缝隙腐蚀。大多数金属或合金都可能会产生缝隙腐蚀，几乎所有的腐蚀性介质都能引起缝隙腐蚀。这种腐蚀常发生在螺纹连接、焊接接头、密封垫片等缝隙处。

三、防腐方法

合理地选择设备用材，并对设备结构进行合理设计，是减缓甚至避免某些腐蚀的重要方法之一。但有不少场合，仅仅靠合理的材料选择往往不可能很好满足生产上的要求，因此出现了各种各样的防腐蚀方法。常用的防腐方法有以下三种。

1. 设置保护层

设置保护层的实质是将介质与金属隔绝而避免介质与金属直接接触。保护层一般采用耐蚀的金属或非金属材料制成。常用耐蚀金属、陶瓷、玻璃钢、酚醛塑料、聚氯乙烯等作衬里或在金属表面涂漆、镀镍、铬、喷铝等。

2. 设置电化学保护

电化学保护主要有阴极保护和阳极保护两种。

阴极保护是利用外部电流使被保护的金属阳极转化为阴极。这时金属与直流电源的负极相连，直流电源的正极与浸在腐蚀介质中的辅助阳极相连。其保护效果令人满意，常用于制盐蒸发冷却设备、地下管道等。

图 8-7 和图 8-8 都属于阴极保护，不同的是图 8-7 有外加电源，图 8-8 没有外加电源，但两图中都有电子流向被保护金属，使被保护金属得到保护。牺牲阳极的电势一定比被保护金属电极电势低，如管道牺牲阳极中常用到的锌块。

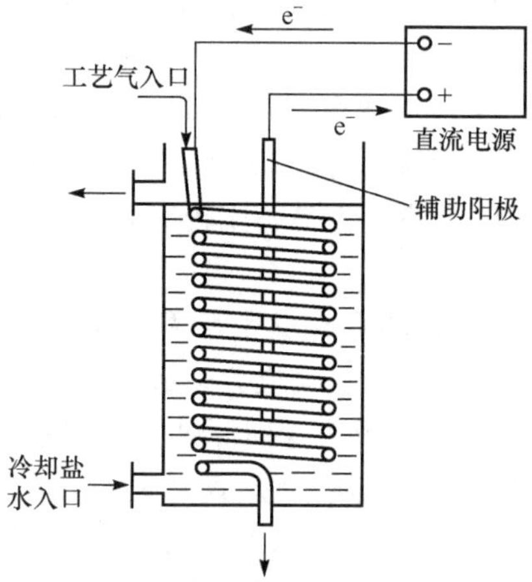

图 8-7　蛇管冷却器阴极保护示意图

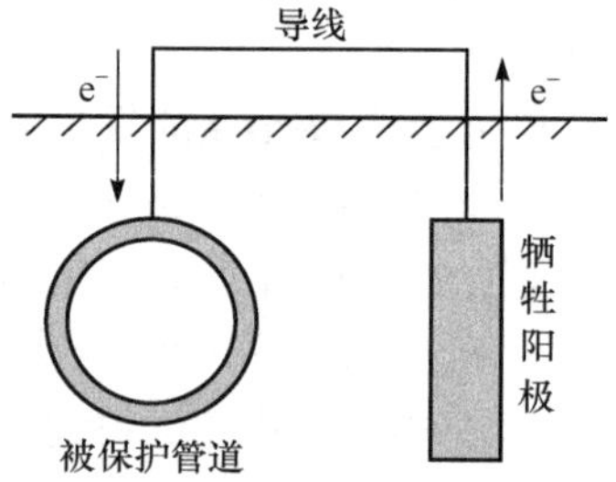

图 8-8　管道牺牲阳极保护示意图

对于具有钝化倾向的金属和合金，在一定条件下，利用外加阳极电流使金属表面生成钝化膜，且在一定的阳极电流密度下保持这种钝化膜。钝化膜的保护可大大降低腐蚀速度。阳极保护的适用范围较窄，主要用于氧化性介质中钢铁的保护，如图 8-9 中碳化塔的阳极保护效果十分明显。此时被保护金属与直流电源的正极相接，如果保护不当，形不成钝化膜，则会加剧被保护金属的腐蚀，所以阳极保护又称为“危险性保护”。

3. 对介质进行缓蚀处理

在某些腐蚀性介质中添加适量的缓蚀剂，可使金属的腐蚀速度降低甚至完全被抑制。这种方法已被广泛使用。

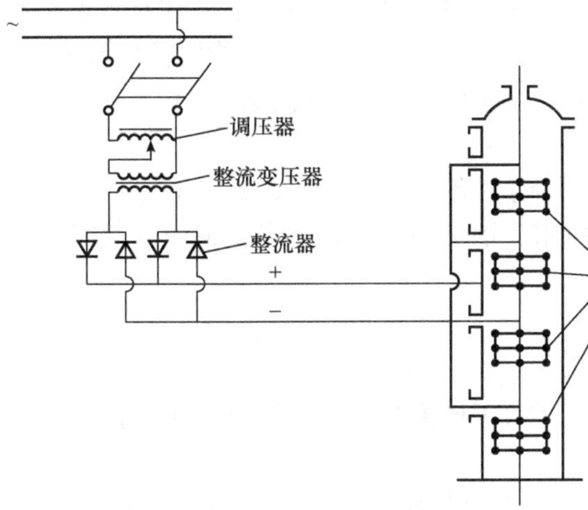

图 8－9　加压碳化塔阳极保护示意图

§8－3　化工设备常用材料

一、碳素钢

碳素钢由铁和碳两种基本元素组成，是工程上广泛使用的一种金属材料。根据钢材的质量分为普通碳素结构钢和优质碳素结构钢。

1. 普通碳素结构钢

这类钢含硫、磷等杂质较多，是质量不太高的钢种。钢的强度不高，成本较低。例如，Q195、Q215A、Q215B、Q235A、Q235B、Q235C、Q275A、Q275B、Q275C 等。

钢的牌号由代表钢材屈服强度的字母 Q＋屈服强度值组成，必要时加上钢的质量等级、脱氧方式、产品用途等表示符。钢的质量等级用英文字母 A、B、C、D、E 等表示，其中 A 等级最低；脱氧方式分别以 F、b、Z、TZ 表示沸腾钢、半镇静钢、镇静钢、特殊半镇静钢，镇静钢、特殊半镇静钢的符号可以省略；产品用途部分中常见的 R、DR 分别表示压力容器和锅炉用钢、低温压力容器用钢。例如，Q235AF，表示该钢种屈服强度值为 235MPa，质量等级为 A 级，冶炼过程中脱氧不完全(沸腾钢)。

普通碳素结构钢可用来制造常压、低压及外压设备的壳体，也可制作设备的零部件如支座、法兰、螺栓和螺母等。例如，Q235B，可用于设计压力 $p<1.6$MPa，使用温度 20～300℃，壁厚不超过 16mm 的压力容器壳体用材；Q235C，适于设计压力 $p<1.6$MPa，使用温度 0～300℃，壁厚不超过 16mm 压力容器壳体用材。

2. 优质碳素结构钢

这类钢所含硫、磷杂质较少(S、P 含量小于等于 0.04%)，冶炼工艺较严格，质量好，强度较高，成本比普通碳素结构钢高。

钢的牌号用钢中以两位数字表示平均含碳量(以万分之几计)，必要时加上较高含锰量、冶金质量、脱氧方式、产品用途等的表示符。较高含锰量加符号 Mn；冶金质量以 A、E 分别表示高级优质钢和特级优质钢，优质钢不用字母表示；脱氧方式和产品用途等和普通碳素钢相似。例如，08F，表示平均含碳量为0.08%的优质碳素结构钢，就脱氧方式而言为沸腾钢。

根据钢含碳量的不同分为低碳钢、中碳钢和高碳钢。

1）低碳钢

含碳量小于等于0.25%，钢号有08、10、15、20、25。钢的强度较低，塑性好，焊接性能好。这类钢在化工设备中广泛应用。锅炉和压力容器专用钢中的Q245R也是低碳钢，其含碳量≤0.20%。

2）中碳钢

含碳量为0.3%～0.6%，钢号有30、35、40、45等。这类钢的强度较高，塑性、韧性较好，焊接性能较差，不适于容器用钢，可作为轴、齿轮、螺栓等用钢。

3）高碳钢

含碳量大于0.6%，钢号有60、65等。由于钢中含碳量高，所以它的强度、硬度高，但塑性及焊接性能差。这类钢常用来制造要求较高强度、耐磨性及弹性的零件，如钢丝绳、弹簧、工具。

二、普通低合金钢

普通低合金钢是在碳素钢的基础上添加少量合金元素冶炼成的。钢的强度高，焊接性能好，并有较好的耐蚀和耐高温、低温的性能。

这类钢的牌号有两类：其中一类采用和普通碳素结构钢相同的表达方式，如Q345、Q390、Q420；另外一类则采用平均含碳量的万分之几，加上合金元素符号及合金元素平均含量的百分之几，加上冶金质量表示符(表示符和优质碳素钢相同)，必要时加上产品用途等的表示符。合金含量的具体表示方法为：平均含量小于1.50%时，牌号中仅标明元素，一般不标明含量；平均含量为1.50%～2.49%、2.50%～3.49%、3.50%～4.49%…时，在合金元素后相应写成2、3、4…例如，25Cr2MoVA，表示平均含碳量为0.25%(0.22%～0.29%)，含Cr量1.50～2.49%，含Mo量<1.50(0.25%～0.35%)，含V量<1.50(0.15%～0.30%)的高级优质钢。

由于普通低合金钢的综合性能优于碳素钢，故广泛用于制造压力容器用钢，如Q345R、Q370R、18MnMoNbR等。

低温容器用钢有16MnDR、15MnNiDR等。

温度较高(400～600℃)时，可用12Cr2MoR、12Cr2MoVR等。

三、不锈钢

不锈钢为高合金钢，广泛应用于高低温、腐蚀介质的环境下。根据钢的化学成分不同，不锈钢可分为铬钢、铬镍钢、铬镍钼钢等；按钢的组织结构不同，可分为铁素体、铁素体＋奥氏体双相、奥氏体、马氏体不锈钢等。

不锈钢牌号表示为：两位或三位数字表示碳含量最佳控制值，加上合金元素符号及合金元素平均含量的百分之几。

对于合金元素而言，和低合金钢表示方法相同。对于碳含量，规定如下：

(1) 只规定碳含量上限者，当碳含量上限≤0.10%时，以其上限的3/4表示碳含量；当碳含量上限>0.10%时，以其上限的4/5表示碳含量。例如，碳含量上限为0.08%，碳含量以06表示。

(2) 对碳含量不大于 0.030%的超低碳不锈钢，用三位数字表示碳含量最佳控制值，以十万分之几计；用两位数字表示碳含量最佳控制值，是以万分之几计。例如，碳含量上限为 0.030%时，其牌号中的碳含量以 022 表示。

(3) 规定上、下限者，以平均碳含量×100 表示。例如，碳含量为 0.16%～0.25%时，其牌号中的碳含量以 20 表示。

例如，牌号 06Cr19Ni10 表示：碳含量不大于 0.08%，铬含量为 18.00%～20.00%，镍含量为 8.00%～11.00%。牌号 022Cr18Ti 表示：碳含量不大于 0.030%，铬含量为 16.00%～19.00%，钛含量为 0.10%～1.00%。

四、铸铁

铸铁是含碳量为 2%～4.5%的铁碳合金，其中 S、P、Si、Mn 等杂质的含量较高。常用的铸铁有以下几种。

1. 灰铸铁

碳元素以自由状况的片状石墨形式存在于合金中，断口呈灰色。它的抗拉强度低，承压能力强，常用来制造机座、泵体、常压容器等。牌号举例：HT100，HT 表示灰铸铁，100 指材料的抗拉强度 R_m=100MPa。常用的牌号有 HT100、HT200、HT350 等。

2. 球墨铸铁

合金中加入少量球化剂和石墨化剂，使碳元素呈球状。它的机械性能接近于钢，但价格低于一般钢，常用来制造曲轴、连杆等。牌号举例：QT400-18，QT 表示球墨铸铁，400 指 R_m=400MPa，18 指断后伸长率为 18%。常用的牌号有 QT450-10、QT500-7、QT600-3、QT700-2 等。

3. 可锻铸铁

合金中的碳元素呈团絮状石墨形式，与灰铸铁相比有较好的塑性、韧性，又比钢具有更好的铸造性能，常用于截面较薄而形状复杂的轮壳、管接头等。

根据组织成分和性能分为：具有一定韧性和较高强度的黑心可锻铸铁 KTH，强度较高、耐磨性好的珠光体可锻铸铁 KTZ 及韧性和加工性能均较好的白心可锻铸铁 KTB。牌号举例：KTH300-06，KTH 表示黑心铸铁，300 指 R_m=300MPa，06 表示断后伸长率为 6%。常用的牌号有 KTH330-08、KTH370-12，KTZ450-06、KTZ650-02，KTB350-04、KTB450-07。

4. 耐蚀、耐热、耐磨铸铁

在铸铁中加入 Si 等元素可大幅度地提高铸铁的耐蚀性，对硫酸、室温下的盐酸、浓硝酸和有机酸等有良好的耐蚀性，将这种铸铁称为耐蚀铸铁或高硅铸铁 STSi15R；在铸铁中加入 Cr 等元素形成耐热铸铁 RTCr；在铸铁中加入 Mn 等元素形成耐磨球墨铸铁 MQTMn6 或抗冲击又耐磨的抗磨铸铁 KMTBMn5W3 等。

在我国钢铁除了前面介绍的钢铁产品牌号表示方法，还有统一数字代号体系。每个统一数字代号只适用于一个产品牌号；反之，每一个产品牌号只对应于一个统一数字代号。

统一数字代号由前缀字母加 5 位数字组成。前缀字母代表不同类型的钢，例如，A 表示合金结构钢，L 表示低合金钢，C 代表铸铁、铸钢及铸造合金；数字中的第 1 位表示各类型钢铁和合金的分类；后 4 位数字代表不同分类内的编组和同一编组内不同牌号的区别顺序号。例如，A00202，其中 A 表示合金结构钢，第 1 位数字 0 表示 Mn 系，A00202 表示牌号为 20 的优质合金结构钢 20Mn2。

表 8－2 中，S 表示不锈钢，1 表示铁素体型钢，2 表示奥氏体-铁素体型钢，3 表示奥氏体型钢，4 表示马氏体型钢，5 表示沉淀硬化型钢。

表 8－2　高合金钢钢板的钢号近似对照

序号	中国 GB			美国牌号 ASME	
	统一数字代号	新牌号	旧牌号	型号	UNS 编号
1	S11306	06Cr13	0Cr13	410S	S41008
2	S11348	06Cr13Al	0Cr13Al	405	S40500
3	S11972	019Cr19Mo2NbTi	00Cr18Mo2	444	S44400
4	S30408	06Cr19Ni10	0Cr18Ni9	304	S30400
5	S30403	022Cr19Ni10	00Cr19Ni10	304L	S30403
6	S30409	07Cr19Ni10	—	304H	S30409
7	S31008	06Cr25Ni20	0Cr25Ni20	310S	S31008
8	S31608	06Cr17Ni12Mo2	0Cr17Ni12Mo2	316	S31600
9	S31603	022Cr17Ni12Mo2	00Cr17Ni14Mo2	316L	S31603
10	S31668	06Cr17Ni12Mo2Ti	0Cr18Ni12Mo2Ti	316Ti	S31635
11	S31708	06Cr19Ni13Mo3	00Cr19Ni13Mo3	317	—
12	S31703	022Cr19Ni13Mo3	00Cr19Ni13Mo3	317L	S31703
13	S32168	06Cr18Ni11Ti	0Cr18Ni10Ti	321	S32100
14	S39042	015Cr21Ni26Mo5Cu2	—	904L	N08904
15	S21953	022Cr19Ni5Mo3Si2N	00Cr18Ni5Mo3Si2	—	—
16	S22253	022Cr22Ni5Mo3N	—	S31803	—
17	S22053	022Cr23Ni5Mo3N	—	S32205	2205

五、有色金属及其合金

化工设备常用有色金属有铝、铜、铅及其合金等。

1．铝及铝合金

铝具有高的导电、导热性，塑性好。铝在中性及近中性的水及大气中有很高的稳定性，在氧化性酸或盐溶液中也十分稳定。例如，铝在浓硝酸中的耐蚀性比不锈钢还高，所以常用于浓硝酸的生产中。铝在大多数有机介质中有良好的耐蚀性。在有机的食物酸中不沾污，无毒害，也不会改变保藏物品的颜色，所以常用于食品工业。由于铝的导热系数高，在低温下仍能保持较好的塑性，常用于制作深冷设备。

纯铝强度低，使用受到一定限制，加入某些合金元素如 Cu、Mg、Mn、Si 等可以使其强化。Al-Cu 合金(硬铝)耐蚀性较差，Al-Mn，Al-Mg，Al-Mg-Si 等合金耐蚀性好。

2. 铜及铜合金

铜具有良好的导电、导热性和塑性。铜在大气、水、海水和中性盐溶液中耐蚀，在稀 H_2SO_4、HCl 等非氧化性介质中也很稳定，但在氧化性介质及有氧的碱中不耐蚀。

铜与锌的合金称为黄铜，其耐蚀性一般与纯铜差不多，常用来做海水的热交换器等。

铜与锡、铅、铝、锑等组成的合金称为青铜，具有较高的耐蚀性和减摩性，常用来制作轴瓦等减摩零件。

3. 铅及铅合金

铅对稀 H_2SO_4 特别耐蚀，在浓度低于 80% 的热硫酸(85℃以上)中、96%以下的冷硫酸中以及硫酸盐溶液中具有好的耐蚀能力，这是因为腐蚀产物 $PbSO_4$ 溶解度小，有很好的保护性。

纯铅的强度低，硬度小，一般作设备衬里，如果用来制造贮槽、管道等则需采取加强措施。

铅锑合金称为硬铅，它的强度、硬度较纯铅高，耐蚀性与纯铅类似，常用来制造输送硫酸的泵、管道和阀门等。

铅属于有毒金属。铅及其合金不允许用于食品和医药工业。

六、非金属材料

非金属材料种类很多，根据材料性质可分为无机材料和有机材料两类，按使用方法则可分为结构材料、衬里材料、镀层材料、涂料及浸渍材料等。

1. 无机材料

常用无机材料有化工陶瓷、化工搪瓷、玻璃、石墨和特种陶瓷等。

化工陶瓷材料具有优良的耐蚀性能，除了氢氟酸、氟硅酸及热浓碱液外，几乎能耐一切介质腐蚀。但它的强度低、性脆，并且导热系数小，热膨胀系数较大。因此不耐冲击，局部过热或骤冷、骤热易损坏。化工陶瓷常用来制造接触强腐蚀介质的塔器、泵、管道、瓷砖等。

化工搪瓷除氢氟酸、含氟化物溶液、浓热磷酸及强碱外，对各种浓度的无机酸、有机溶剂和弱碱等均耐蚀。化工搪瓷适应温度剧变的性能不太高。因搪瓷层与钢铁热膨胀系数相差大，急冷、急热易引起瓷釉层破裂，故实际使用温度最高不超过 300℃，温度急变的温差不超过 120°。化工搪瓷制品有反应釜、贮槽、塔器、热交换器、管子等。

玻璃由于透明常用作透镜、液位计等。

石墨由于其导热性好、减摩性好，可用作换热器、机械密封等场合。

特种陶瓷常见的有氧化铝陶瓷、碳化硅陶瓷和氮化硅陶瓷等。

2. 有机材料

化工上常用的有机材料有工程塑料、橡胶等。

工程塑料是作为化工设备结构材料的一类有机高分子材料，工程塑料种类很多，常用的有硬聚氯乙烯、酚醛塑料等。

硬聚氯乙烯具有良好的耐腐蚀性，具有一定的机械强度，成型加工和焊接比较方便，所以在硝酸、盐酸、硫酸和氯碱等生产系统中广泛用来制作贮槽、塔器、泵及管道等，一般使用温度为 −10～50℃，作为非受力构件时温度可达 80℃。

酚醛塑料具有良好的耐蚀性和热稳定性，耐大部分非氧化性酸及有机溶剂的腐蚀，但不耐强氧化性酸的腐蚀，其温度使用范围较广。酚醛塑料的缺点是冲击韧性低，使用中应防止冲击。常用酚醛塑料制作管件、阀门及设备衬里等。

橡胶分天然橡胶和合成橡胶两类，它们都具有很好的耐酸耐碱性，可作为设备的防腐蚀衬里和密封材料。

玻璃钢是以玻璃纤维或玻璃纤维制品作为增强材料，以不饱和聚脂、环氧树脂与酚醛树脂等作为基体材料，所组成的复合材料。这种材料具有很高的比强度、良好的耐蚀性以及成型加工性能，可制作容器、贮槽、反应罐、泵、管道等。

习　题

8－1　试选择制造下列容器的材料：

(1) 硝酸生产中的吸收塔

(2) 管壳式换热器，介质为软水和变换气，最高温度为 200℃

(3) 氨合成塔

(4) 尿素合成塔

(5) 浓硫酸贮罐

8－2　金属腐蚀防护有哪些方法？

8－3　硝酸、硫酸、盐酸生产中的吸收塔均选用 S30408 这种材料合适吗？

8－4　指出下表中金属材料的类别、牌号或代号的含义、特性和主要用途。

材料牌号或代号	类别	牌号或代号意义	特性	主要用途
Q345R				
45 钢				
S31608				
HT150				
QT400-18				
STSi15R				
06Cr19Ni13Mo3				

第9章　容器设计基础

§9-1　概　　述

在化工、炼油、轻工、制药、食品等工业领域中采用大量设备。这些设备由于生产过程中所起的作用及工作原理不同，要求设备的形状、尺寸、结构形式也不相同。因而设备的种类繁多，外形尺寸各异，内部结构更是多种多样，但各种设备都有一个外壳，该外壳总称为容器。

一、容器分类

1. 按容器的作用原理

换热容器、反应容器、分离容器、储运容器。

2. 按容器承受的介质压力

1）常压容器

对于圆筒形容器：$-0.02\text{MPa}<p<0.1\text{MPa}$。

2）受压容器

(1) 外压容器，容器外部压力大于内部压力。

(2) 内压容器。

低压容器：$0.1\text{MPa}\leqslant p<1.6\text{MPa}$；

中压容器：$1.6\text{MPa}\leqslant p<10\text{MPa}$；

高压容器：$10\text{MPa}\leqslant p<100\text{MPa}$；

超高压容器：$p\geqslant 100\text{MPa}$。

3. 按容器壁厚

根据容器外径 D_o 和内径 D_i 的比值 $K(K=D_o/D_i)$将容器分为薄壁容器($K\leqslant 1.2$)和厚壁容器($K>1.2$)。

4. 压力容器综合分类

国家劳动部门为了便于安全技术管理和监督检查，根据容器承受压力的高低、压力与容积的乘积大小、介质的危害程度，在《固定式压力容器安全技术监察规程》中，将适合于该规程的压力容器分为三类。具体方法如下。

(1) 首先，按照 HG-20660-2000《压力容器中化学介质毒性危害和爆炸危险程度分类》和 GB-5044-1985《职业性接触毒物危害程度分级》将压力容器的介质分为两组：第一组介质，毒性程度为极度危害、高度危害的化学介质，易爆介质，液化气；第二组介质，除第一组以外的介质。

(2) 然后，根据介质特性，选择类别划分图，再根据设计压力 p 和容积 V，确定压力容器类别。

多腔压力容器(如换热器的管程和壳程、夹套容器等)按照类别高的压力腔作为该容器的类别并且按照该类别进行使用管理。但是应当按照每个压力腔各自的类别分别提出设计、制造技术要求。对各压力腔进行类别划定时,设计压力取本压力腔的设计压力,容积取本压力腔的几何容积。

一个压力腔内有多种介质时,按照组别高的介质划分类别。

当某一危害性物质在介质中含量极小时,应当根据其危害程度及其含量综合考虑,按照压力容器设计单位确定的介质组别划分类别。

坐标点位于图 9-1 的分类线上时,按照较高的类别划分其类别;容积小于 25L 或者内直

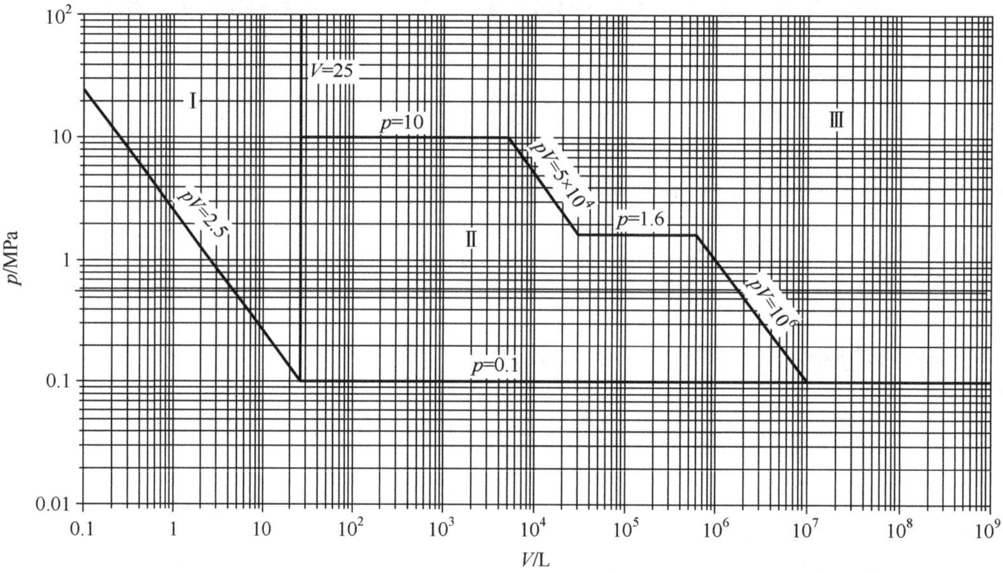

(a) 第一组介质

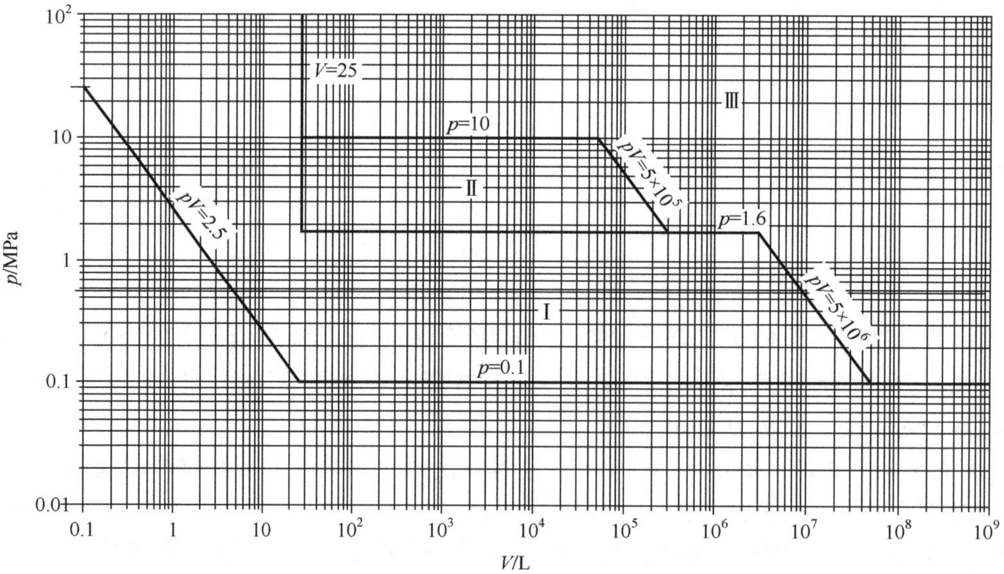

(b) 第二组介质

图 9-1　压力容器类别划分

径(对非圆形截面,指宽度、高度或者对角线,如矩形为对角线、椭圆为长轴)小于 150mm 的小容积压力容器,都划为第Ⅰ类压力容器。

二、容器的结构

容器的结构如图 9-2 所示,一般由筒身、封头、接管、法兰、支座等组成。

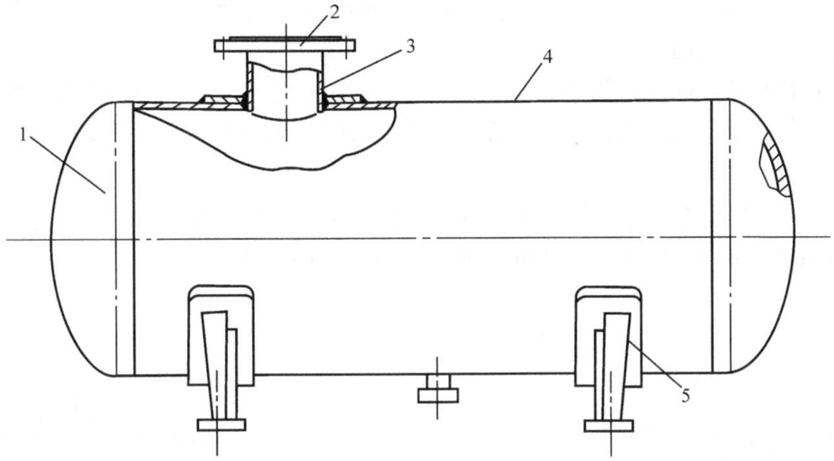

图 9-2

1. 封头;2. 法兰;3. 接管;4. 筒身;5. 支座

§9-2　内压容器设计的理论基础

薄壁容器受内压载荷时,壳体将产生膨胀变形。例如,圆柱壳体承受内压时,壳体的直径和长度都有所增加。这个现象表明,内压作用下,壳体圆周方向和轴线方向均存在着拉应力。此外,在壳体直径增大的同时,壳体的曲率发生变化,因此,壳体中还存在着弯曲应力。

计算壳体应力的理论有两种。一种是无力矩理论,该理论假设容器的器壁很薄,壳体只能承受拉应力或压应力,无法承受弯曲应力(由于产生的弯曲应力很小,一般忽略不计)。无力矩理论又称薄膜理论。按无力矩理论计算的壳体应力称为薄膜应力。容器常规设计主要是以薄膜应力为基础建立设计公式的。另一种是有力矩理论,该理论认为壳体虽然很薄,但仍有一定的厚度,因而壳体除受拉应力或压应力外,还存在弯曲应力。

一、回转壳体的几何概念

容器的形式有圆柱形、球形、椭圆形、圆锥形、方形、矩形等,但用得最多的是圆柱形、圆锥形、球形、椭圆形及其以上不同几何形状的组合体。圆柱形、圆锥形、球形、椭圆形等壳体属于回转壳体。

所谓回转壳体,指壳体中间面是由直线或平面曲线绕其同一平面的轴线旋转一周而形成的壳体。回转壳体的几何性质如图 9-3 所示,该壳体有如下几何性质。

母线:形成回转壳体的原始直线或曲线。

经线:过回转轴的平面与壳体中间的面交线 OB 称为经线。经线与旋转轴构成的平面称为经线截面 OBO',其位置由经线截面与母线截面之间的夹角 θ 决定。

中间面：具有一定厚度的旋转壳体，平分其厚度的面称为中间面。

法线：过壳体中间面上任一点 M，作壳体中间面的垂线，称为该点的法线（n-n），法线的延长线必与回转轴相交，其夹角用 φ 表示。

纬线：任意一点的法线绕轴旋转一周形成的曲面称为旋转法截面，旋转法截面与中间面的交线称为纬线。

第一主曲率半径：壳体中间面上任意一点 M 处经线的曲率半径，称为该点的第一主曲率半径，用 R_1 表示，$R_1=MK_1$。

第二主曲率半径：过壳体中间面上任意一点 M 的法线，作垂直于经线的平面与壳体中间面相割也形成一曲线，该曲线在 M 点处的曲率半径，称为该点的第二主曲率半径，用 R_2 表示，$R_2=MK_2$。

平行圆半径：过壳体中间面上任意一点 M，用垂直于轴的平面与壳体中间面相交，其交线为一圆，该圆称为平行圆，该圆的半径称为平行圆半径，用 r 表示。

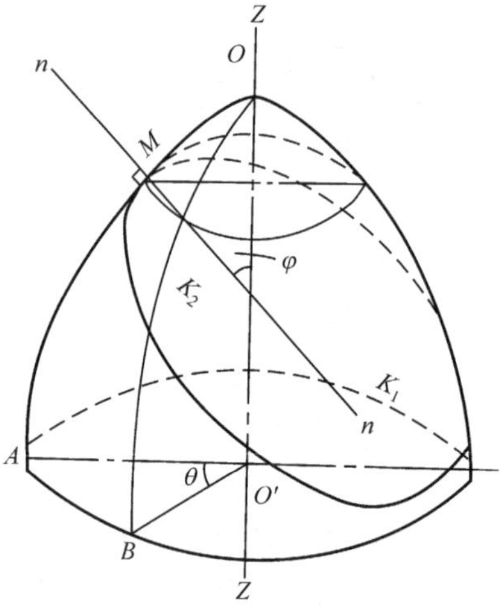

图 9-3

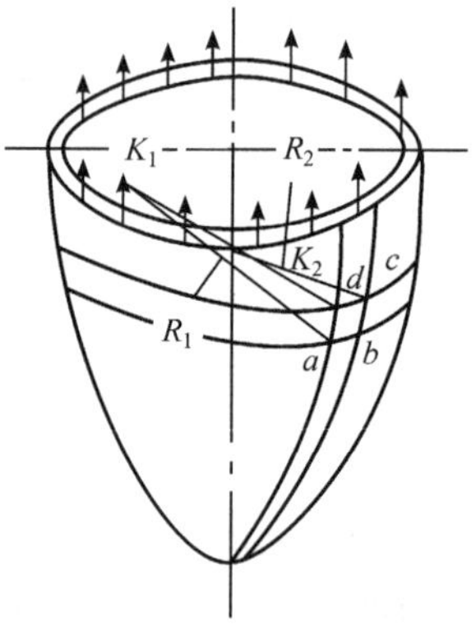

图 9-4

二、无力矩理论的基本方程

1. 微体平衡方程式

为了分析回转壳体中应力，用两个夹角为 $d\theta$ 的经线截面和两个夹角为 $d\varphi$ 的旋转法截面，在壳体上截出一微元体 $abcd$，如图 9-4 所示。在微元体中 $ab=cd=dl_2$、$bc=ad=dl_1$。垂直于 ad 和 bc 截面的应力 σ_θ 称为环向应力，垂直于 ab 和 dc 截面的应力 σ_φ 称为径向应力。

现考察微体的平衡，如图 9-5 所示。

1）外力在法线方向上的合力 F

$$F=p\cdot dl_1\cdot dl_2 \tag{a}$$

式中，p 为均匀气压，MPa；dl_1、dl_2 为微体边长，mm。

2）径向应力 σ_φ 在法线方向上的分量 F_φ

$$F_\varphi=2\sigma_\varphi\cdot\delta\cdot dl_2\sin\frac{d\varphi}{2} \tag{b}$$

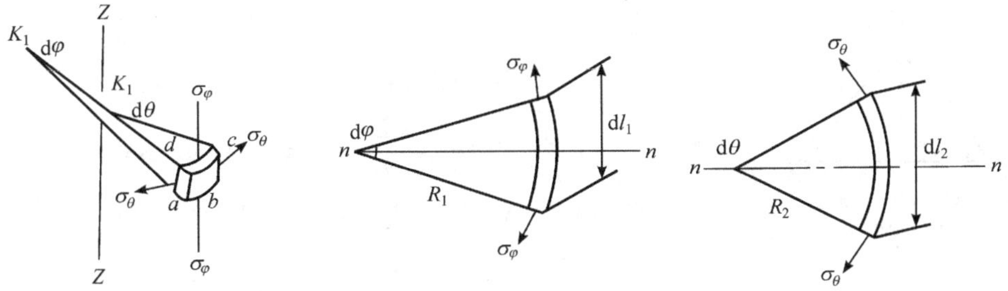

(a) (b) (c)

图 9-5

3) 环向应力 σ_θ 在法线方向上的分量 F_θ

$$F_\theta = 2\sigma_\theta \cdot \delta \cdot dl_1 \cdot \sin\frac{d\theta}{2} \tag{c}$$

式中，δ 为壳体厚度，mm。

由于 $d\varphi$、$d\theta$ 很小，则

$$\sin\frac{d\varphi}{2} \approx \frac{d\varphi}{2}$$

$$\sin\frac{d\theta}{2} \approx \frac{d\theta}{2}$$

将几何关系 $\frac{d\varphi}{2} = \frac{dl_1}{2R_1}$，$\frac{d\theta}{2} = \frac{dl_2}{2R_2}$ 代入式(b)、(c)可得

$$F_\varphi = 2\sigma_\varphi \cdot \delta \cdot dl_1 \cdot dl_2 / 2R_1$$

$$F_\theta = 2\sigma_\theta \cdot \delta \cdot dl_1 \cdot dl_2 / 2R_1$$

根据微体的静力平衡条件，得

$$F = F_\theta + F_\varphi$$

$$p dl_1 \cdot dl_2 = \frac{\sigma_\theta \cdot \delta \cdot dl_1 \cdot dl_2}{R_2} + \frac{\sigma_\varphi \cdot \delta \cdot dl_1 \cdot dl_2}{R_1}$$

整理可得

$$\frac{\sigma_\varphi}{R_1} + \frac{\sigma_\theta}{R_2} = \frac{p}{\delta} \tag{9-1}$$

式(9-1)称为微体平衡方程式，也称为拉普拉斯方程式。

2. 区域平衡方程式

要用微体平衡方程来求解 σ_φ 和 σ_θ，还必须建立一个补充方程。图 9-6 所示任意壳体，用旋转法截面切割壳体，取壳体上部分为分离体，该分离体上作用的介质压力 p 和径向应力 σ_φ 沿轴向的合力应满足静力平衡关系。

1) 气压 p 在 y 方向的合力 N_1

$$N_1 = p\frac{\pi D^2}{4}$$

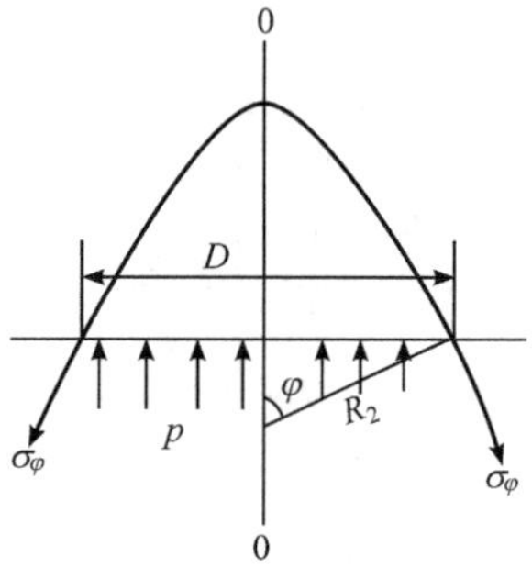

图 9-6

2）截面上的内力 σ_φ 在 y 方向的合力 N_2

$$N_2=\sigma_\varphi\cdot\pi\cdot D\cdot\delta\cdot\sin\varphi$$

由静力平衡方程得

$$p\frac{\pi D^2}{4}=\sigma_\varphi\pi\cdot D\cdot\delta\cdot\sin\varphi$$

将几何关系 $D=2R_2\cdot\sin\varphi$ 代入上式，得

$$p\frac{2R_2\sin\varphi}{4}=\sigma_\varphi\cdot\delta\cdot\sin\varphi$$

整理后得

$$\sigma_\varphi=pR_2/2\delta \qquad (9-2)$$

式(9－2)即为壳体受气压作用时的径向应力计算公式，称为壳体的区域平衡方程式。

三、无力矩理论在几种典型薄壁壳体上的应用

1. 受气压作用的圆柱形壳体(图 9－7)

$$R_1=\infty,\quad R_2=R$$

由式(9－1)、式(9－2)得

$$\sigma_\theta=\frac{pR_2}{\delta}=\frac{pD}{2\delta} \qquad (9-3)$$

$$\sigma_\varphi=\frac{pR_2}{2\delta}=\frac{pD}{4\delta} \qquad (9-4)$$

由式(9－3)、式(9－4)看出，圆柱形壳体的应力 σ_φ、σ_θ 与壳体直径 D、壁厚 δ、内压力 p 有关。各点的应力大小不随位置变化而变化，壳体的最大应力为周向应力，$\sigma_{\max}=\dfrac{pD}{2\delta}$，壳体各点的$\sigma_\theta=2\sigma_\varphi$。

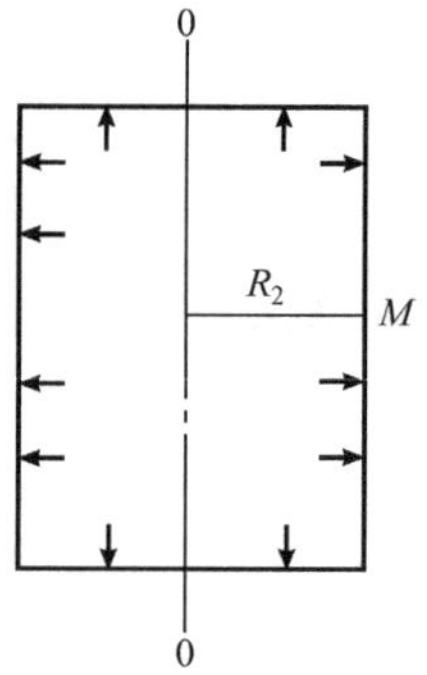

图 9-7

2. 受气压作用的球壳

$$R_1=R_2=R$$

由式(9－1)、式(9－2)得

$$\sigma_\varphi=\sigma_\theta=\frac{pR}{2\delta}=\frac{pD}{4\delta} \qquad (9-5)$$

球形壳体承受均匀气压时，壳体上任一点的径向应力和周向应力相等。如果相同条件的圆筒体比较，球壳中的应力仅为圆筒体环向应力的二分之一，这表明球壳的承载能力比圆柱壳的大。

3. 受气压作用的圆锥壳体(图 9－8)

$$R_1=\infty\quad R_2=r/\cos\alpha\quad r=y\tan\alpha$$

由式(9－1)、式(9－2)得

$$\sigma_\theta=\frac{pr}{\delta}\cdot\frac{1}{\cos\alpha} \tag{9-6}$$

$$\sigma_\varphi=\frac{pr}{2\delta}\cdot\frac{1}{\cos\alpha} \tag{9-7}$$

或

$$\sigma_\theta=\frac{p}{\delta}\cdot\frac{y\tan\alpha}{\cos\alpha} \tag{9-8}$$

$$\sigma_\varphi=\frac{p}{2\delta}\cdot\frac{y\tan\alpha}{\cos\alpha} \tag{9-9}$$

式中，α 为圆锥壳体的半锥顶角；y 为任意一点离锥顶点的轴向距离，mm；r 为壳体任意点的平行圆半径，mm。

圆锥形壳体承受均匀气压时，壳体上的应力随点的位置不同而变化，最大应力产生在锥体的大端处，锥顶处应力为零。除锥顶以外的各点应力值仍有 $\sigma_\theta=2\sigma_\varphi$ 的关系。

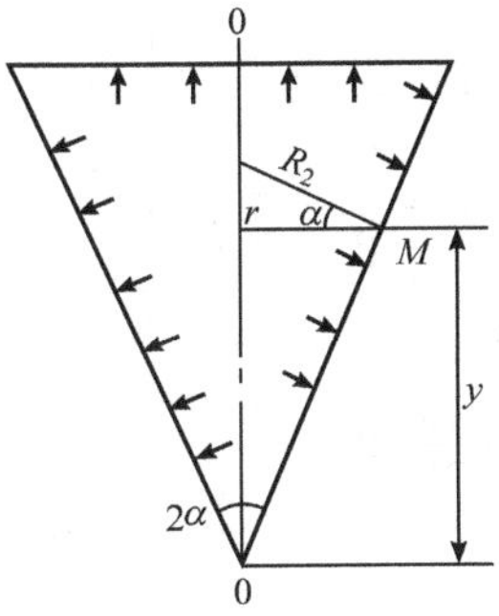

图 9－8

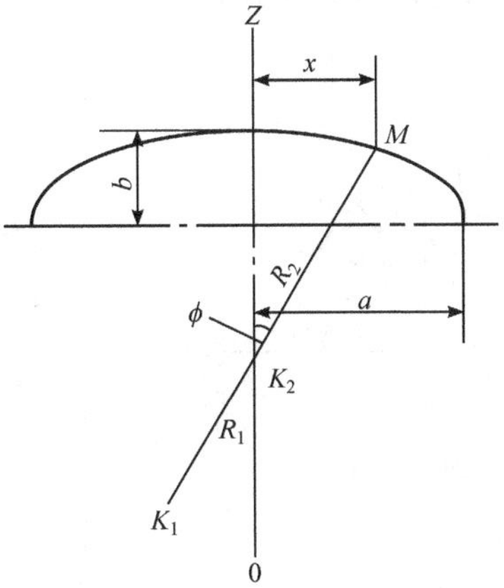

图 9－9

4. 承受气压的椭球壳体

椭球形壳体通常用一半作为压力容器的封头，如图 9－9 所示，图中 a、b 分别为长、短半轴。

已知椭圆曲线方程

$$\frac{x^2}{a^2}+\frac{y^2}{b^2}=1$$

椭球壳体任一点的第一主曲率半径可用高等数学中的方法求得，第二主曲率半径则可由 $R_2=\dfrac{x}{\sin\varphi}$ 的关系得到。

$$R_1=\frac{[a^4-x^2(a^2-b^2)]^{3/2}}{a^4b}$$

$$R_2=\frac{[a^4-x^2(a^2-b^2)]^{1/2}}{b}$$

将 R_1、R_2 的值分别代入式(9－1)、式(9－2)可得

$$\sigma_\varphi=\frac{p}{2\delta b}[a^4-x^2(a^2-b^2)]^{1/2} \tag{9-10}$$

$$\sigma_\theta=\sigma_\varphi\left[2-\frac{a^4}{a^4-x^2(a^2-b^2)}\right] \tag{9-11}$$

从式(9－8)、式(9－9)可以看出，椭球壳体的应力除随点的位置变化外，应力大小还要受椭球壳体本身几何形状的影响，a/b 值不同，应力大小也不同。

1) 径向应力 σ_φ

在壳体顶点处($x=0$)

$$\sigma_\varphi=\frac{pa^2}{2\delta b}=\frac{pa}{2\delta}\left(\frac{a}{b}\right) \tag{9-12}$$

在壳体赤道处($x=a$)

$$\sigma_\varphi=\frac{pa}{2\delta} \tag{9-13}$$

径向应力在壳体上的分布如图 9－10 所示，其最大值在椭球壳体的顶点处

$$\sigma_{\varphi\max}=\frac{pa}{2\delta}\left(\frac{a}{b}\right)$$

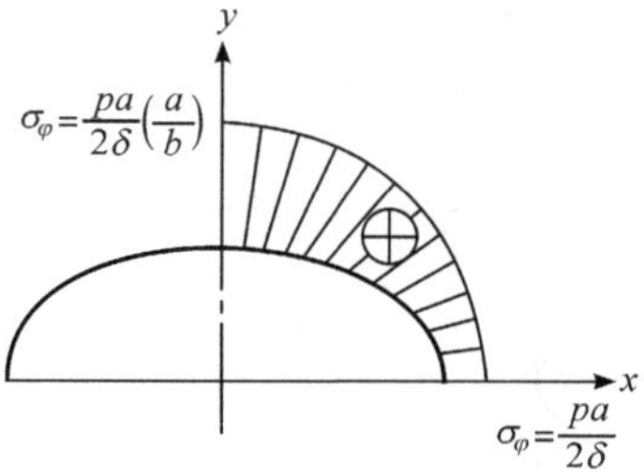

图 9－10

2) 环向应力 σ_θ

在壳体顶点处($x=0$)

$$\sigma_\theta=\sigma_\varphi=\frac{pa}{2\delta}\left(\frac{a}{b}\right) \tag{9-14}$$

在壳体赤道处($x=a$)

$$\sigma_\theta=\frac{pa}{2\delta}\left(2-\frac{a^2}{b^2}\right) \tag{9-15}$$

当 $\frac{a}{b}<\sqrt{2}$ 时，$\sigma_\theta>0$；

当 $\frac{a}{b}=\sqrt{2}$ 时，$\sigma_\theta=0$；

当 $\frac{a}{b}>\sqrt{2}$ 时，$\sigma_\theta<0$。

椭球壳环向应力分布如图 9－11 所示。

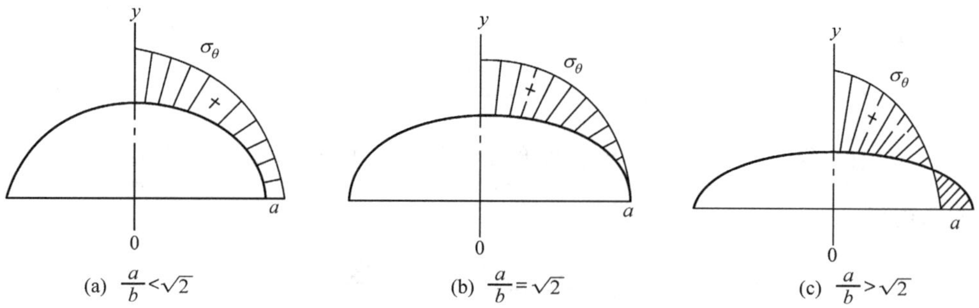

图 9－11

3）标准椭圆封头

标准椭圆形封头的长、短半轴之比 $m=\frac{a}{b}=2$，这种封头的最大拉应力位于椭圆壳体的顶点处，且 $\sigma_\varphi=\sigma_\theta$。最大压应力位于壳体的赤道，其绝对值与顶点的应力相等。

【例 9-1】 有一圆筒容器，一端为球形封头，另一端为椭圆形封头，如图9-12所示。已知圆筒的平均直径为 $D=2000$mm，封头和筒体壁厚均为 20mm，最高工作压力 $p=2$MPa，试确定：

（1）筒身径向应力 σ_φ 和环向应力 σ_θ。

（2）球形封头的 σ_φ 和 σ_θ。

（3）椭圆形封头 $\frac{a}{b}$ 值分别为 $\sqrt{2}$、2、3 时，封头的最大应力所在位置。

解 （1）筒身应力。

径向应力 σ_φ

$$\sigma_\varphi=\frac{pD}{4\delta}=\frac{2\times2000}{4\times20}=50(\text{MPa})$$

环向应力

$$\sigma_\theta=\frac{pD}{2\delta}=\frac{2\times2000}{2\times20}=100(\text{MPa})$$

（2）半球形封头。

$$\sigma_\varphi=\sigma_\theta=\frac{pD}{4\delta}=\frac{2\times2000}{4\times20}=50(\text{MPa})$$

（3）椭圆封头。

（ⅰ）当 $\frac{a}{b}=\sqrt{2}$ 时

$$a=1000 \quad b=707$$

顶点（$x=0$）处

$$\sigma_\varphi=\sigma_\theta=\frac{pa}{2\delta}\left(\frac{a}{b}\right)=\frac{2\times1000\times\sqrt{2}}{2\times20}=70.7(\text{MPa})$$

赤道（$x=a$）处

$$\sigma_\theta=\frac{pa}{2\delta}\left(2-\frac{a^2}{b^2}\right)=0$$

$$\sigma_\varphi=\frac{pa}{2\delta}=\frac{2\times1000}{2\times20}=50(\text{MPa})$$

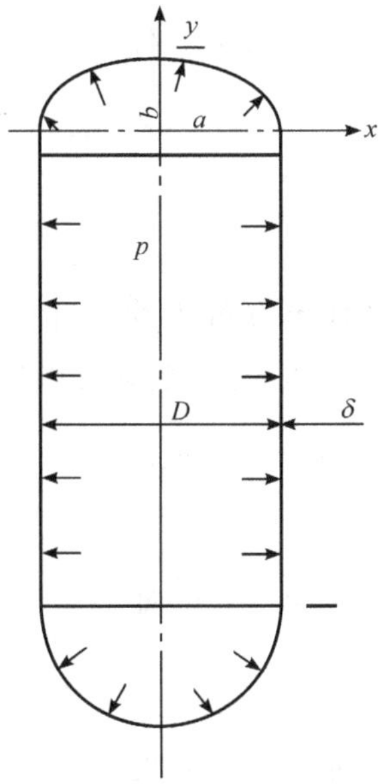

图 9-12

应力分布如图 9-13(a)所示，最大应力在 $x=0$ 处。

（ⅱ）当 $\frac{a}{b}=2$ 时

$$a=1000 \quad b=500$$

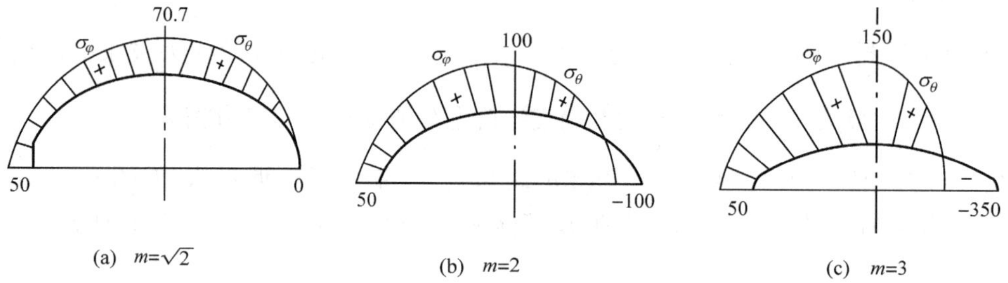

图 9 - 13

顶点($x=0$)处

$$\sigma_\varphi=\sigma_\theta=\frac{pa}{2\delta}\left(\frac{a}{b}\right)=\frac{2\times1000}{2\times20}\times2=100(\text{MPa})$$

赤道($x=a$)处

$$\sigma_\varphi=\frac{pa}{2\delta}=\frac{2\times1000}{2\times20}=50(\text{MPa})$$

$$\sigma_\theta=\frac{pa}{2\delta}\left(2-\frac{a^2}{b^2}\right)=\frac{2\times1000}{2\times20}(2-4)=-100(\text{MPa})$$

应力分布图如 9 - 13(b)所示,最大拉应力在 $x=0$ 处,最大压应力在 $x=a$ 处,最大拉应力和最大压应力(绝对值)相等。

(ⅲ)当$\frac{a}{b}=3$ 时

$$a=1000\quad b=333\text{mm}$$

顶点($x=0$)处

$$\sigma_\varphi=\sigma_\theta=\frac{pa}{2\delta}\left(\frac{a}{b}\right)=\frac{2\times1000}{2\times20}\times3=150(\text{MPa})$$

赤道($x=a$)处

$$\sigma_\varphi=\frac{pa}{2\delta}=\frac{2\times1000}{2\times20}=50(\text{MPa})$$

$$\sigma_\theta=\frac{pa}{2\delta}\left(2-\frac{a^2}{b^2}\right)=\frac{1\times1000}{2\times20}(2-9)=-350(\text{MPa})$$

应力分布图如图 9 - 13(c),最大拉应力在 $x=0$ 处,最大压应力在 $x=a$ 处。

5. 承受液体静压的圆柱形壳体

1) 底部支承的圆柱形壳体

图 9 - 14(a)是下部支承装有液体介质的圆柱形壳体,液体密度为 ρ,任一点 M 离液面高度为 x,则该点的压力为 $p=p_0+\rho gx$,其中 p_0 为液面上方的气体压力。

由于圆柱壳体的 $R_1=\infty$,由微体平衡方程可得

$$\sigma_\theta=\frac{pR_2}{\delta}=\frac{(p_0+\rho gx)D}{2\delta}\tag{9-16}$$

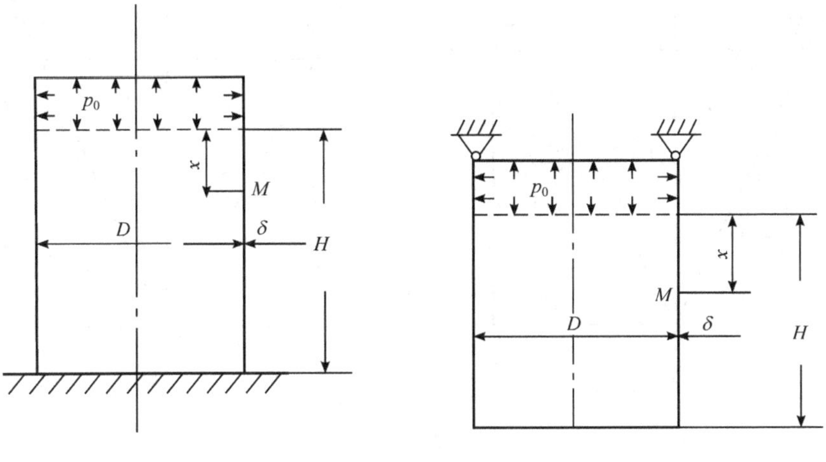

(a) 下部支撑　　　　(b) 上部支撑

图 9-14　装有液体介质的圆柱形壳体

若是敞开的容器，$p_0=0$，则 $\sigma_\theta=\dfrac{\rho g D x}{2\delta}$。

为了求壳体的径向应力，用过 M 点横截面截开，考虑上部分壳体的平衡，作用在这部分壳体上的液体载荷的轴向力为零，故

$$\sigma_\varphi=\frac{p_0 R_2}{2\delta}=\frac{p_0 D}{4\delta} \tag{9-17}$$

若是敞开的容器，$p_0=0$，则 $\sigma_\varphi=0$。

2) 上部支承的圆柱形壳体

图 9-14(b)为上部支承装有液体介质的圆柱形壳体

$$\sigma_\theta=\frac{(p_0+\rho g x)D}{2\delta} \tag{9-18}$$

若是敞开的容器，$p_0=0$，则 $\sigma_\theta=\dfrac{\rho g x D}{2\delta}$。

为了求壳体的径向应力，用过 M 点的截面将壳体截开，考虑下部分壳体的平衡，液体作用在这部分壳体的轴向外力为容器中液体总重，其轴向力为 $F_1=\dfrac{\pi D^2 p_0}{4}+\dfrac{\pi D^2 \rho g H}{4}$，由静力平衡关系得

$$\pi D\delta\sigma_\varphi=\frac{\pi D^2 p_0}{4}+\frac{\pi D^2 \rho g H}{4}$$

$$\sigma_\varphi=\frac{(p_0+\rho g H)D}{4\delta} \tag{9-19}$$

若是敞开的容器，$p_0=0$，则 $\sigma_\varphi=\dfrac{\rho g H D}{4\delta}$。

【例 9-2】　求上部支承的圆锥形壳体的最大径向应力和最大环向应力，并确定最大应力所在位置，已知液体密度 ρ，忽略锥壳质量，尺寸如图 9-15(a)。

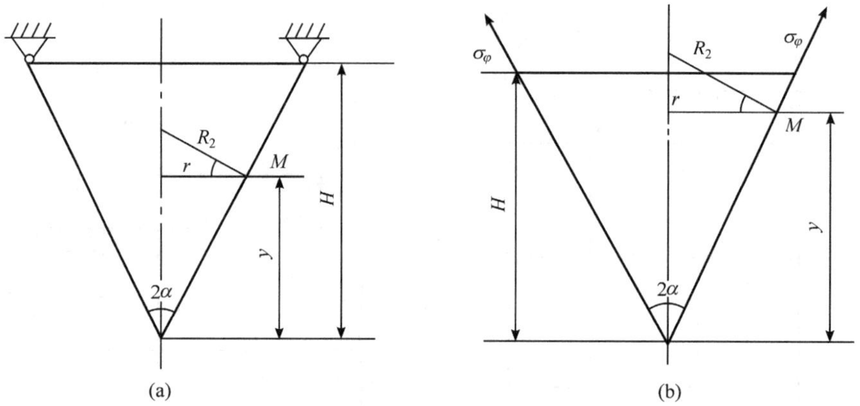

图 9 - 15

解　壳体上任一点 M 的压力 $p=(H-y)\rho g$，由图 9 - 15 可知

$$R_1=\infty \qquad R_2=\tan\alpha\,\frac{y}{\cos\alpha}$$

由式(9 - 1)可得

$$\sigma_\theta=\frac{(H-y)\rho g}{\delta}\cdot\frac{\tan\alpha}{\cos\alpha}\cdot y$$

为了求 $\sigma_{\theta\max}$，令上式一阶导数为零，得

$$\frac{\mathrm{d}\sigma_\theta}{\mathrm{d}y}=\frac{\rho g\tan\alpha}{\delta\cos\alpha}(H-2y)=0$$

解得

$$y=\frac{H}{2}$$

将 $y=\dfrac{H}{2}$ 代入原式，得

$$\sigma_{\theta\max}=\frac{\left(H-\dfrac{H}{2}\right)\rho g}{\delta}\cdot\frac{\tan\alpha}{\cos\alpha}\cdot\frac{H}{2}=\frac{\rho gH^2\tan\alpha}{4\delta\cos\alpha}$$

求 σ_φ 仍用截面法，过 M 点将圆锥壳体裁开，见图 9-15(b)，考虑下部分壳体的平衡，液体作用在这部分壳体的外力为

$$F_2=\left[\frac{\pi r^2 y}{3}+\pi r^2(H-y)\right]\rho g$$

由静力平衡关系得

$$2\pi r\delta\cdot\sigma_\varphi\cdot\cos\alpha=\left[\frac{\pi r^2 y}{3}+\pi r^2(H-y)\right]\rho g$$

$$\sigma_\varphi=\frac{r\rho g\left(H-\dfrac{2}{3}y\right)}{2\delta\cos\alpha}=\frac{\rho g\left(H-\dfrac{2}{3}y\right)y\cdot\tan\alpha}{2\delta\cos\alpha}=\frac{\rho g\tan\alpha}{\delta\cos\alpha}\left(\frac{H}{2}-\frac{1}{3}y\right)y$$

令上式一阶导数为零可得 $y=\dfrac{3}{4}H$，则

$$\sigma_{\varphi\max}=\frac{3\rho g H^2\tan\alpha}{16\delta\cos\alpha}$$

§9－3　边缘应力概念

一、边缘应力

用无力矩理论分析壳体的应力时，不考虑壳体的弯曲变形，这只适用于壳体厚度、曲率与载荷没有突变等条件。但容器往往由不同几何形状的壳体组合而成，当整体受压后，不同壳体的应力是不同的。例如，圆筒形壳体与较厚的平板封头(图9－16)连接时，在内压作用下，圆筒和平板受到相互间的约束。由于平板较厚，在半径方向的变形量很小，在连接边缘处的壳体因受平板的限制不能像远离连接边界处的其他部分的圆筒那样自由膨胀。在筒体和平盖连接的局部区域，由于要达到变形协调而产生边缘力和边缘力矩，由边缘力和边缘力矩引起的应力，称为边缘应力或不连续应力。

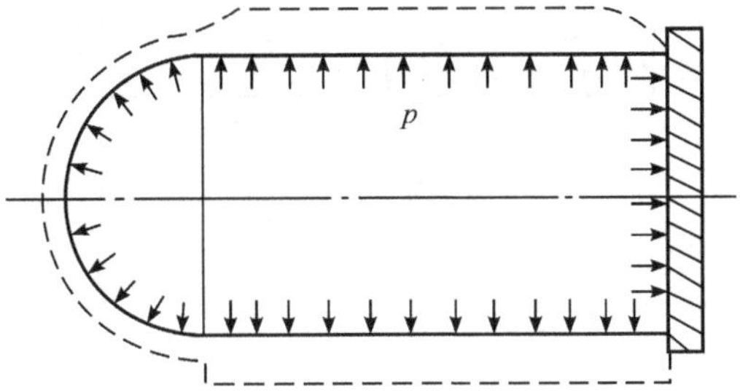

图 9－16

尽管在壳体与平盖连接处存在着边缘力和边缘力矩，但在连接处只要不破裂，壳体与平盖在边界上的变形始终是连续的。因而壳体在边界上的连续性是求解边缘力和边缘力矩的基本条件。

边缘应力数值的大小与连接的几何形状和离开连接处的距离有关。不同形式的封头与筒体连接时，由于相互间约束的情况不同，在边界上产生的应力也不一样。以厚平板与圆柱形薄壳连接为例，由边缘力矩 M 引起的最大边缘应力在连接边缘处的数值如下

径向弯曲应力

$$\sigma_\varphi^M=\pm\frac{6(1-0.5\mu)}{2\sqrt{3(1-\mu^2)}}\cdot\frac{pR}{\delta} \tag{9-20}$$

若一般金属 μ 取 0.3，则

$$\sigma_\varphi^M=\pm 1.55\frac{pR}{\delta} \tag{9-21}$$

环向弯曲应力

$$\sigma_\theta^M=\mu\sigma_\varphi^M=\pm 0.47\frac{pR}{\delta} \tag{9-22}$$

二、边缘应力的特性

1. 局限性

不同形式的连接边缘产生大小不同的边缘应力，但边缘应力作用范围不大，并且呈明显的衰减波特性。厚平板与圆柱壳连接产生的边缘应力，如图 9－17 所示。

只要离开连接边界，边缘应力就迅速下降。对于钢制圆筒，边缘应力的作用范围只限于距离边缘为

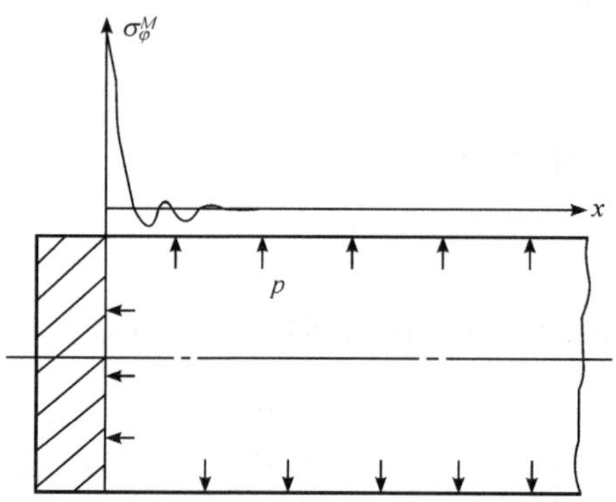

图 9－17

$$x=2.5\sqrt{R\cdot\delta} \qquad (9-23)$$

若以直径为 1000mm、壁厚为 10mm 的薄壁圆筒与平盖连接，当离开连接边缘的距离 $x=2.5\times\sqrt{5000}=177$(mm)时，其边缘应力较连接处衰减 95.7%，其影响基本上不存在了。

2. 自限性

边缘应力是由于薄膜变形不连续，边缘两侧的弹性变形受到相互约束而产生的。当边缘应力达到材料的屈服极限时，材料发生塑性变形，上述这种弹性约束就开始缓解，原来不同的薄膜变形趋向协调，边缘应力就自动地限制在一定范围内。

三、边缘应力的处理

(1) 由于边缘应力具有局限性和自限性，在设计中可以在结构上作局部处理。例如，改变连接边缘的结构形式，如图 9－18 所示，连接不同几何形状的结构尽量采取平滑过渡；在连接边缘处采取局部加强；边缘处应尽量避开焊缝；避免边缘区附加的局部应力集中。

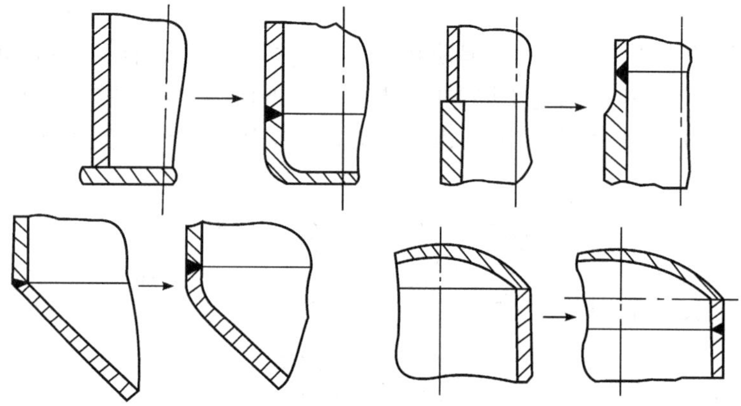

图 9－18

(2) 容器一般采用塑性较好的材料制成，即使边缘局部某些点的应力达到或超过材料的屈服极限，邻近的材料尚未屈服的弹性区能够控制塑性变形的扩展，不会造成壳体破裂。因此，大多数塑性较好的材料制成的容器，如低碳钢、奥氏体不锈钢、铜、铝等中低压容器，当承受静载荷时除结构上作某些处理外，一般并不对边缘应力作特殊考虑。

但是，对于塑性较差的高强钢制的重要压力容器，低温下铁素体钢制的重要压力容器，受疲劳载荷作用下的压力容器，如果不注意控制边缘应力，则在边缘高应力区有可能导致脆性破坏或疲劳破坏，因此必须计算其边缘应力，并采取相应的措施。

§9-4　内压容器设计

一、圆筒和球壳设计公式

1. 弹性失效准则

设计受压容器时，确定器壁允许的应力限度，即容器的失效标准有不同的设计准则。对于容器的常规设计采用弹性失效准则。依据弹性失效准则，容器某处的最大应力达到材料在该温度下的屈服强度 σ_s^t，容器即失去正常工作能力而失效。为了使容器处于弹性变形范围内，器壁的相当应力必须小于材料由单向拉伸时测得的屈服强度，即 $\sigma_{xd}<\sigma_s$。为了保证容器安全可靠地工作，还必须留有一定的安全裕度，这就是强度条件，即

$$\sigma_{xd}\leqslant\sigma_j/n\leqslant[\sigma] \tag{9-24}$$

式中，σ_{xd}为相当应力，MPa；σ_j 为极限应力，MPa；n 为安全系数；$[\sigma]$为材料的许用应力，MPa。

弹性失效准则的强度理论有四个，其中的第一强度理论和第二强度理论适合于脆性材料，第三、四强度理论适用于塑料材料，压力容器都采用塑性较好的材料，本应采用第三、四强度理论，但由于多年来沿用第一强度理论，使用经验丰富，计算结果又与第三强度理论相近，所以我国钢制压力容器设计仍采用第一强度理论来建立强度计算公式。

2. 内压圆筒设计公式

第一强度理论的强度条件为 $\sigma_{xd1}\leqslant[\sigma]^t$，已知圆柱壳的 $\sigma_\varphi=\dfrac{p_cD}{4\delta}$，$\sigma_\theta=\dfrac{p_cD}{2\delta}$，则

$$\sigma_{xd}=\sigma_{max}=\sigma_\theta=\frac{p_cD}{2\delta}$$

$$\frac{p_cD}{2\delta}\leqslant[\sigma]^t$$

为了计算方便，将平均直径 D 换算成筒体的内径 D_i，即将 $D=D_i+\delta$ 代入上式，得

$$\frac{p_c(D_i+\delta)}{2\delta}\leqslant[\sigma]^t$$

筒体大多由钢板卷焊而成。由于焊接可能出现夹渣、气孔、未焊透和裂纹等，因此焊缝和金属母体相比一定程度上降低了强度，为了计入焊缝的影响，引入焊接接头系数 φ

$$\frac{p_c(D_i+\delta)}{2\delta}\leqslant[\sigma]^t\varphi$$

由上式得筒体的计算厚度为

$$\delta=\frac{p_cD_i}{2[\sigma]^t\varphi-p_c} \tag{9-25}$$

式中，δ 为计算厚度，mm；p_c 为计算压力，MPa；φ 为焊接接头系数；$[\sigma]^t$ 为设计温度下，材料的许用应力，MPa。

容器的计算壁厚 δ 仅能满足强度计算的要求。在实际工程设计中，还必须考虑介质对材料的腐蚀作用和钢板在轧制过程中不可避免地出现负偏差，因而引入壁厚附加量

$$C=C_1+C_2 \tag{9-26}$$

式中，C 为壁厚附加量，mm；C_1 为钢板(管)的负偏差，mm；C_2 为腐蚀裕量，mm。

根据我国《压力容器》GB150 规定，容器的设计厚度为

$$\delta_d=\delta+C_2 \tag{9-27}$$

式中，δ_d 为设计厚度，mm。

在设计厚度的基础上，考虑钢板的负偏差 C_1 后，向上圆整到钢板的标准厚度，即容器的名义厚度，以 δ_n 表示。

筒壁的应力校核公式为

$$\sigma^t=\frac{p_c(D_i+\delta_e)}{2\delta_e}\leqslant[\sigma]^t\varphi \tag{9-28}$$

式中，δ_e 为有效厚度，$\delta_e=\delta_n-C$，mm。

3. 球壳的设计公式

球壳应力

$$\sigma_\varphi=\sigma_\theta=\frac{p_cD}{4\delta}$$

强度条件为

$$\frac{p_cD}{4\delta}\leqslant[\sigma]^t$$

采用与圆筒相类似的推导过程，得

$$\delta=\frac{p_cD_i}{4[\sigma]^t\varphi-p_c} \tag{9-29}$$

及

$$\sigma^t=\frac{p_c(D_i+\delta_e)}{4\delta_e}\leqslant[\sigma]^t\varphi \tag{9-30}$$

二、设计参数的选择

1. 设计压力 p 与计算压力 p_c

设计压力是指设定的容器顶部的最高压力与相应的设计温度一起作为设计载荷条件，其值不低于工作压力。

(1) 装有安全阀时，取容器的设计压力 p 等于或稍大于安全阀的整定压力 p_z，安全阀的整定压力 p_z 是安全阀在运行条件下开始开启的设定压力，一般取工作压力 p_w 的 1.05～1.1 倍，当 $p_z<0.8$MPa 时，可适当提高 p_z 相对于 p_w 的值。

(2) 当容器内装有爆炸介质或由于化学反应引起压力波动大时，需设置爆炸破片。容器的设计压力 p 取不小于爆破片的设计爆破压力 p_b 加上爆破片制造范围的上限。

(3) 对于装有液化气体的容器，选取最高温度下的相应的饱和蒸气压作为设计压力。

计算压力指在相应设计温度下，用以确定元件厚度的压力，其中包括液柱静压力。当元件所承受的静压力小于 5%设计压力时，可忽略不计。

2. 设计温度

设计温度是指容器在正常操作过程中，在相应的设计压力下，壳体或元件金属可能达到的最高或最低温度。设计温度不得低于元件金属在工作状态可能达到的最高温度，对于低于

0℃以下的金属温度，设计温度不得高于元件金属可能达到的最低温度。设计温度虽然不直接反映在公式里，但它是选择材料及确定许用应力时的一个基本参数。

实际工程中容器的壳壁温度可由实测或计算来确定。当无法预计壁温时，可参照以下不同情况确定。

(1) 容器内装有不被加热或冷却的介质，这种容器的壳壁温度一般取介质本身的温度。

(2) 用蒸汽、热水或其他液体加热或冷冻的容器，器壁温度取加热介质或冷冻介质的温度。

(3) 用可燃性气体或电加热的器壁，有衬砌层或一侧裸露在大气中，其器壁温度取被加热介质温度加上 20℃；直接受影响的器壁温度取介质温度加上 50℃；若载热体温度大于 600℃，器壁温度取介质温度加上 100℃，且器壁设计温度均应不低于 250℃。

3. 许用应力与安全系数

1) 许用应力

许用应力[σ]是材料的强度极限应力 σ_j 与相应安全系数之比，即

$$[\sigma]=\sigma_j/n \tag{9-31}$$

极限应力的选择取决于容器材料的判废标准，根据弹性失效设计准则，对塑性材料制造的容器，一般看其是否产生过大的变形，以材料达到屈服限作为判废标准，故采用材料的标准室温屈服强度 R_{eL} 作为计算许用应力的极限应力。但在实际应用中，往往用材料的标准室温抗拉强度 R_m 作为计算许用应力的极限应力，这是因为有些金属材料虽然是塑性材料，但没有明显的屈服强度；另外，采用拉伸强度作为极限应力已有较长的历史，积累了比较丰富的经验。因此，为了保证容器在操作过程中不致出现过度塑性变形或破裂，对于常温容器，许用应力取下列两式中的较小值。

$$\frac{R_m}{n_m} \qquad \frac{R_{eL}}{n_{eL}}$$

考虑到温度升高对材料机械性能的影响，对于钢制中温容器，应根据设计温度下材料屈服强度 R_{eL}^t 及常温下的抗拉强度 R_m 来确定该设计温度下材料的许用应力，取二者中较小值。

$$\frac{R_m}{n_m} \qquad \frac{R_{eL}^t}{n_{eL}}$$

在高温下，金属材料除了拉伸强度和屈服强度下降之外，还将有蠕变现象发生。在高温下容器的失效往往是由蠕变引起的。当碳钢和低合金钢设计温度超过 420℃，铬钼合金钢设计温度超过 450℃，奥氏体不锈钢超过 550℃时，在考虑拉伸强度和屈服强度的同时，还要考虑高温持久强度 R_D^t 或蠕变极限 R_n^t。对于碳素钢、低合金钢和高合金钢，取下列式中的最小值作为许用应力值。

碳素钢、低合金钢：$\dfrac{R_m}{n_m}, \dfrac{R_{eL}}{n_{eL}}, \dfrac{R_{eL}^t}{n_{eL}}, \dfrac{R_D^t}{n_D}, \dfrac{R_n^t}{n_n}$

高合金钢：$\dfrac{R_m}{n_m}, \dfrac{R_{eL}(R_{p0.2})}{n_{eL}}, \dfrac{R_{eL}^t(R_{p0.2}^t)}{n_{eL}}, \dfrac{R_D^t}{n_D}, \dfrac{R_n^r}{n_n}$

式中，n_m、n_{eL}、n_D、n_n 为对应极限应力的安全系数。

常用钢板的许用应力见表 9-1。

表 9-1 常用钢板许用应力

碳素结构钢板

钢号	钢板标准	使用状态	厚度/mm	室温强度指标		在下列温度(℃)下的许用应力/MPa																注
				R_m/MPa	R_{eL}/MPa	≤20	100	150	200	250	300	350	400	425	450	475	500	525	550	575	600	
Q235B	GB/T 3274 GB 150	热轧，控扎，正火	3～16	375	235	116	113	108	99	88	81											1
			>16～30	375	225	116	108	102	94	82	75											
Q235C	GB/T 3274 GB 150	热轧，控扎，正火	3～16	375	235	123	120	114	105	94	86											
			>16～40	375	225	123	114	108	100	87	79											
Q245R	GB 713	热轧，控扎，正火	3～16	400	245	148	147	140	131	117	108	98	91	85	61	41						
			16～36	400	235	148	140	133	124	111	102	93	86	84	61	41						
			36～60	400	225	148	133	127	119	107	98	89	82	80	61	41						
			60～100	390	205	137	123	117	109	98	90	82	75	73	61	41						
			100～150	380	185	123	112	107	100	90	80	73	70	67	61	41						

低合金钢钢板

钢号	钢板标准	使用状态	厚度/mm	室温强度指标		在下列温度(℃)下的许用应力/MPa																注
				R_m/MPa	R_{eL}/MPa	≤20	100	150	200	250	300	350	400	425	450	475	500	525	550	575	600	
Q345R	GB 713	热轧，控扎，正火	3～16	510	345	189	189	189	183	167	153	143	125	93	66	43						
			>16～36	500	325	185	185	183	170	157	143	133	125	93	66	43						
			>36～60	490	315	181	181	173	160	147	133	123	117	93	66	43						
			>60～100	490	305	181	181	167	150	137	123	117	110	93	66	43						
			>100～150	480	285	178	173	160	147	133	120	113	107	93	66	43						

续表

低合金钢钢板																						
钢号	钢板标准	使用状态	厚度/mm	室温强度指标		在下列温度(℃)下的许用应力/MPa																注
				R_m/MPa	R_{eL}/MPa	≤20	100	150	200	250	300	350	400	425	450	475	500	525	550	575	600	
			>150～200	470	265	174	163	153	143	130	117	110	103	93	66	43						
Q370R	GB 713	正火	10～16	530	370	196	196	196	196	190	180	170										
			>16～36	530	360	196	196	196	193	183	173	163										
			>36～60	520	340	193	193	193	180	170	160	150										
18MnMoNbR	GB 713	正火＋回火	30～60	570	400	211	211	211	211	211	211	211	207	195	177	117						
			>60～100	570	390	211	211	211	211	211	211	211	203	192	177	117						
13MnNiMoR	GB 713	正火＋回火	30～100	570	390	211	211	211	211	211	211	211	203									
			>100～150	570	380	211	211	211	211	211	211	211	200									
15CrMoR	GB 713	正火＋回火	6～60	450	295	167	167	167	160	150	140	133	126	122	119	117	88	58	37			
			>60～100	450	275	167	167	157	147	140	131	124	117	114	111	109	88	58	37			
			>100～150	440	255	163	157	147	140	133	123	117	110	107	104	102	88	58	37			
14Cr1MoR	GB 713	正火＋回火	6～100	520	310	193	187	180	170	163	153	147	140	135	130	123	80	54	33			
			>100～150	510	300	189	180	173	163	157	147	140	133	130	127	121	80	54	33			
12Cr2Mo1R	GB 713	正火＋回火	6～150	520	310	193	187	180	173	170	167	163	160	157	147	119	89	61	46	37		
12Cr1MoVR	GB 713	正火＋回火	6～60	440	245	163	150	140	133	127	117	111	105	103	100	98	95	82	59	41		
			>60～100	430	235	157	147	140	133	127	117	111	105	103	100	98	95	82	59	41		
12Cr2Mo1VR	—	正火＋回火	30～120	590	415	219	219	219	219	219	219	219	219	219	193	163	134	104	72			2

续表

钢号	钢板标准	使用状态	厚度/mm	室温强度指标 R_m/MPa	室温强度指标 R_{eL}/MPa	在下列温度(℃)下的许用应力/MPa ≤20	100	150	200	250	300	350	400	425	450	475	500	525	550	575	600	注
低合金钢钢板																						
16MnDR	GB 3531	正火，正火+回火	6～16	490	315	181	181	180	167	153	140	130										
			>16～36	470	295	174	174	167	157	143	130	120										
			>36～60	460	285	170	170	160	150	137	123	117										
			>60～100	450	275	167	167	157	147	133	120	113										
			>100～120	440	265	163	163	153	143	130	117	110										
15MnNiDR	GB 3531	正火，正火+回火	6～16	490	325	181	181	181	173													
			>16～36	480	315	178	178	178	167													
			>36～60	470	305	174	174	173	160													
15MnNiNbDR	—	正火，正火+回火	10～16	530	370	196	196	196	196													2
			>16～36	530	360	196	196	196	193													
			>36～60	520	350	193	193	193	187													
09MnNiDR	GB 3531	正火，正火+回火	6～16	440	300	163	163	163	160	153	147	137										
			>16～36	430	280	159	159	157	150	143	137	127										
			>36～60	430	270	159	159	150	143	137	130	120										
			>60～120	420	260	156	156	147	140	133	127	117										
08Ni3DR	—	正火，正火+回火，调质	6～60	490	320	181	181															2
			>60～100	480	300	178	178															
06Ni9DR	—	调质	6～30	680	560	252	252															2
			>30～40	680	550	252	252															

续表

低合金钢钢板

钢号	钢板标准	使用状态	厚度/mm	室温强度指标		在下列温度(℃)下的许用应力/MPa																注
				R_m/MPa	R_{eL}/MPa	≤20	100	150	200	250	300	350	400	425	450	475	500	525	550	575	600	
07MnMoVR	GB 19189	调质	10～60	610	490	226	226	226	226													
07MnNiVDR	GB 19189	调质	10～60	610	490	226	226	226	226													
07MnNiMoDR	GB 19189	调质	10～59	610	490	226	226	226	226													
12MnNiVR	GB 19189	调质	10～60	610	490	226	226	226	226													

高合金钢钢板

钢号	钢板标准	厚度/mm	室温下 $R_{p0.2}$/MPa	在下列温度(℃)下的许用应力/MPa																						注
				≤20	100	150	200	250	300	350	400	450	500	525	550	575	600	625	650	675	700	725	750	775	800	
S11306	GB 24511	1.5～25	205	137	126	123	120	119	117	112	109															
S11348	GB 24511	1.5～25	170	113	104	101	100	99	97	95	90															
S11972	GB 24511	1.5～8	275	154	154	149	142	136	131	125																
S21953	GB 24511	1.5～80	440	233	233	223	217	210	203																	
S22253	GB 24511	1.5～80	450	230	230	230	230	223	217																	
S22053	GB 24511	1.5～80	450	230	230	30	230	223	217																	
S30408	GB 24511	1.5～80	205	137	137	137	130	122	114	111	107	103	100	98	91	79	64	52	42	32	27					3
				137	114	103	96	90	85	82	79	76	74	73	71	67	62	52	42	32	27					
S30403	GB 24511	1.5～80	180	120	120	118	110	103	98	94	91	88														3
				120	98	87	81	76	73	69	67	65														
S30409	GB 24511	1.5～80	205	137	137	137	130	122	114	111	107	103	100	98	91	79	64	52	42	32	27					3
				137	114	103	96	90	85	82	79	76	74	73	71	67	62	52	42	32	27					
S31008	GB 24511	1.5～80	205	137	137	137	137	134	130	125	122	119	115	113	105	84	61	43	31	23	19	15	12	10	8	3
				137	121	111	105	99	96	93	90	88	85	84	83	81	61	43	31	23	19	15	12	10	8	

续表

高合金钢钢板																										
钢号	钢板标准	厚度/mm	室温下 $R_{p0.2}$/MPa	在下列温度(℃)下的许用应力/MPa																						注
				≤20	100	150	200	250	300	350	400	450	500	525	550	575	600	625	650	675	700	725	750	775	800	
S31608	GB 24511	1.5～80	205	137	137	137	134	125	118	113	111	109	107	106	105	96	81	65	50	38	30					3
				137	117	107	99	93	87	84	82	81	79	78	78	76	73	65	50	38	30					
S31603	GB 24511	1.5～80	180	120	120	117	108	100	95	90	86	84														3
				120	98	87	80	74	70	67	64	62														
S31668	GB 24511	1.5～80	205	137	137	137	134	125	118	113	111	109	107													3
				137	117	107	99	93	87	84	82	81	79													
S31708	GB 24511	1.5～80	205	137	137	137	134	125	118	113	111	109	107	106	105	96	81	65	50	38	30					3
				137	117	107	99	93	87	84	82	81	79	78	78	76	73	65	50	38	30					
S31703	GB 24511	1.5～80	205	137	137	137	134	125	118	113	111	109														3
				137	117	107	99	93	87	84	82	81														
S32168	GB 24511	1.5～80	205	137	137	137	130	122	114	111	108	105	103	101	83	58	44	33	25	18	13					3
				137	114	103	96	90	85	82	80	78	76	75	74	58	44	33	25	18	13					
S39042	GB 24511	1.5～80	205	147	147	147	147	144	131	122																3
				147	137	127	117	107	97	90																

注 1:Q235B 所列许用应力已乘质量系数 0.85,Q235C 所列许用应力已乘质量系数 0.90。

注 2:应该满足 GB150 中 2 附录 A 对材料提出的附加要求。

注 3:该行许用应力仅适用于允许产生微量永久变形的元件,对于法兰或其他有微量永久变形就引起泄漏或故障的场合不能采用。

2) 安全系数的确定

安全系数的合理选择是设计中一个比较复杂和关键的问题，因为它与许多因素有关，其中包括：①计算方法的准确性、可靠性和受力分析的精确程度；②材料的质量和制造技术水平及其检验手段和水平；③容器的工作条件，如压力、温度波动以及容器在生产中的重要性和危险性等。目前国家标准(GB 150)规定中低压容器用钢(除螺栓材料外)的安全系数如下。

碳素钢、低合金钢：$n_m \geqslant 2.7$，$n_{eL} \geqslant 1.5$，$n_D \geqslant 1.5$，$n_n \geqslant 1$

高合金钢、不锈钢：$n_m \geqslant 2.7$，$n_{eL} \geqslant 1.5$，$n_D \geqslant 1.5$，$n_n \geqslant 1$

4. 焊接接头系数

焊接容器的焊缝区域是容器强度比较薄弱的地方。焊缝区强度降低的原因在于焊接时焊缝可能出现裂缝缺陷；焊接高温热影响区往往形成粗大晶粒区，使强度和塑性降低；刚性约束造成内应力过大等。焊缝区的强度依赖于熔焊金属、焊缝结构和施焊质量。焊接接头系数的大小主要取决于焊接接头形式和保证焊接质量的受检程度，钢制压力容器的焊接接头系数按表 9－2 选取。

表 9－2　焊接接头系数

焊缝结构	简图	焊接接头系数	
		全部无损探伤	局部无损伤
双面焊的对接焊缝		1.0	0.85
单面焊的对接焊缝，沿焊缝根部全长有紧贴基本金属的垫板		0.9	0.8

注：自动焊、半自动和手工焊的系数相同。

5. 壁厚附加量 C

容器壁厚附加量主要考虑钢板或钢管的负偏差 C_1 和介质的腐蚀裕量 C_2，即 $C=C_1+C_2$。

1) 钢板和钢管的负偏差

在选取钢板或钢管的厚度负偏差时，应按相应钢材标准的规定选取。

标准 GB/T 709-2006《热轧钢板和钢带的尺寸、外形、重量及允许偏差》规定厚度允许偏差种类可分为：

N 类偏差，正偏差和负偏差相等；

A 类偏差，按公称厚度规定负偏差；

B 类偏差，固定负偏差为 0.3mm；

C 类偏差，固定负偏差为 0，按公称厚度规定正偏差。

Q235B 和 Q235C 的钢板负偏差需要按照 GB/T 709-2006 规定取值，GB/T 709-2006 中规定可以按 B 类偏差取值，即固定负偏差 0.3mm。

标准 GB 713-2008《锅炉和压力容器用钢板》、GB 3531-2008《低温压力容器用低合金钢钢板》、GB 19189-2011《压力容器用调质高强度钢板》中规定，厚度允许偏差按 GB/T 709-2006 规定的 B 类偏差，即偏差为固定值（−0.3mm）。同时 GB 713-2008 也强调，经供需双方协商，可以提供减小负偏差且公差不变的钢板。GB 3531-2008 和 GB 19189-2011 也强调，经供需双方协议，也可按 GB/T 709-2006 规定的 C 类偏差交货，即负偏差为 0。

标准 GB 24511-2009《承压设备用不锈钢钢板及钢带》规定了热轧厚钢板、热轧钢板及钢带、冷轧钢板及钢带的厚度负偏差，见表 9-3。

表 9-3　不锈钢热轧钢板及钢带厚度允许偏差　　单位：mm

类别	公称厚度	公称宽度							
热轧厚板		≤1000		>1000～1500		>1500～2500		>2500	
	5.0～80	−0.3							
	>80～100	由供需双方协商							
热轧钢板及钢带		≤1200		>1200～1500		>1500～1800		>1800～2100	
		普通精度	较高精度	普通精度	较高精度	普通精度	较高精度	普通精度	较高精度
	2.0～2.5	−0.22	−0.20	−0.25	−0.23	−0.29	−0.27	—	—
	>2.5～3.0	−0.25	−0.23	−0.28	−0.26	−0.30	−0.28	−0.30	
	>3.0～4.0	−0.28	−0.26	−0.30	−0.28	−0.30			
	>4.0～5.0	−0.30	−0.28	−0.30					
	>5.0～14.0	−0.30							

注：压力容器一般采用普通精度，如需采用较高精度时，应在设计文件中规定。

2）腐蚀裕量 C_2

腐蚀裕量由介质对容器材料的均匀腐蚀速率与容器的设计寿命来决定。

$$C_2 = Ka \tag{9-32}$$

式中，K 为腐蚀速率（查材料腐蚀手册），mm/a；a 为容器设计寿命，年。中低压容器设计寿命一般为 10～15 年。

当材料的腐蚀速率为 0.05～0.1mm/a 时，单面腐蚀 $C_2=2$mm、双面腐蚀 $C_2=4$mm。

当材料腐蚀速率小于或等于 0.05mm/a 时，单面腐蚀 $C_2=1$mm、双面腐蚀 $C_2=2$mm。

采用不锈钢容器时，若介质腐蚀极微，$C_2=0$。

介质为压缩空气、水蒸气或水的碳素钢或低合金钢制容器，腐蚀裕量不小于 1mm。

对于应力腐蚀、氢腐蚀和晶间腐蚀等，不能采用增加腐蚀裕量来防止腐蚀破坏。

三、容器最小壁厚

容器壁厚除满足强度要求外，还必须满足制造、安装和运输过程中的刚性要求。对于设计压力较低的容器，按强度计算出的壁很薄，往往不能满足制造、运输和吊装的要求，因此设计时必须规定壳体的最小厚度。壳体最小厚度按以下方法确定：

（1）对于碳钢和低合金钢制容器，壳体加工成形后不包括腐蚀裕量的最小厚度 δ_{min}（=3mm）。

（2）对于不锈钢容器，壳体加工成形后不包括腐蚀裕量的最小厚度 δ_{min}（≥2mm）。

四、压力试验

容器在制成或检修后投入生产前都要进行压力试验，其目的在于检查容器的宏观强度，检验容器有无渗漏现象，密封性能是否可靠。同时，在试验过程中还可以观测受压元件的变形量和发现容器结构、材料和制造过程中的缺陷并及时采取措施加以解决，以保证设备运行过程中的安全性和可靠性。

压力试验一般采用液压试验，只有不宜做液压试验的容器才做气压试验。

容器液压试验一般采用洁净的水作为试验介质。对于碳钢、Q345 等钢制的容器试压时，液体介质的温度应不低于 5℃，其他低合金钢制容器液压试验时，液体温度不低于 15℃。如果是板厚等原因造成材料脆性温度升高，这时还要相应地提高试验液体介质的温度。液压试验一般都在常温下进行。

用液体介质试压时，其试验压力为

$$p_T = 1.25p\frac{[\sigma]}{[\sigma]^t} \tag{9-33}$$

对于立式容器，若卧置进行液压试验，其试验压力应按式(9－33)计算的试验压力，加上操作时液柱静压力。

用气体介质试压时试验压力为

$$p_T = 1.1p\frac{[\sigma]}{[\sigma]^t} \tag{9-34}$$

式中，p_T 为内压容器试验压力，MPa；p 为设计压力，MPa；$[\sigma]$ 为常温下材料的许用应力，MPa；$[\sigma]^t$ 为设计温度下材料的许用应力，MPa。

在进行压力试验时，容器的薄膜应力值按式(9－35)计算

$$\sigma_T = \frac{p_T(D_i+\delta_e)}{2\delta_e\varphi} \tag{9-35}$$

对于液压试验，薄膜应力 σ_T 不得超过材料在该试验温度下材料屈服极限的 90%，即 $\sigma_T \leqslant 0.9R_{eL}(R_{p0.2})$；对于气体试验，$\sigma_T \leqslant 0.8R_{eL}(R_{p0.2})$。

§9－5 内压封头的设计与选择

内压容器的封头（又称端盖）按其形状可分为凸型封头、锥形封头、平板封头三大类。凸型封头包括半球形封头、椭圆形封头、碟形封头和无折边球形封头。

凸形封头和圆锥形封头都是由回转薄壳构成。在确定封头壁厚时，只考虑薄膜应力是不够的。因为封头总是要和筒体相连的，连接处可能存在的边缘应力往往不可忽视。另外有些凸形封头的母线本身不连续，这也引起封头壳壁内部产生附加弯曲应力。设计时，大多数封头都是以薄膜应力为基础建立设计公式，对于边缘应力的影响，则在公式中引入应力增强系数。

一、半球形封头

半球形封头（图 9－19）壁厚计算公式与球壳相同，即

$$\delta = \frac{p_c D_i}{4[\sigma]^t\varphi - p_c} \tag{9-36}$$

半球形封头的壁厚与相同直径的圆柱形壳体相比，在相同的设计压力下，半球形封头的计算厚度 δ 比圆柱壳体计算厚度小。但在工程实际中，为了便于封头与筒体之间的焊接，降低边缘连接处的边缘应力，以及封头上常开孔等因素的影响，通常将半球形封头和圆柱壳体取相同

厚度，这时封头就具有较大的强度储备。半球形封头直径较小的可以整体热压成型，大直径的则采用分辨冲压，再组焊成型。半球形封头多用于直径较大或直径较小但压力较高的场合。

二、椭圆形封头

椭圆形封头如图 9－20 所示，它由长、短轴分别为 a 和 b 的半椭球和高度为 h_0 的短圆筒（封头直边）两部分组成。直边的作用是使封头与筒体连接的环焊缝避开封头自身边缘应力的影响。

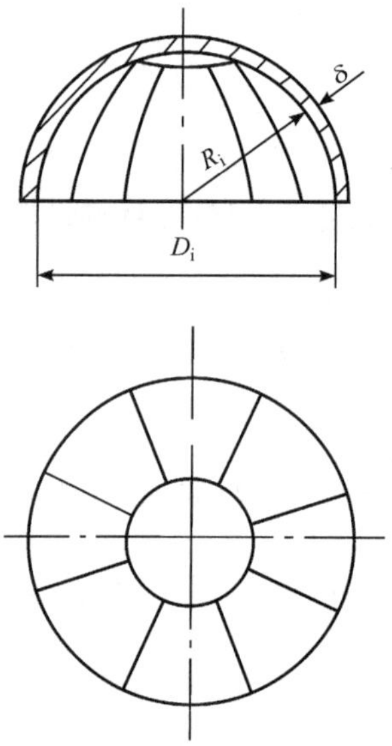

图 9－19　半球形封头

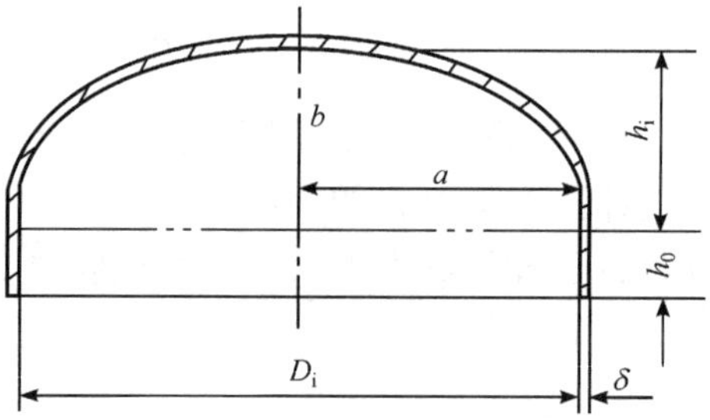

图 9－20　椭圆形封头

由椭球形壳体的应力分析可知，椭球壳体上的应力分布是变化的。应力分布随点的位置不同而不同。

当 $\frac{a}{b} \leqslant 2$ 时，最大薄膜应力在椭球壳的顶点，其值为

$$\sigma_\varphi = \sigma_\theta = \frac{p_c a}{2\delta} \cdot \left(\frac{a}{b}\right)$$

$\frac{a}{b} = \frac{D_i}{2h_i}$，由第一强度理论得

$$\frac{D_i p_c}{2h_i}(D_i + \delta)/4\delta \leqslant [\sigma]^t \varphi$$

$$\delta = \frac{p_c D_i}{2[\sigma]^t \varphi - 0.5\left(\frac{D_i}{2h_i} p_c\right)} \cdot \left(\frac{D_i}{4h_i}\right)$$

上式中的 $0.5\left(\frac{D_i}{2h_i}\right)p_c$ 近似地用 $0.5p_c$ 代替，则

$$\delta = \frac{p_c D_i}{2[\sigma]^t \varphi - 0.5 p_c} \cdot \left(\frac{D_i}{4h_i}\right)$$

式中，h_i 为封头内壁的曲边高度，mm；D_i 为封头内径，mm。

当 $\frac{a}{b}>2$ 时，椭球壳体赤道上出现较大的环向压缩应力，其绝对值大于顶点处的应力。为了考虑这种变化对强度的影响，以上式为基础，引入形状系数 K 来代替上式中的 $\frac{D_i}{4h_i}$，得到一般椭圆封头的计算通式为

$$\delta=\frac{Kp_cD_i}{2[\sigma]^t\varphi-0.5p_c} \tag{9-37}$$

式中，K 值可用经验公式计算

$$K=\frac{1}{6}\left[2+\left(\frac{D_i}{2h_i}\right)^2\right] \tag{9-38}$$

式(9－38)结果列于表 9－4。

表 9－4　形状系数 K 值

$\frac{D_i}{2h_i}$	2.6	2.5	2.4	2.3	2.2	2.1	2.0	1.9	1.8
K	1.46	1.37	1.29	1.21	1.14	1.07	1.00	0.93	0.87
$\frac{D_i}{2h_i}$	1.7	1.6	1.5	1.4	1.3	1.2	1.1	1.0	
K	0.81	0.76	0.71	0.66	0.61	0.57	0.53	0.50	

标准椭圆封头（$K=1$）的计算壁厚为

$$\delta=\frac{p_cD_i}{2[\sigma]^t\varphi-0.5p_c} \tag{9-39}$$

标准椭圆封头的直边高度可按表 9－5 确定。

在设计时，标准椭圆封头的壁厚（不包括封头壁厚附加量 C）不小于封头直径的 0.15%。

表 9－5　标准椭圆封头直边高度　单位：mm

封头材料	碳素钢、普低钢、复合钢			不锈钢、耐酸钢		
封头壁厚	4～8	10～18	≥20	3～9	10～18	≥20
直边高度	25	40	50	25	40	50

三、碟形封头

碟形封头如图 9－21 所示。它是由 R_i 为半径的球面部分、以 r 为半径的过渡段部分和高度为 h_0 的直边部分组成。球面半径越大，过渡段转角内半径越小，其封头的深度就越浅，显得扁平。在球面与过渡段连接边缘，边缘应力随 R_i/r 的比值增大而增大。工程中规定碟形封头的球面半径 R_i 应不大于封头内直径 D_i，通常取 0.9 倍封头内直径，而过渡段转角内半径 r 应不小于封头内直径的 10%，且不得小于 3 倍的封头名义壁厚。碟形封头的强度取决于过渡段的弯曲应力与拉应力之和。这部分应力按有力矩理论来分析计算，但计算比较复杂，故工程上将其作为无力矩理论来处理，并在大量的实验基础上总结出经验公式，公式是以球壳部分的薄膜应力为基础，然后考虑边缘应力，引入系数 M 来进行计算：

$$\delta=\frac{Mp_cR_i}{2[\sigma]^t\varphi-0.5p_c} \tag{9-40}$$

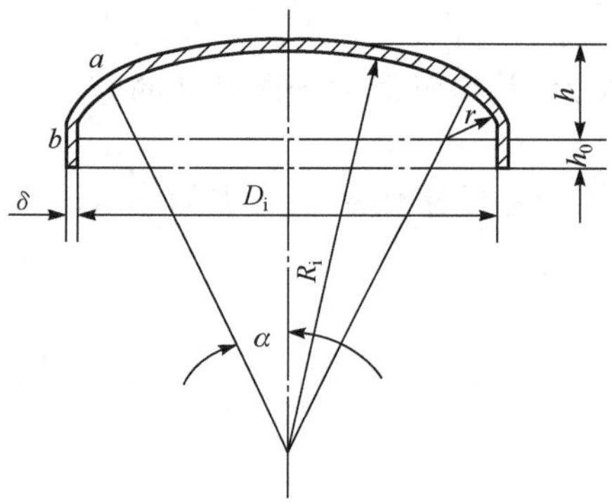

图 9-21 碟形封头

式中，R_i 为碟形封头球面部分的内半径，mm；M 为碟形封头的形状系数

$$M=\frac{1}{4}\left(3+\sqrt{\frac{R_i}{r}}\right) \tag{9-41}$$

式中，r 为过渡段转角内半径，mm。

对于 $R_i/r \leqslant 5.5$ 的碟形封头，其有效壁厚不小于封头内直径的 0.15%，其余碟形封头的有效厚度应不小于封头内直径的 0.3%。但当确定封头厚度时已考虑了内压下的弹性失稳问题，可不受此限制。

常用的碟形封头 $R_i=0.8D_i$，$r=0.154D_i$；$R_i=0.833D_i$，$r=0.154D_i$；$R_i=1.0D_i$，$r=0.15D_i$；$R_i=1.0D_i$，$r=0.06D_i$；$R_i=0.9D_i$，$r=0.17D_i$；$R_i=1.0D_i$，$r=0.1D_i$。

碟形封头和椭圆形封头相比较，在相同直径和高度的情况下，椭圆形封头的应力分布较碟形封头要均匀，因此仅在加工椭圆形封头有困难或直径较大、压力较低的情况下才选用碟形封头。

四、锥形封头

锥形封头做容器的端盖，具有便于收集和卸除含固体物料的优点。此外也常用锥形壳体将直径不等的两段筒体连接为一体，这时的圆锥壳体称为变径段。

锥形封头(图 9-22)包括无折边锥形封头和折边锥形封头。

由于锥形封头与筒体连接处存在较大的边缘应力，该应力随封头的半锥顶角 α 的增大而增大，当 $\alpha \leqslant 30°$ 时一般采用无折边锥形封头，当 $\alpha > 30°$ 时应采用折边锥形封头。锥形封头折边设置的具体要求参看表 9-6。

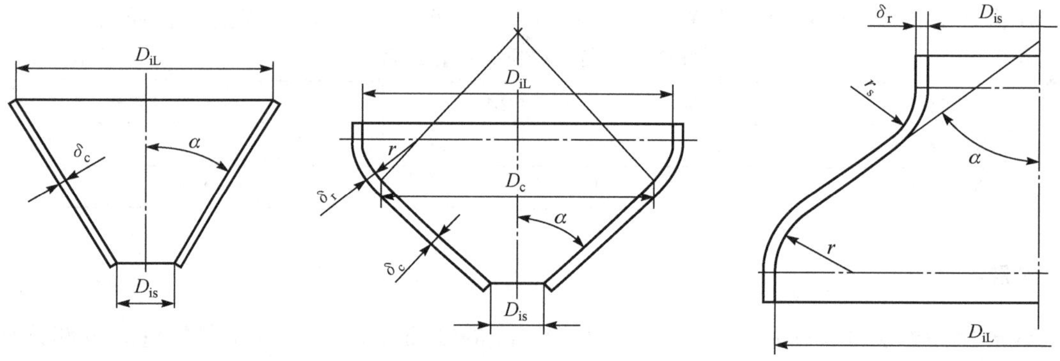

(a) 无折边锥形封头　(b) 大端折边锥形封头　(c) 两端折边锥形封头

图 9-22 锥形封头

表 9-6 锥形封头折边设置要求

锥封头半锥顶角 α	$\leqslant 30°$	$\leqslant 45°$	$\leqslant 60°$	$>60°$
锥壳大端	允许无折边	应有折边($r \geqslant 10\% D_{iL}$ 且 $r \geqslant 3\delta_r$)		按平盖(或应力分析)
锥壳小端	允许无折边		应有折边($r_s \geqslant 5\% D_{iL}$ 且 $r \geqslant 3\delta_r$)	

1. 无折边锥形封头

由前面的应力分析可知，受均匀内压的锥形封头的最大应力在锥体大端。

$$\sigma_{max}=\frac{p_cD}{2\delta}\cdot\frac{1}{\cos\alpha}$$

由强度条件得

$$\delta_c=\frac{p_cD_c}{2[\sigma]^t\varphi-p_c}\cdot\frac{1}{\cos\alpha} \tag{9-42}$$

当锥形封头由同一半锥顶角的几个不同厚度的锥壳段组成时，式中，D_c 为各锥壳段大端内径，mm；α 为锥体的半锥顶角。

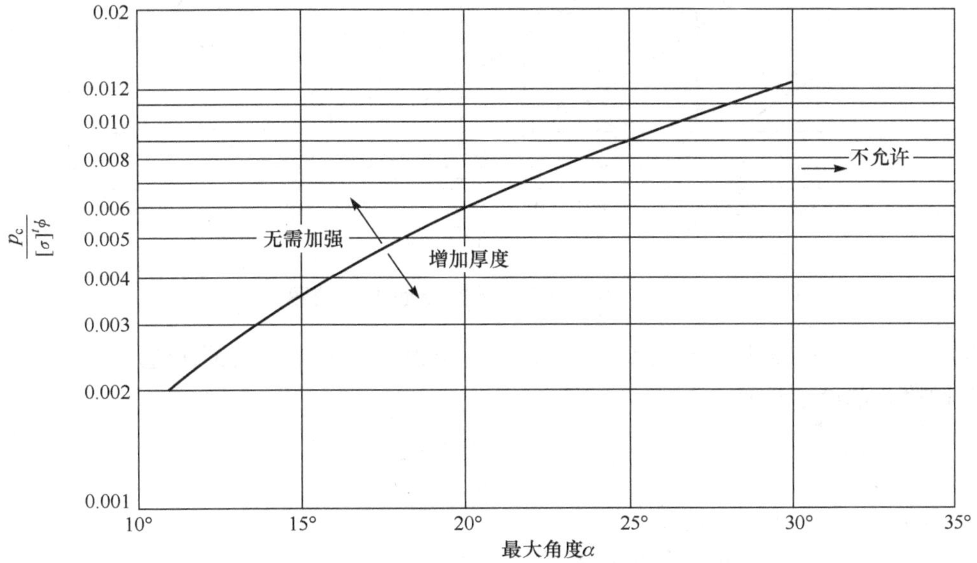

图 9-23　是否需要加强判断图

考虑封头与筒体连接处边缘应力影响，设计时还需按图 9-23 判断是否需要加强，无需加强时，壁厚则按式(9-42)计算，若需局部加强，则应在锥形封头与圆筒间设置加强段，且两加强段具有相同的厚度，其壁厚按式(9-43)和式(9-44)计算

$$\delta_r=Q_1\delta \tag{9-43}$$

式中，δ 为圆筒的计算厚度，mm；Q_1 为大端应力增值系数，由图 9-24 查取。

当 $\delta/R_L<0.002$ 时

$$\delta_r=0.001Q_1D_{iL} \tag{9-44}$$

式中，R_L 为锥形封头大端直边段中面半径；D_{iL} 为锥形封头大端直边段内直径；Q_1 为系数，由图 9-24确定。

以上关于锥形封头和圆筒连接处的加强计算只适合于锥形封头大端连接处。至于锥形封头小端连接处是否需要加强，可参照《压力容器》标准，用类似的方法计算确定。

2. 折边锥形封头

锥形封头与圆筒连接处采用圆弧过渡，如图 9-22 中(b)和(c)所示。锥体大端的计算分

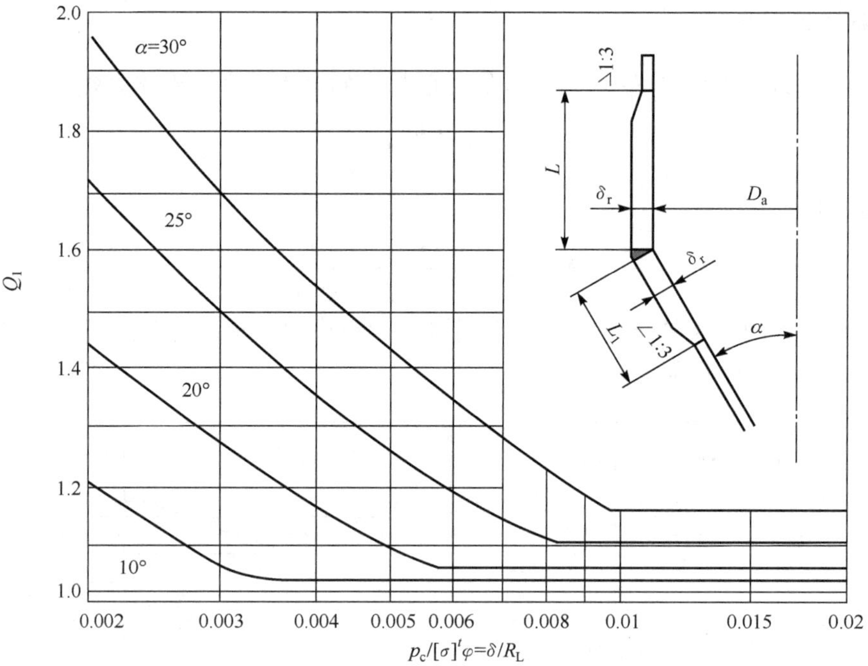

图 9-24　锥壳大端连接处的 Q_1 值图

为两部分,一部分是过渡区壁厚计算,另一部分是与过渡区连接处的锥体壁厚计算。

1) 过渡段的厚度计算

$$\delta_r = \frac{Kp_c D_{iL}}{2[\sigma]^t\varphi - 0.5p_c} \tag{9-45}$$

式中,K 为系数,由表 9-7 确定。

2) 与过渡区相连接处的锥体壁厚计算

$$\delta_r = \frac{fp_c D_{iL}}{[\sigma]^t\varphi - 0.5p_c} \tag{9-46}$$

式中,f 为系数,由表 9-8 确定。

锥体大端壁厚取 2 个 δ_r 中的较大者。锥体小端过渡区厚度按《压力容器》标准计算。

表 9-7　折边锥体过渡区系数 K 值

α	r/D_i					
	0.10	0.15	0.20	0.30	0.40	0.50
10°	0.6644	0.6111	0.5789	0.5403	0.5168	0.5000
20°	0.6956	0.6357	0.5982	0.5522	0.5223	0.5000
30°	0.7544	0.6819	0.6357	0.5749	0.5329	0.5000
45°	0.9253	0.8181	0.7440	0.6402	0.5635	0.5000
60°	1.3506	1.1433	1.0000	0.7923	0.6337	0.5000

注:r 为折边小圆弧半径,mm;D_i 为锥体内径(大端),mm;α 为锥体半锥顶角。

表 9-8　折边锥体系数 f 值

α	r/D_i					
	0.10	0.15	0.20	0.30	0.40	0.50
10°	0.5062	0.5055	0.5047	0.5032	0.5017	0.5000
20°	0.5257	0.5225	0.5193	0.5128	0.5064	0.5000
30°	0.5619	0.5542	0.5465	0.5310	0.5155	0.5000
45°	0.6657	0.6450	0.6243	0.5828	0.5414	0.5000
60°	0.9	0.8500	0.8000	0.7000	0.6000	0.5000

五、平板封头

平板封头有圆形、椭圆形、长圆形、矩形和正方形等。最常用的是圆形平板封头。根据薄板理论，受均布载荷的圆平板壁内产生两向弯曲应力：径向弯曲应力和切向弯曲应力。最大弯曲应力可能在板的中心，也可能在板的边缘，这与平板边缘支撑情况有关。

对于周边固支，受均布载荷的圆平板的最大应力是径向弯曲应力，产生在圆平板的边缘，其值按式(9-47)计算

$$\sigma_{max}=\pm\frac{3}{4}p_c\left(\frac{R}{\delta}\right)^2 \tag{9-47}$$

对于周边简支，受均布载荷的圆平板的最大应力产生在平板的中心，此时径向和切向弯曲应力相等，其值为

$$\sigma_{max}=\pm\frac{3(3+\mu)}{8}p_c\left(\frac{R}{\delta}\right)^2 \tag{9-48}$$

式中，R 为圆平板半径，mm；δ 为圆平板厚度，mm。

由以上应力公式可知，薄平板最大弯曲应力与$\left(\frac{R}{\delta}\right)^2$成正比，而薄壁圆柱壳的最大拉应力与$\frac{R}{\delta}$成正比。显然，在相同的$\frac{R}{\delta}$和相同载荷 p 作用下，平板所需厚度比薄壁圆筒形壳体大得多。但是，由于平板封头结构简单、制造方便，在压力较高、直径较小的容器中采用平板封头是比较经济的，对于压力容器的人孔、手孔盖，也广泛采用平板。此外，高压容器中平板封头用得也很普遍。

根据强度条件 $\sigma_{max}\leqslant[\sigma]$，可得圆平板封头厚度的计算公式。

周边固支

$$\delta=D\sqrt{\frac{0.188p_c}{[\sigma]}} \tag{9-49}$$

周边简支

$$\delta=D\sqrt{\frac{0.31p_c}{[\sigma]}} \tag{9-50}$$

以上两种封头的计算公式相似，唯系数不同，由于工程实际中的平板封头的边缘支撑情况

比较复杂，它既不属于固支，也不属于简支，往往是介于这两种情况之间，即系数在 0.188～0.31，因此，在平板封头的设计公式中引入结构特征系数 K。

1）圆形平板封头

圆形平板封头的厚度按式(9－51)计算。

$$\delta = D_c\sqrt{\frac{Kp_c}{[\sigma]^t\varphi}} \tag{9-51}$$

式中，δ 为平板封头的计算壁厚，mm；D_c 为计算直径，mm；φ 为拼板时的焊接接头系数；K 为结构特征系数，K 值按表 9－9 和表 9－10 选取。

对于表 9－9 中序号 9、10 所示平盖，应分别取其操作状态及预紧状态的 K 值代入式(9－51)进行计算，取较大值。对预紧状态，$[\sigma]^t$ 取常温的许用应力。

2）非圆形平板封头

对于表 9－9 中序号 2、3、4、5、8 所示平盖，厚度按式(9－52)计算

$$\delta = \alpha\sqrt{\frac{Kzp_c}{[\sigma]^t\varphi}} \tag{9-52}$$

对于表 9－9 中序号 9、10 所示平盖，厚度按式(9－53)计算

$$\delta = \alpha\sqrt{\frac{Kp_c}{[\sigma]^t\varphi}} \tag{9-53}$$

式中，α 为非圆形平板短轴长度，mm；b 为非圆形平板长轴长度，mm；z 为非圆形平板封头的形状系数；当预紧时，$[\sigma]^t$ 取常温的许用应力。

$$z = 3.4 - 2.4\left(\frac{a}{b}\right) \text{ 且 } z \leqslant 2.5 \tag{9-54}$$

表 9－9　平盖系数 K 选择表

固定方法	序号	简图	系数 K	备注
与圆筒一体或对焊	1	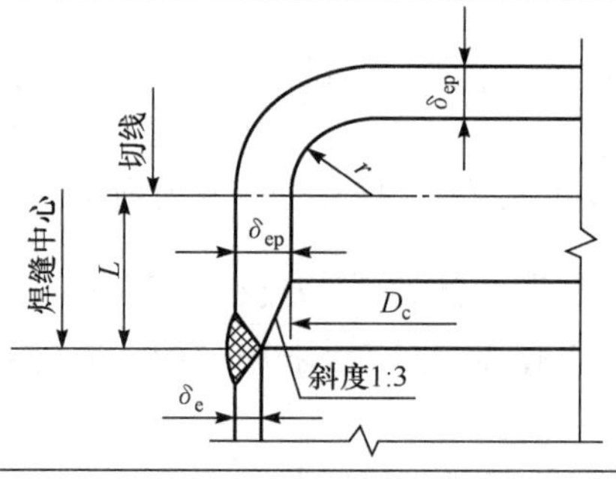	0.145	仅适用于圆形平盖 $p_c \leqslant 0.6$MPa $L \geqslant 1.1\sqrt{D_i\delta_e}$ $r \geqslant 3\delta_{ep}$
角焊缝或组合焊缝连续	2	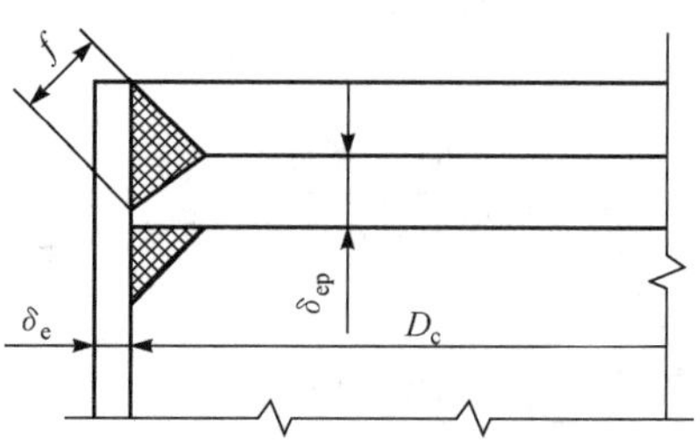	圆形平盖： $0.44m\left(m=\frac{\delta}{\delta_e}\right)$， 且不小于 0.3 非圆形平盖： 0.44	$f \geqslant 1.4\delta_e$

续表

<table>
<tr><th>固定方法</th><th>序号</th><th>简图</th><th>系数 K</th><th>备注</th></tr>
<tr><td rowspan="3">角焊缝或组合焊缝连续</td><td>3</td><td>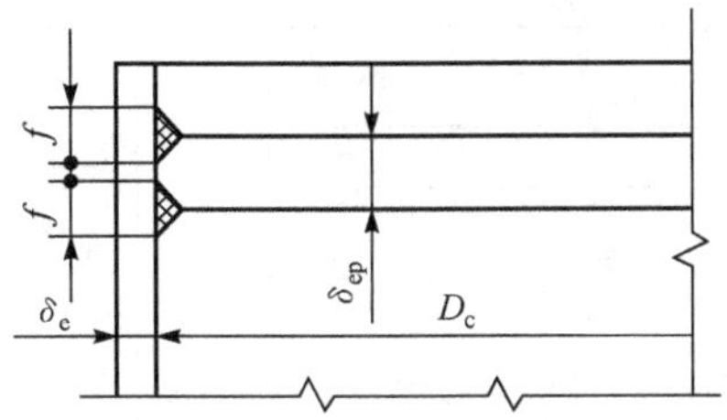</td><td>圆形平盖：
$0.44m\left(m=\frac{\delta}{\delta_e}\right)$，
且不小于 0.3
非圆形平盖：
0.44</td><td>$f\geqslant\delta_e$</td></tr>
<tr><td>4</td><td>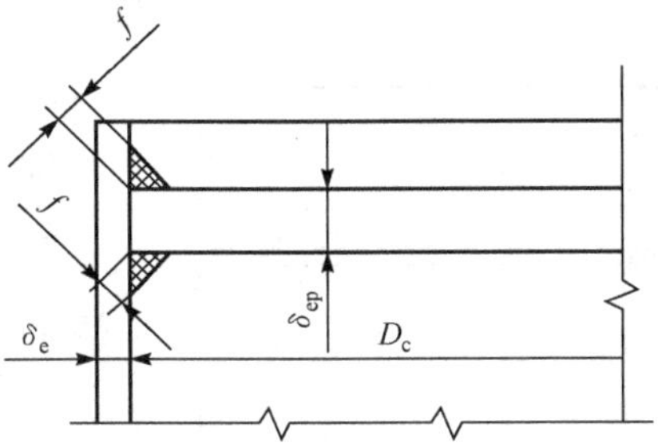</td><td rowspan="2">圆形平盖：
$0.5m\left(m=\frac{\delta}{\delta_e}\right)$，
且不小于 0.3
非圆形平盖：
0.5</td><td>$f\geqslant 0.7\delta_e$</td></tr>
<tr><td>5</td><td>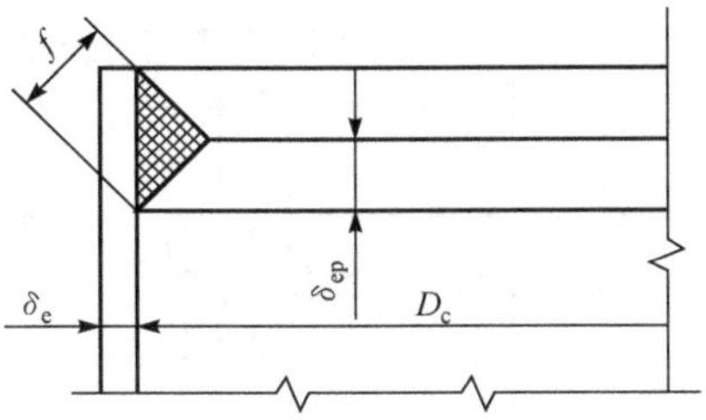</td><td>$f\geqslant\sqrt{1.4\delta_e}$</td></tr>
<tr><td rowspan="2">锁底对接焊缝</td><td>6</td><td>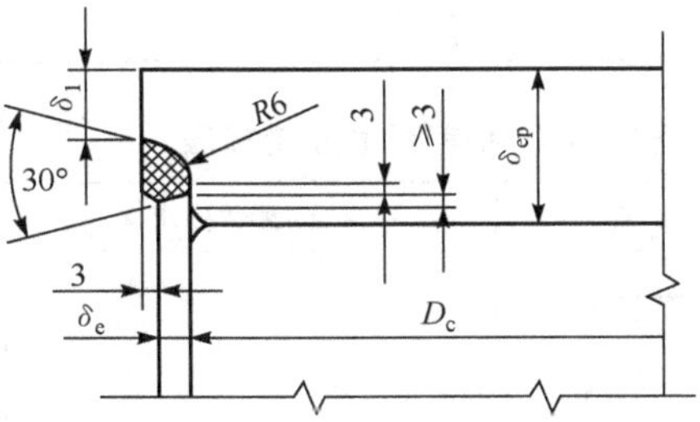</td><td>$0.44m\left(m=\frac{\delta}{\delta_e}\right)$，
且不小于 0.3</td><td rowspan="2">仅适用于圆形平盖，且 $\delta_1\geqslant\delta_e+3\text{mm}$</td></tr>
<tr><td>7</td><td>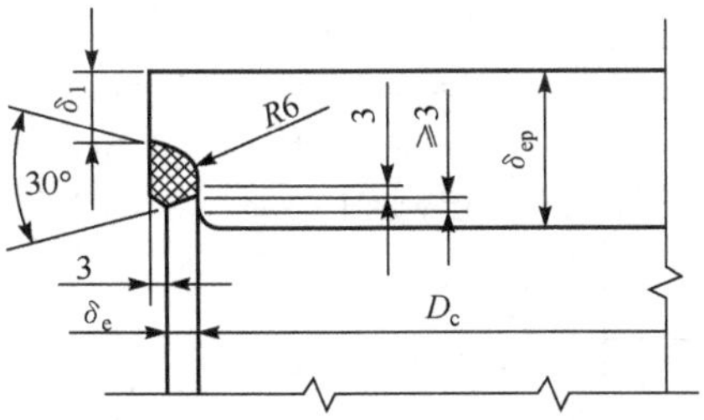</td><td>0.5</td></tr>
</table>

续表

固定方法	序号	简图	系数 K	备注
螺栓连接	8	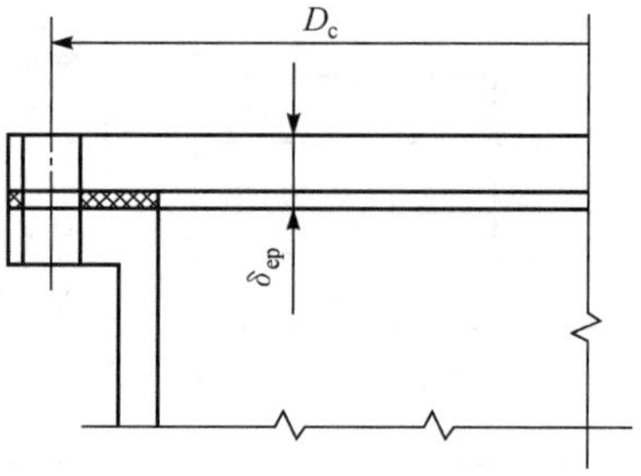	圆形平盖或 非圆形平盖:0.25	
	9	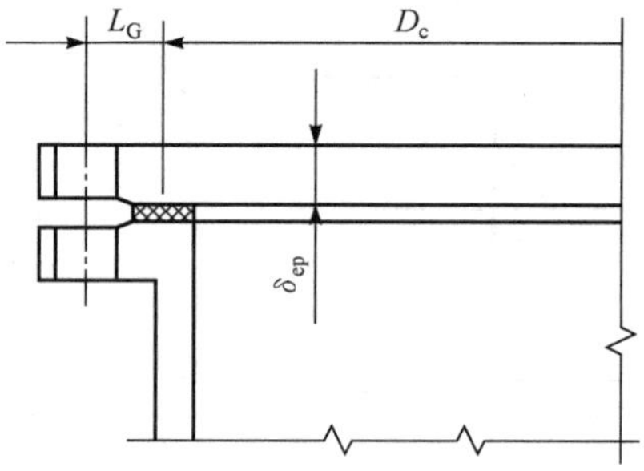	圆形平盖: 操作时 $0.3+\frac{1.78WL_G}{p_cD_c^3}$ 预紧时 $\frac{1.78WL_G}{p_cD_c^3}$ 非圆形平盖: 操作时 $0.3Z+\frac{6WL_G}{p_cL_\alpha^2}$ 预紧时 $\frac{6WL_G}{p_cL_\alpha^2}$	
	10	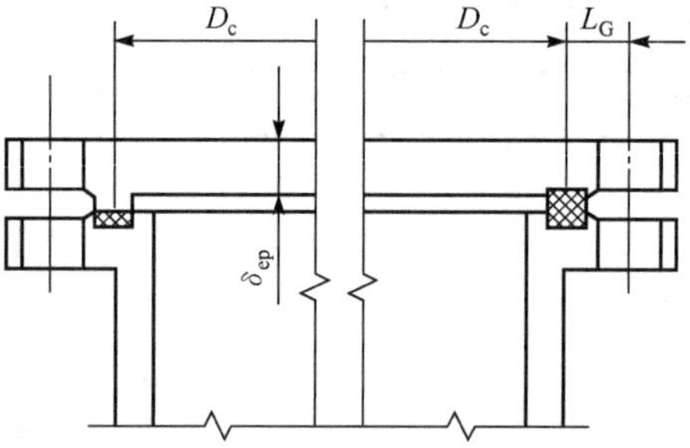		

表 9－10　平盖系数 K 选择表

序号	简图	结构参数要求	系数 K
11	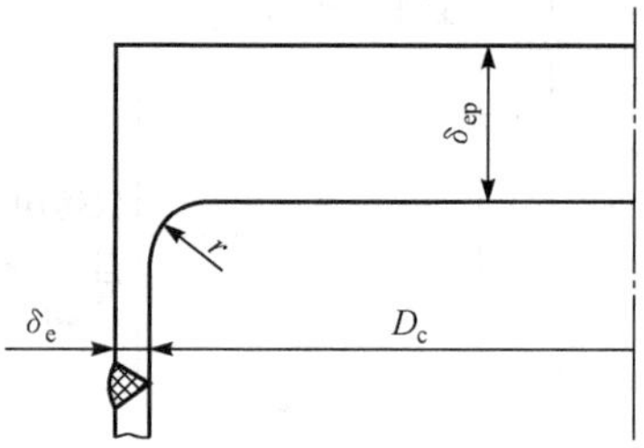	$\delta_e \leqslant 38$mm 时，$r \geqslant 10$mm； $\delta_e > 38$mm 时，$r \geqslant 0.25\delta_e$， 且不超过 20mm	查图 9－25
12	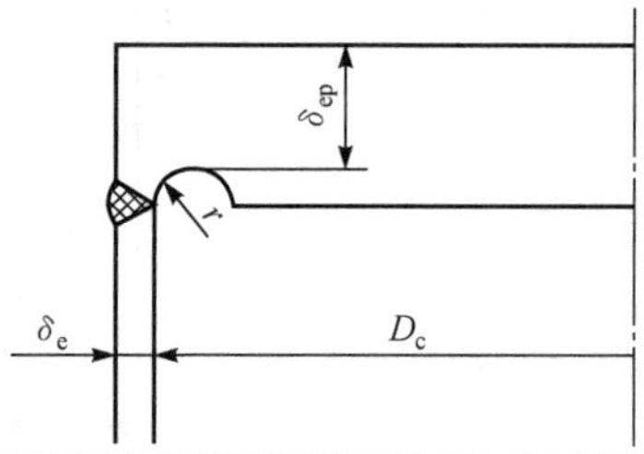		

续表

序号	简图	结构参数要求	系数 K
13	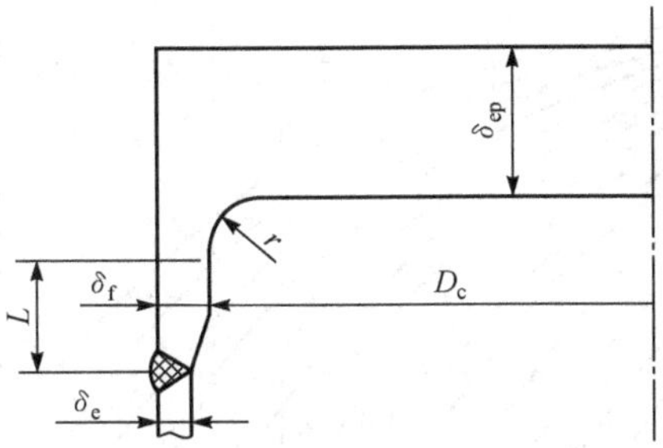	$r \geqslant \delta_f$ $L \geqslant 2\sqrt{p_c\delta_e}$ 注：查图 9 - 25 时，以 δ_f 作为与平盖相连接的圆筒有效厚度 δ_e	查图 9 - 25
14	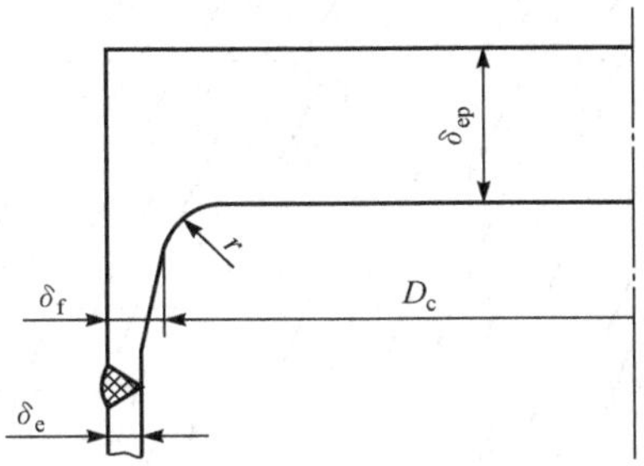	$\delta_f \geqslant 2\delta_e$ $r \geqslant 3\delta_f$	查图 9 - 25
15	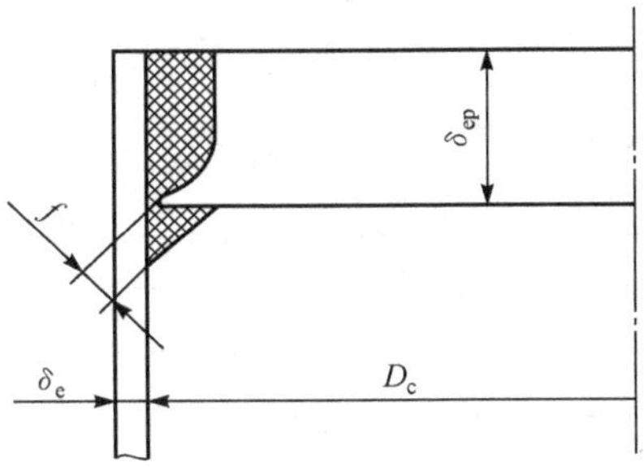		
16	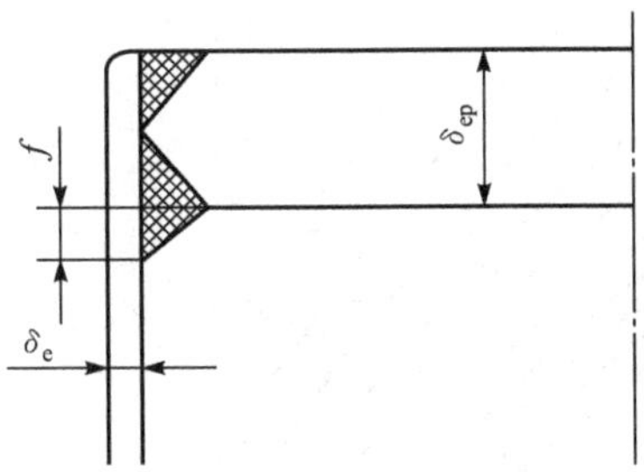	要求全截面熔透接头 $f \geqslant \delta_e$	查图 9 - 26
17	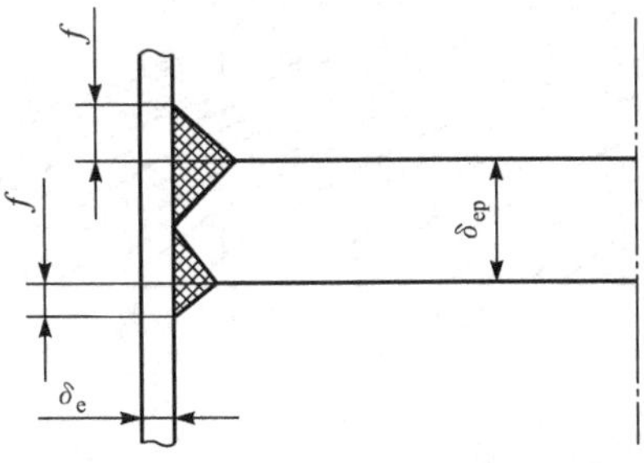		

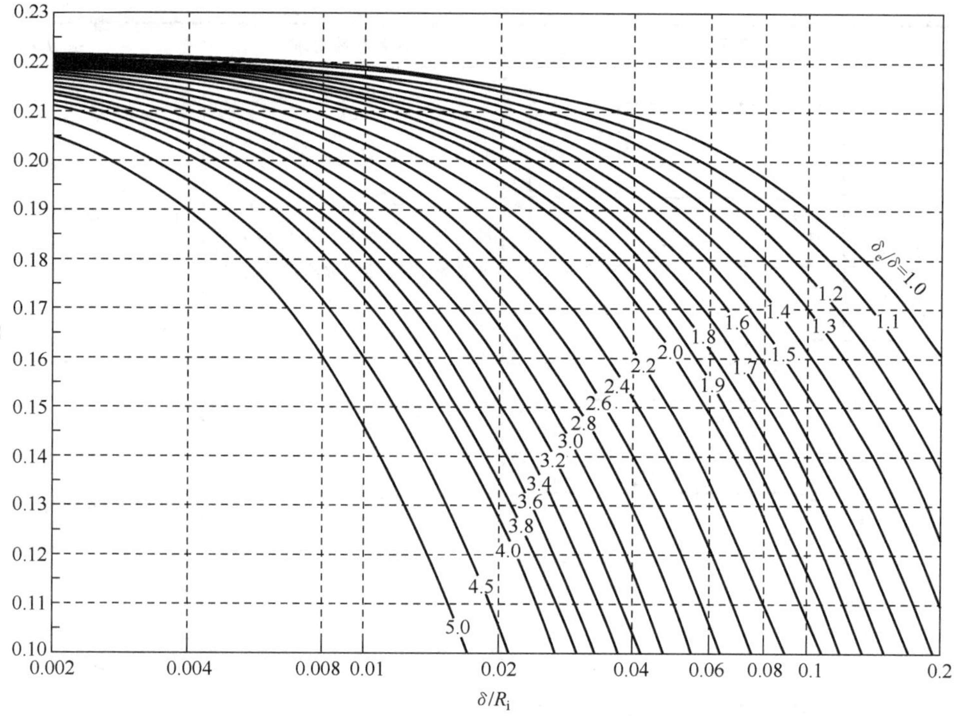

图 9－25　平板封头结构特征系数

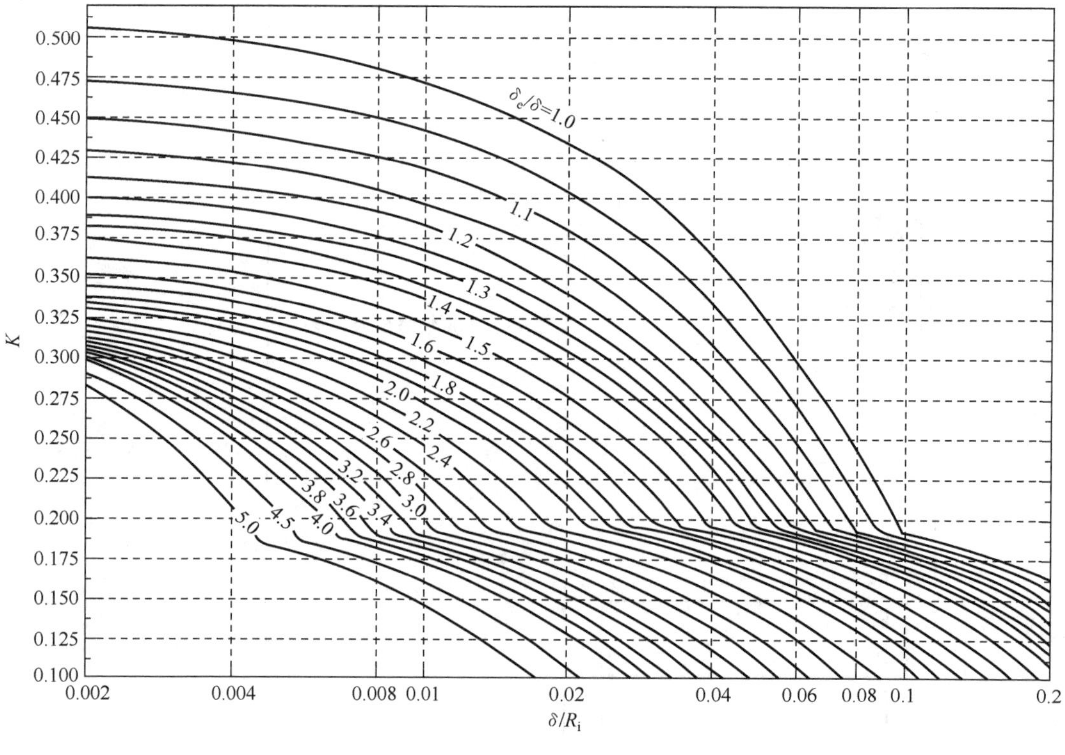

图 9－26　平板封头结构特征系数

六、例题

【例 9－3】 设计一台圆筒形受压容器。内径 $D_i=1400\text{mm}$，长度 $l=3000\text{mm}$，两端为标准椭圆形封头，筒体和封头材料均选 Q345R，腐蚀裕度取 2mm，工作温度为 280℃，最高工作压力为 1.6MPa。试确定筒体和封头的厚度。

解 (1) 筒体的壁厚。

筒体的计算厚度按下式计算

$$\delta=\frac{p_c D_i}{2[\sigma]^t\varphi-p_c}$$

式中

$$p_c=1.1\times1.6=1.76(\text{MPa})$$

$$D_i=1400\text{mm}$$

$$[\sigma]^t=167-\frac{(167-153)}{50}\times30=158.6(\text{MPa})\text{（假定钢板厚度在 3～16mm）}$$

$\varphi=0.85$（双面对接焊，局部无损探伤）

$$\delta=\frac{1.76\times1400}{2\times158.6\times0.85-1.76}=9.20(\text{mm})$$

$$C_2=2\text{mm}$$

设计厚度

$$\delta_d=\delta+C_2=11.20(\text{mm})$$

$$C_1=0.3\text{mm}$$

取名义厚度 $\delta_n=12\text{mm}$，检查：$\delta_n=12\text{mm}$，$[\sigma]^t$、C_1 无变化，故取 $\delta_n=12\text{mm}$ 合适。

(2) 封头的壁厚。

封头的计算厚度按下式计算

$$\delta=\frac{Kp_c D_i}{2[\sigma]^t\varphi-0.5p_c}$$

式中

$$K=1\text{（标准椭圆封头）}$$

$\varphi=0.85$（封头采用拼焊后冲压成型）

$$\delta=\frac{1\times1.76\times1400}{2\times158.6\times0.85-0.5\times1.76}=9.17(\text{mm})$$

$$C_2=2\text{mm}$$

封头设计厚度

$$\delta_d=\delta+C_2=9.77+2=11.17(\text{mm})$$

$$C_1=0.3\text{mm}$$

取名义厚度 $\delta_n=12\text{mm}$，检查：$\delta_n=12\text{mm}$，$[\sigma]^t$、C_1 无变化，故所取厚度合适。

(3) 容器水压试验。

试验压力按下式计算

$$p_T=1.25p\,\frac{[\sigma]}{[\sigma]^t}$$

式中

$$[\sigma]=189\text{MPa}$$

$$p=p_c=1.76\text{MPa}$$

$$p_T=1.25p\frac{[\sigma]}{[\sigma]^t}=1.25\times1.76\frac{189}{158.6}=2.62(\text{MPa})$$

筒体的有效厚度

$$\delta_e=\delta_n-(C_1+C_2)=12-2.3=9.7(\text{mm})$$

压力试验时的应力为

$$\sigma_T=\frac{p_T(D_i+\delta_e)}{2\delta_e}=\frac{2.52\times(1400+9.7)}{2\times9.7}=183.12(\text{MPa})$$

$$0.9R_{eL}\varphi=0.9\times345\times0.85=263.93(\text{MPa})$$

$$\sigma_T<0.9R_{eL}\varphi$$

故该容器满足水压试验的强度要求。

【例 9-4】 某厂库存有一台内径为 1000mm、长为 2600mm 的圆筒形容器，实测该容器的筒体厚度为 10mm，两端为标准椭圆形封头，焊缝采用双面对接焊，材料为 S30408(06Cr19Ni10)。由于该设备出厂说明书不全，判断该容器是否可作为计算压力为 2MPa、温度为 250℃、介质无腐蚀的分离器。

解 该容器按下式校核其应力

$$\sigma^t=\frac{p_c(D_i+\delta_e)}{2\delta_e}\leqslant[\sigma]^t\varphi$$

式中，$p_c=2\text{MPa}$，$C_1=0.3\text{mm}$，$C_2=0$，$\varphi=0.85$，δ_e 为筒体的有效厚度

$$\delta_e=\delta_n-(C_1+C_2)=10-(0.3+0)=9.7(\text{mm})$$

$$[\sigma]^t=122\text{MPa}$$

$$[\sigma]^t\varphi=122\times0.85=103.7(\text{MPa})$$

$$\sigma^t=\frac{2\times(1000+9.7)}{2\times9.7}=104.09(\text{MPa})>[\sigma]^t\varphi$$

以上计算表明，该容器不满足强度校核条件，故不能在 $p=2\text{MPa}$ 条件下使用。

【例 9-5】 某厂需设计一台圆筒形液氨贮罐。贮罐内径为 1800mm，容积为 12m³，计算和设计压力均为 1.7MPa，操作温度在 −3～40℃。试选材，确定筒体壁厚，确定封头的形式及壁厚。

解 1) 筒体

(1) 材料选择。根据介质性质及其温度与压力，适合该设备材料有 Q245R、Q345R、Q370R 等。其中 Q345R 使用更普遍，机械加工性能、强度和塑性指标都比较好，故决定选用 Q345R 作为设备材料。

(2) 筒体厚度。

$$p_c=1.7\text{MPa}$$

$$D_i=1800\text{mm}$$

$$\varphi=0.85\text{(双面对接焊，局部无损探伤)}$$

$$[\sigma]^t=189\text{MPa(假设钢板厚度在 3～16mm)}$$

筒体计算厚度

$$\delta=\frac{p_c D_i}{2[\sigma]^t\varphi-p_c}=\frac{1.7\times1800}{2\times189\times0.85-1.7}=9.57(\text{mm})$$

$$C_2=2\text{mm}$$

设计厚度为

$$\delta_d=\delta+C_2=9.57+2=11.57(\text{mm})$$

$$C_1=0.3\text{mm}$$

取名义厚度 $\delta_n=12\text{mm}$，检查：$\delta_n=12\text{mm}$ 时，$[\sigma]^t$、C_1 无变化，故取 $\delta_n=12\text{mm}$ 合适。

(3) 水压试验时的压力及应力校核。

筒体的有效厚度

$$\delta_e=\delta_n-(C_1+C_2)=12-2.3=9.7(\text{mm})$$

$$R_{eL}=345\text{MPa}$$

$$p_T=1.25p\frac{[\sigma]}{[\sigma]^t}=1.25\times1.7\times\frac{189}{189}=2.13(\text{MPa})$$

$$\sigma_T=\frac{p_T(D_i+\delta_e)}{2\delta_e}=\frac{2.13\times(1800+9.7)}{2\times9.7}=198.88(\text{MPa})$$

$$0.9R_{eL}\varphi=0.9\times345\times0.85=263.93(\text{MPa})$$

$\sigma_T<0.9R_{eL}\varphi$，满足水压试验要求。

2) 封头

因为设计压力较高，宜于采用凸形封头。封头材料与筒体材料相同。

(1) 球形封头。

封头计算厚度

$$\delta=\frac{p_c D_i}{4[\sigma]^t\varphi-p_c}=\frac{1.7\times1800}{4\times189\times0.85-1.7}=4.77(\text{mm})$$

设计厚度

$$\delta_d=\delta+C_2=4.77+2=6.77(\text{mm})$$

$$C_1=0.3\text{mm}$$

名义厚度取 $\delta_n=8\text{mm}$。

(2) 椭圆形封头。

计算厚度

$$\delta=\frac{Kp_c D_i}{2[\sigma]^t\varphi-0.5p_c}$$

式中，$K=1$（标准椭圆形封头），$\varphi=0.85$

$$\delta=\frac{1\times1.7\times1800}{2\times189\times0.85-0.5\times1.7}=9.55(\text{mm})$$

设计厚度

$$\delta_d=\delta+C_2=9.55+2=11.55(\text{mm})$$

$$C_1=0.3\text{mm}$$

名义厚度取 $\delta_n=12\text{mm}$。

(3) 碟形封头。

计算厚度

$$\delta=\frac{Mp_cR_i}{2[\sigma]^t\varphi-0.5p_c}$$

式中，$R_i=0.9D_i=1620\text{mm}$；$r=0.17D_i=306\text{mm}$。

$$M=\frac{1}{4}\left(3+\sqrt{\frac{R_i}{r}}\right)=\frac{1}{4}\left(3+\sqrt{\frac{1620}{306}}\right)=1.33$$

$$\delta=\frac{1.33\times1.7\times1620}{2\times189\times0.85-0.5\times1.7}=11.43(\text{mm})$$

设计厚度

$$\delta_d=\delta+C_2=11.43+2=13.43(\text{mm})$$
$$C_1=0.3\text{mm}$$

名义厚度取 $\delta_n=14\text{mm}$。

封头水压试验计算略。

由上述计算可以看出，从受力和材料消耗方面球形最好，椭圆形次之，碟形较差，而从制造来看球形最难，椭圆形、碟形容易。综合考虑宜选择标准椭圆形封头。

【例 9-6】 设计一内压圆筒形容器，计算压力为 0.8MPa，设计温度为 100℃，圆筒内径为 1000mm，工作介质有轻微腐蚀，取腐蚀裕量为 2mm，焊缝系数为 0.85，试分别用 Q235B 和 Q345R 计算，最终选用什么材料为宜。

解 (1) 圆筒材料用 Q235B。

许用应力

$$[\sigma]^t=113\text{MPa}(\text{假设 }\delta_n\text{ 在 }3\sim16\text{mm})$$

计算厚度

$$\delta=\frac{p_cD_i}{2[\sigma]^t\varphi-p_c}=\frac{0.8\times1000}{2\times113\times0.85-0.8}=4.18(\text{mm})$$

设计厚度

$$\delta_d=\delta+C_2=4.18+2=6.18(\text{mm})$$
$$C_1=0.3\text{mm}$$

取名义厚度 $\delta_n=8\text{mm}$，检查：$[\sigma]^t$、C_1 无变化，$\delta_n=8\text{mm}$ 合适。

(2) 圆筒材料用 Q345R

许用应力 $[\sigma]^t=189\text{MPa}$（设 $\delta_n=3\sim16\text{mm}$）

$$\delta=\frac{pD_i}{2[\sigma]^t\varphi-p}=\frac{0.8\times1000}{2\times189\times0.85-0.8}=2.50(\text{mm})$$
$$\delta_d=\delta+C_2=2.50+2=4.50(\text{mm})$$
$$C_1=0.3\text{mm}$$

取名义厚度 $\delta_n=6\text{mm}$，检查：$[\sigma]^t$、C_1 无变化，$\delta_n=6\text{mm}$ 合适。

从经济性方面考虑，选用 Q235B 为宜。

水压试验压力与应力校核略。

习　题

9-1 简述 $\frac{\sigma_\varphi}{R_1}+\frac{\sigma_\theta}{R_2}=\frac{p}{\delta}$ 的使用范围。

9-2　分析说明圆柱壳、圆锥壳、球壳、标准椭圆壳体承受均匀气体时 σ_φ 与 σ_θ 的关系。

9-3　在圆柱壳体上开椭圆孔有什么好处？椭圆孔的短轴应放在圆柱壳轴线的什么方向上？

9-4　有一圆筒形锅炉汽包，设计压力为 3MPa，汽包内径为 1000mm，壁厚 δ_n 为 14mm，汽包材料为 Q245R。若汽包采用双面对接焊 100%的探伤，汽包使用是否安全？

9-5　材料为 16Mn 的钢管，规格为 ϕ108×4，若壁厚附加量 C=1.2mm。在温度为 325℃使用条件下，钢管允许多大压力？

9-6　有一圆筒受内压容器，上下均为椭圆形封头，内径 D_i=2000mm，壁厚 δ_n=20mm，试求压力为 2MPa 时筒体上的 σ_φ 和 σ_θ，以及当封头 $\frac{a}{b}$ 分别等于 1.5、2、2.5 时最大的 σ_φ 和 σ_θ 值。

9-7　设计一台液氨贮槽，容积为 20m^3，最高工作压力为 1.6MPa，工作温度为常温，试比较圆柱形和球形容器的材料消耗。

9-8　有一库存圆筒形容器，实测壁厚为 10mm，内径 D_i=1000mm，双面对接焊。启用前经 100%的探伤，材料为 Q245R，现欲利用该容器承受操作压力 1MPa 内压，并在 225℃下工作，取壁厚附加量 2mm，容器装有安全阀。该容器能否安全使用？

9-9　设计一台 D_i=1000mm，操作温度为 185℃，工作压力为 2.5MPa 的容器，器身为圆筒形，采用双面对接焊局部探伤，配有标准椭圆形封头，器顶上装有安全阀，选用 S30408(06Cr19Ni10)，介质无腐蚀。试确定筒体和封头的壁厚。

9-10　设计一台圆筒形反应器，其内径 D_i=800mm，长度为 3000mm，工作压力为 3MPa。介质温度 245℃，材料选用 Q345R，取腐蚀裕量为 2mm，试确定反应器圆壳的壁厚。

9-11　有一不锈钢圆筒形容器，最大工作压力为 2.6MPa，工作温度 20～345℃，容器内径为 1200mm，筒体采用双面对接焊 100%探伤，顶部装有防爆膜，介质无腐蚀。试确定容器壁厚。

9-12　有一管壳式换热器，采用圆筒形壳体两端为标准椭圆封头，内直径为 1000mm，壳程介质压力为 1.2MPa，介质温度 180℃，管程介质压力为 3MPa，介质温度为 340℃，选用 S30408(06Cr19Ni10)，介质无腐蚀。试确定筒体与封头的壁厚。

9-13　设计一台圆筒形容器，设计压力为 0.05MPa，介质在常温下储存，介质对金属无腐蚀，容积为 1600L，圆筒直径 D 与高度 h 的比值为 1/3。选择材料，并确定筒体壁厚。

第 10 章　外压容器设计

§10-1　概　　述

一、外压容器的失稳

在化工生产中，除了受内压的容器外，还有不少承受外压的容器，如减压蒸馏塔、真空蒸发器、真空冷凝器、真空结晶器、带蒸发加热夹套的反应釜等。凡是外部压力大于内部压力的容器均称为外压容器。

容器受外压的应力计算方法与受内压时相同。对筒体而言，内压在壁中产生拉应力，而外压则产生压应力。当外压在壳壁中的压应力达到材料的屈服极限或强度极限时，筒体发生强度破坏，但这种破坏形式是极为少见的。壳体在外压作用下，往往是壳壁的压应力还远小于筒体材料的屈服极限时，筒体就突然失去自身原来的几何形状被压扁或出现褶皱而失效。筒体失效后的横截面上呈现波形，如图 10-1 所示。这种在外压作用下壳体突然被压瘪的现象称为失稳。失稳是外压容器失效的主要形式，因此保证壳体的稳定性是维持外压容器正常工作的必要条件。

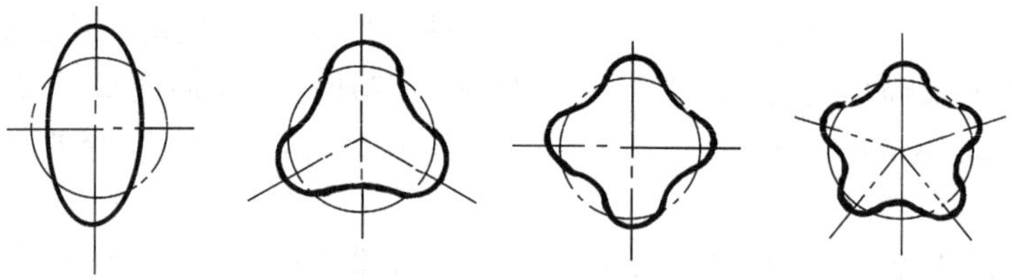

图 10-1　筒体失效后的横截面

薄壁容器失稳时压力往往低于材料的屈服极限，这种失稳称为弹性失稳；当壳壁较厚时，其压应力超过材料屈服极限时才发生失稳，这种失稳称为弹塑性失稳。

容器的失稳形式可分为侧向、轴向及局部失稳等几种。

二、临界压力及其影响因素

外压容器在失稳之前，壳体受压后处于一种稳定的平衡状态，这时增加外压力并不引起壳体应力状态的改变，但当外压继续增加到某一特定数值时，筒体的形状及壳壁的应力状态突然发生改变，壳壁中由单纯的压应力跃变为以弯曲应力为主的复杂应力状态，壳壁发生不能恢复的永久变形，即筒体丧失了原来的几何形状而失稳。外压容器失稳时的压力称为临界压力，用 p_{cr}表示。容器在临界压力作用下，失稳前那一瞬间所存在的应力称为临界应力 σ_{cr}。

筒体临界压力的大小与筒体的几何尺寸、筒体材料性能和筒体椭圆度等因素有关。

1. 筒体几何尺寸

实践表明，外压圆筒的临界压力与筒体长度 L 和直径 D 的比值 L/D、筒体有效厚度 δ_e与

直径 D 的比值 δ_e/D 有关。当 L/D 相同时，δ_e 大者临界压力高；当 δ_e/D 相同时，L/D 小者临界压力高。根据筒体几何特征尺寸的不同，发生破坏的形式也不同的特点，将外压筒体分长圆筒、短圆筒和刚性筒三种类型。

1）长圆筒

筒体的 L/D 值较大，筒体两端边界约束可以忽略，失稳时的临界压力与 δ_e/D 有关，而与 L/D 无关。筒体变形的波数 $n=2$。

2）短圆筒

筒体两端边界对筒体有明显的支撑作用，边界约束不能忽略。其临界压力不仅与 δ_e/D 有关，而且与 L/D 有关。筒体变形的波数 n 为大于 2 的整数。

3）刚性筒

筒体的 L/D 较小，δ_e/D 较大，即刚性好，筒体失效形式为压缩强度破坏。

2. 筒体材料性能

外压薄壁圆筒失稳时筒壁的压应力还远未达到材料的屈服极限，这说明筒体失稳不是材料的强度不够所致。大量的实验表明，薄壁筒体的临界压力与材料的屈服极限无关，而与材料的弹性模量 E 和泊松比 μ 有关。E、μ 值较大的材料抵抗变形的能力较强，其临界压力也较高。

3. 筒体的椭圆度和材料的不均匀性

筒体的椭圆度定义为 $e=(D_{\max}-D_{\min})$，$D_{\max}$、$D_{\min}$ 分别为壳体的最大直径、最小直径。

筒体的椭圆度大小和材料不均匀性影响临界压力的大小。必须指出：外压容器的失稳是外压容器固有的力学行为，并不是由于壳体的不圆及材料不均匀所引起的。

§10-2　薄壁筒体的临界压力计算公式

一、长圆筒

长圆筒两端的约束对筒体的临界压力不产生影响，故长圆筒临界压力计算方法与圆筒中远离边界处切出的圆环的临界压力计算方法相同。现从圆筒中远离边界处取出单位长度的圆环，如图 10-2 所示。根据圆环变形的几何关系和静力平衡关系可得圆环失稳时的临界压力

$$p_{cr}=\frac{3EJ}{R^3} \tag{10-1}$$

式中，p_{cr} 为圆环的临界压力，MPa；EJ 为圆环的抗弯刚度，其中 E 为圆环材料弹性模量，J 为圆环截面的轴惯性矩；R 为圆环平均半径。

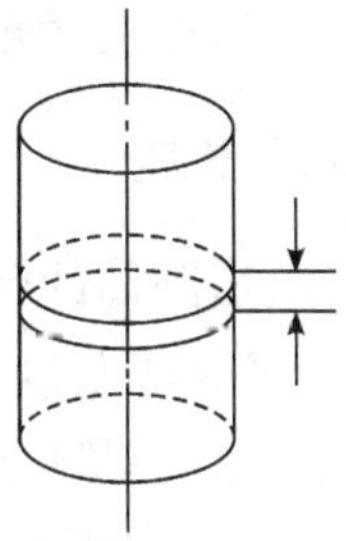

图 10-2

事实上，圆筒中单位长度圆环的变形要受到两端金属的抑制作用，故圆筒的临界压力比圆环的临界压力高。如果用圆筒的抗弯刚度 $D'=EJ/(1-\mu^2)$ 代替式(10-1)中圆环的抗弯刚度 EJ，即可得长圆筒的临界压力公式

$$p_{cr}=\frac{3D'}{R^3}=\frac{3EJ}{(1-\mu^2)R^3} \tag{10-2}$$

将 $J=\frac{\delta_e^3}{12}$ 代入式(10-2)得

$$p_{cr}=\frac{E}{4(1-\mu^2)}\left(\frac{\delta_e}{R}\right)^3=\frac{2E}{1-\mu^2}\left(\frac{\delta_e}{D}\right)^3 \tag{10-3}$$

式中，μ 为泊松比；δ_e 为筒体的有效厚度；D 为圆筒平均直径，$D=2R$。

式(10-3)称为 Bresse 公式。

对于钢制圆筒，$\mu=0.3$，则

$$p_{cr}=2.2E\left(\frac{\delta_e}{D}\right)^3 \tag{10-4}$$

临界压力在筒壁中引起的周向压缩临界应力为

$$\sigma_{cr}=\frac{p_{cr}D}{2\delta_e}=1.1E\left(\frac{\delta_e}{D}\right)^2 \tag{10-5}$$

上述临界压力公式只有在 σ_{cr} 小于材料的屈服强度时才适用，即$\sigma_{cr}<R_{eL}$。

二、短圆筒

短圆筒的失稳受两端边界支撑的影响，其临界压力由 Mises 首先导出，为

$$p_{cr}=\frac{E\delta_e}{R(1-\mu^2)}\left\{\frac{1-\mu^2}{(n^2-1)\left(\frac{1+n^2L^2}{\pi^2R^2}\right)}+\frac{\delta_e^2}{12R^2}\left[(n^2-1)+\frac{2n^2-1-\mu}{1+\frac{n^2L^2}{\pi^2R^2}}\right]\right\} \tag{10-6}$$

式中，n 为波数；L 为筒体计算长度。

为便于计算，式(10-6)可简化为

$$p_{cr}=\frac{2.59E}{L/D}\left(\frac{\delta_e}{D}\right)^{2.5} \tag{10-7}$$

式(10-7)称为拉姆(B. M. Pamm)公式。

短圆筒的临界应力

$$\sigma_{cr}=\frac{p_{cr}D}{2\delta_e}=\frac{1.3E}{L/D}\left(\frac{\delta_e}{D}\right)^{1.5} \tag{10-8}$$

式(10-7)也仅适合于弹性失稳，即 $\sigma_{cr}\leqslant R_{eL}$。

三、临界长度

长、短圆筒的区别在于是否受端部约束的影响。对于给定 D 和 δ_n 的筒体，通常采用一特征长度即临界长度 L_{cr}来作为长、短圆筒的分界线。当筒体计算长度$L>L_{cr}$时，为长圆筒；当 $L<L_{cr}$，为短圆筒；当 $L=L_{cr}$，既可当成长圆筒，也可当成短圆筒，用式(10-4)和式(10-7)计算的临界压力相等，即

$$\frac{2.59E}{L_{cr}/D}\left(\frac{\delta_e}{D}\right)^{2.5}=2.2E\left(\frac{\delta_e}{D}\right)^3$$

得临界长度

$$L_{cr}=1.17D\sqrt{\frac{D}{\delta_e}} \tag{10-9}$$

显然，当 $L>L_{cr}$时，p_{cr}用式(10-4)计算；当 $L<L_{cr}$时，p_{cr}用式(10-7)计算。

§10－3　外压圆筒的设计计算

长、短圆筒的临界压力公式是按一定的理想状态下推导出来的。实际筒体往往存在几何形状不规则，材料不均匀，载荷不均匀甚至波动等现象。因此，绝不允许工作外压在等于或接近筒体临界压力下操作，必须留有一定的安全裕度，令筒体的许用压力$[p]$等于临界压力 p_{cr}的$\frac{1}{m}$，则计算外压力 p_c 只能小于等于$[p]$，即

$$p_c \leqslant [p] = \frac{p_{cr}}{m} \tag{10-10}$$

式中，m 为稳定系数，我国钢制压力容器标准取 $m=3$。

一、解析法

将式(10－4)和式(10－7)分别代入式(10－10)，公式中的 D 用外径 D_0 代替，考虑温度对弹性模量 E 的影响，得长圆筒的许用压力

$$[p] = \frac{2.2E^t}{m}\left(\frac{\delta_e}{D_0}\right)^3 \tag{10-11}$$

令$[p]=p_c$，则计算厚度为

$$\delta = D_0\sqrt[3]{\frac{mp_c}{2.2E^t}} \tag{10-12}$$

短圆筒的许用压力

$$[p] = \frac{2.59E^t}{mL/D_0}\left(\frac{\delta_e}{D_0}\right)^{2.5} \tag{10-13}$$

令$[p]=p_c$，得计算厚度

$$\delta = D_0\left(\frac{mp_cL}{2.59E^tD_0}\right)^{0.4} \tag{10-14}$$

同理，将 D_0和 E^t代入式(10－5)、式(10－8)和式(10－9)，得

钢制长圆筒的临界应力公式为

$$\sigma_{cr}=1.1E^t\left(\frac{\delta_e}{D_0}\right)^2 \tag{10-15}$$

钢制长圆筒的临界应力公式为

$$\sigma_{cr}=\frac{1.3E^t}{L/D_0}\left(\frac{\delta_e}{D_0}\right)^{1.5} \tag{10-16}$$

临界长度的公式为

$$L_{cr}=1.17D_0\sqrt{\frac{D_0}{\delta_e}} \tag{10-17}$$

以上各式仅限于弹性失稳情况，即 $\sigma_{cr}<R_{eL}^t$，R_{eL}^t为设计温度下的屈服强度。

1. 算图制作

式(10－4)和式(10－7)中的 D 用 D_0 代替，考虑温度对弹性模量 E 的影响，将二式归纳成

下列简式

$$p_{cr}=KE^t\left(\frac{\delta_e}{D_0}\right)^3 \tag{10-18}$$

式中，K 为外压圆筒的几何特征系数，对于长圆筒，$K=2.2$，短圆筒的 K 值与L/D_0 及 D_0/δ_e 有关。

筒体的临界压力

$$\sigma_{cr}=\frac{p_{cr}D_0}{2\delta_e}=\frac{KE^t}{2}\left(\frac{\delta_e}{D_0}\right)^2 \tag{10-19}$$

临界应力所对应的周边应变 ε，外压设计中用 A 表示，A 称为外压应变系数，则

$$A=\frac{\sigma_{cr}}{E^t}=\frac{K}{2}\left(\frac{\delta_e}{D_0}\right)^2=f\left(\frac{L}{D_0},\frac{D_0}{\delta_e}\right) \tag{10-20}$$

将以上关系绘成曲线(图 10-3)，即为外压应变系数 A 计算图。该图对任何材料和圆筒都适用。

圆筒许用外压力

$$[p]=\frac{p_{cr}}{m}=\frac{KE^t}{3}\left(\frac{\delta_e}{D_0}\right)^3 \tag{10-21}$$

令 $B=\frac{[p]D_0}{\delta_e}$，$B$ 称为外压应力系数，得

$$B=\frac{[p]D_0}{\delta_e}=\frac{2}{3}\cdot\frac{KE^t}{2}\cdot\left(\frac{\delta_e}{D_0}\right)^2=\frac{2}{3}\sigma_{cr}=\frac{2}{3}AE^t$$

即

$$B=\frac{2}{3}\sigma_{cr}=\frac{2}{3}AE^t \tag{10-22}$$

以上分析表明：B 与 A 的关系就是$\frac{2}{3}\sigma_{cr}$与 A 的关系。据此，可利用材料不同温度下的应力-应变图，作出 B 与A 的关系曲线，称为外压应力系数 B 曲线，如图 10-4～图 10-13 所示。设计时借助于这些图查得 B 值，则许用外压力为

$$[p]=B\frac{\delta_e}{D_0} \tag{10-23}$$

2. 设计步骤

1) $D_0/\delta_e\geqslant 20$ 的圆筒和管子

(1) 假设 δ_n，求 $\delta_e=\delta_n-C$，定出 L/D_0 及 D_0/δ_e。

(2) 在图 10-3 左方找到 L/D_0 值，过此点沿水平方向右移与 D_0/δ_e 线相交(遇中间值用内插法)，若 L/D_0 值大于 50，则用 $L/D_0=50$ 查图，若 L/D_0 值小于 0.05，则用 $L/D_0=0.05$ 查图。

(3) 过此交点沿垂直方向下移，在图的下方得系数 A。

(4) 按所用材料选用图 10-4～图 10-13，在图下方找到 A。若 A 落在设计温度下外压应力系数 B 线的右方，则过此点垂直上移，与设计温度下的外压应力系数 B 线相交(遇中间温度用内插法)，再过此点水平方向右移，在图的右方得系数 B，并按式 10-23 计算许用外压力 $[p]$，即

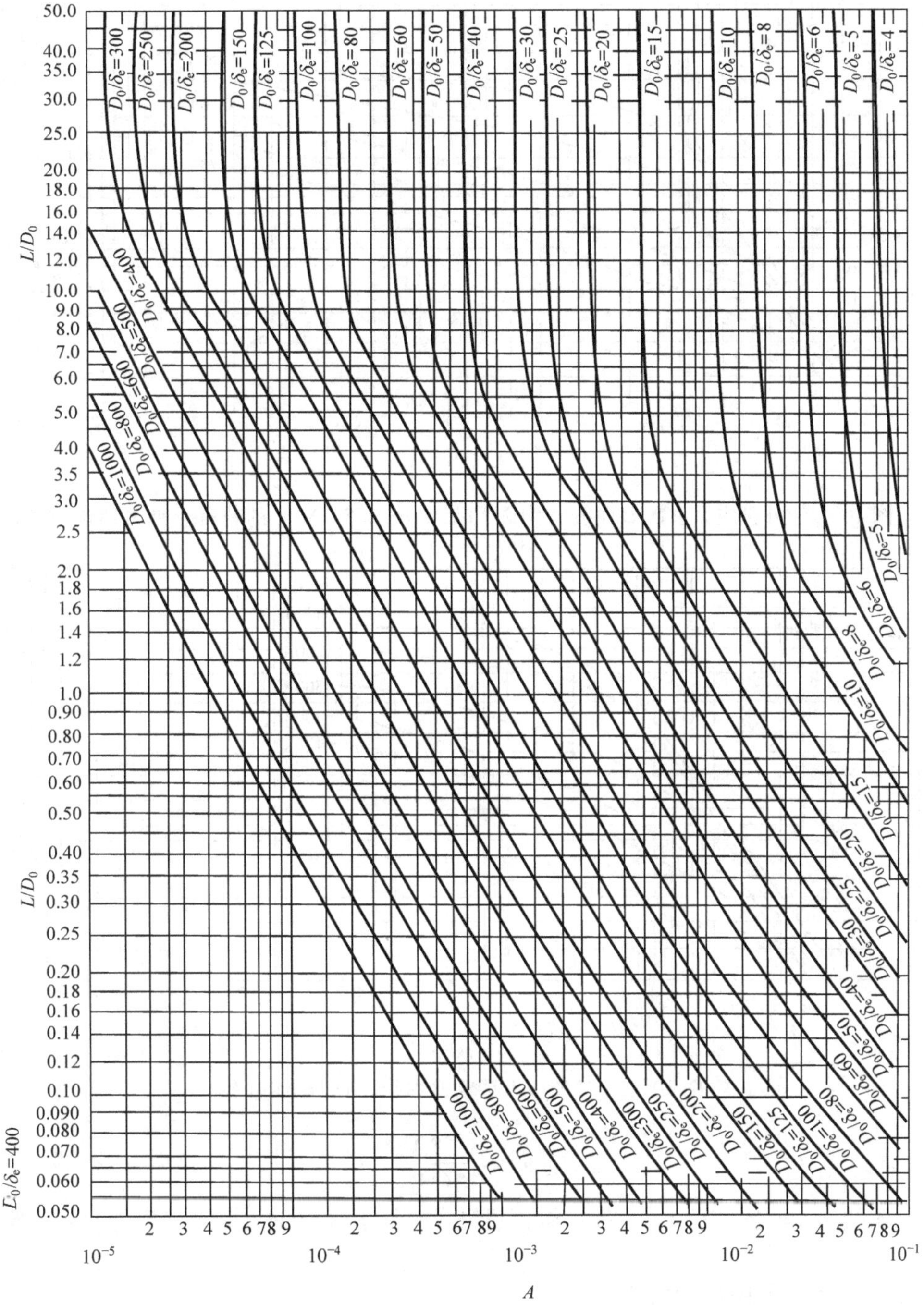

图 10-3　外压应变系数 A 曲线

$$[p]=B\frac{\delta_e}{D_0}$$

若 A 值落在外压应力系数 B 线的左方，则按式(10-24)计算$[p]$

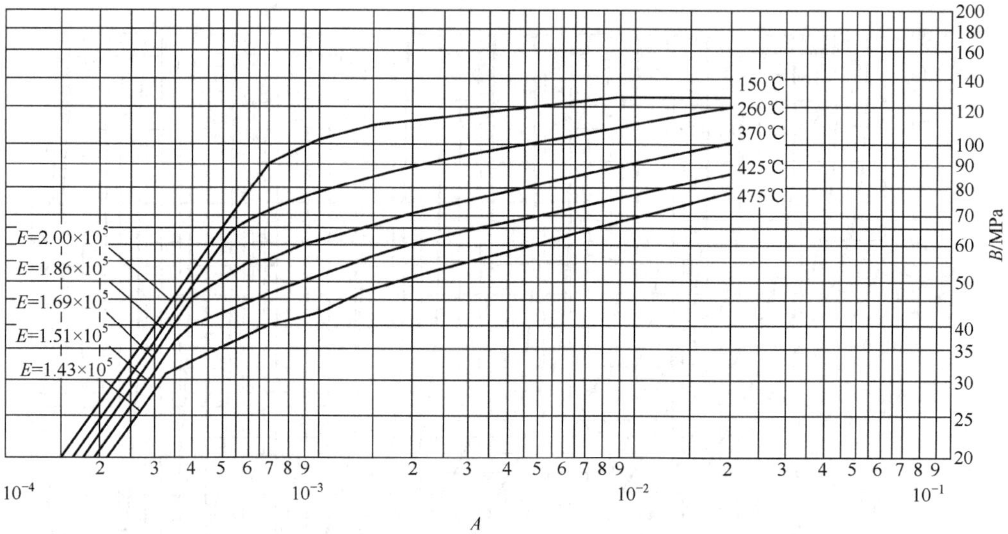

图 10-4 外压应力系数 B 曲线(用于屈服强度 $R_{eL}<207\text{MPa}$ 的碳素钢和 S11348 钢等)

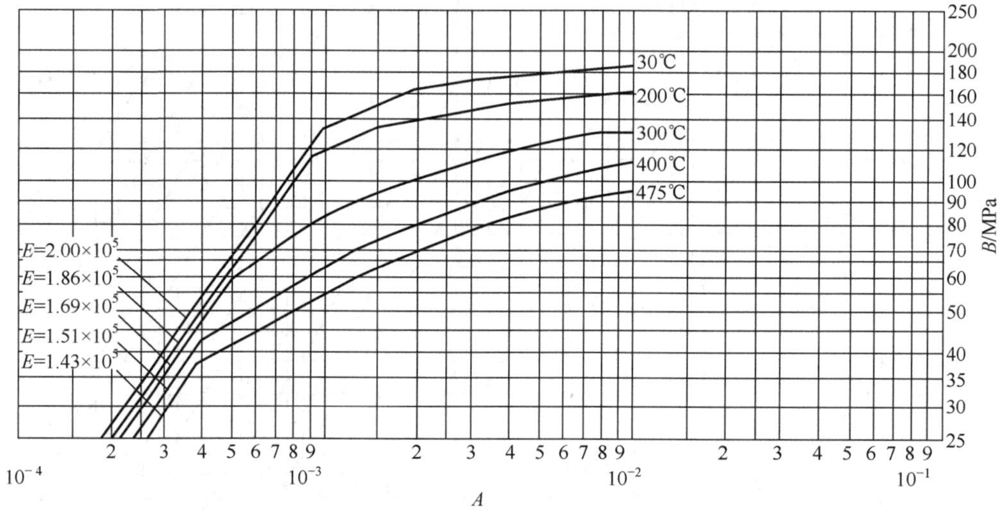

图 10-5 外压应力系数 B 曲线(用于 Q345R 钢)

$$[p]=\frac{2AE^t}{3(D_0/\delta_e)} \tag{10-24}$$

(5) 比较 p_c 与$[p]$,若 $p_c>[p]$,需再设 δ_n,重复上述计算步骤,直到$[p]$大于且接近 p_c 为止。

2) $D_0/\delta_e<20$ 的圆筒和管子

(1) 用上述相同步骤得到系数 B。但对于 $D_0/\delta_e<4.0$ 的圆筒,系数 A 用式(10-25)计算

$$A=\frac{1.1}{(D_0/\delta_e)^2} \tag{10-25}$$

系数 $A>0.1$ 时,取 $A=0.1$。

(2) 按下式计算$[p]_1$ 和$[p]_2$,取二者中的较小值为许用外压力$[p]$

$$[p]_1=\left[\frac{2.25}{D_0/\delta_e}-0.0625\right]B \tag{10-26}$$

$$[p]_2 = \frac{2\sigma_0}{D_0/\delta_e}\left[1 - \frac{1}{D_0/\delta_e}\right] \tag{10-27}$$

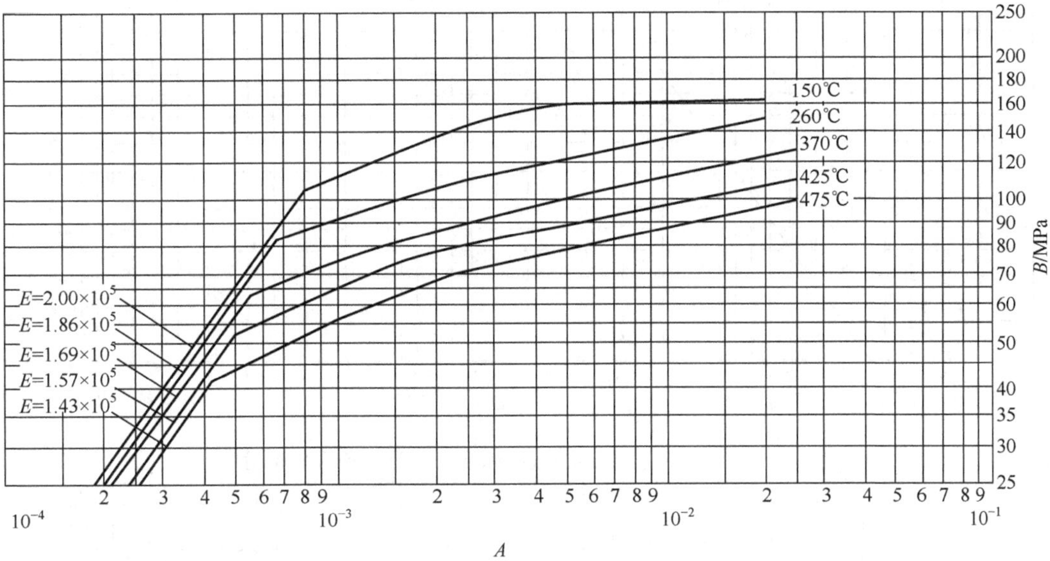

图 10-6　外压应力系数 B 曲线(用于除 10-5 注明的材料外，材料的屈服强度 R_{eL}＞207MPa 的碳素钢、低合金钢和 S11306 钢等)

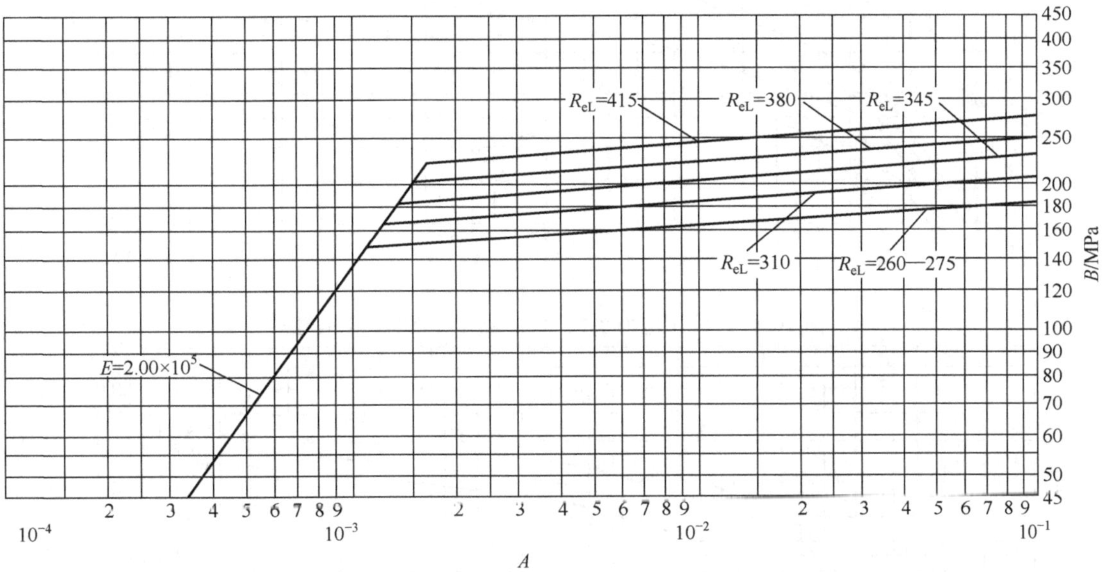

图 10-7　外压应力系数 B 曲线(用于除 10-5 注明的材料外，材料的屈服强度 R_{eL}＞260MPa 的碳素钢、低合金钢等)

式中，应力 σ_0 取下列两值中的小值

$$\sigma_0 = 2[\sigma]^t \tag{10-28}$$

$$\sigma_0 = 0.9R_{eL}^t \text{ 或 } 0.9R_{p0.2}^t \tag{10-29}$$

(3) $[p]$应大于或等于 p_c，否则重复上述计算，直到$[p]$大于且接近 p_c 为止。

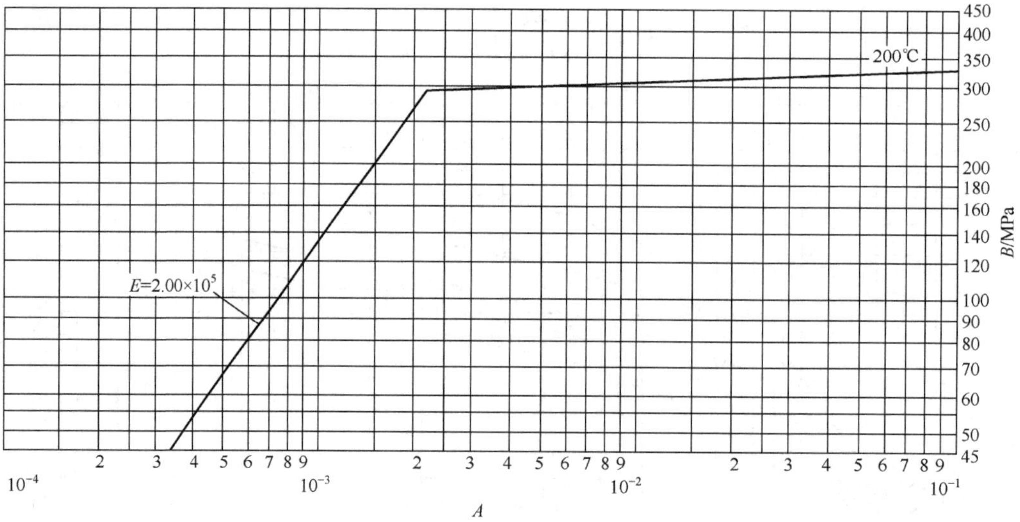

图 10－8　外压应力系数 B 曲线(用于 07MnMoVR 钢等)

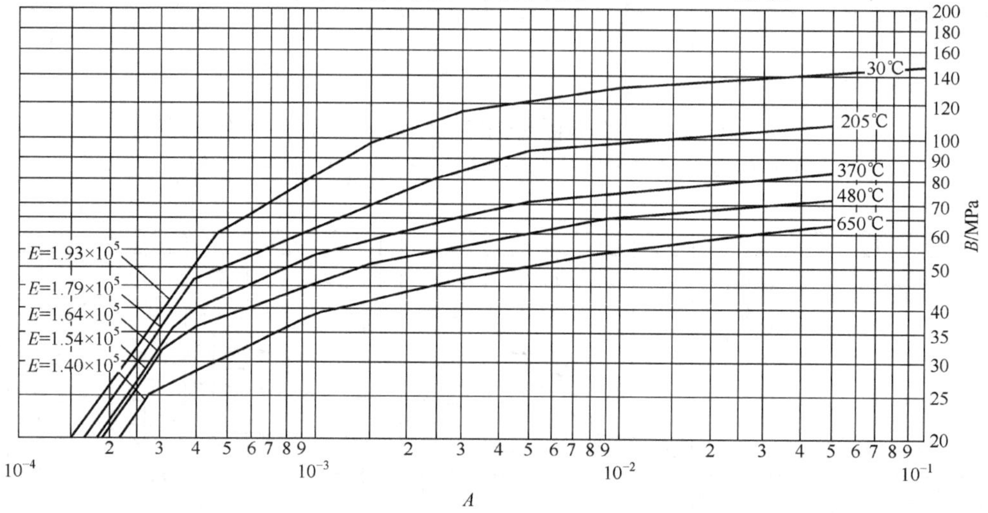

图 10－9　外压应力系数 B 曲线(用于 S30408 钢等)

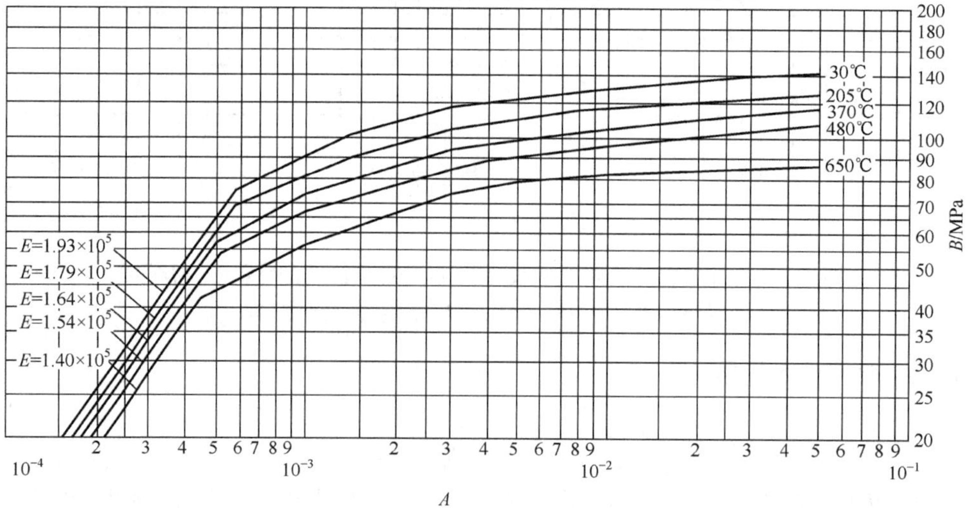

图 10－10　外压应力系数 B 曲线(用于 S31608 钢等)

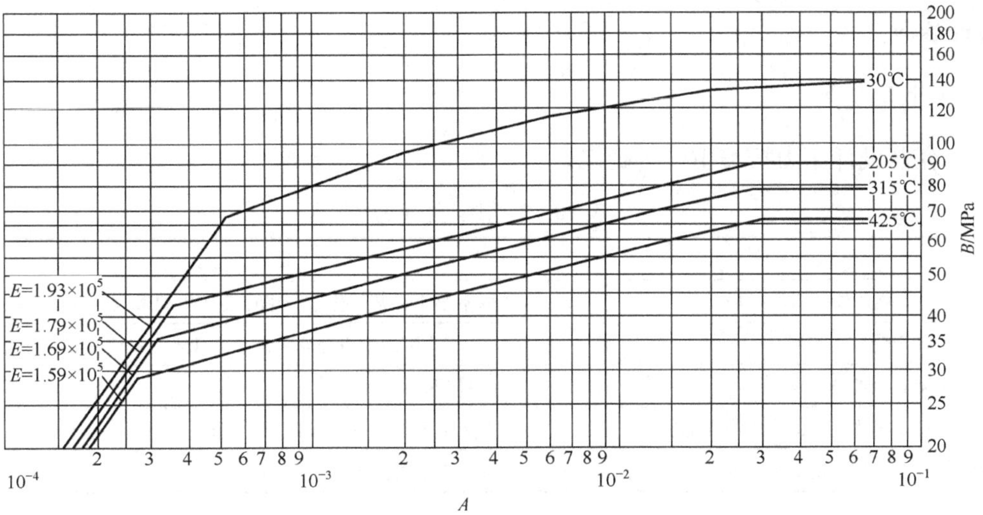

图 10－11　外压应力系数 B 曲线(用于 S30403 钢等)

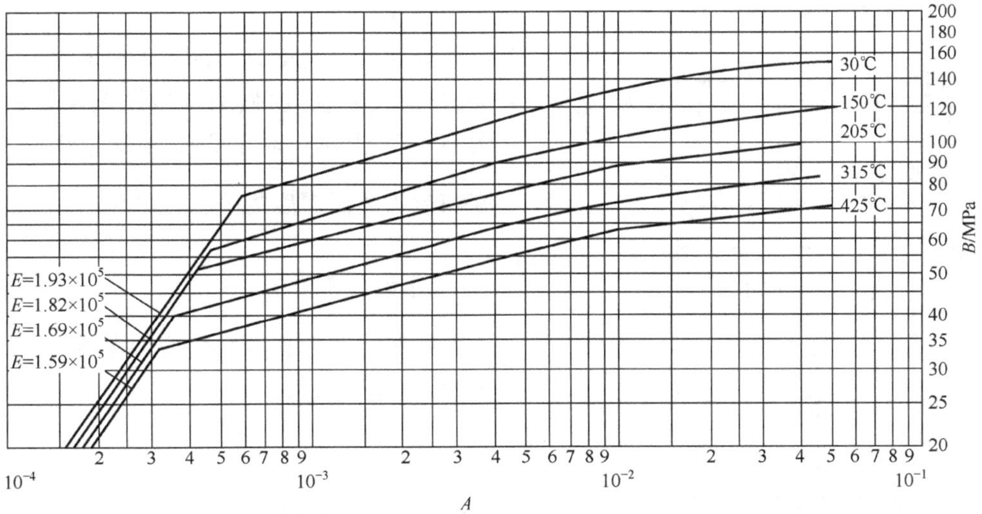

图 10－12　外压应力系数 B 曲线(用于 S31603 钢等)

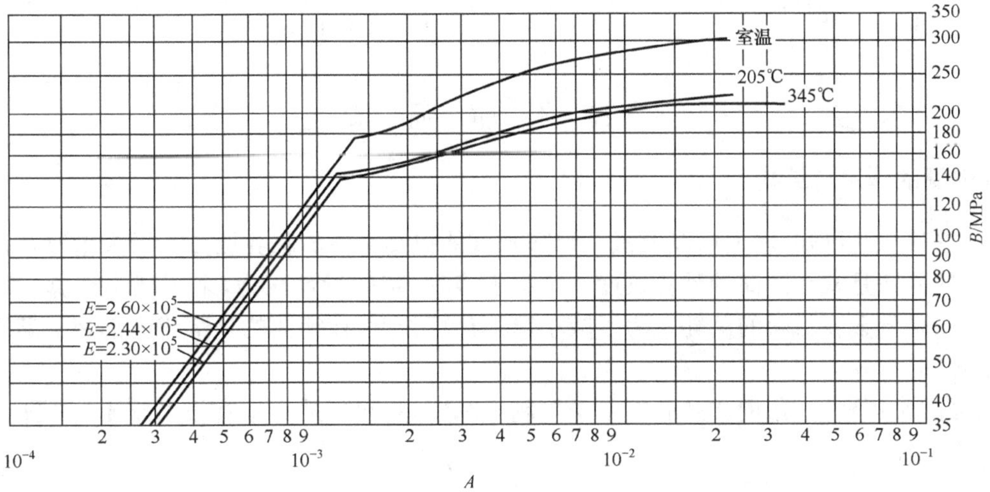

图 10－13　外压应力系数 B 曲线(用于 S21953 钢等)

二、设计参数

1. 设计压力 p

外压容器设计压力按表 10－1 确定。

表 10－1　设计外压力

类型			设计压力 p
外压容器			取不小于正常工作过程中可能产生的最大内外压力差
真空容器	无夹套	设安全控制装置	取 1.25 倍最大内外压力差或 0.1MPa 两者中的较小值
真空容器	无夹套	无安全控制装置	0.1MPa
真空容器	带夹套	夹套内为内压的真空容器器壁	取无夹套真空容器设计压力，再加上夹套内设计压力
真空容器	带夹套	夹套内为真空的夹套壁(内筒为内压)	按无夹套真空容器规定选取

2. 计算长度 L

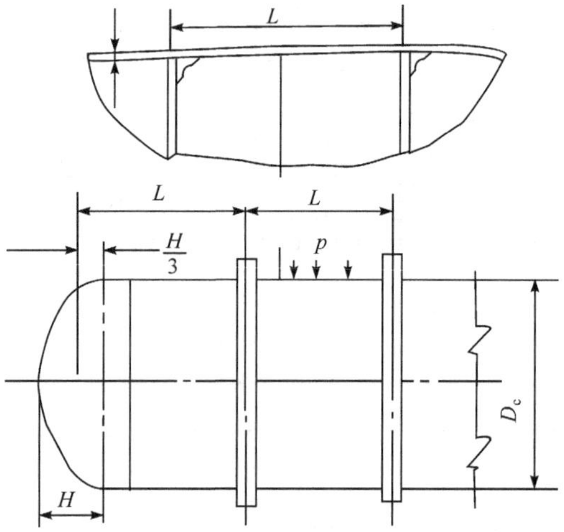

图 10－14

筒体计算长度是指两个刚性构件之间的距离。封头、法兰、加强圈均可视为刚性构件，如图 10－14 所示。对于凸形封头，应计入直边高度和封头曲面深度的$\frac{1}{3}$。

3. 试验压力 p_T

外压容器和真空容器按内压容器进行液压试验，试验压力为

液压：　$p_T = 1.25p$

气压：　$p_T = 1.1p$

式中，p 为设计外压力，MPa。

外压容器与内压容器一样，应对压力试验时的应力进行校核。

§10－4　加　强　圈

一、加强圈的作用与结构

由式(10－7)可知，增加壁厚或减小计算长度能提高筒体的临界压力。增大壁厚往往不经济，适宜的方法是减小圆筒的计算长度。工程上，对一定的设计压力，采用减小计算长度来减小壁厚，以降低金属材料的消耗。为了减小筒体计算长度，在筒体的外部或内部装上若干个钢环即加强圈。

加强圈常用扁钢、角钢、槽钢、工字钢等制成圆环，并间断地焊接在设备壁上，如图 10－15(a)～(f)所示。

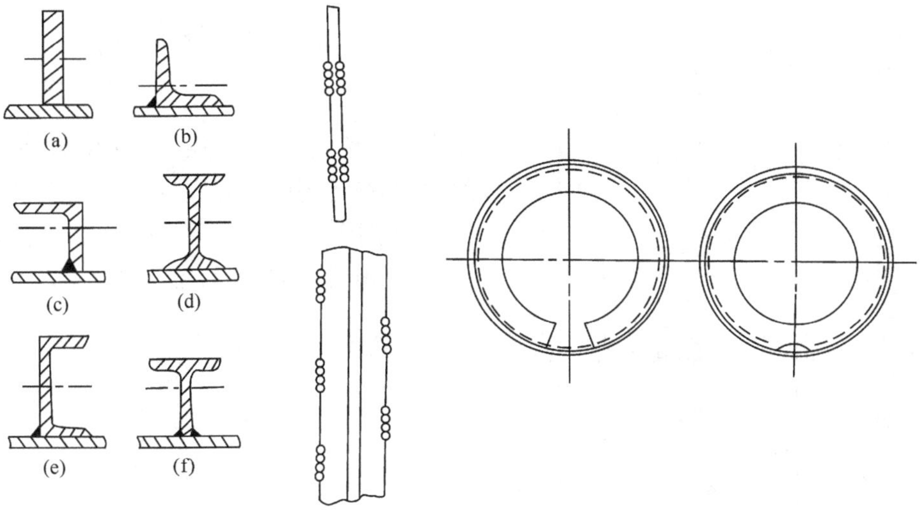

图 10-15　加强圈

二、加强圈间距

筒体设置加强圈后，为了使加强圈起到加强作用，两加强圈之间距离必须使筒体为短圆筒。据此，可确定加强圈的最大间距 L_{max} 为

$$L_{max}=\frac{2.59E^tD_0\left(\frac{\delta_e}{D_0}\right)^{2.5}}{mp_c} \tag{10-30}$$

如果加强圈是均布的，则筒体所需加强圈数量 n 为

$$n=\frac{L}{L_{max}}-1 \quad （取整） \tag{10-31}$$

加强圈的距离

$$L_s=\frac{L}{n+1} \tag{10-32}$$

三、加强圈尺寸

设置加强圈的筒体，如果两相邻加强圈之间的距离为 L_s，则加强圈两侧$\frac{L_s}{2}$范围的载荷由加强圈和附近能起承压作用的有效段壳体共同承受（图 10-16）。设计时，将加强圈和筒体视为具有较大壁厚的单层筒体，其厚度称为当量厚度 S_y

$$S_y=\delta_e+\frac{A_s}{L_s} \tag{10-33}$$

式中，δ_e 为筒体有效厚度，mm；A_s 为加强圈的横截面面积，mm^2。

为了保证筒体和加强圈的稳定性，筒体和加强圈必须要有足够的刚性或惯性矩。由理论分析并考虑适当的安全系数，欲使带加强圈筒体保持稳定，加强圈与有效段筒体组合截面的最小惯性矩 J（单位 mm^4）为

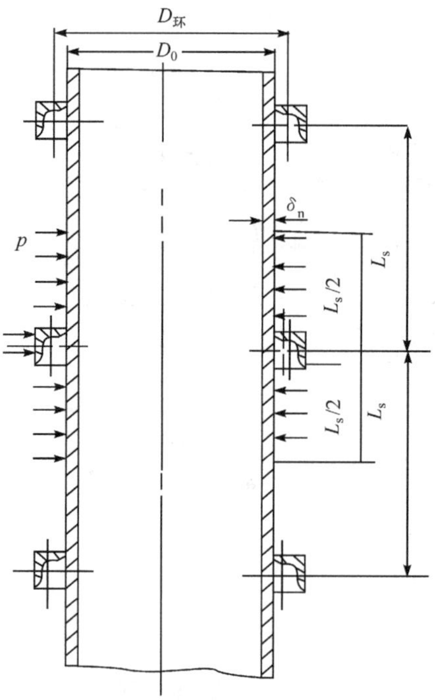

图 10－16

$$J=\frac{D_0^2L_s\left(\delta_e+\frac{A_s}{L_s}\right)}{10.9}\cdot A \qquad (10-34)$$

式中，D_0 为筒体外直径，mm；A 为外压应变系数，即圆筒的周向临界应变。

为了用图 10－4～图 10－13 计算式(10－34)中的 A，由式(10－23)，取$[p]=p_c$，并将式中 δ_e 用 $S_y=\delta_e+\frac{A_s}{L_s}$代替后得

$$B=\frac{p_cD_0}{\delta_e+\frac{A_s}{L_s}} \qquad (10-35)$$

加强圈所需惯性矩按以下步骤确定：

(1) 已知 D_0、L_s 和 δ_e，根据圆筒承受的外载荷，选定加强圈的材料与截面尺寸，并计算横截面积 A_s，以及加强圈与壳体有效段组合截面的惯性矩 J_s。

(2) 用式(10－35)计算 B 值。

(3) 利用图 10－4～图 10－13，在图上找到由式(10－35)计算出的 B 值。再过 B 点沿水平方面向左移与设计温度下的材料相交，再从交点垂直向下在底轴上读出 A 值。

(4) 若在算图中找不到 B 值所在点，则按下式计算 A 值

$$A=1.5B/E^t \qquad (10-36)$$

(5) 利用式(10－34)计算加强圈与壳体的组合截面所需的惯性矩。

(6) 比较 J 与 J_s，若 $J_s<J$，则必须另选一个具有较大惯性矩的加强圈，重复上述步骤，直到 $J_s>J$ 为止。

§10－5　外压封头设计

外压容器封头的结构形式与内压容器封头相同，主要包括半球形、椭圆形、碟形、圆锥形封头等。

一、外压凸形封头

1. 半球形封头

1) 球壳的临界压力和许用压力

由弹性稳定理论得到外压球壳临界压力公式为

$$p_{cr}=\frac{2E}{\sqrt{3(1-\mu^2)}}\left(\frac{\delta_e}{R}\right)^2 \qquad (10-37)$$

对于钢材，取 $\mu=0.3$，代入式(10－37)得

$$p_{cr}=1.2E\left(\frac{\delta_e}{R}\right)^2 \tag{10-38}$$

上述结果与大量实验结果相差甚大，所以，在球壳的稳定性设计时取较大的稳定性系数。在 GB 150 中，取 $m=14.52$。将式(10－38)中 R 用 R_0 代替，考虑温度对 E 的影响，可得球壳的许用压力

$$[p]=\frac{p_{cr}}{m}=\frac{1.2E^t\left(\frac{\delta_e}{R_0}\right)^2}{14.52}=\frac{0.0833E^t}{(R_0/\delta_e)^2} \tag{10-39}$$

2) 半球形封头的图算法

半球形封头的图算法是借助于外压筒体的算图进行计算。为此，对半球形(球形)规定

$$B=\frac{[p]R_0}{\delta_e} \tag{10-40}$$

将图中 $B=\frac{2}{3}E^tA$ 及式(10－39)代入式(10－40)后解得

$$A=\frac{0.125}{R_0/\delta_e} \tag{10-41}$$

壳体的壁厚按以下步骤确定：

(1) 假设 δ_n，则 $\delta_e=\delta_n-C$，算出 R_0/δ_e。

(2) 用式(10－41)计算系数 A

$$A=\frac{0.125}{R_0/\delta_e}$$

(3) 根据所用材料，选用图 10－4～图 10－13，由已算得的系数 A 查得系数 B，并按式(10－40)计算许用外压力$[p]$

$$[p]=\frac{B}{R_0/\delta_e}$$

若 A 值落在设计温度下外压应力系数 B 曲线的左方，则用式(10－39)计算许用外压力$[p]$

$$[p]=\frac{0.0833E^t}{(R_0/\delta_e)^2}$$

(4) $[p]$应大于或等于 p_c，否则重复以上步骤，直到$[p]$大于且接近 p_c 为止。

2. 椭圆形封头

外压椭圆形封头厚度计算步骤与外压球壳相同，只是公式的 R_0 意义不同。对椭圆形封头，R_0 为封头的当量球壳外半径

$$R_0=K_1D_0 \tag{10-42}$$

式中，K_1 为由椭圆形封头长、短轴比值决定的系数，见表 10－2；D_0 为封头外直径，mm。

表 10－2　系数 K_1 值

$D_0/2h_0$	2.6	2.4	2.2	2.0	1.8	1.6	1.4	1.2	1.0
K_1	1.18	1.08	0.99	0.9	0.81	0.73	0.65	0.57	0.50

3. 碟形封头

外压碟形头的壁厚计算也与球壳相同，其 R_0 值为碟形封头的球面部分外半径。

二、外压锥形封头

当半锥角 $\alpha\leqslant 60°$时，封头的厚度计算方法与外压筒体相同。只是将筒体的有效厚度和计算长度分别用锥壳的当量圆筒的有效厚度和当量圆筒长度代替，锥壳的当量圆筒有效厚度为

$$\delta_e = (\delta_n - C)\cos\alpha \tag{10-43}$$

式中，δ_n 为锥壳的名义厚度。

锥壳的当量圆筒长度为

$$L_e = \frac{L}{2}\left(1+\frac{D_{0s}}{D_0}\right) \tag{10-44}$$

式中，L 为锥形封头轴向计算长度，mm；D_{0s} 为锥体小端外直径，mm；D_0 为锥体大端外直径，mm。

三、例题

【例 10－1】 试确定一真空圆筒形容器的壳体壁厚。已知 $D_i=2400$mm，圆筒体长度 14400mm，两端为标准椭圆形封头，直边高度 50mm，材料用 S30408(06Cr19Ni10)，设备最高操作温度为 480℃。

解　1）筒体壁厚

(1) 解析法。

计算外压力 $p_c=0.1$MPa，材料在 480℃时的弹性模量 $E^t=1.54\times10^5$MPa。

假设 $\delta_n=20$mm

$$C_2 = 0\text{mm},C_1 = 0.3\text{mm}$$

$$\delta_e = 20-0-0.3 = 19.7(\text{mm})$$

$$D_0 = D_i + 2\delta_n = 2400 + 2\times 20 = 2440(\text{mm})$$

选用 $D_0/2h_0=2$ 的标准封头，有

$$L = 14400 + 2\times 50 + 2\times\frac{1}{3}\times\left(\frac{2400/2+20}{2}\right) = 14906.67(\text{mm})$$

$$\frac{D_0}{\delta_e} = \frac{2440}{19.7} = 123.86$$

$$L_{cr} = 1.17D_0\sqrt{\frac{D_0}{\delta_e}} = 1.17\times 2440\times\sqrt{123.86} = 31771.48(\text{mm})$$

$L<L_{cr}$，所以是短圆筒

$$\frac{L}{D_0} = \frac{14913.33}{2440} = 6.11$$

$$[p]=\frac{2.59E^t}{mL/D_0}\left(\frac{\delta_e}{D_0}\right)^{2.5}=\frac{2.59\times1.54\times10^5}{3\times6.11}\left(\frac{1}{123.86}\right)^{2.5}=0.127(\mathrm{MPa})$$

$$\sigma_{cr}=\frac{mp_cD_0}{2\delta_e}=\frac{3\times0.1\times123.86}{2}=18.58(\mathrm{MPa})$$

$p_c<[p]$，且接近，而且 $\sigma_{cr}<R_{eL}$，所以上述计算有效，$\delta_n=20\mathrm{mm}$ 合适。

实际上，当 $\delta_n=18\mathrm{mm}$ 时候，$[p]=0.098\mathrm{MPa}$，不能满足 $p_c<[p]$。

我国压力容器设计(GB 150)不推荐解析法，只采用比较简便的图算法。

(2) 图算法。

(i) 假设 $\delta_n=20\mathrm{mm}$，$\delta_e=19.7\mathrm{mm}$

$$D_0=2440\mathrm{mm},L=14906.67\mathrm{mm}$$

$$\frac{L}{D_0}=6.11$$

$$\frac{D_0}{\delta_e}=123.86>20$$

(ii) 由图 10－3 查得 $A=1.4\times10^{-4}$。

(iii) 由图 10－9，$A=1.4\times10^{-4}$ 与材料温度线无交点，许用压力按下式计算

$$[p]=\frac{2AE^t}{3(D_0/\delta_e)}=\frac{2\times0.00014\times1.54\times10^5}{3\times123.86}=0.116(\mathrm{MPa})$$

(iv) $[p]>p_c=0.1\mathrm{MPa}$，且较接近，故 $\delta_n=20\mathrm{mm}$ 合适。

2) 封头

(i) 假设 $\delta_n=8\mathrm{mm}$，$\delta_e=\delta_n-C=8-0.3=7.7(\mathrm{mm})$

由表 10－2，$K_1=0.9$，则

$$R_0=K_1D_0=0.9\times2440=2196(\mathrm{mm})$$

$$\frac{R_0}{\delta_e}=\frac{2196}{7.7}=285.19$$

(ii) $A=\dfrac{0.125}{R_0/\delta_e}=\dfrac{0.125}{285.19}=0.00044$

(iii) 查图 10－9，$B=37$

$$[p]=\frac{B}{R_0/\delta_e}=\frac{37}{285.19}=0.130(\mathrm{MPa})$$

(iv) $[p]>p_c$ 且较接近，取 $\delta_n=8\mathrm{mm}$ 合适。

【例 10－2】 按例 10－1 的条件，若选用 12mm 厚的 S30408 制造，需设几个加强圈？

解

$$\delta_e=\delta_n-C_1-C_2=12-0-0.3=11.7(\mathrm{mm})$$

$$D_0=D_i+2\times\delta_n=2400+2\times12=2424(\mathrm{mm})$$

$$L_{max}=\frac{2.59E^tD_0\left(\dfrac{\delta_e}{D_0}\right)^{2.5}}{mp_c}=\frac{2.59\times1.54\times10^5\times2424\left(\dfrac{11.7}{2424}\right)^{2.5}}{3\times0.1}=5216.33(\mathrm{mm})$$

$$n=\frac{L}{L_{max}}-1=\frac{14906.67}{5216.33}-1=1.86$$

取整 $n=2$，则

$$L_s=\frac{l}{(n+1)}=\frac{14906.67}{2+1}=4969(\text{mm})$$

需要设置2个加强圈，考虑两边凸形封头有明显的支撑作用，所以其间距分别为5360mm，5000mm，5360mm。

习　题

10-1　设计一台圆筒形真空干燥器，$D_i=500$mm，夹套直径600mm，夹套内用0.6MPa的蒸汽加热(蒸汽温度160℃)，干燥器分5节，每节长1.2m，中间用法兰连接，材料为Q235B，腐蚀裕量为2mm。试确定筒体和夹套的壁厚。

10-2　有一台圆筒形不锈钢反应釜，内径为1400mm，高为8000mm(包括封头直边)，两端为标准椭圆形封头，壳体壁厚$\delta_n=10$mm。该釜在常温下能承受多大的外压？

10-3　设计一台外压设备，已知筒体$D_i=1600$mm，采用6mm的不锈钢(S11306，06Cr13)钢板。试校核能否满足在370℃、真空条件下工作，该设备计算长度为6000mm。若不能满足，可采取哪些措施？

10-4　已知圆筒体$D_i=1800$mm，计算长度为3000mm，在240℃下操作，最大内外压差为0.2MPa。若采用Q245R制造，腐蚀裕量取2mm，试确定所需壁厚。

10-5　一直径为700mm、壁厚为5mm、筒体计算长度为6000mm的容器，材质为Q245R，取腐蚀裕量1.5mm。该设备在280℃操作温度下能否承受0.1MPa的设计外压？

第 11 章　容器零部件

容器的基本构件是壳体，除此之外，还有法兰、支座、接管和人孔等零部件。为了设计、制造方便，容器零部件都已实行了标准化。本章主要介绍容器零部件的结构等问题。

§11-1　法　　兰

考虑到生产工艺要求，制造、运输、安装和检修方便，在筒体与筒体、筒体与封头、管道与管道、管道与阀门之间，常用可拆卸的法兰连接形式。法兰连接具有密封可靠、强度足够、适应范围较广等优点。

一、法兰连接密封的结构及工作原理

法兰连接由一对法兰、垫片和螺栓组成，如图 11-1 所示。垫片装在两个法兰之间，法兰通过连接螺栓压紧垫片而实现密封。

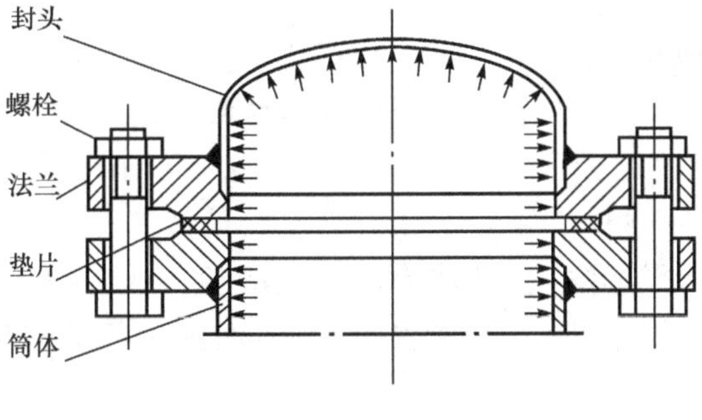

图 11-1　法兰连接

预紧时，螺栓力通过法兰作用到垫片上，使垫片变实而消除垫片内部的毛细管，同时依靠垫片的弹性和塑性变形来填满法兰密封面上凹凸不平的间隙，阻止介质通过垫片内部毛细孔的渗透性泄漏和垫片与密封面间的界面泄漏。预紧时为了形成初始密封条件，作用在垫片上的最小比压力称为垫片的预紧密封比压，简称垫片比压力，用y(MPa)表示。操作时，内压升起后使法兰密封面趋于分离，作用在垫片上的压紧力下降，此时压紧面上仍需要有足够的压紧力，才能封住介质。工作时垫片单位面积上必须维持的压紧力称为工作密封比压，用σ_g(MPa)表示。工作密封比压σ_g与介质压力p的关系用垫片系数m表示，$m=\frac{\sigma_g}{p}$。

综上所述，保证法兰连接密封不漏的条件是：预紧时，作用在垫片单位面积上压紧力不低于垫片的预紧密封比压y；操作时，作用在垫片上的工作密封比压σ_g应等于流体压力p和垫片系数m的乘积。

垫片的特征参数y和m值通过实验确定，不同的垫片材料和形式，y、m值不同。

二、法兰类型

根据法兰与设备或管道连接的整体性程度可将法兰分为三种。

1. 整体法兰

整体法兰指法兰、法兰颈部及容器或者接管三者能有效地连接成一体的结构。如图 11-2(a)所示，法兰带有锥颈，称为带颈对焊法兰。这种法兰的法兰环、锥颈和壳体有效地连成一个整体，壳体与法兰能同时受力，法兰的强度和刚度较高，但法兰受力会在壳体上产生较大的附加应力，造价较高。图 11-2(b)所示法兰和管道是一个整体，不需要像带颈对焊法兰和管道焊接才能连接，力学性能更佳，价格也更贵，制造也更困难。整体法兰适用于压力、温度较高及有毒、易燃、易爆的重要场合。

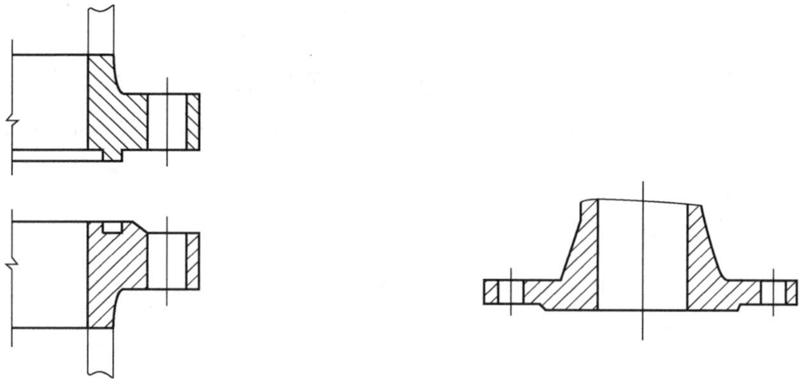

(a) 带颈对焊法兰　　(b) 和管道做成一体的法兰

图 11-2　整体法兰

2. 平焊法兰

图 11-3(a)、(b)所示平焊法兰，又称为任意式法兰。从结构上看，平焊法兰与壳体连成一体，但二者间的整体程度比较差，法兰刚性也较差，但由于其结构简单，广泛用于温度、压力不太高的场合。

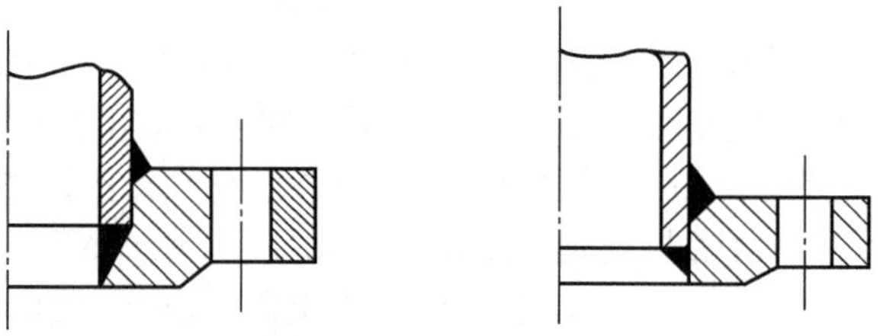

(a) 平焊设备法兰　　(b) 平焊管法兰

图 11-3　平焊法兰

3. 松式法兰

1) 活套法兰

如图 11-4(a)～(c)所示法兰松套在凸缘或翻边上，由于法兰未能与壳体有效地连成一体，它对设备或管道不产生附加应力，刚度小，其厚度较整体法兰大。这种法兰适用于有色金属(如铜、铝)和非金属设备及管道的连接，因法兰不与介质接触，对不锈钢制设备采用碳钢制法兰，可节省贵重材料。

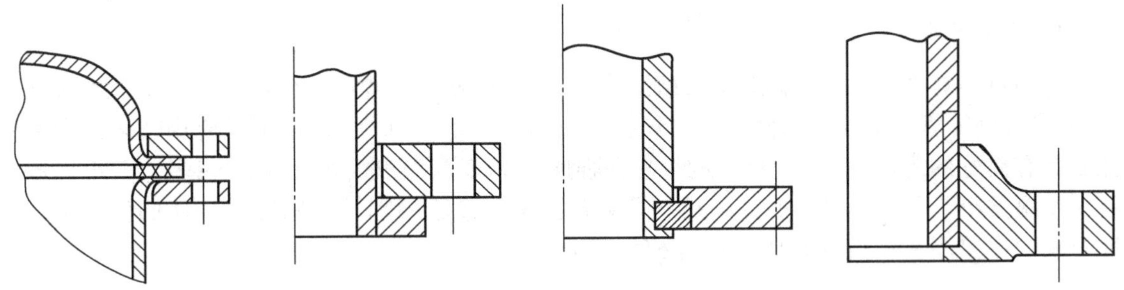

(a) 套在翻边上的活套法兰　(b) 套在焊环上的活套法兰　(c) 套在带环上的活套法兰　(d) 螺纹法兰

图 11-4　松式法兰

2）螺纹法兰

螺纹法兰如图 11-4(d)所示，这种法兰受力后壳体的附加应力小，可用于小口径高压管道的连接。

三、法兰密封面选择

常用的法兰密封面形状有平面、凹凸面和榫槽面，如图 11-5。

1. 平面密封面

平面密封面是一个光滑平面，或在光滑平面上有几条同心圆的环形沟槽，如图 11-5(a)所示。这种密封面结构简单，制造方便，但垫片不易对中压紧，压紧时垫片易被挤出，密封性能较差，主要用于介质无毒、压力较低、尺寸较小的场合。

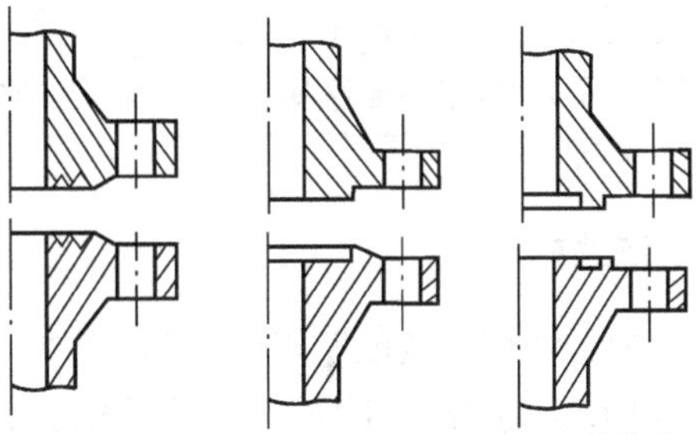

(a) 平面形　(b) 凹凸形　(c) 榫槽形

图 11-5　法兰密封面形式

2. 凹凸密封面

这种密封面由一个凹面和一个凸面配对组成，如图 11-5(b)所示。因垫片在凹面，便于对中，压紧时能防止垫片被挤出，密封效果好，广泛用于压力较高的场合。

3. 榫槽密封面

法兰封面是由一个榫面和一个槽面配对组成，如图 11-5(c)所示。垫片放在槽中，对中性好，压紧时垫片不会被挤出，密封可靠，垫片宽度较小，所需压紧力较小，垫片也可少受介质影响，常用于易燃、易爆和有毒介质以及压力较高场合。但密封面加工比较困难，检修、更换垫片不太方便，凸面易于损坏，在装拆和运输过程中，要特别注意对凸面的保护。

四、垫片选择

在法兰连接密封中，密封效果在很大程度上取决于垫片的密封性能。对于制作垫片的材料，要求耐腐蚀，不污染产品，具有一定的弹性，适当的机械强度和柔软性，在工作温度作用下不易变质硬化或软化。按材料成分垫片可分为三类。

1. 非金属垫

常用材料有橡胶、石棉橡胶、聚四氟乙烯和柔性石墨等。普通橡胶垫仅用于低压和温度低于100℃的水、蒸气及弱腐蚀性介质。氟橡胶具有较好的耐蚀性，在化工厂应用较多。全氟醚橡胶具有更好的耐温性和耐蚀性，近年来在强腐蚀和较高温度工况下应用较多。石棉橡胶主要用于温度小于等于350℃水、油、蒸气等场合。聚四氟乙烯则用于腐蚀性介质的设备上。柔性石墨则主要用在较高温介质的设备和管道上。

2. 金属垫

高温高压时，采用金属垫，常用材料有铝、铜、软钢、铬钢、不锈钢等。

3. 金属-非金属组合垫

常用的组合垫片有金属包垫片和缠绕垫片。金属包垫片是石棉、石棉橡胶、聚四氟乙烯和柔性石墨作为芯材，外包镀锌铁皮或不锈钢薄板，常用于中低压（$p\leqslant 6.4$MPa）和较高温度（$t\leqslant 450$℃）场合。缠绕垫是由金属薄带和非金属填充物石棉、石墨等相间缠绕而成，常用于温度（$t\leqslant 450\sim650$℃）和压力（$p\leqslant 10$MPa）较高时。

垫片的几何尺寸包括厚度和宽度，垫片越厚，变形量就越大，所需的密封比压较小，内压较高时，宜选较厚的垫片。但若垫片太厚，其比压力分布就可能不太均匀，垫片就容易被压坏或挤出。垫片越窄，越容易压紧，也就是在相同密封比压下所需的压紧力小，故一般垫片宜取较小的宽度。

五、法兰标准

为了增加法兰的互换性、降低成本，法兰已标准化。法兰标准分为容器法兰标准和管法兰标准，即压力容器法兰的各种标准和钢制管法兰、垫片、紧固件的各种标准。容器法兰只用于容器壳体间的连接，如筒节与筒节、筒节与封头的连接，管法兰只用于管道间的连接，二者不能互换。

设计时，可根据不同的公称直径DN和公称压力PN从标准中选择法兰。法兰的公称直径是指与法兰配合的容器或管子的公称直径。容器的公称直径是指容器的内径。管子的公称直径是介于管子内、外径之间的某一数值，其中大多数接近于管子的内径。例如，DN100的无缝钢管，外径为108mm，而内径随管壁厚度的不同而不同。容器和管道公称直径见表11-1。公称压力是为制定标准而分的压力等级，也是标准法兰所允许的最大工作压力。容器和管道的公称压力见表11-2。压力容器法兰标准中的公称压力是按法兰材料Q345（或Q345R）、设计温度200℃条件下确定的，因此当法兰材料或温度变化时，法兰的最大操作压力将增大或减少。例如，长颈对焊法兰的允许操作压力、工作温度、法兰材料间的关系按表11-3确定。

表11-1　容器、管道公称直径(mm)

容器公称直径	300 (350) 400 (450) 500 (550) 600 (650) 700 800 900 1000 (1100) 1200 (1300) 1400 (1500) 1600 (1700) 1800 (1900) 2000 2200 2400 2600 2800 3000
管道公称直径	10 15 20 25 32 40 50 65 80 100 125 150 200 250 300 350 400 450 500 600 700 800 900 1000 1200 1400 1600 1800 2000

注：括号内数值尽量不用。

表 11－2　容器、管道公称压力(MPa)

容器	0.25	0.60	1.00	1.60	1.00	2.50	4.00	6.40	
管道	0.25	0.60	1.00	1.60	2.50	4.00	6.30	10.00	16.00

表 11－3　长颈对焊法兰的最大允许工作压力(摘录)(MPa)

公称压力 PN	法兰材料	工作温度/℃					
		＞－20～200	250	300	350	400	450
1.00	20	0.73	0.66	0.59	0.55	0.50	0.45
	Q345	1.00	0.96	0.96	0.86	0.77	0.49
	20MnMo	1.09	1.07	1.05	1.00	0.94	0.83

§11－2　容器支座

容器的支座用来支承容器的重量,并将其固定在需要的位置上。在某些情况下,支座还要承受操作时设备的振动、地震力及风载荷等。支座按容器自身的形式分为卧式容器支座、立式容器支座和球形容器支座。

一、卧式容器支座

卧式容器支座形式有鞍座、圈座和支承式支座,如图 11－6 所示。图 11－6(a)为鞍式支座,它的应用最为广泛。某些大型薄壁容器及真空容器,为了增加筒体的刚度而采用圈座,如图 11－6(b)。对于质量不大的小型卧式容器,则采用结构简单的支承式支座,如图 11－6(c)。

1. *鞍式支座的结构*

鞍座由钢板制成,结构如图 11－7 所示,它由腹板、筋板、底板和垫板组成。

置于鞍式支座上的圆筒体与梁相似,筒体中的弯曲应力与支座的数目和位置有关,当梁的长度和载荷一定时,理论上多支点梁内的应力比双支点梁的应力要小,仅从这一点考虑,支座数目应该是多一些好。但是容器采用两个以上的支承时,基础的不均匀沉陷等因素引起的支承面水平高度不等以及容器的不圆、不直和受力后的相对变形不同,使各支点的支反力不能均匀分配,反而导致壳体局部应力增大。因此,卧式容器一般采用双支座支承。

在双鞍座卧式容器的受力分析时,将容器视为承受均布载荷、对称布置的双支座的外伸梁。容器两封头切线之间距为梁的长度 L,梁的外伸长度 A 是指支座至封头圆筒体端部距离(图 11－6),为了使梁跨中截面和支座截面处的弯矩大致相等,设计时通常取 $A \leqslant 0.2L$。

鞍座处的筒体有可能由于壳体的刚性不足,鞍座上部的筒壁产生局部变形,即"扁塌"现象,因而出现不能承受应力的无效区。为避免这种现象的发生,可利用刚性较大的封头对筒体起局部加强作用。使支座靠近封头,这样可充分利用封头的加强作用,设计时最好取 $A \leqslant 0.5R_e$(R_e 为容器平均半径),且 $A \leqslant 0.2L$。

为了避免热膨胀在卧式容器中产生温差应力,双支座中的一个做成固定的,如图 11－7 所示 F 型;另一个做成活动的,如图 11－7 所示 S 型。活动支座的地脚螺栓孔做成长圆形,安装时,螺母拧紧后倒转一周,然后用另一螺母锁螺,这样可使活动支座在基础面上自由地轴向滑动。如果要增加活动支座移动的灵活性,可采用滚动式支座,但这种支座的结构复杂、造价较高。

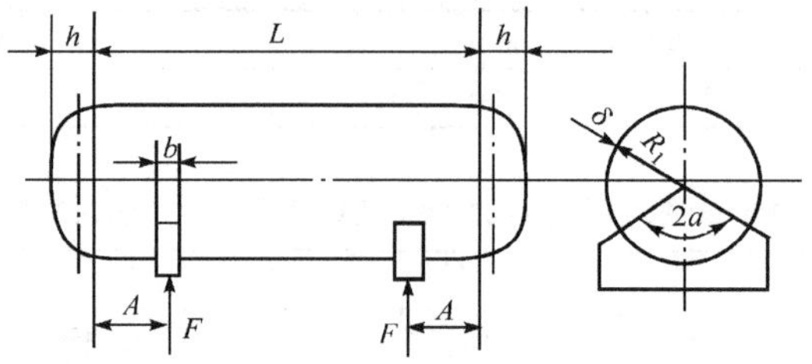

(a) 鞍座

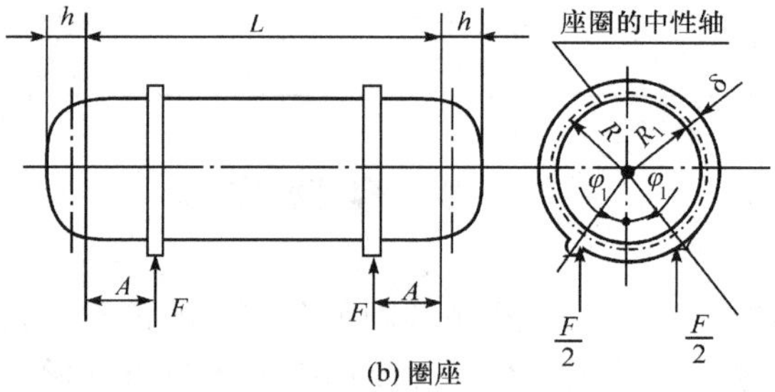

(b) 圈座

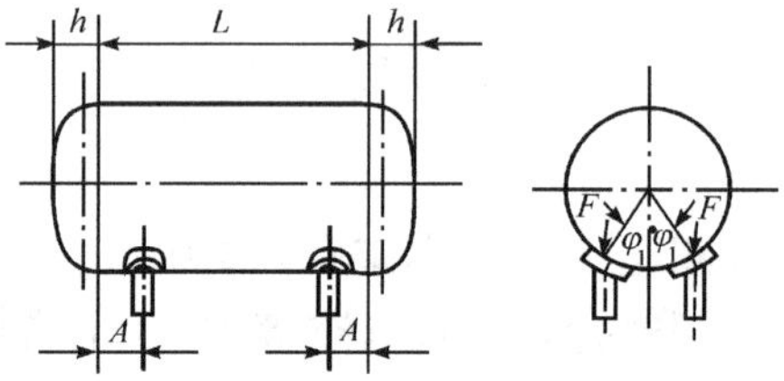

(c) 支承式支座

图 11－6　卧式容器支座

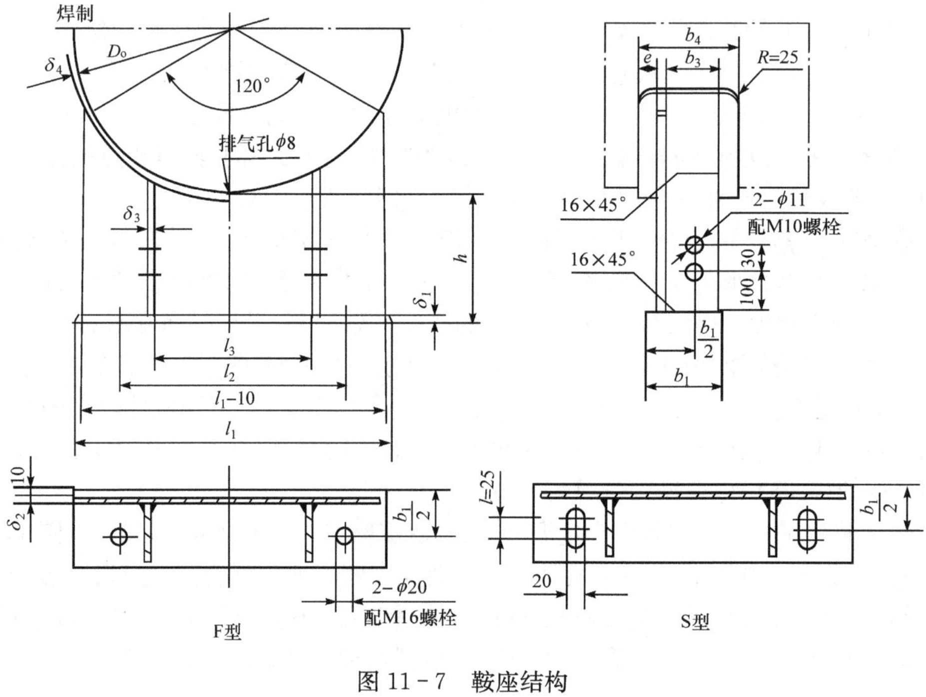

图 11－7　鞍座结构

鞍座包围圆筒部分弧长所对应的圆心角称为鞍座的包角。采用较大包角时，有利于降低容器中的应力，但鞍座显得笨重，一般取 120°、150°。

2. 鞍式支座的选择

鞍座设计一般根据设备的公称直径 DN 和支座的负荷 Q 从标准中选取支座。鞍式支座标准为 JB/T 4712.1-2007《容器支座第 1 部分：鞍式支座》。标准鞍式支座分为 A 型(轻型)和 B 型(重型)两种形式，每种形式的支座又分为固定式(F)和滑动式(S)两种(图 11－7)，固定式和滑动式的区别在于底板上地脚螺栓孔的形状不同，前者为圆形孔，后者为长圆形孔。在同一设备上，固定式和滑动式应配对使用。另外，当设备公称直径 DN≤900mm 时，标准支座又可分为带垫板和不带垫板两种结构。

值得注意的是，在设计时即使是选择标准鞍式支座，也必须根据国家标准(GB 150)计算容器支座截面、跨中截面和鞍座腹板中的应力，然后进行强度校核。

二、立式容器支座

立式容器支座有悬挂式、支承式、腿式和裙式。对于高大直立设备一般采用的裙式支座将在第 13 章介绍。下面仅介绍悬挂式支座、支承式支座和腿式支座。

1. 悬挂式支座

悬挂式支座又称为耳式支座(耳座)，这种支座广泛用于中小型直立设备的支承。典型的悬挂式支座如图 11－8 所示，它由两块筋板和一块底板焊接而成。一般设备采用 2～4 个支座支承。设备通常是通过支座搁置在钢梁、混凝土基础或其他设备上。

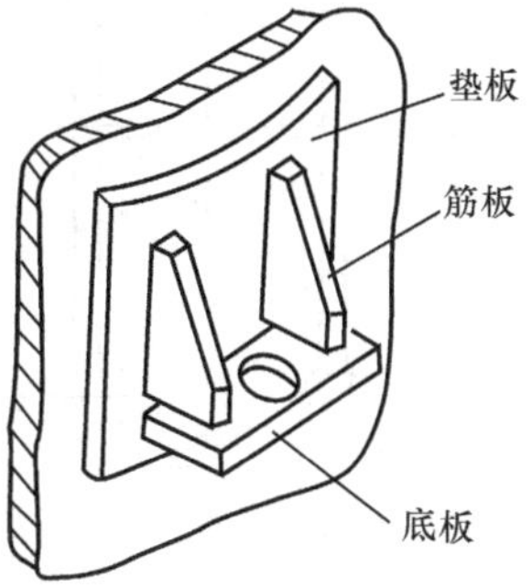

图 11－8　悬挂式支座

悬挂式支座结构简单，制造方便，但在与支座连接处的器壁存在较大的局部应力，故对直径较大或器壁较薄的设备，应在器壁与支座之间加一块垫板。对于不锈钢设备，所加垫板必须采用不锈钢过渡，这样可避免不锈钢壳体与碳钢支座焊接而降低壳体焊缝区域的耐蚀性。

悬挂式支座已标准化(JB/T 4712.3-2007)，适合于 DN300～4000mm 设备，有 A、B 和 C 三种形式。设计时可根据设备的公称直径 DN 和支座所需承受载荷的估计值选取标准支座，然后根据标准计算支座承受的实际载荷 Q 及支座处圆筒所受的支座弯矩 M_1，并满足

$$Q \leqslant [Q] \tag{11-1}$$

$$M_1 \leqslant [M_L] \tag{11-2}$$

式中，$[Q]$为支座本体允许载荷，kN；$[M_L]$为支座处筒体的许用弯矩，kN · m。

2. 支承式支座

支承式支座通常作为高度不大的直立设备的支承，支座焊在设备的下部封头上。典型的支承式支座如图 11－9 所示，它由筋板、底板和垫板组成，有时也可用钢管制成。底板上有螺孔，可用螺栓固定在地基上。

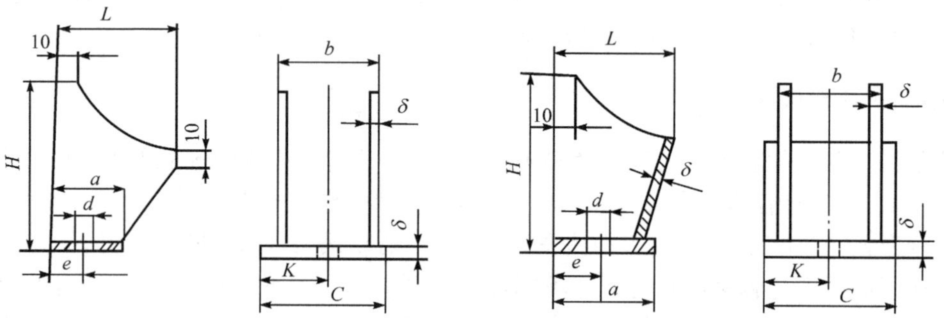

图 11-9　支承式支座

支承式支座标准 JB/T 4712.4-2007。如果设备 DN800～4000mm、总高 $H_0 \leqslant 10$m，圆筒长度 L 与公称直径 DN 之比 L/DN≤5 时，则可根据设备公称直径 DN 选取标准支座，并计算支座的实际载荷 Q，要求 Q 不超过标准支座的允许值。

3. 腿式支座

腿式支座如图 11-10 所示，由支柱、垫板、盖板和底板组成，支柱采用角钢或钢管制作，支座与容器的连接位于筒体的下侧。这种支座适用于小型直立设备的支承，安装在刚性基础上。当设备总高 $H_0 \leqslant 5000$mm、公称直径 DN＝400～1600mm、圆筒长度 L 与公称直径 DN 之比 L/DN≤5 时，可根据腿式支座标准（JB/T 4712.2-2007）选用。

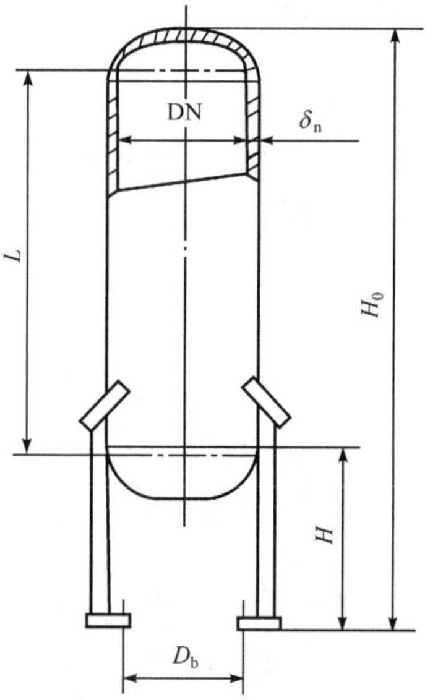

图 11-10　腿式支座

§11-3　容器开孔与补强

一、容器的开孔接管

由于生产工艺和结构的要求，需要在容器上开孔并安装接管。例如，物料进、出口接管，测量和控制点接管，视镜，人孔，手孔等。

1. 接口管

加了控制和监测化工操作过程，需开设测量温度、压力的仪表和安全装置等接口。这类接口采用的接管直径较小，短管可采用法兰连接，如图 11-11(a)，也可直接利用内螺纹管或外螺纹管焊在设备壳壁上，如图 11-11(b)。

输送物料的工艺接管一般直径较大，常采用设备上焊接短管，利用法兰与管路连接。短管长度根据设备处壁是否需要设置保温层和便于接管法兰的螺栓装拆等因素来决定，一般不少于 80mm。

2. 视镜

视镜的主要作用是用来观察设备内部反应过程的进行情况，也可作料面高度指示。为了有比较大的观察范围，视镜接口的长度应尽量短一些。视镜结构如图11－12所示，(a)为不带颈视镜，(b)为带颈视镜。

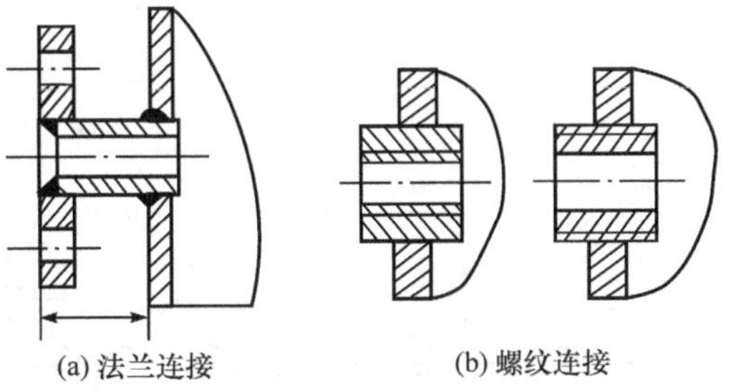

图 11－11　接口管

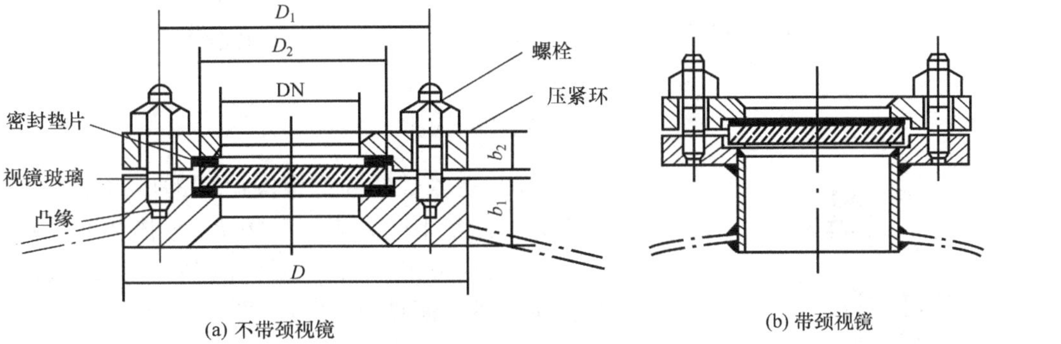

图 11－12　视镜

为了便于观察设备内物料的反应情况，视镜应成对使用，一个视镜作照明用，另一个作观察用。视镜若因介质结晶，水汽冷凝影响观察时，应设置防冲装置，视镜玻璃在振动、冲击、温度剧变等过程中易发生破裂，这种情况最好采用双层玻璃或带罩视镜。

3. 人孔和手孔

为了便于设备内件的维护、检查和装拆，需要在壳壁上开设人孔或手孔。

设备直径大于 900mm 时可开设人孔，人孔的尺寸大小及位置以设备内件安装和工人进出方便为原则。

人孔的结构如图 11－13 所示，它由短筒节、法兰和盖板等组成。

人孔的形式有圆形和椭圆形。圆形人孔制造方便，应用广泛。椭圆形人孔制造和加工较困难，但对设备的削弱较小。圆形人孔的直径一般为 400～500mm，椭圆形人孔的最小尺寸为 300mm×400mm。

当设备直径在 900mm 以下时，一般只考虑开设手孔。手孔的结构如图 11－14 所示。手孔直径一般为150～250mm。

二、开孔补强

化工容器开孔并接有短管的结构，因开孔使器壁受到削弱，容器与接管连接结构的不连续及拐角处的不等截面过渡，使得接管部位的应力远大于壳体中的薄膜应力。这种由于开孔接

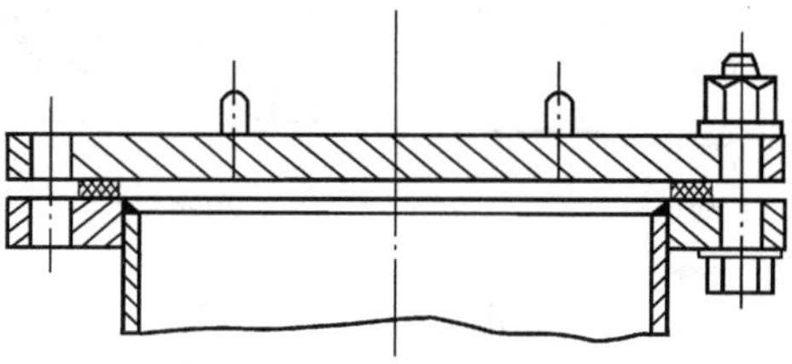

(a) 圆形人孔

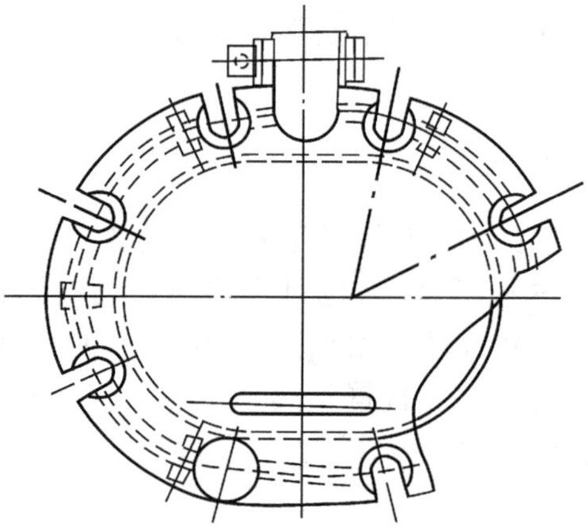

(b) 椭圆形快开人孔

图 11－13　人孔

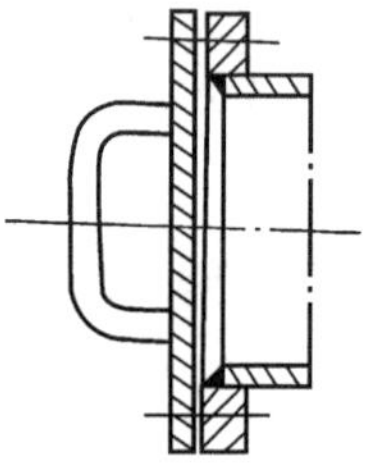

图 11－14　手孔

管的原因，在器壁的局部范围出现的应力增大现象称为应力集中。常用应力集中系数 K_t 来描述开孔接管处的力学特性，应力集中系数为开孔接管处的最大应力与未开孔时的最大薄膜应力之比，即

$$K_t=\frac{\sigma_{max}}{\sigma}$$

应力集中系数越大，壳体局部的强度削弱就越严重。因此在设计时必须考虑采取适当的补强措施，即开孔补强。通过补强，降低开孔边缘处的应力集中系数。容器壳体的开孔及补强计算包括等面积法和分析法。

1. 允许不另行补强的最大开孔直径

容器的开孔并不是都要补强。在容器的开孔接管结构中，容器与接管的有效厚度往往比计算厚度大；接管根部的填角焊缝的部分金属也起到加强作用。对压力不太高、开孔接管尺寸又不太大的容器，开孔处的应力集中系数 K_t 不会太大（$K_t\leqslant 3$），因此就不需要补强。根据 GB 150规定，在筒体、球壳、锥壳、平板封头和凸形封头（以封头中心为中心 80％封头内直径的范围内）上开孔时，当满足下述全部要求时，可允许不另行补强。

（1）两相邻开孔中心距（对曲面间距以弧长计算）应不小于两孔直径之和的 2.5 倍，而且开孔不得位于 A、B 类的焊接接头上。

（2）设计压力小于或等于 2.5MPa。

（3）接管公称外径小于或等于 89mm。当接管公称外径为（25，32，38）、（45，48）、（57，65）、（76，89）mm 时，接管最小壁厚分别为 3.5、4、5、6mm。当钢材的标准常温抗拉强度下限值 R_m＞540MPa 时，接管与壳体连接宜采用全焊透结构，接管腐蚀裕量取 1mm。

2. 等面积补强法适用范围

由于容器开孔直径越大，则应力集中系数也越大。因此，容器上开孔直径受到一定限制。

要求容器上开孔的最大直径 d 不得超过以下数据值。

(1) 筒体：当 $D_i \leqslant 1500\text{mm}$ 时，$d \leqslant \frac{1}{2}D_i$，且 $d \leqslant 520\text{mm}$；当 $D_i > 1500\text{mm}$ 时，$d \leqslant \frac{1}{3}D_i$，且 $d \leqslant 1000\text{mm}$。

(2) 凸形封头或球壳：$d_{max} \leqslant \frac{1}{2}D_i$，在椭圆形或碟形封头过渡部分开孔时，孔边或外加补强元件的边缘与封头边缘间的投影距离不小于 $0.1D_i$。

(3) 锥形封头：$d \leqslant \frac{1}{3}D_i$，$D_i$ 为开孔中心处的锥壳内直径。

3. 局部补强结构

局部补强结构有补强圈补强、接管补强和整锻件补强，如图 11－15 所示。

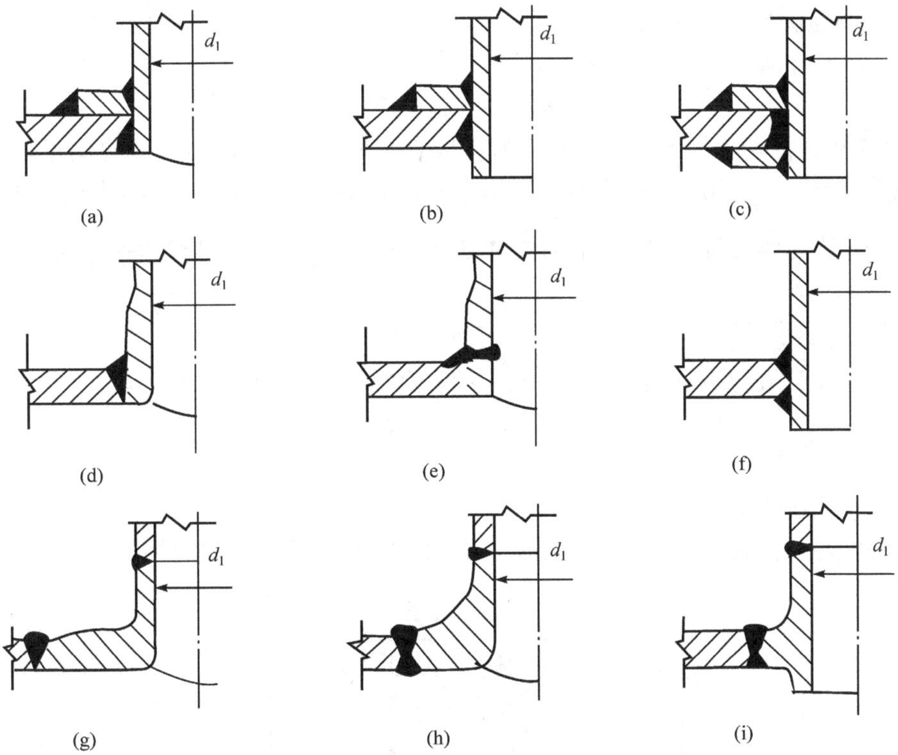

图 11－15　局部补强结构

1) 补强圈补强

补强圈补强[图 11－15(a)、(b)、(c)]在中低压容器中使用最多。其结构简单，制造方便，使用经验成熟。但补强面积分散，补强的效率不高。补强圈与壳体搭接，焊接易产生裂纹，抗疲劳性能差。补强圈与壳体表面间易产生间隙，对传热不利而产生温差应力。所以 GB 150 规定补强圈补强的使用范围如下：

(1) 钢材的标准常温抗拉强度下限值 $R_m \leqslant 540\text{MPa}$。

(2) 补强圈厚度应小于或等于 $1.5\delta_n$。

(3) 壳体的名义厚度 $\delta_n \leqslant 38\text{mm}$。

2）接管补强

接管补强是在开孔处焊上一段厚壁管，如图 11－15(d)、(e)、(f)所示。这种补强结构简单，制造方便，补强面积集中，能有效降低应力集中系数。

3）整锻件补强

整锻件补强是将补强金属集中到开孔的最大应力部位，如图 11－15(g)、(h)、(i)。它能最有效地降低应力集中系数，焊接接头为对接焊，质量容易保证，抗疲劳性能最好；缺点是制造麻烦、成本高，只在有严格要求的重要设备中使用。

4）等面积补强法的计算

开孔补强的计算方法主要有等面积补强法和极限分析法，在中低压容器的补强设计中，一般都用等面积计算。

等面积补强法的准则是：在有效的补强范围内，补强金属的截面积不小于开孔失去的有效金属截面积，即用与开孔相等截面的外加金属补偿削弱的壳体强度。

等面积补强法计算步骤如下。

(1) 壳体开孔所需补强面积 A

$$A = d\delta + 2\delta(\delta_{nt} - C)(1 - f_r) \tag{11-3}$$

式中，d 为开孔直径，$d = D_i + 2C$，mm；δ_{nt} 为接管名义厚度，mm；C 为壁厚附加量，mm；f_r 为强度削弱系数，等于设计温度下接管材料许用应力与壳材料许用应力之比，当比值大于 1.0 时，取 $f_r = 1.0$；δ 为壳体计算厚度，对于圆筒体 $\delta = \dfrac{p_c D_i}{2[\sigma]^t\varphi - p_c}$，对于球壳 $\delta = \dfrac{p_c D_i}{4[\sigma]^t\varphi - p_c}$，对于椭球壳 $\delta = \dfrac{K_1 p_c D_i}{2[\sigma]^t\varphi - 0.5p_c}$。

平盖上单个开孔且开孔直径 $d < 0.5D_0$ 时，所需最小补强面积 A

$$A = 0.5d\delta \tag{11-4}$$

(2) 有效补强范围。

有效补强范围如图 11－16 中的矩形 $WXYZ$ 区域，超过此范围的补强是没有作用的。

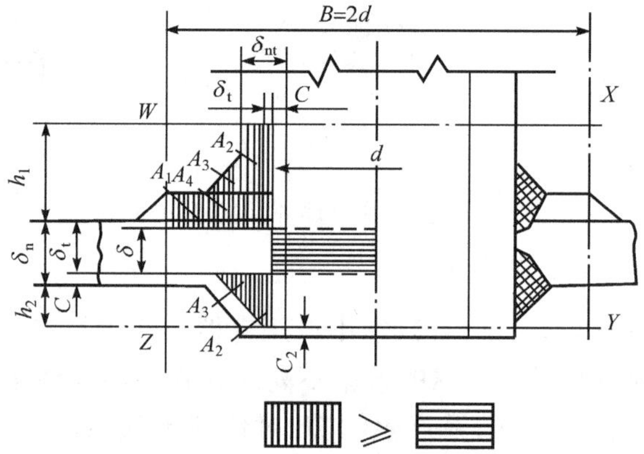

图 11－16　有效补强范围

有效宽度(mm)：

$$\left.\begin{aligned} B &= 2d \\ B &= d + 2\delta_{n} + 2\delta_{nt} \end{aligned}\right\} \quad \text{取二者中大者} \tag{11-5}$$

有效高度(mm)：

外侧高度

$$\left.\begin{aligned} h_1 &= \sqrt{d\delta_{nt}} \\ h_1 &= \text{接管实际外伸高度} \end{aligned}\right\} \quad \text{取二者中小者} \tag{11-6}$$

内侧高度

$$\left.\begin{aligned} h_2 &= \sqrt{d\delta_{nt}} \\ h_2 &= \text{接管实际内伸高度} \end{aligned}\right\} \quad \text{取二者中小者} \tag{11-7}$$

(3) 补强金属面积。

在有效补强范围内，有效补强金属面积有以下几部分：

A_1 为筒体或封头承受内压或外压所需计算壁厚和附加量之外的多余金属截面积

$$A_1 = (B-d)(\delta_e - \delta) - 2(\delta_{nt} - C)(\delta_e - \delta)(1 - f_r) \tag{11-8}$$

A_2 为接管承受内压所需厚度和壁厚附加量两者之外的多余金属截面积

$$A_2 = 2h_1(\delta_{nt} - \delta_t - C)f_r + 2h_2(\delta_{nt} - C - C_2)f_r \tag{11-9}$$

A_3 为在补强区内的焊缝面积。

若 $A_1+A_2+A_3 \geqslant A$，则所开孔不需补强；

若 $A_1+A_2+A_3 < A$，则另需补强，所需补强的金属截面积 A_4 为

$$A_4 = A - (A_1 + A_2 + A_3) \tag{11-10}$$

【例】 有一 $\phi108\times6$ 的接管，平齐焊于内径为 $\phi1400$mm 的筒体上，接管材料为 10 号无缝钢管，筒体材料为 Q245R，容器计算压力 $p_c=1.8$MPa，设计温度 $T=250$℃，筒体壁厚 $\delta_n=16$mm，壁厚附加量为 $C=2.0$mm，开孔未通过焊缝。接管外伸长度 200mm。确定此开孔是否需要补强，如果需要补强，则确定补强圈的尺寸。

解　1) 材料许用应力

Q245R 的许用应力 $[\sigma]^t=117$MPa

10 号无缝钢管许用应力 $[\sigma]_t^t=98$MPa

2) 补强及补强方法判别

(1) 补强判别。

$\delta_n=16\text{mm}>12\text{mm}$，接管公称直径 DN=100mm>89mm，故需另行补强。

(2) 补强计算方法判别。

开孔直径

$$d = D_i + 2C = 108 - 2\times6 + 2\times2.0 = 100(\text{mm})$$

$d<\dfrac{D_i}{2}=\dfrac{1400}{2}=700(\text{mm})$，故可采用等面积法进行计算。

3) 开孔所需补强面积

(1) 筒体计算厚度。

$$\delta_d = \frac{p_c D_i}{2[\sigma]^t\varphi - p_c} = \frac{1.8\times1400}{2\times117\times1-1.8} = 10.85(\text{mm})$$

(2) 开孔所需补强面积。

$$f_r=\frac{[\sigma]_t^t}{[\sigma]^t}=\frac{98}{117}=0.838$$

$$\begin{aligned}A&=d\delta+2\delta(\delta_{nt}-C)(1-f_r)\\&=100\times10.85+2\times10.85\times(6-2.0)(1-0.838)\\&=1099(mm^2)\end{aligned}$$

4）有效补强范围

（1）有效宽度。

$$\left.\begin{aligned}&B=2d=2\times100=200(mm)\\&B=d+2\delta_n+2\delta_{nt}=100+2\times16+2\times6=144(mm)\end{aligned}\right\}\text{取大值}$$

故 $B=200mm$。

（2）有效高度。

（i）外侧有效高度

$$\left.\begin{aligned}&h_1=\sqrt{d\delta_{nt}}=\sqrt{100\times6}=24.49(mm)\\&h_2=\text{实际外伸高度}\end{aligned}\right\}\text{最小值}$$

故 $h_1=24.49mm$。

（ii）内侧有效高度

$$\left.\begin{aligned}&h_2=\sqrt{d\delta_{nt}}\\&h_2=0(\text{实际内伸高度})\end{aligned}\right\}\text{取小值}$$

故 $h_2=0$。

5）有效补强面积

（1）筒体多余金属面积。

筒体有效厚度

$$\delta_e=\delta_n-C=16-2.0=14(mm)$$

筒体多余金属

$$\begin{aligned}A_1&=(B-d)(\delta_e-\delta)-2(\delta_{nt}-C)(\delta_e-\delta)(1-f_r)\\&=(200-100)(14-10.85)-2(6-2.0)(14-10.85)(1-0.838)=311(mm^2)\end{aligned}$$

（2）接管多余金属面积。

接管计算厚度

$$\delta_t=\frac{p_cd}{2[\sigma]_t^t\varphi-p_c}=\frac{1.8\times100}{2\times98\times1-1.8}=0.93(mm)$$

接管多于金属面积

$$\begin{aligned}A_2&=2h_1(\delta_{nt}-\delta_t-C)f_r+2h_2(\delta_{nt}-C-C_2)f_r\\&=2\times24.49\times(6-0.93-2)\times0.838+2\times0=126(mm^2)\end{aligned}$$

（3）补强区内焊缝面积。

$$A_3=2\times\frac{1}{2}\times6\times6=36(mm^2)$$

（4）有效补强面积。

$$A_1+A_2+A_3=311+126+36=473(mm^2)$$

6）所需补强面积

$$A_4=A-(A_1+A_2+A_3)=1099-473=626(mm^2)$$

7）补强圈设计

(1) 补强圈外径 B_0 应不大于 $B=200$mm，参考 JB 4736 标准，取 $B_0=200$mm。

(2) 补强圈厚度。

$$T'=\frac{A_4}{B_0-d_n}=\frac{626}{200-112}=7.11(\text{mm})$$

式中，d_n 为补强圈内径，$d_n=112$mm。

考虑钢板厚度附加量并圆整，实取补强厚度 10mm。补强材料与壳体材料相同。因补强圈耗材也不多，为了制造时便于备材设计时可采用与壳体相同的板厚，即 $T'=16$mm。

本开孔采用补强圈 $T'\leqslant 1.5T_n$，故采用补强圈补强合适。

习　题

11-1　为一塔节之间选配法兰连接。已知塔节内径 $D_i=1000$mm，操作温度 280℃，操作压力 0.6MPa，材料为 Q245R。画出法兰的结构并标出尺寸。

11-2　为一分段制造的压力容器选配中间连接法兰形式，确定尺寸。塔体材料为 Q245R，设计压力 1.5MPa，操作温度 330℃，塔体内径 1200mm。

11-3　在内径为 1000mm，壁厚为 18mm 的筒体上，开孔接一根 $\phi 89\times 6$ 的管子，接管材料为 10 号无缝钢管，筒体材料为 Q245R，容器的设计压力 $p=2.5$MPa，设计温度为 250℃，腐蚀裕量为 1.8mm，开孔未与焊缝相交，判断此开孔是否需要补强。

11-4　欲在 $D_i=1400$mm 的圆筒形壳体上开孔，接一根 $\phi 76\times 4$ 的管子。筒体壁厚为 12mm，材料为 Q245R，该容器设计压力 1.2MPa，设计温度 310℃，试判断是否需要采取其他补强措施。

11-5　一受压容器筒体内径 $D_i=1200$mm，名义厚度 $\delta_n=14$mm，筒体材料 Q345R，设计压力 $p=2.5$MPa，设计温度 $t=200$℃，筒体上焊接内伸式 $\phi 159\times 12$ 接管，内伸长度 30mm，接管材料为 20 号无缝钢管，腐蚀裕量 $C_2=1$mm，开孔未通过焊缝。试判断该开孔是否需要采取其他补强措施。

第 12 章　管壳式换热器

管壳式换热器又称为列管式换热器。这种换热器具有处理能力大，适应性强，可靠性高，设计和制造工艺成熟，生产成本低，清洗较为方便等优点，是目前生产中广泛使用的一种换热设备。管壳式换热器的设计或选用除应满足规定的化工工艺条件外，还需满足下述各项基本要求：

(1) 换热效率高。

(2) 流体流动阻力小，即压降小。

(3) 结构可靠，制造成本低。

(4) 便于安装、检修。

§12-1　管壳式换热器的形式

管壳式换热器种类很多，根据换热器所受温差应力以及是否采用温差补偿装置，分为刚性结构和具有温差补偿的两类。常用的管壳式换热器有固定管板式、浮头式、填函式和 U 形管式等。

1. 固定管板式换热器

固定管板式换热器如图 12-1 所示，分为刚性结构的固定管板式和带膨胀节的固定管板式两种。

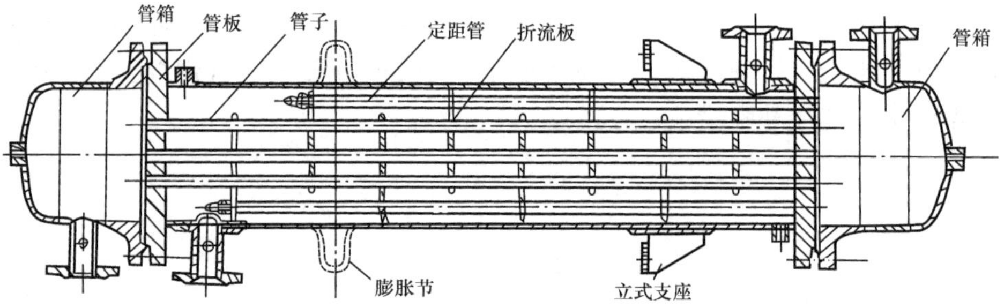

图 12-1　固定管板式换热器

刚性结构的固定管板式换热器由管板(可兼作法兰)、管束、管箱、折流板、接管、壳体、封头等部分组成。换热器壳体和管束通过两端的管板刚性地连接在一起。这种换热器具有结构简单，造价较低，每根管子都能单独更换，管内便于清洗等优点。常用于管束和壳体温差较小，壳程介质清洁，不易结垢的场合。当管束与壳体温差较大时，可在壳体上设置膨胀节进行温度补偿。由于设备的强度受到波形膨胀节的限制，故设置膨胀节的换热器在壳程不能承受太高的压力。

2. 浮头式换热器

浮头式换热器如图 12-2 所示，换热器中只有一块管板与壳体刚性固定在一起，另一端的管板可在壳体内自由移动。管束和壳体在不同温度下膨胀自由，互不牵制。

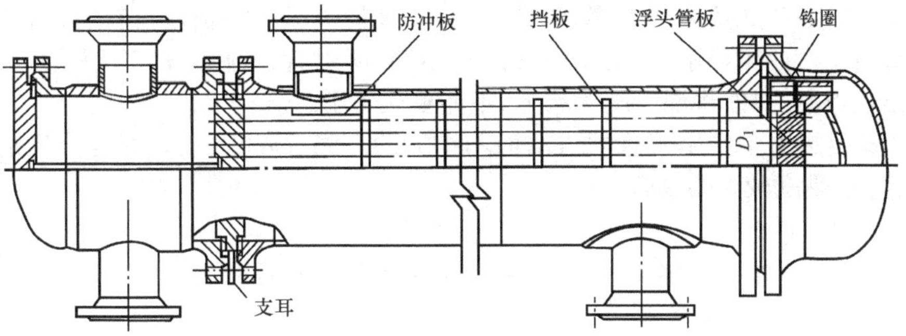

图 12 - 2　浮头式换热器

这种换热器消除了温差应力的影响，可用于温差较大的两种介质的换热。管程和壳程均能承受较高的介质压力。管束可从壳程一端抽出，壳程与管程的清洗均很方便。但由于该换热器管束与壳程之间存在着较大的环隙，其设备的紧凑性差，传热效率较低。浮头部分由活动管板、浮头盖和钩圈组成。这种换热器结构较复杂，浮头处发生内漏不便检查，金属消耗量较大，造价也较高。

3. 填函式换热器

填函式换热器如图 12 - 3 所示，换热器的浮头与壳体间采用填料函进行密封和热补偿。这种换热器结构简单，造价较浮头式低，但壳程受到填料密封的限制，不能承受过高的压力和温度。

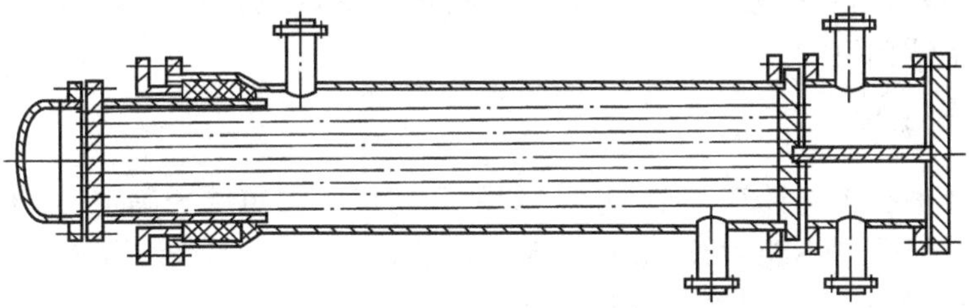

图 12 - 3　填函式换热器

4. U 形管式换热器

U 形管式换热器如图 12 - 4 所示，这种换热器的管束弯成 U 形，U 形管两端固定在同一块管板上，在管箱中加有一块隔板。

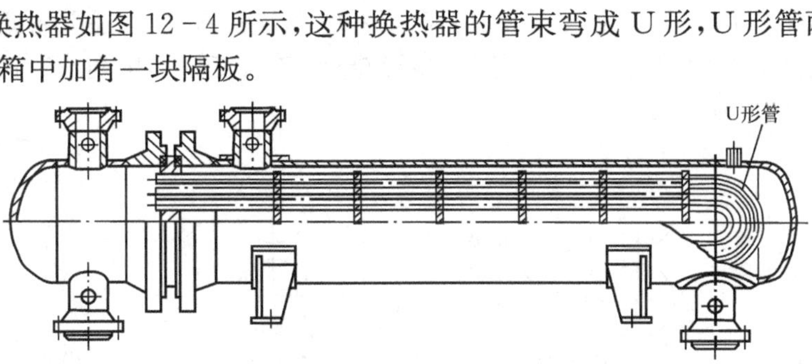

图 12 - 4　U 形管式换热器

U 形管式换热器只有一块管板，结构简单，造价便宜。但由于管子呈 U 形，管内清洗困难，管板上排的管子数比直管在管板上的排列数要少。管束的中心还存在空隙，壳程流体在流动过程中容易短路而降低传热效率，为此，常在壳程加一纵向挡板，迫使两种流体呈全逆流。各排U形管由于弯曲半径不同，管子的长度也不同，所以管程流体分布不太均匀。若管束中的U形管出现泄漏，只能将漏管端头堵上，不能更换管子。

U形管式换热器主要用于管内清洁而不结垢的高温、高压介质。壳程介质适应性强，常用于高温、高压、黏度较大的场合。

§12-2　管壳式换热器的结构

一、管子

1. 管子直径的选择

换热管直径的确定要考虑管内介质的物性和管内流速、流量，为了提高传热效率，通常要求管内流体呈湍流流动(液体流速为0.3～2m/s，气体流速8～25m/s)，故一般要求管径要小。若管内介质黏度较大，为了便于清洗、减少流动阻力及降低输送介质的动力消耗，可适当增大管径。

常用的碳钢和普低钢无缝管的规格有ϕ19×2、ϕ25×2.5、ϕ38×2.5、ϕ57×2.5、ϕ57×3.5等，对于不锈钢管常采用ϕ25×2或ϕ38×2.5。铸铁和高硅铁管从制造角度考虑直径以50～100mm为宜。

2. 管子材料的选择

管子材料应根据设计压力、温度、介质的腐蚀等条件来选择，在满足以上条件的前提下，尽量选择导热性好的材料，对一般介质普通碳钢用得最广泛，特别是10、20号无缝钢管。对于化工介质经常使用不锈钢钢管。

3. 管子长度的选择

管子长度主要根据工艺计算和整个换热器的几何尺寸的布局来确定，管子越长，换热器单位材料消耗越低。但管子不能太长，太长对流体产生较大阻力，维修、清洗、运输、安装都不方便，管子本身受力也不好。常用管长规格有1、1.5、2、2.5、3、4、5、6m等。一般卧式换热器长径比为6～10，立式换热器长径比为4～6。

二、管子在管板上的排列

管壳式换热器的管子在管板上的布置不仅要考虑设备的紧凑性，还要考虑流体的性质、结构设计以及加工制造方面的情况。常用正三角形排列、转角三角形排列、正方形排列和转角正方形排列，如图12-5所示。

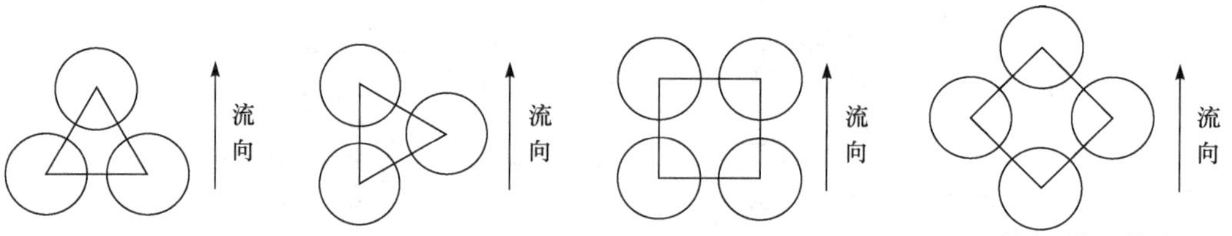

(a) 正三角形排列　(b) 转角三角形排列　(c) 正方形排列　(d) 转角正方形排列

图12-5　管子排列方式

当壳程为清洁、不结垢的流体时，宜选用正三角形排列，因为同样的管板面积上，正三角形排管最多。

壳程流体黏度较大或易结垢需定期清洁壳程时，一般采用正方形排列。正方形排列在相同管板面积上排列的管子数比正三角形排列少 10%～14%。

多程换热器常采用正三角形和正方形组合排列方法，以便安排隔板位置。对于直径较大、管子较多、按正三角形排列管子总数超过 127 根时，必须在管束周围的弓形空间尽量再配置附加换热管。这不但增大换热面积，还可防止流体在弓形区域内形成短路。

管板上两根管子中心间的距离，称为管间距。确定管间距既要考虑结构紧凑性及传热效率，又要考虑管板强度、清洗空间及管子在管板上固定的影响。对于正三角形排列，管间距应大于或等于管子直径的 1.25 倍，且不小于 d_0+6mm。对于多程换热器，隔板两侧第一排间距可大一些，以满足隔板密封和管子固定的要求。

管子排列的最外层的管壁与壳体内壁间的距离不得小于 10mm。

三、管子与管板间的连接

管子与管板间的连接是管壳式换热器设计和制造中的主要问题之一。管板与管子的连接不但耗工费时，更重要的是接头处是在十分苛刻的条件下工作，其连接质量要求很高。操作中要求气密性好，并具有足够的结合力。常用的连接方法有胀接、焊接和胀焊结合等。

1. 胀接

换热管穿入管板板孔内，再将胀管器插入管内，一般按顺时针方向旋转胀管器，利用胀管器的滚柱将管子扩大，使管端产生塑性变形，管板孔的变形仍保持在弹性范围内。当取出胀管器后管板恢复弹性收缩，使管子与管板间产生一定的挤压力而紧密地贴合在一起，从而达到管子与管板连接的目的，如图 12-6 所示。

这种连接结构随着温度的升高，管子或管板材料会产生高温蠕变，接头处应力松弛或逐渐消失而使连接处引起泄漏，造成连接失效。因此，对胀接结构的使用温度和压力都有一定的限制。使用温度不超过 300℃，压力不得超过 4MPa。

采用胀接形式，管板的硬度必须高于管子材料的硬度。为了保证胀接质量，避免在胀接时管板产生塑性变形，一般将管端作退火处理，降低其硬度后进行胀接。

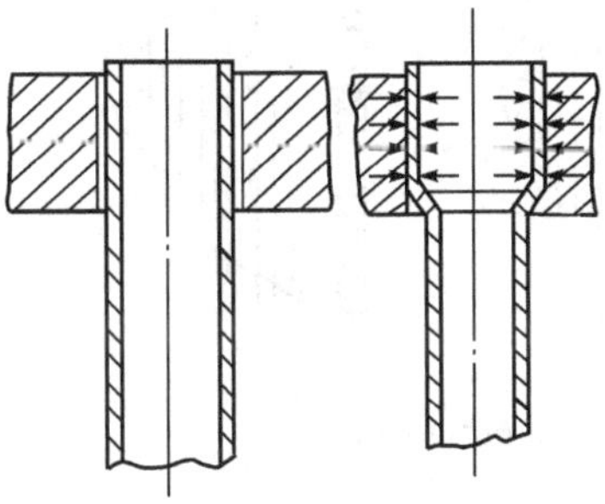

图 12-6　胀接示意图

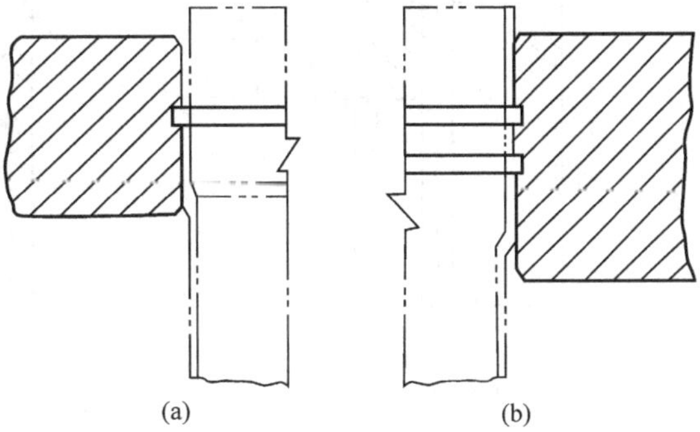

图 12-7　管板孔内开槽的胀接

为了提高管子与管板的连接质量,可在管板孔内开一个或两个环形槽,当胀管时管子产生塑性变形,管壁被嵌入小槽内,这样可提高连接强度和紧密性,如图12－7(a)、(b)所示。

管板开槽胀接的胀接长度取50mm或管板名义厚度减3mm二者中的最小值。

2. 焊接

管板与管子间采用焊接连接,适应范围广,连接结构可靠,管板的加工要求低,生产过程简单,生产效率高。

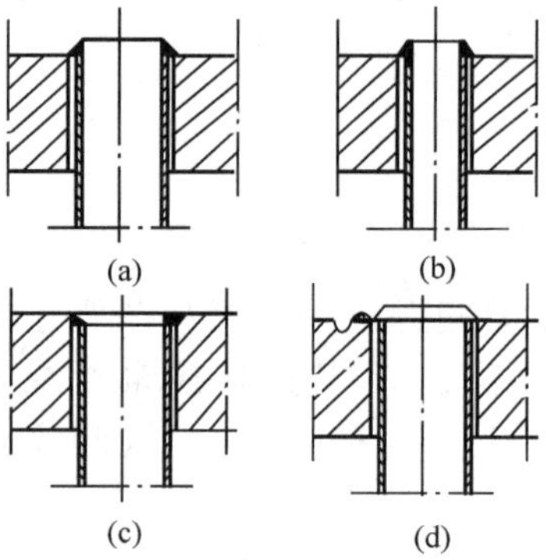

图12－8　焊接形式

管子与管板选材要求简化,管端也不需退火,在压力不高的情况下,可使用较薄的管板。

由于是金属焊接,在冷却收缩时,焊接处容易产生裂纹,容易在接头处产生应力腐蚀。尤其是在高温高压下,连接处反复受到热冲击,并在介质腐蚀和介质压力联合作用下,连接容易失效。

管子与管板间[图12－8(a)～(d)]存在着间隙,这些间隙中的介质会形成死区,造成间隙腐蚀。

3. 胀焊结合

由于单独采用胀接或单独采用焊接均有一定的局限性。为了弥补不足,出现了胀接加焊接的形式。根据加工次序可分为:先胀后焊和先焊后胀两种形式。采用这种连接结构可以消除间隙,增加抗热疲劳的性能,适用于高温高压的换热设备。

四、管板与壳体的连接

固定管板式换热器的管板与壳体连接一般采用不可拆结构,管板焊在壳体上,其结构形式分为管板兼作法兰和不兼作法兰两种,如图12－9(a)、(b)所示。

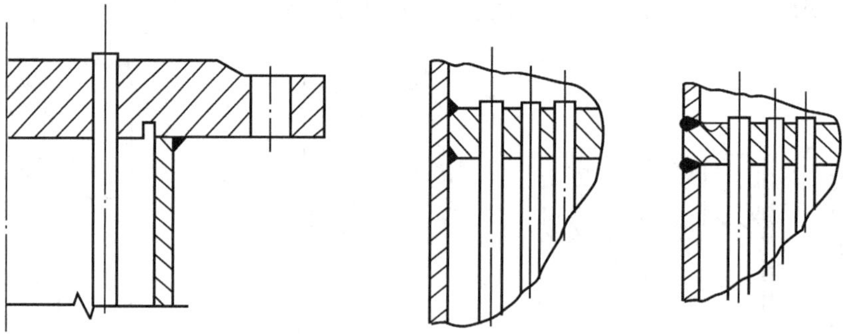

(a)管板兼作法兰　　(b)管板不兼作法兰

图12－9　管板与壳体连接

固定管板式换热器由于管板厚度大而壳体较薄,且管板与壳体材料又往往不相同,为了保证焊接质量和必要的连接强度，应根据操作压力、温度和介质对材料的腐蚀情况确定不同的焊接形式。对于不兼作法兰的管板，其受力情况优于兼作法兰的管板，它不受法兰附加力矩的影响。

对于需将管束抽出来清洗的浮头式、填函式和 U 形管式换热器，则采用可拆式连接，常见结构如图 12－10(a)、(b)所示。

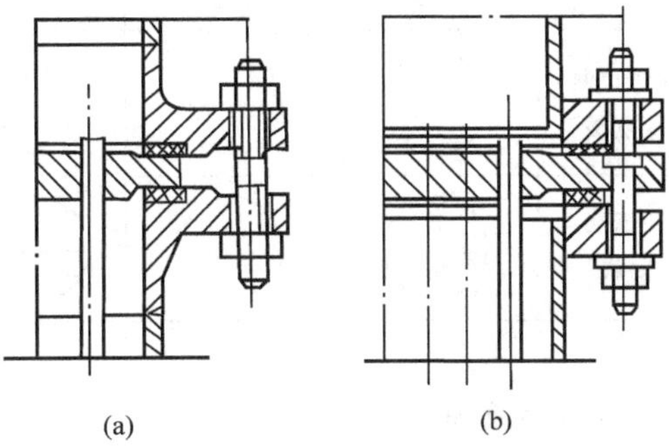

图 12－10　管板与壳体可拆结构

五、管箱与管程分程

固定管板式换热器利用管箱来实现管束分程。管箱位于换热器的两端，它的作用是将介质均匀地分布到各换热管中，或把管内流体汇集后输送出来。管箱结构如图 12－11(a)～(d)所示。

在换热器一端或两端管箱内分别安置一定数量的隔板，将换热器做成多管程。常用管程分程隔板如图 12－12 所示。

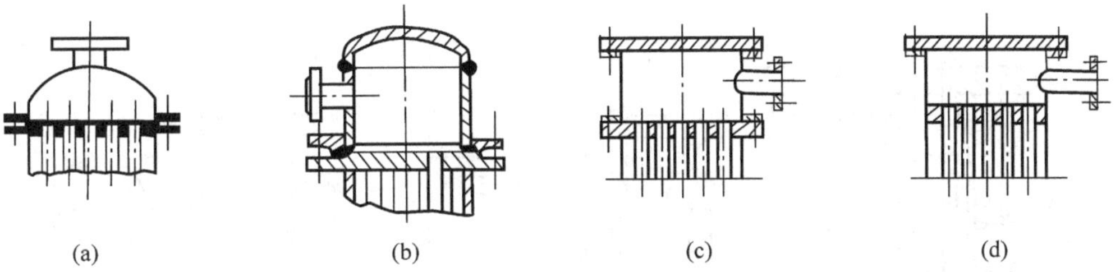

图 12－11　管箱结构

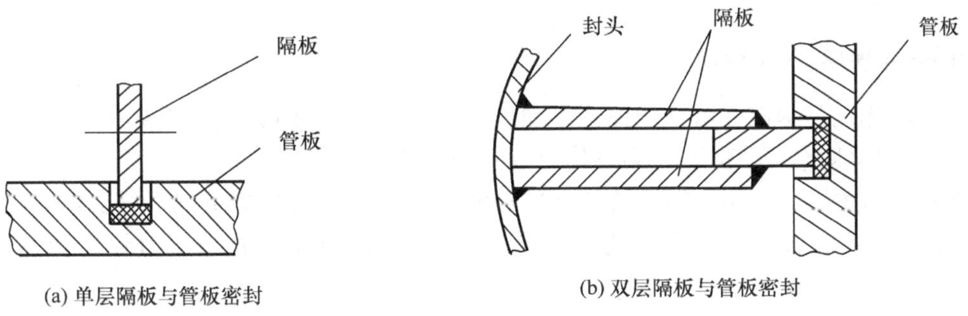

图 12－12　管板与壳体可拆结构

管程分程布置尽量做到各程的流速基本相同，各程管数大致相等，常用的管程数有 1、2、4、6、8、10、12 等，分程方法按表 12－1 选用。

表 12-1 常用管程分程

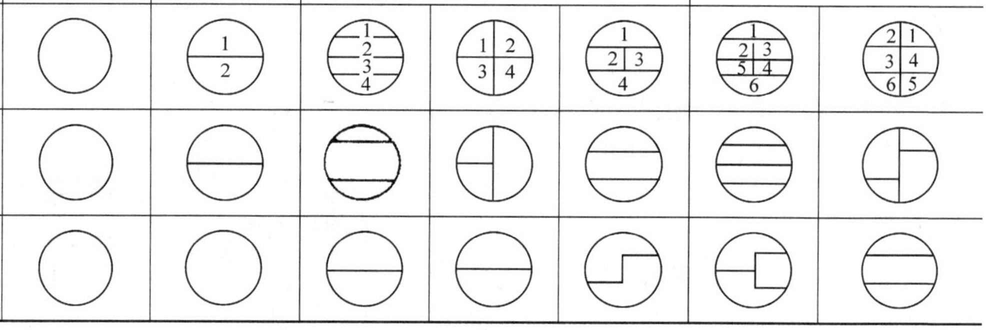

管程数	1	2	4	4	4	6	6
流动顺序		1 2	1 2 3 4	1 2 3 4	1 2 3 4	1 2 3 5 4 6	2 1 3 4 6 5
介质进口侧管箱隔板							
介质返回侧隔板							

六、挡板与导流筒

壳程接管的结构设计直接影响换热器的传热效率与使用寿命，当介质为蒸气或高速流体进入壳程时，入口处的管子将受到很大冲击，甚至发生振动。为了保护管束，通常在入口处设立挡板或导流筒，如图 12－13，导流筒除有防止冲刷和振动的作用外，还可使流体从靠近管板处进入管间，充分利用传热面积。

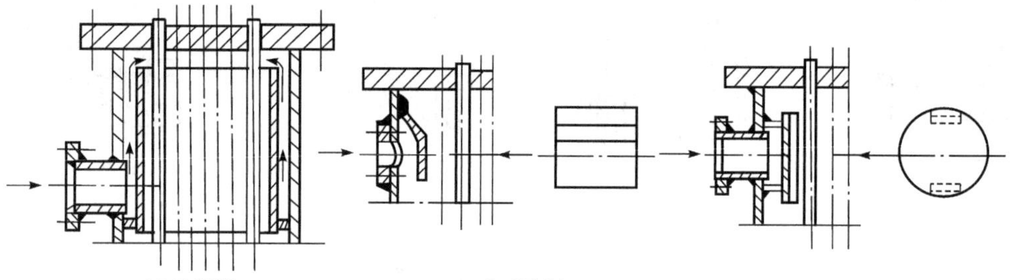

(a) 导流筒　(b) 方形挡板　(c) 圆形挡板

图 12－13　挡板与导流筒

七、折流板、支撑板、旁路挡板

折流板的作用是提高壳程内流体速度和加强湍流程度，同时起支撑换热管的作用。常用的折流板有弓形、圆盘-圆环形、带扇形切口等几种形式。

弓形折流板如图 12－14 所示，流体经过圆缺部分后垂直通过管束，流体死区少且结构简单、安装方便。圆盘-圆环形由于结构较复杂且清洗困难，仅用于介质压力较高和不结垢的场合。

折流板的外径与壳体之间的间隙越小，壳程流体由此“短路”就越少，因而传热效率可提高。但间隙太小又给制造带来困难，故间隙要适中。

折流板固定在换热器拉杆上，其拉杆又固定在管板上，如图 12－15 所示。

在工艺上不要求设置折流板(冷凝)的，若管束较长也需设置一定数量的支撑板。支撑板的结构与折流板大体相同，它只是起支撑作用，故可放宽对制造的要求，尽量使安装方便。

对于壳体与管束间有较大环隙的换热器则需设置旁路挡板，以迫使流体通过管束以防止“短路”。旁路挡板沿壳体轴线安装在壳壁并嵌入折流板专门加工的凹槽内，一般在折流板缺口侧使用两板。

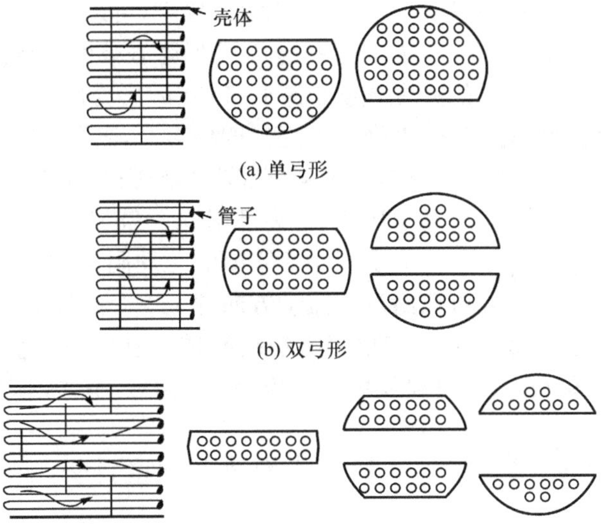

(a) 单弓形

(b) 双弓形

(c) 三重弓形

图 12 - 14　弓形折流板

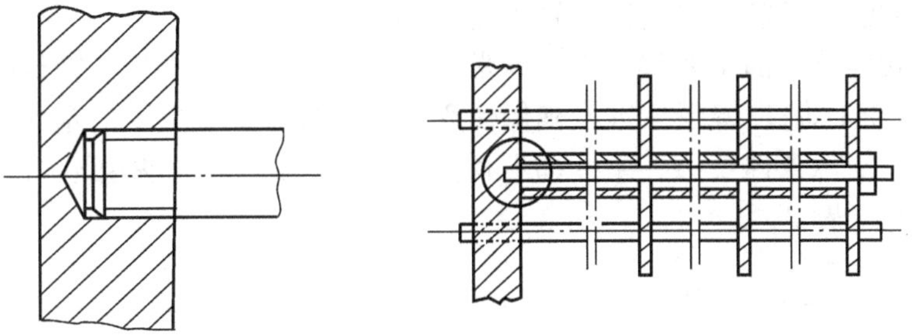

图 12 - 15　折流板的组装

八、膨胀节

膨胀节是一种能自由伸缩的弹性补偿元件，能有效地对壳、管的变形进行补偿。膨胀节的结构如图 12 - 16。

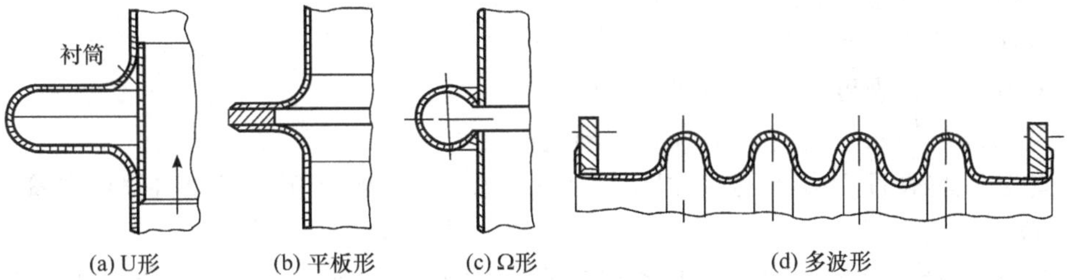

(a) U形　(b) 平板形　(c) Ω形　(d) 多波形

图 12 - 16　膨胀节

膨胀节是安装在壳体上的挠性件，它比壳体薄，受轴向力后容易变形，以此来降低管、壳的温差应力。

膨胀节的形式有 U 形、平板形、Ω 形等。U 形膨胀节一般适用设计压力 $p \leqslant 2.5$MPa，其壁厚不宜大于 6mm，所需补偿量若一个波形不能满足要求，可采多波，但波数 $n \leqslant 6$。

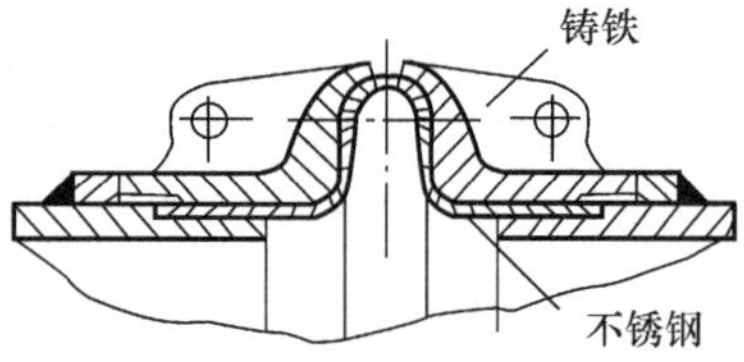

图 12－17　夹壳式波形膨胀节

为了适度提高 U 形膨胀节的承压能力可采用如图 12－17 的夹壳式波形膨胀节，在波形膨胀节上加上一个保护罩，形成一个夹壳。夹壳由四块对开，各呈 180°的半圆组成，分别用螺栓连接，这种夹壳能限制膨胀节受内压时的弯曲变形，因此可提高承压能力，现已用到 3.75MPa。

为了减小膨胀节的流动阻力，防止杂质在膨胀节内沉积，可在沿流体流动方向焊上一个起导流作用的衬筒。

U 形膨胀节常用碳钢、低合金钢和耐酸不锈钢制成，现已标准化。当设计压力小于或等于2.5MPa时，Q235-A 和 Q345R 材料使用温度应小于 200℃，不锈钢应小于 350℃。

§12－3　管壳式换热器强度计算

换热器除了满足工艺要求外，还要满足强度要求。换热器作为受压容器，它既具有与一般容器相同的结构，又有一般容器所没有的结构，如管板、管子和膨胀节等。因此，管壳式换热器的强度计算包括两部分内容：第一部分是壳体、法兰、开孔及支座等，与一般容器相同；第二部分为换热器特有的强度计算，包括管板、管子、膨胀节等。

管板是管壳式换热器的主要部件之一。常用管板形式为圆形平板。管板的合理设计对节省材料、减少制造加工难度、降低成本及确保使用安全都具有十分重要的意义。不同形式换热器的管板，其载荷、支承条件及边界条件都不相同，故强度计算的方法也不相同。下面简略介绍管板的强度计算问题。

1. 固定管板式换热器的管板

这种换热器的两块管板与壳体固定地连接在一起，管板的周边可作为壳体法兰，也可直接固定在壳体上，根据壳体和管束热膨胀差的大小，壳体可设置膨胀节。无论管板是怎样的结构，凡是与管板有关系的结构元件及尺寸、材料性能等都直接或间接地影响管板的强度。

固定管板式换热器板的强度计算方法是在将管板作一些简化和假设的基础上确定的。GB 151-1999《管壳式换热器》将管板视为承受均布载荷、放置在弹性基础上且受管孔均匀削弱的当量圆平板。分析管板应力时作了以下几方面的考虑：

(1) 管束对管板的支承作用。

(2) 管孔对管板强度和刚度的削弱作用。

(3) 管束周边不布管区对管板应力的影响。

(4) 热膨胀与壳程压力 p_s 和管程压力 p_t 引起的壳壁及管板管束轴向位移在管板周边处的协调一致。

(5) 壳体、法兰、封头、螺柱、垫片系统对管板变形的约束作用，其转角在连接处应协调一致。

(6) 管板兼作法兰时，法兰力矩对管板应力的影响。

管板的应力分析和计算十分复杂，设计时按 GB 151-1999 提供的方法计算。值得指出的是，在对固定管板式换热器管板进行设计计算时，不仅要校核管板的应力，还应对壳体的轴向应力、管子的轴向应力及轴向稳定性，以及对管子与管板连接处的拉脱力进行校核。对于固定管板式换热器是否需要设置膨胀节的问题，取决于换热器管板、壳程圆筒和管子等的实际应力大小，如果管、壳间热膨胀差过大而引起各元件或连接点过高的应力，则首先考虑能否调整某些元件或改变连接方式，以达到降低应力的目的。但若采取这种方法不经济或不合理时，则可考虑设置膨胀节，以降低由于换热管和壳程圆筒热膨胀差所引起的管板应力、圆筒和管子的轴向应力以及管子与管板间的拉脱力。

2. 浮头式换热器的管板计算

浮头式换热器中的固定端的管板通常是被夹持在壳程法兰和管程法兰之间。由于管束可以自由膨胀，不存在温差应力。可将管板视为周边简支、承受均布载荷的圆平板，并考虑管孔对管板的均匀削弱作用、布管区管子对管板支承作用及不布管区的影响。管板的计算厚度为

$$\delta = D_t C\sqrt{\tilde{p}_a}$$

式中，D_t 为管板布管区当量直径，mm，$D_t=\sqrt{4A_t/\pi}$；A_t 为管板布管区面积，mm^2；$\tilde{p}_a$ 量纲为一，$\tilde{p}_a=p_a/1.5\mu[\sigma]_r^t$；$p_d$ 为管板设计压力，MPa，若能保证壳程设计压力 p_s 和管程设计压力 p_t 同时作用时，取 $p_d=|p_s-p_t|$，否则取 $|p_s|$ 和 $|p_t|$ 中大者；μ 为管板强度削弱系数，一般 $\mu=0.4$；$[\sigma]_r^t$ 为管板材料许用应力，MPa；C 为系数，按 $\tilde{K}_t^{1/3}/\tilde{p}_a^{1/2}$ 和 $1/\rho_t$ 查图 12－18；K_t 为管束模数，$K_t=E_t na/LD_t$；$\tilde{K}_t$ 为管束无量纲刚度，$\tilde{K}_t=K_t/\eta E_p$；E_t、E_p 为换热管、管板材料弹性模量，MPa；a 为一根换热管管壁金属横截面积，mm^2；n 为换热管根数；L 为换热管有效长度（两管板内侧间距），mm；η 为管板刚度削弱系数，取 $\eta=0.4$；ρ_t 为系数，$\rho_t=D_t/D_G$；D_G 为固定端管板垫片压紧力作用中心圆直径，mm。

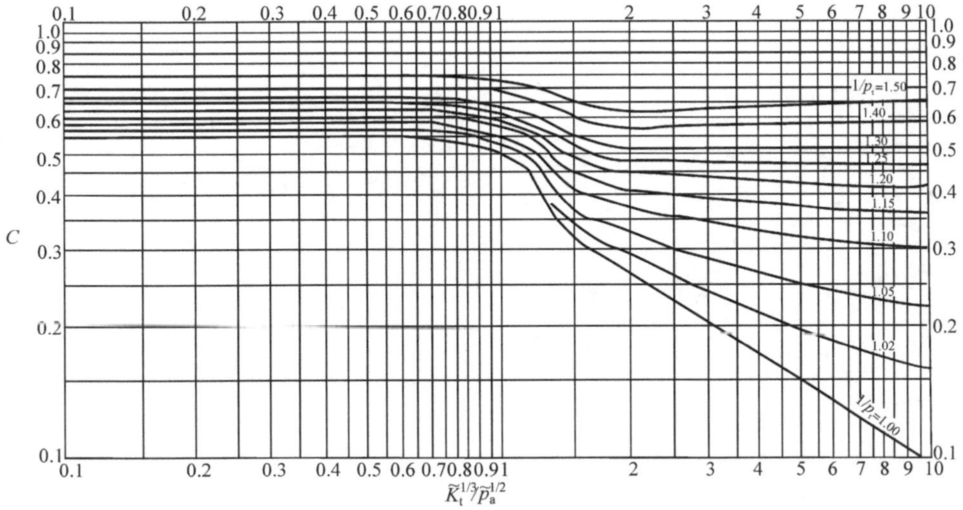

图 12－18　浮头式换热器的管板系数 C 计算图

根据上式计算结果以及对管板最小厚度要求，并考虑管板两侧腐蚀裕量及开槽深度，最终确定管板的名义厚度 δ_n。

此外，还要校核管子的轴向应力强度和稳定性以及管子与管板连接处的拉脱力。

3. U 形管换热器的管板计算

U 形管换热器只有一块管板，通常被夹持在壳程法兰和管箱法兰之间。由于 U 形管换热器不存在温差应力，管束对管板也没有弹性支承作用，因此，管板可视为承受均布载荷，周边简支且受管孔均匀削弱的圆平板。管板的最大应力同式(9－48)，即

$$\sigma_{\max}=\frac{3(3+\mu)p_{\mathrm{d}}R^2}{8\delta^2}=0.309p_{\mathrm{d}}\left(\frac{D}{\delta}\right)^2$$

由强度条件 $\sigma_{\max}\leqslant 1.5[\sigma]_{\mathrm{r}}^{t}$，并引入管板的强度削弱系数 μ，得管板厚度的近似计算公式为

$$\delta=0.454D_{\mathrm{G}}\sqrt{\frac{p_{\mathrm{d}}}{\mu[\sigma]_{\mathrm{r}}^{t}}}$$

在确定管板名义厚度时，应考虑管板两侧腐蚀裕量、开槽深度及对管板最小厚度要求。

此外，还要校核管子的轴向应力和管子与管板连接处的拉脱力。

习　题

12－1　管壳式换热器主要有哪几种结构？各有何特点？

12－2　管子在管板上的排列形式有哪些？各适合什么条件？

12－3　换热管在管板上的固定方式有哪几种？各有何优缺点？

12－4　管壳式换热器的温差应力是如何产生的？有哪些补偿温差应力的措施？

第 13 章　塔　设　备

§13－1　概　　述

化工、石油、环保等工业部门常用塔设备来完成气-液和液-液两相间的传质和传热过程。在塔设备中能进行的单元操作过程有精馏、吸收、解析、萃取、增湿及干燥等。尽管塔设备中进行的工艺过程各不相同，结构类型有多种形式，但仍可按塔的内件结构分为两大类：板式塔和填料塔。

板式塔是依靠塔盘进行工艺操作，对于气、液两相介质而言，液体在塔盘上做横向流动，上升的气体通过塔盘的孔隙，与液体呈错流鼓泡或喷射接触，进行传质和传热。两相的组分浓度沿塔高呈阶梯式变化。

填料塔是以塔内堆放的填料作为传质元件，操作时，液体自塔顶沿填料表面呈膜状向下流动，气相自塔底向上流动，两相间相互逆流接触，从而进行传质和传热过程。两相的组分浓度沿塔高呈连续式变化。

工业生产中的塔设备除了要满足特定的化工工艺条件外，还需考虑下列基本要求：

(1) 气、液处理量大，即生产能力大。

(2) 气、液充分接触，传质、传热效率高。

(3) 操作弹性大，即当负荷波动较大时，仍能在较高效率下进行稳定的操作。

(4) 流体流动的阻力小，即压降小。

(5) 结构简单，耗材量小，制造安装容易。

(6) 不易堵塞，操作、调节、检修方便。

在进行塔的机械设计时，除满足以上要求外，设备的主要构件还必须具有足够的强度、刚度和稳定性。

§13－2　板　式　塔

板式塔由塔体、支座及内件等组成，结构如图 13－1 所示。塔体上设有物料进出管及各种仪表接管。为了安装、检修及操作的方便，在塔体上还设有人孔、手孔、吊柱、扶梯及平台等。塔体的支承常用裙式支座。板式塔的内件有塔盘、除沫器等。

一、塔盘结构

塔盘通常由气液接触元件、塔板、降液管、受液盘、溢流堰等组成。塔盘按结构特点可分为整块式和分块式两类。当塔径小于 800mm 时，采用整块式；塔径大于或等于 800mm 时，采用分块式塔盘。

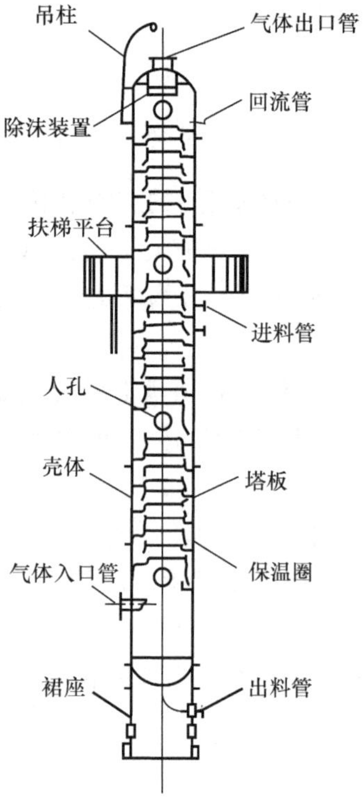

图 13-1　板式塔

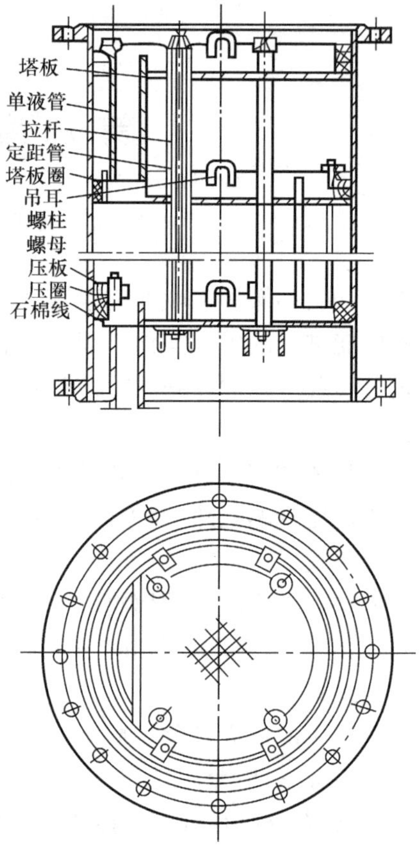

图 13-2　定距管式塔盘结构

1. 整块式塔盘

整块式塔盘的塔体由若干塔节组成，每个塔节安装若干层塔板，塔节之间用法兰连接。整块式塔盘分为定距管式和重叠式两种。最常采用的定距管式塔盘结构如图 13-2 所示。这种结构用定距管和拉杆将塔盘紧固在塔节内的支座上，定距管支承塔盘和保持塔板间距。

塔盘与塔壁的间隙以软质填料密封，并用压圈压紧，常用的密封结构如图 13-3(a)～(c) 所示。

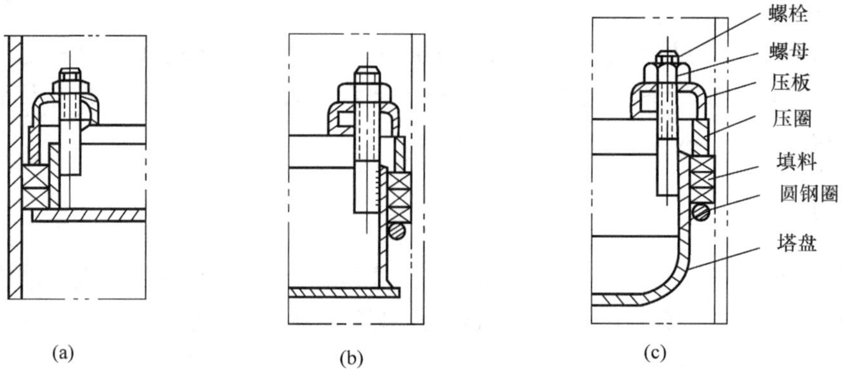

图 13-3　密封结构

几种常用的塔板结构如图 13-4 所示，(a)、(b)为角焊结构，(c)、(d)为翻边结构。

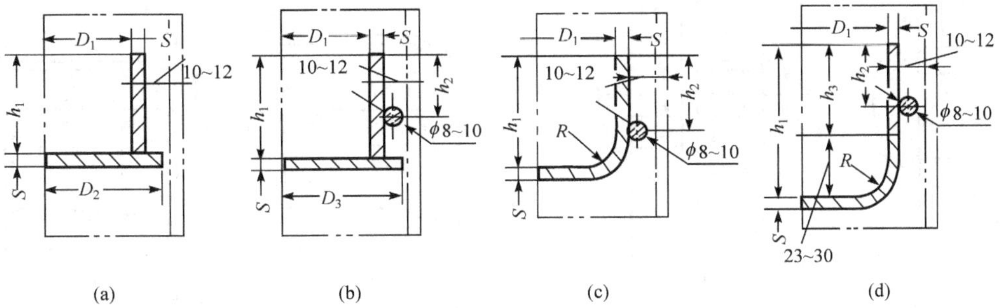

图 13-4　整块式塔盘结构

降液管的结构有圆形和弓形两种，图 13-5 为圆形降液管结构，图 13-6 为弓形降液管结构。

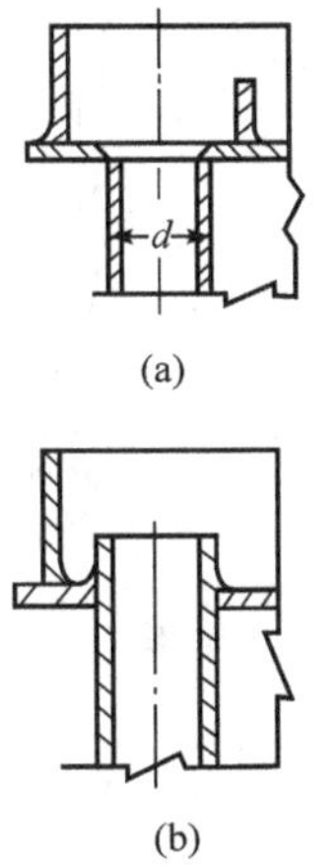

图 13-5　圆形降液管结构

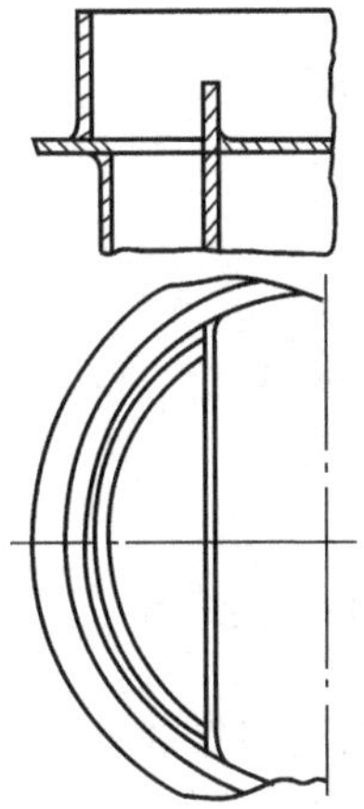

图 13-6　弓形降液管结构

塔节的长度与塔径大小有关，当塔径为 300～500mm 时，只能伸入手臂安装，塔节长度以 800～1000mm 为宜。塔径为 600～700mm 时，可将上身伸入塔内安装，塔节长度可为 1200～1500mm。当塔径大于 800mm 时，人可进入塔内安装，但由于受拉杆长度和塔节内塔板数限制，塔节长度不应超过 2500～3000mm。

2. 分块式塔盘

塔径在 800～900mm 以上的板式塔，考虑到塔盘的刚度及制造、安装等要求，多采用分块式塔盘，即将塔盘做成数块，并通过人孔送入塔内，装到焊于塔体内壁的固定件上。塔体为焊制圆筒，不分塔节。

分块式塔盘分单溢流塔盘和双溢流塔盘。塔径为 800～2400mm 时用单溢流塔盘，如图 13-7(a)所示。塔径大于 2400mm 时采用双溢流塔盘，如图 13-7(b)所示。

分块式塔盘的塔板有自身梁式[图 13-8(a)]和槽式[图 13-8(b)]两种结构，它们的特点是结构简单，制造方便，具有足够的刚度。为了进行塔内安装和检修，使人能进入各层塔盘，在塔盘上还设有一块矩形或弧形平板的内部通道板。

分块式塔板间的连接分为上可拆连接(图 13-9)和上、下均可拆连接(图13-10)两种。常用的紧固件为螺栓和椭圆形垫板。

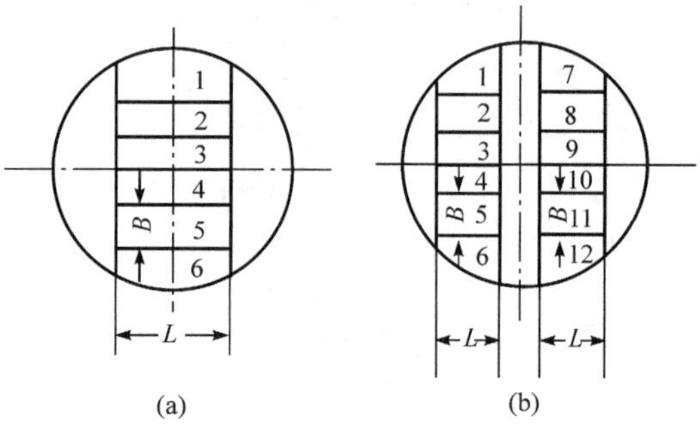

图 13 - 7　塔盘

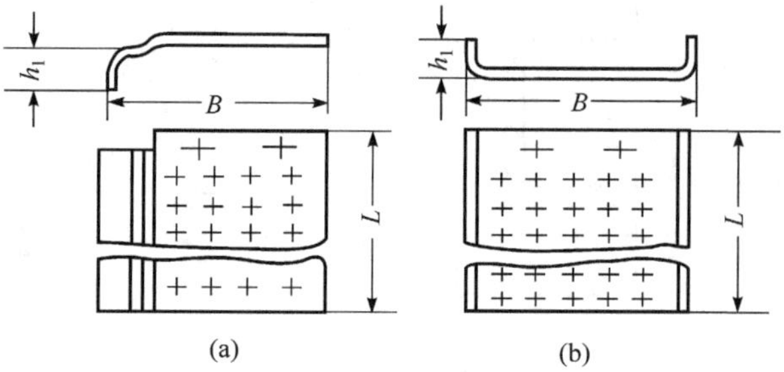

图 13 - 8　塔板

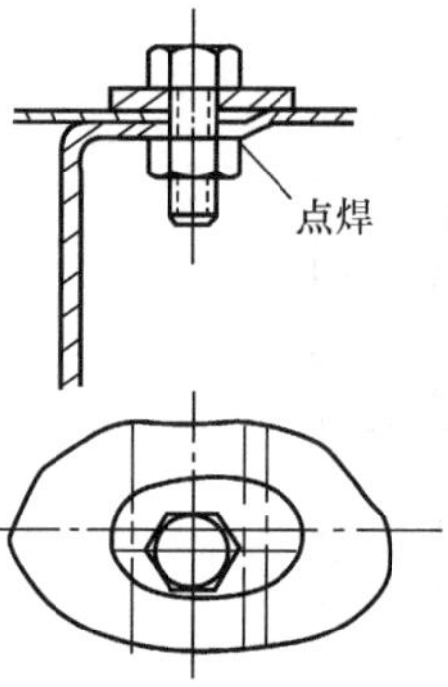

图 13 - 9　上可拆连接结构

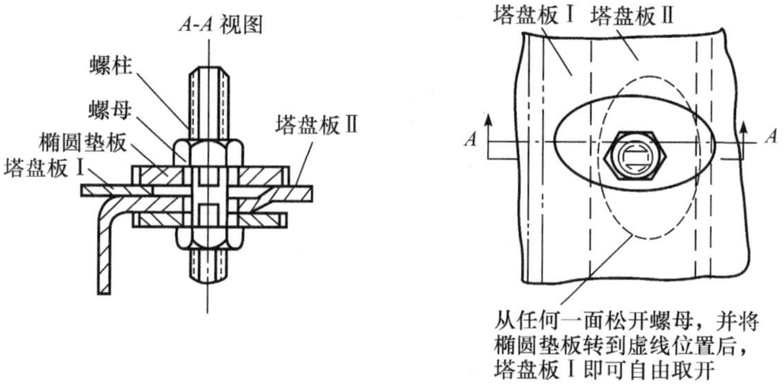

图 13 - 10　上、下均可拆连接结构

另一种塔板连接结构是采用楔形紧固件，如图 13 - 11 所示。塔板与支持圈的连接一般用卡子，如图 13 - 12 所示。

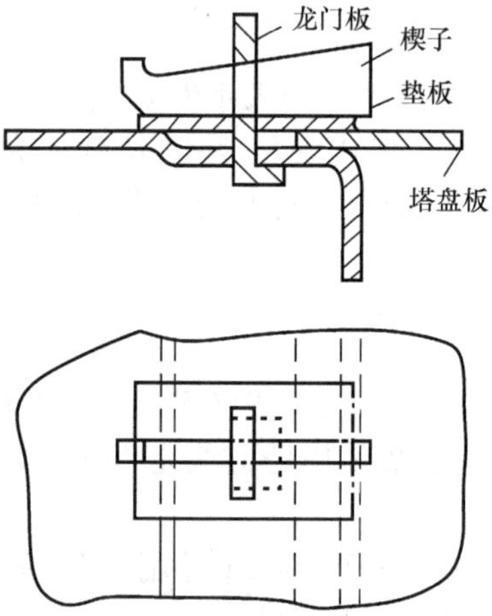

图 13 - 11　楔形紧固体的塔板连接

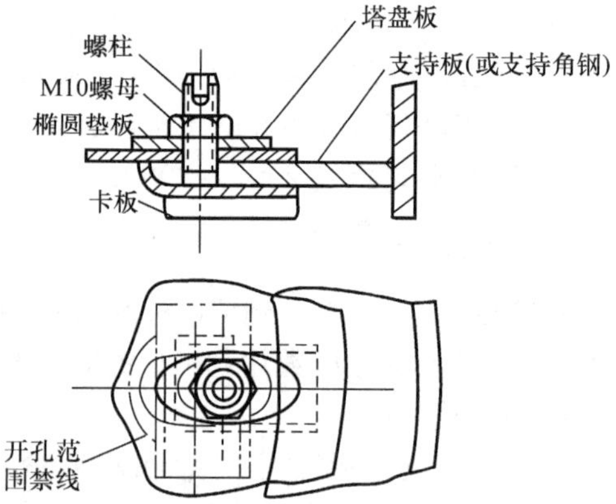

图 13 - 12　塔板与支持圈的连接

二、裙座及除沫器

1. 裙座

塔体常用裙座支承。裙座由座体、基础环、螺栓座及地脚螺栓等组成，如图13－13所示。

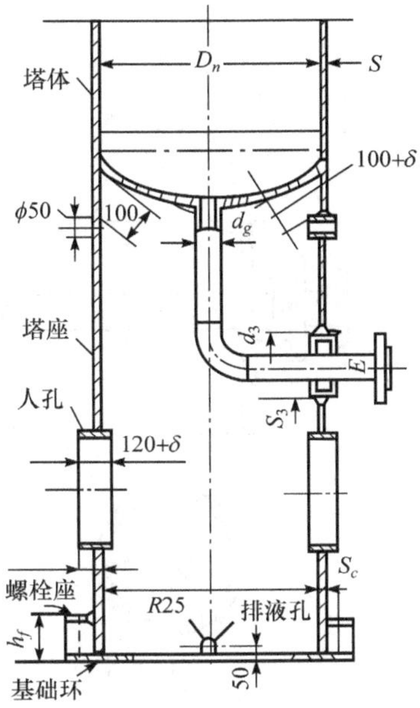

图 13－13　裙式支座

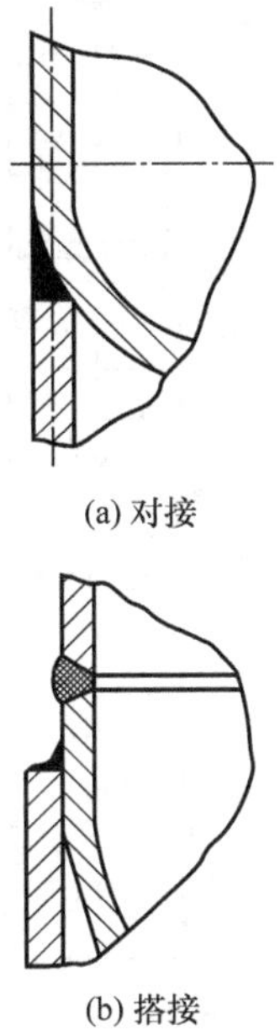

图 13－14　裙座与封头的焊接

裙座体有圆筒形和圆锥形两种。圆筒形由于具有制造方便等优点而应用广泛，但对直径小而高度大的塔，为了增加设备的稳定性和降低某些构件的应力，可采用圆锥形裙座。为了安装、检修等需要，座体上开有引出管道孔、手孔、人孔及排气孔等。座体焊接在塔体的下封头上，焊接形式有对接[图 13－14(a)]和搭接[图 13－14(b)]两种。

2. 除沫器

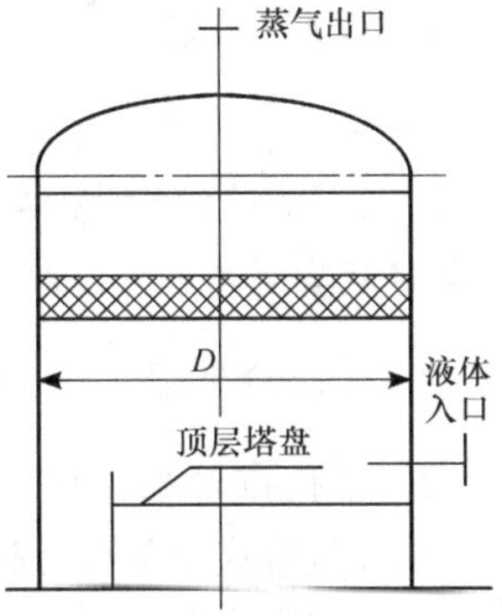

图 13－15　装在塔顶的除沫器

除沫器用于分离塔顶出口气体夹带的液滴。图 13－15所示丝网除沫器是化工设备中广泛使用的一种除沫装置。其结构是将数层丝网用栅条夹持，并由螺栓紧固在塔壁的支持圈上，丝网则由圆丝或扁丝编织而成。丝网除沫器具有比表面积大，除沫效率高，空隙率大，压降小等特点。这种除沫器适用于清洁的气体，否则易堵塞网孔。

§13－3　填料塔的结构

填料塔主要由塔体、支座、喷淋装置、填料、填料支承装置、液体分布装置、气液进出口等部件组成，总体结构如图 13－16 所示。

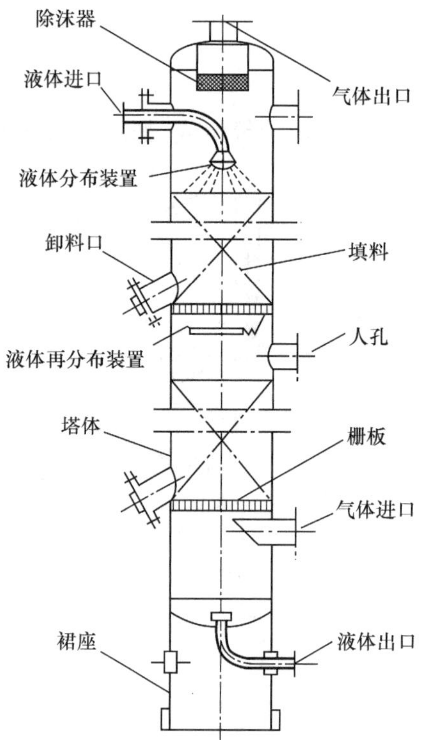

图 13-16　填料塔

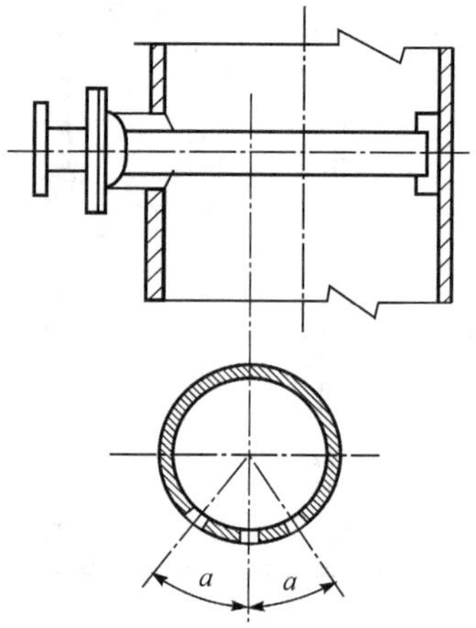

图 13-17　多孔直管式分布器

一、液体分布装置

液体分布装置的作用是使液体沿塔横截面的初始分布尽可能地均匀。设计液体分布装置的原则是能均匀分散液体，通道不易被堵塞，阻力小，结构简单，制造、维修方便等。液体分布装置的类型很多，下面介绍几种典型的分布装置。

1. 管式分布器

1) 多孔直管式分布器

多孔直管式分布器是在直管的下方开 3～5 排小孔，孔径为 3～8mm，如图 13－17 所示。这种分布器可用于塔径小于 800mm、液体分布要求不高的场合。

2) 排管式分布器

排管式分布器是目前应用较为广泛的一种分布器。液体首先引入主管，然后经多孔支管喷洒，支管开 1～3 排孔，孔径 3～5mm，结构如图 13－18 及图 13－19 所示。

3) 环管式分布器

根据塔径和液体分布要求，环管式分布器可分为单环管式(图 13－20)和多环管式(图 13－21)。环管上开 3～5排小孔，孔径为 4～8mm，最外层环管的中心圆直径一般取塔内径的 0.6～0.85。这种分布器适用于直径 1200mm 以下的塔。

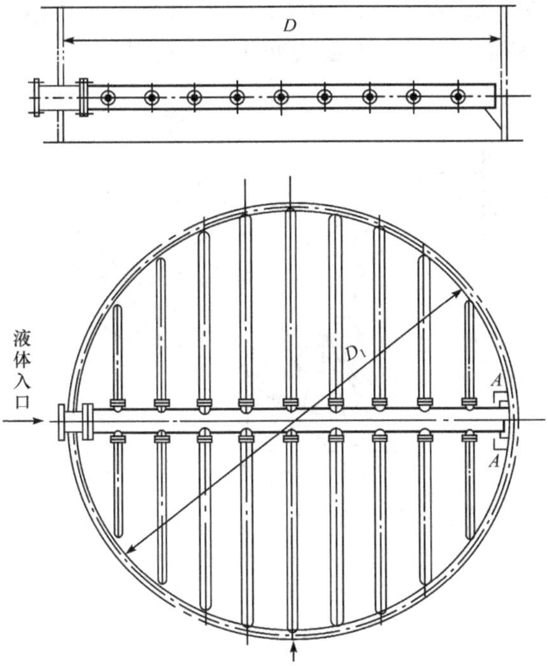

图 13-18 水平引入管的排管式分布器

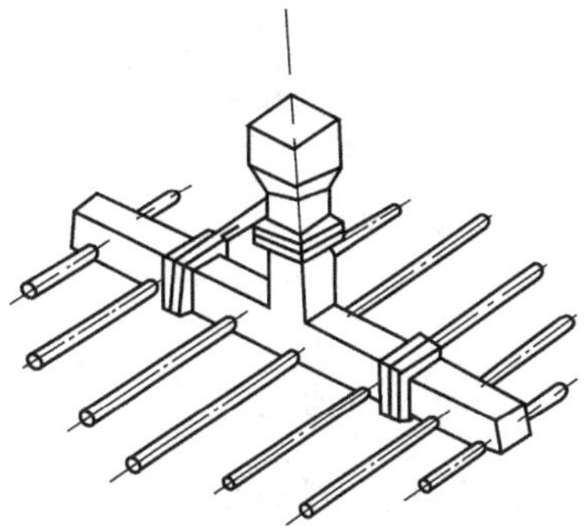

图 13-19 垂直引入管的排管式分布器

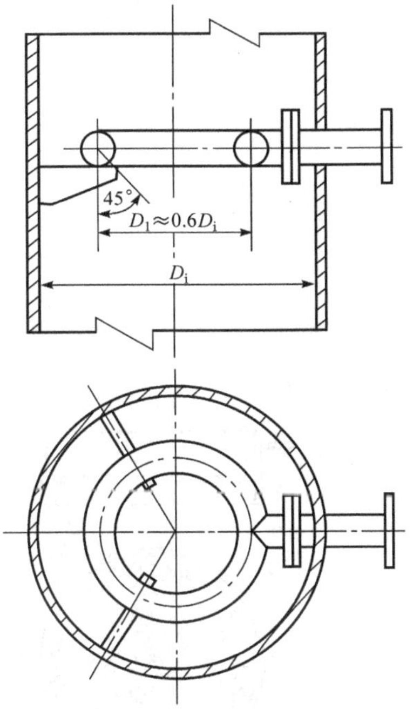

图 13-20 单环管分布器

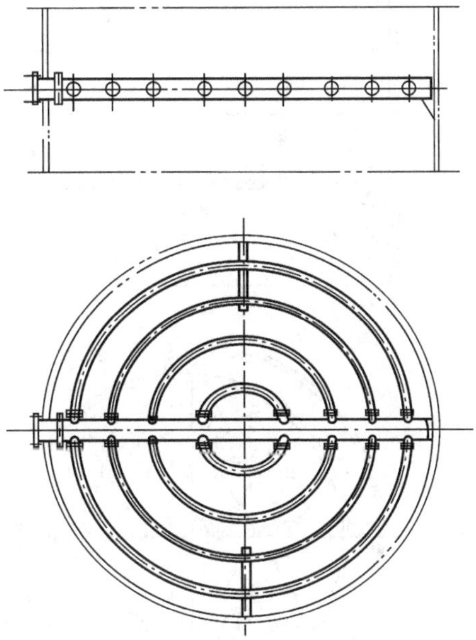

图 13-21 多环管分布器

2. 莲蓬头分布器

莲蓬头分布器是开有小孔的球面分布器，如图 13-22 所示。莲蓬头直径为(0.2～0.3)

D_i，小孔直径 3～15mm。这种分布器结构比较简单，喷洒比较均匀。其缺点是小孔易堵塞，排液压头的改变会影响液体的分布，故适用于料液清洁、压头不变或变化不大的情况。

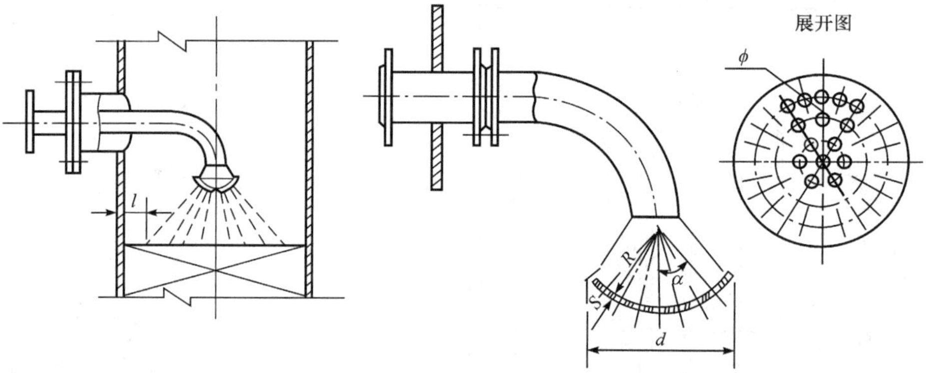

图 13-22　莲蓬头分布器

3. 盘式分布器

1）筛孔盘式分布器

筛孔盘式分布器由分布板和围板构成，板上的开孔按正三角形或正方形排列，孔径为 3～10mm。图 13-23 为装有升气管的筛孔盘式分布器，升气管直径大于 15mm。对于直径较小的塔，可不设升气管，如图 13-24 所示。

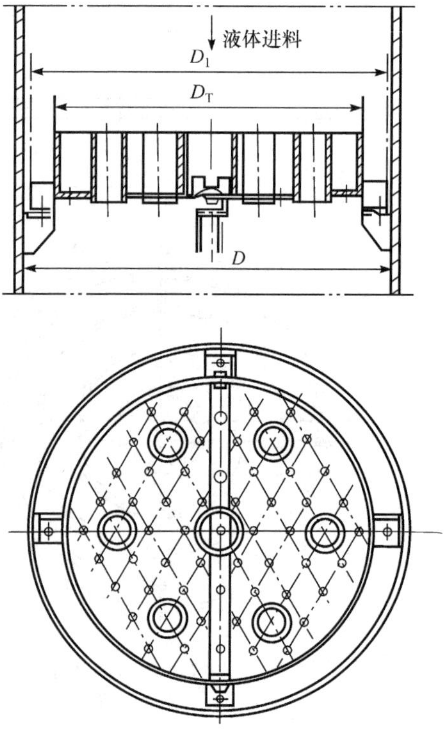

图 13-23　有升气管的筛孔盘式分布器

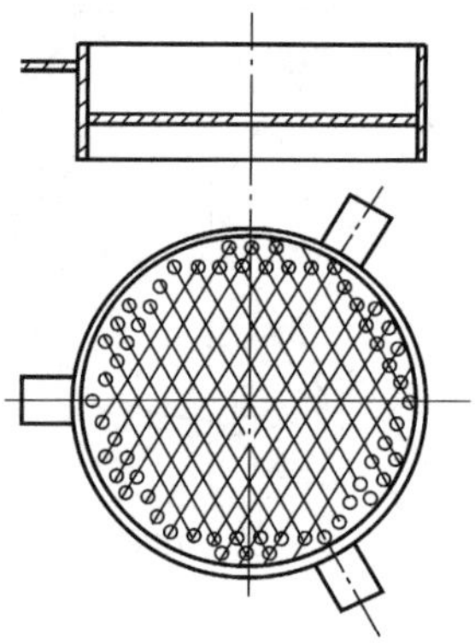

图 13-24　无升气管的筛孔盘式分布器

2) 溢流盘式分布器

溢流盘式分布器由分布板、围板和溢液管组成，如图13-25所示。液体从中央进入板上，然后经降液管溢流，淋洒到填料上，分布板上钻有3mm泪孔，以便停工时排尽液体。如果气体要通过分布板，则可在板上装大小短管，大的为升气管，小的为排液管，如图13-26所示。

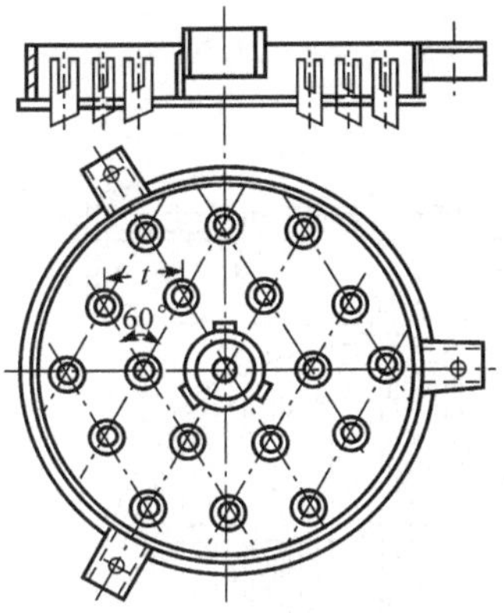

图13-25 溢流盘式分布器

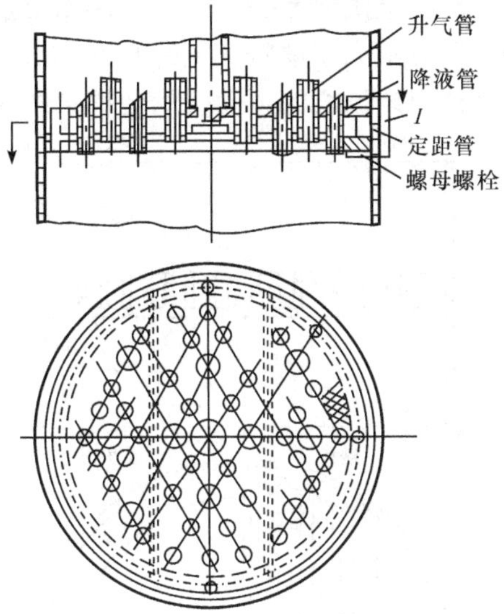

图13-26 有升气管的溢流盘式分布器

二、液体再分布装置

液体沿乱堆填料层的下流过程中，有流向塔壁的“壁流”倾向，这种现象引起液体分布不均，使传质效率下降。为了克服这种现象，填料必须分段，在各段之间安装液体再分布装置，以收集上段填料向塔壁弥散的液体，并使其在下一段填料层重新均匀分布。分配锥是最简单的流体再分布装置，如图13-27所示。沿壁流下的液体由分配锥引导至中央，截锥小端直径$D=(0.7\sim0.8)D_i$，锥高$h=(0.1\sim0.25)D_i$，分配锥一般用于塔径较小的场合。当塔径较大时，可采用具有通孔的分配锥，如图13-28所示。这种分配锥截面收缩率较小，但结构较复杂。

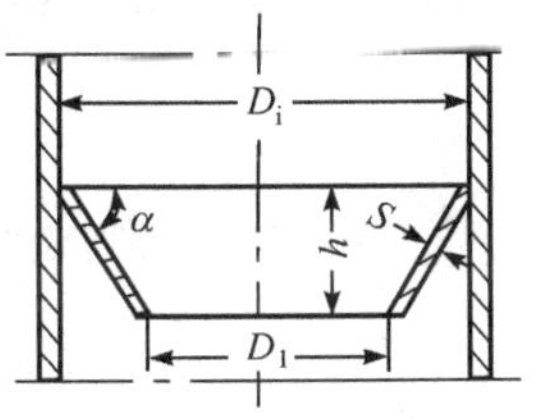

图13-27 分配锥

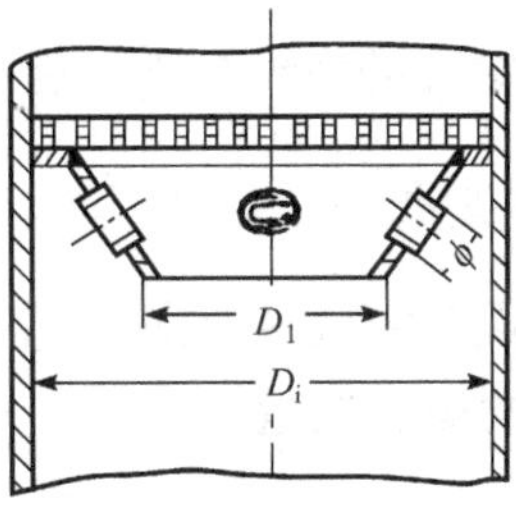

图13-28 具有通孔的分配锥

三、填料支承

填料支承不但要有足够的强度和刚度，而且要用足够的自由截面积，使支承处不致发生液泛。填料塔中常用的填料支承是栅板，如图 13－29 所示。栅板用扁钢焊制而成，根据塔径不同，栅板可以制成整块式[图 13－29(a)]或分块式[图 13－29(b)]结构。为避免填料下落，各板条的间距应不大于填料直径的 0.6～0.8，并要求栅板的流通截面不小于填料的自由截面，以免发生液泛。栅板的强度按承受均布载荷的简支梁计算。

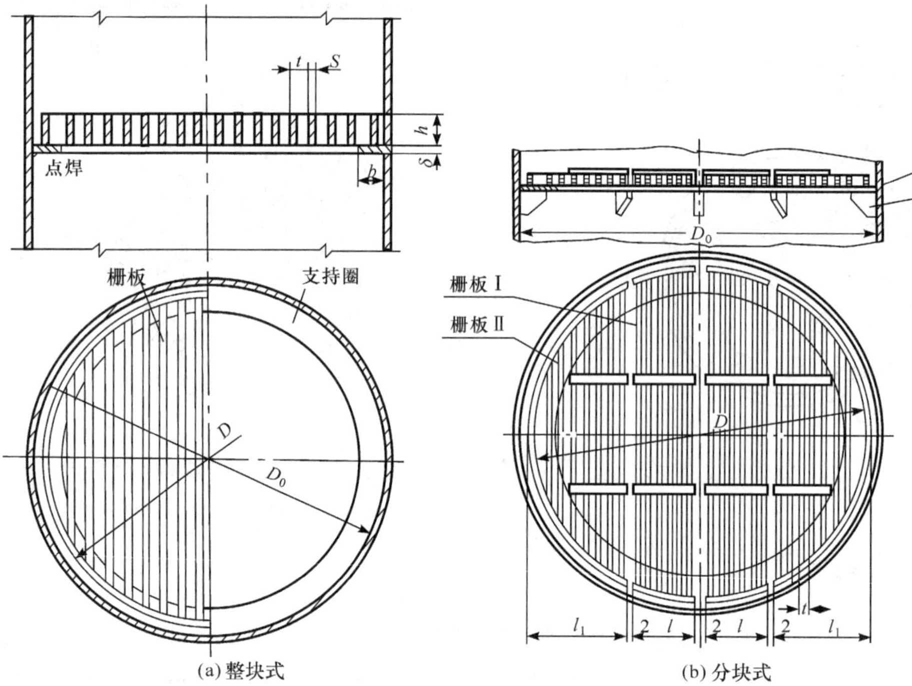

图 13－29　栅板结构

§13－4　塔设备的强度计算

一、塔的受载分析

安装在室外的塔设备除承受操作压力、自重外，还承受风力、地震力及偏心载荷作用。

1. 塔的质量

进行塔设备的机械计算时，应按塔正常操作、试压及停工检修三种工况计算塔的质量载荷。

(1) 塔的操作质量

$$m_0 = m_1 + m_2 + m_3 + m_4 + m_5 + m_a + m_e \tag{13-1}$$

(2) 塔的最大质量(水压试验时)

$$m_{max} = m_1 + m_2 + m_3 + m_4 + m_a + m_w + m_e \tag{13-2}$$

(3) 塔的最小质量(停工检修时)

$$m_{min} = m_1 + 0.2m_2 + m_3 + m_4 + m_a + m_e \tag{13-3}$$

式中，m_1 为塔体和裙座的质量，kg；m_2 为塔内件质量，kg；m_3 为保温材料质量，kg；m_4 为扶梯、平台质量，kg；m_5 为操作时塔内物料质量，kg；m_a 为入孔、接管、法兰等塔外附件质量，kg；m_w 为塔内充水质量，kg；m_e 为塔的偏心质量，kg。

2. 风载荷计算

置于室外的塔承受风力作用时，可以把塔视为承受分布载荷作用的悬臂梁。风载荷使塔发生弯曲，在塔的任一横截面上产生风弯矩。

1）水平风力计算

塔设备承受的水平风力与一定的风速形成的风压有关。风速在各地区是不同的，并且随季节和地面高度而异。取离地面高度 10m 处，30 年中 10min 内平均最大风速作为该地区的计算风速，由此得出该地区的基本风压 q_0。我国部分地区的 q_0 见表 13－1。

表 13－1　我国部分地区的基本风压 q_0（kN/m²）

地区	北京	天津	哈尔滨	大连	上海	南京	杭州
q_0	0.35	0.40	0.45	0.60	0.55	0.35	0.4
地区	福州	广州	青岛	兰州	武汉	成都	昆明
q_0	0.60	0.45	0.55	0.30	0.30	0.25	0.25

风压沿地面高度的变化关系用风压高度变化系数 f_i 表示，不同高度的 f_i 值如表 13－2 所示。塔任意高度处的设计风压为

$$q_i = f_i q_0 \qquad (\mathrm{N/m^2}) \tag{13-4}$$

表 13－2　风压高度变化系数 f_i（摘自 JB/T 4710-2005）

距地面高度 H_{it}/m	地面粗糙度类别			
	A	B	C	D
5	1.17	1.00	0.74	0.62
10	1.38	1.00	0.74	0.62
15	1.52	1.14	0.74	0.62
20	1.63	1.25	0.84	0.62
30	1.80	1.42	1.00	0.62
40	1.92	1.56	1.13	0.73
50	2.03	1.67	1.25	0.84
60	2.12	1.77	1.35	0.93
70	2.20	1.86	1.45	1.02
80	2.27	1.95	1.54	1.11
90	2.34	2.02	1.62	1.19
100	2.40	2.09	1.70	1.27
150	2.64	2.38	2.03	1.61

注：A 类指近海海面、海岛、海岸、湖岸及沙漠地区；B 类指田野、乡村、丛林、丘陵以及房屋比较稀疏的乡填和城市郊区；C 类指有密集建筑群的城市市区；D 类指有密集建筑群且房屋较高的城市市区。中间值可采用线性内插法求取。

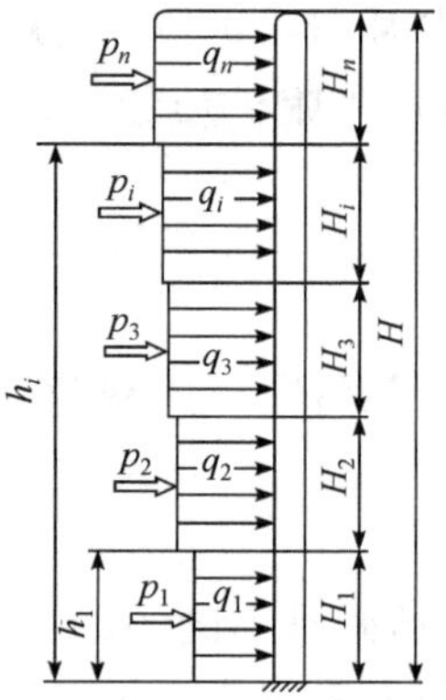

图 13－30　风载荷计算图

为了便于计算风压作用于塔产生的水平风力，可将塔分为若干段，并以该段的最大风压作为该塔段的均布载荷，如图 13－30 所示。任意塔 i 段所承受的水平风力为

$$P_i = K_1 K_{2i} f_i q_0 H_i D_{ei} \quad \text{(N)} \tag{13-5}$$

式中，K_1 为体型系数，迎风面为圆柱的塔体，$K_1=0.7$；K_{2i} 为风振系数，当塔高 $H \leqslant 20\text{m}$，取 $K_{2i}=1.70$，当 $H>20\text{m}$ 时，按式(13－6)计算

$$K_{2i} = 1 + \frac{\xi \nu_i \varnothing_{zi}}{f_i} \tag{13-6}$$

式中，ξ 为脉动增大系数，按表 13－3 查取；ν_i 为第 i 段脉动影响系数，按表 13-4 查取；$\varnothing_{zi}$ 为第 i 段振型系数，由表 13-5 查取。

表 13－3　脉动增大系数 ξ

$q_1T_1^2/(\text{Ns}^2/\text{m}^2)$	10	20	40	60	80	100	200	400	600
ξ	1.47	1.57	1.69	1.77	1.83	1.88	2.04	2.24	2.36
$q_1T_1^2/(\text{Ns}^2/\text{m}^2)$	800	1000	2000	4000	6000	8000	10000	20000	30000
ξ	2.46	2.53	2.80	3.09	3.28	3.42	3.54	3.91	4.14

计算表 13－3 中 $q_1T_1^2$ 时，对 A 类 $q_1=1.38q_0$，对 B 类 $q_1=q_0$，对 C 类 $q_1=0.71q_0$，对 D 类 $q_1=0.32q_0$；T_1 为塔设备的基本自振周期(单位 s)，对于等直径、等壁厚设备的基本自振周期按式(13－7)计算

$$T_1 = 90.33H\sqrt{\frac{m_0 H}{E\delta_e D_{ei}^2}} \times 10^{-3} \tag{13-7}$$

式中，D_{ei} 为各塔段的有效直径，mm，其值与塔器外径、扶梯及塔顶管线布置等有关。

表 13－4　脉动影响系数 ν_i(摘自 JB/T 4710-2005)

地面粗糙度类别	高度 H_{it}/m									
	10	20	30	40	50	60	70	80	100	150
A	0.78	0.83	0.86	0.87	0.88	0.89	0.89	0.89	0.89	0.87
B	0.72	0.79	0.83	0.85	0.87	0.88	0.89	0.89	0.90	0.89
C	0.64	0.73	0.78	0.82	0.85	0.87	0.90	0.90	0.91	0.93
D	0.53	0.65	0.72	0.77	0.81	0.84	0.89	0.89	0.92	0.97

表 13－5　振型系数 $\varnothing_{zi}$(摘自 JB/T 4710-2005)

相对高度 h_{it}/H	振型序号	
	1	2
0.10	0.02	−0.09
0.20	0.06	−0.30
0.30	0.14	−0.53
0.40	0.23	−0.68
0.50	0.34	−0.71
0.60	0.46	−0.59
0.70	0.59	−0.32
0.80	0.79	0.07

续表

相对高度 h_{it}/H	振型序号	
	1	2
0.90	0.86	0.52
1.00	1.00	1.00

注：中间值可采用线性内插法求取。

2）风弯矩计算

水平风力在塔任意截面 I-I 的风弯矩为

$$M_w^{I\text{-}I}=P_i\frac{H_i}{2}+P_{i+1}\left(H_i+\frac{H_{i+1}}{2}\right)+P_{i+2}\left(H_i+H_{i+1}+\frac{H_{i+2}}{2}\right)+\cdots \tag{13-8}$$

最大风弯矩在塔底截面 0-0 处为

$$M_w^{0\text{-}0}=P_1\frac{H_1}{2}+P_2\left(H_1+\frac{H_2}{2}\right)+P_3\left(H_1+H_2+\frac{H_3}{2}\right)+\cdots \tag{13-9}$$

3. 地震载荷

地震是地壳构造发生变化时引起的振动。振动的地震波从振源传到地表面引起地面的剧烈运动，使地面设备发生破坏。

1）地震力

地面运动对于设备的作用力称为地震力。由于设备对地震的反应既有水平移动，又有竖向振动和扭转。因此，作用在设备上的既有水平地震力，也有垂直地震力。根据 GB 50011-2010 标准，对地震烈度为 7、8、9 度地区必须对构筑物本身进行抗震验算。下面图表和公式摘自 JB/T 4710-2005。

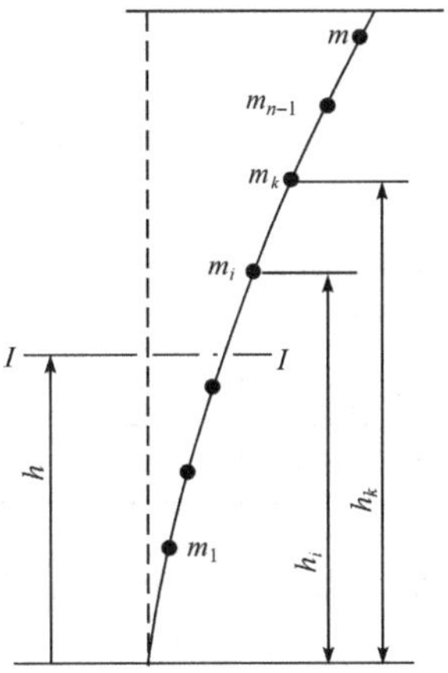

图 13-31　水平地震力计算简图

(1) 水平地震力。任意高度 h_k 处的集中质量 m_k（图 13-31）引起的基本振型水平地震力为

$$F_{1k}=\alpha_1\eta_{1k}m_kg \tag{13-10}$$

式中，η_{1k} 为基本振型参与系数；α_1 为对应于塔设备基本自振周期 T_1 的地震影响系数 α 的值，见图 13-32，图中各符号的说明如下。

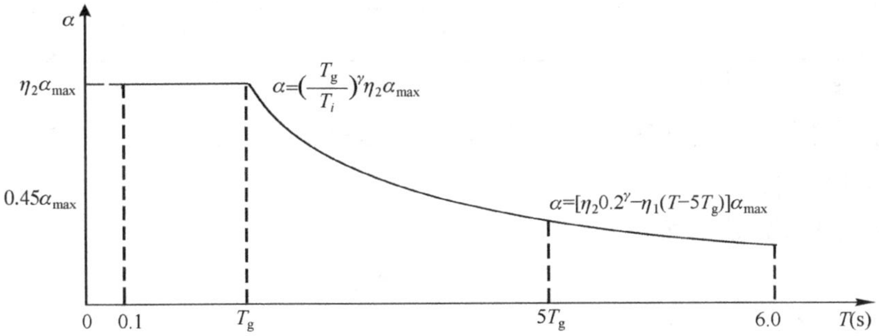

图 13-32　地震影响系数 α 曲线

曲线下降段的衰减指数 γ 根据塔式容器的阻尼比按式(13－11)确定

$$\gamma=0.9+\frac{0.05-\zeta_i}{0.5+5\zeta_i} \tag{13-11}$$

式(13－11)中的阻尼比 ζ 应根据实测值确定，无实测数据时，一阶振型阻尼比可取 $\zeta_1=0.01\sim0.03$。高阶振型阻尼比可参照第一振型阻尼比选取。

直线下降段下降斜率的调整系数 η_1 按照式(13－12)计算

$$\eta_1=0.02+\frac{0.05-\zeta_i}{8} \tag{13-12}$$

阻尼调整系数 η_2 按照式(13－13)计算

$$\eta_2=1+\frac{0.05-\zeta_i}{0.06+1.7\zeta_i} \tag{13-13}$$

基本振型参与系数 η_{1k} 按照式(13－14)计算

$$\eta_{1k}=\frac{h_k^{1.5}\sum_{i=1}^{n}m_ih_i^{1.5}}{\sum_{i=1}^{n}m_ih_i^3} \tag{13-14}$$

$\alpha_{\max}$ 为地震影响系数 α 的最大值，见表 13－6。

表 13－6　对应设防烈度的 $\alpha_{\max}$ 值

设防烈度	7		8		9
设计基本地震加速度	0.1g	0.15g	0.2g	0.3g	0.4g
地震影响系数最大值 $\alpha_{\max}$	0.08	0.12	0.16	0.24	0.32

T_g 为各类场地土的特征周期，见表 13－7。

表 13－7　各类场地土的特征周期 T_g

设计地震分组	场地土类别			
	Ⅰ	Ⅱ	Ⅲ	Ⅳ
第一组	0.25	0.35	0.45	0.65
第二组	0.30	0.40	0.55	0.75
第三组	0.35	0.45	0.65	0.90

注：表中场地土类别和地震分组见 JB/T 4710-2005。

(2) 垂直地震力。地震烈度为 8 度或 9 度区的塔设备应考虑上下两个方向垂直地震力作用，如图 13－33 所示。

塔底截面的垂直地震力为

$$F_{\mathrm{v}}^{0-0}=\alpha_{\mathrm{vmax}}m_{\mathrm{eq}}g \tag{13-15}$$

式中，α_{vmax}为垂直地震影响系数最大值，取 $\alpha_{vmax}=0.65\alpha_{max}$；$m_{eq}$为塔设备的当量质量，$m_{eq}=0.75m_0$，kg。

任意质量 i 处垂直地震力为(沿塔高按倒三角形分布重新分配)

$$F_{vi}=\frac{m_ih_i}{\sum\limits_{k=1}^{n}m_kh_k}F_v^{0\text{-}0}\quad(i=1,2,\cdots,n)\tag{13-16}$$

任意计算截面 I-I 处的垂直地震力为

$$F_v^{I\text{-}I}=\sum_{k=1}^{n}F_{vk}\quad(i=1,2,\cdots,n)\tag{13-17}$$

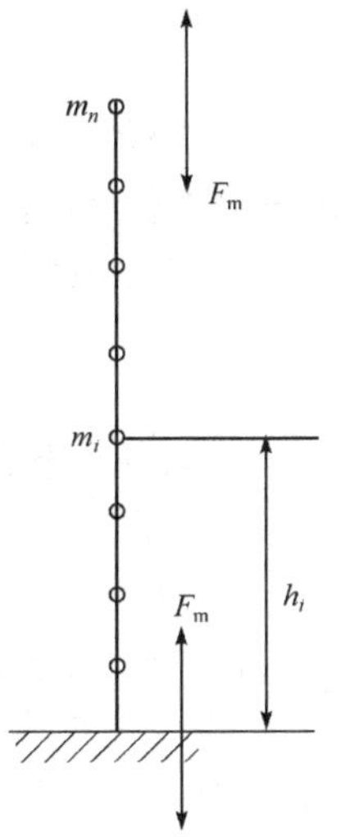

图 13-33　垂直地震力计算

2) 地震弯矩

由于水平地震力作用，对于塔设备任意计算截面 I-I 和底截面0-0 的基本振型地震弯矩为

$$M_{E1}^{I\text{-}I}=\sum_{k=i}^{n}F_{1k}(h_k-h)\tag{13-18}$$

对于等直径、等壁厚塔的任意截面 I-I 和底截面 0-0 的基本振型地震弯矩分别为

$$M_{E1}^{I\text{-}I}=\frac{8\alpha_1m_0g}{175H^{2.5}}(10H^{3.5}-14H^{2.5}h+4h^{3.5})\tag{13-19}$$

$$M_{E1}^{0\text{-}0}=\frac{16}{35}\alpha_1m_0gH\tag{13-20}$$

当塔器 $H/D>15$，或 $H\geqslant20$ 时，还须考虑高振型的影响，在进行稳定或其他验算时，地震弯矩可按式(13-21)计算

$$M_E^{I\text{-}I}=1.25M_{E1}^{I\text{-}I}\tag{13-21}$$

4. 偏心载荷计算

塔设备有时承受悬挂的冷凝器或再沸器等附属设备的偏心质量载荷，它引起的偏心弯矩 M_e 为

$$M_e=m_ege\tag{13-22}$$

式中，e 为偏心距，即偏心质量中心到设备中心线的距离，mm。

二、塔体的应力校核

进行塔体的机械计算时，首先是按操作压力计算塔体的厚度，然后按不同工况把各种载荷作用下的轴向应力叠加，最后进行强度及稳定性校核。

1. 筒体的轴向应力校核

1) 轴向应力计算

(1) 设计压力在筒体中引起的轴向应力 σ_1

$$\sigma_1=\frac{p_cD_i}{4\delta_e}\tag{13-23}$$

式中，δ_e 为筒体的有效厚度；p_c 为计算压力，取绝对值。

(2) 操作或非操作时重力及垂直地震力在筒体计算截面 I-I 处引起的轴向应力 σ_2

$$\sigma_2 = \frac{m_0^{I\text{-}I} g \pm F_v^{I\text{-}I}}{\pi D_i \delta_e} \tag{13-24}$$

式中，$m_0^{I\text{-}I}$ 为计算截面I-I以上的操作或非操作时的质量，kg；$F_v^{I\text{-}I}$ 为仅在最大弯矩为地震弯矩参与组合时才计入。

(3) 弯矩引起的轴向应力 σ_3

$$\sigma_3 = \frac{4M_{max}^{I\text{-}I}}{\pi D_i^2 \delta_e} \tag{13-25}$$

式中，$M_{max}^{I\text{-}I}$ 为计算截面 I-I 处的最大弯矩

$$M_{max}^{I\text{-}I} = \begin{cases} M_w^{I\text{-}I} + M_e \\ M_E^{I\text{-}I} + 0.25M_w^{I\text{-}I} + M_e \end{cases} \quad \text{取其中较大值} \tag{13-26}$$

2) 轴向应力合成及校核

(1) 组合压应力。

内压操作时，最大组合轴向压应力出现在非操作时的背风侧，即

$$\sigma_{max} = \sigma_2 + \sigma_3 \leqslant [\sigma]_{cr} \tag{13-27}$$

外压操作时，最大组合轴向压应力出现在正常操作时的背风侧，即

$$\sigma_{max} = \sigma_1 + \sigma_2 + \sigma_3 \leqslant [\sigma]_{cr} \tag{13-28}$$

式中，$[\sigma]_{cr}$ 为许用轴向压应力

$$[\sigma]_{cr} = \begin{cases} KB \\ K[\sigma]^t \end{cases} \quad \text{取其中较小值} \tag{13-29}$$

式中，K 为载荷组合系数，取 $K=1.2$；B 为系数，查图 10-4～图 10-13。

(2) 组合拉应力。

内压操作时，最大组合轴向拉应力出现在正常操作时的向风侧，即

$$\sigma_{max} = \sigma_1 - \sigma_2 + \sigma_3 \leqslant K[\sigma]^t \varphi \tag{13-30}$$

外压操作时，最大组合轴向拉应力出现在停工时向风侧，即

$$\sigma_{max} = -\sigma_2 + \sigma_3 \leqslant K[\sigma]^t \varphi \tag{13-31}$$

2. 水压试验时筒体的应力校核

1) 强度校核

水压试验压力引起的环向应力

$$\sigma = \frac{(P_T + \text{液柱静压力})(D_i + \delta_e)}{2\delta_e} \leqslant 0.9R_{eL}\varphi \tag{13-32}$$

水压试验时筒体的轴向组合拉应力

$$\frac{P_T D_i}{4\delta_e} - \frac{m_T^{I\text{-}I} g}{\pi D_i \delta_e} + \frac{4(0.3M_w^{I\text{-}I} + M_e)}{\pi D_i^2 \delta_e} \leqslant 0.9KR_{eL}\varphi \tag{13-33}$$

式中，$m_T^{I\text{-}I}$ 为水压试验时计算截面 I-I 以上设备的质量，kg。

2) 稳定性校核

水压试验时筒体的轴向组合压应力

$$\frac{m_T^{I\text{-}I} g}{\pi D_i \delta_e} + \frac{4(0.3M_w^{I\text{-}I} + M_e)}{\pi D_i^2 \delta_e} \leqslant [\sigma]_{cr} \tag{13-34}$$

式中

$$[\sigma]_{cr} = \begin{cases} 0.9KR_{eL} \\ KB \end{cases} \quad \text{取其中较小值}$$

三、裙座的强度计算及校核

裙座计算包括裙座壳体、裙座与塔体连接焊缝、基础环及地脚螺栓等的计算。

1. 裙座壳体计算

座体的厚度一般参考塔体厚度取一个厚度，然后验算危险截面（裙座基底及较大开孔处）的压应力。

操作时，裙座底截面 0-0 处背风侧的最大组合轴向压应力应满足下列条件

$$\frac{1}{\cos\theta}\left(\frac{M_{max}^{0-0}}{W_s}+\frac{m_0 g+F_v^{0-0}}{A_s}\right)\leqslant\begin{cases}KB\cos^2\theta\\K[\sigma]_s^t\end{cases}\tag{13-35}$$

式中，M_{max}^{0-0}为基底截面0-0处的最大弯矩

$$M_{max}^{0-0}=\begin{cases}m_w^{0-0}+M_e\\M_E^{0-0}+0.25M_w^{0-0}+M_e\end{cases}\quad 取较大值$$

式中，W_s 为裙座底截面的抗弯截面模数；A_s 为裙座底截面面积；θ 为锥形裙座壳半锥顶角，如果为直筒裙座，$\theta=0°$。

水压试验时，裙座底截面 0-0 处的最大组合轴向压应力及应满足的条件为

$$\frac{1}{\cos\theta}\left(\frac{0.3M_w^{0-0}+M_e}{W_s}+\frac{m_{max}g}{A_s}\right)\leqslant\begin{cases}B\cos^2\theta\\0.9R_{eL}(R_{p0.2})\end{cases}\tag{13-36}$$

在人孔及较大管线引出处截面，最大组合轴向压应力的验算方法与底截面处基本相同。

2. 基础环

1）基础环直径

裙座通过基础环放在混凝土基础上，基础环承受塔的重量及弯矩，环的内、外直径（图 13－34）可按式（13－37）、式（13－38）确定：

外径　$D_{bo}=D_{is}+(160\sim400)$　（13－37）

内径　$D_{bi}=D_{is}-(160\sim400)$　（13－38）

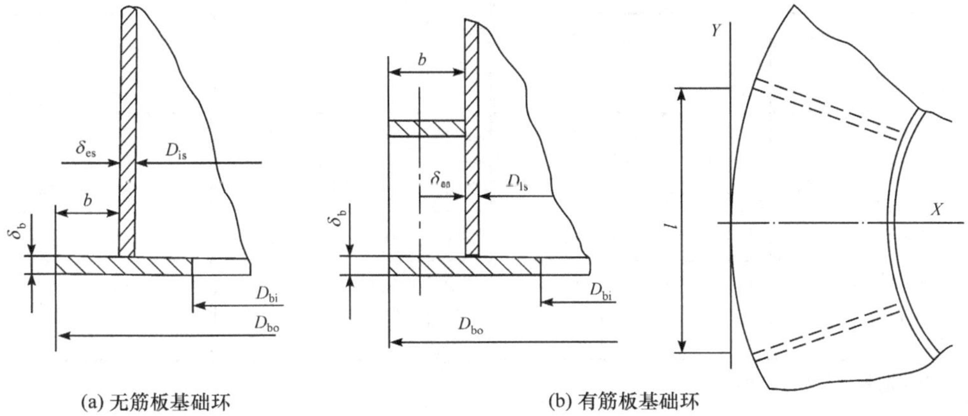

图 13－34　基础环

2）混凝土基础上的压应力

混凝土基础上的最大组合轴向压应力出现在正常操作和水压试验时，为

$$\sigma_{\mathrm{bmax}}=\begin{cases}\dfrac{M_{\max}^{0-0}}{W_{\mathrm{b}}}+\dfrac{m_{\mathrm{o}}g+F_{\mathrm{v}}^{0-0}}{A_{\mathrm{b}}}\\[2ex]\dfrac{0.3M_{\mathrm{w}}^{0-0}+M_{\mathrm{e}}}{W_{\mathrm{b}}}+\dfrac{m_{\max}g}{A_{\mathrm{b}}}\end{cases}\quad \text{取其中较大值} \tag{13-39}$$

式中，σ_{bmax} 为混凝土基础上的最大压应力，MPa；W_{b} 为基础环坑弯截面模数，$W_{\mathrm{b}}=\dfrac{\pi(D_{\mathrm{bo}}^4-D_{\mathrm{bi}}^4)}{32D_{\mathrm{bo}}}$；$A_{\mathrm{b}}$ 为基础环面积，$A_{\mathrm{b}}=\dfrac{\pi}{4}(D_{\mathrm{bo}}^2-D_{\mathrm{bi}}^2)$。其中 F_{v}^{0-0} 仅在最大弯矩为地震弯矩参与组合时计入此项。

3）基础环厚度

基础环无筋板时[图 13－34(a)]，环板的厚度按式(13－40)计算

$$\delta_{\mathrm{b}}=1.73b\sqrt{\frac{\sigma_{\mathrm{bmax}}}{[\sigma]_{\mathrm{b}}}} \tag{13-40}$$

式中，$[\sigma]_{\mathrm{b}}$ 为基础环材料许用应力，对低碳钢取 $[\sigma]_{\mathrm{b}}=140\mathrm{MPa}$。

基础环有筋板时[图 13－34(b)]，环板的厚度按式(13－41)计算

$$\delta_{\mathrm{b}}=\sqrt{\frac{6M_{\mathrm{s}}}{[\sigma]_{\mathrm{b}}}} \tag{13-41}$$

式中，M_{s} 为计算力矩，取 M_x、M_y 绝对值较大者，N·mm/mm。M_x 和 M_y 分别按照公式(13－42)和(13－43)计算，系数 C_x、C_y 按照表 13－8 中选取。无论有无筋板，基础的厚度均不得小于 16mm。

$$M_x=C_x\sigma_{\mathrm{bmax}}b^2 \tag{13-42}$$

$$M_y=C_y\sigma_{\mathrm{bmax}}l^2 \tag{13-43}$$

表 13－8　矩形板力矩系数 C_x、C_y 表

b/l	C_x	C_y	b/l	C_x	C_y	b/l	C_x	C_y	b/l	C_x	C_y
0	−0.5000	0	0.8	−0.1730	0.0751	1.6	−0.0485	0.1260	2.4	−0.0217	0.1320
0.1	−0.5000	0.0000	0.9	−0.1420	0.0872	1.7	−0.0430	0.1270	2.5	−0.0200	0.1330
0.2	−0.4900	0.0006	1.0	−0.1180	0.0972	1.8	−0.0384	0.1290	2.6	−0.0185	0.1330
0.3	−0.4480	0.0051	1.1	−0.0995	0.1050	1.9	−0.0345	0.1300	2.7	−0.0171	0.1330
0.4	−0.3850	0.0151	1.2	−0.0846	0.1120	2.0	−0.0312	0.1300	2.8	−0.0159	0.1330
0.5	−0.3190	0.0293	1.3	−0.0726	0.1160	2.1	−0.0283	0.1310	2.9	−0.0149	0.1330
0.6	−0.2600	0.0453	1.4	−0.0629	0.1200	2.2	−0.0258	0.1320	3.0	−0.0139	0.1330
0.7	−0.2120	0.0610	1.5	−0.0550	0.1230	2.3	−0.0236	0.1320	—	—	—

注：l 为相邻筋板最大外侧间距。

3. 地脚螺栓计算

地脚螺栓的作用是使塔固定在基础上。塔承受风(或地震)弯矩和质量载荷作用时，在向风侧基础环上的组合应力为

风载荷作用时

$$\sigma_B = \frac{M_w^{0-0} + M_e}{W_b} - \frac{m_{min} g}{A_b} \tag{13-44}$$

地震载荷作用时

$$\sigma_B = \frac{M_E^{0-0} + 0.25M_w^{0-0} + M_e}{W_b} - \frac{m_0 g - F_v^{0-0}}{A_b} \tag{13-45}$$

计算地脚螺栓时，取式(13-44)和式(13-45)中较大值。当 $\sigma_B<0$，容器自身稳定不会倾倒，此时仅需一定数量定位用的地脚螺栓，当 $\sigma_B>0$，设备可能倾倒，必须设置足够数量的地脚螺栓，并需按式(13-46)确定螺栓的大小。

$$d_B = \sqrt{\frac{4\sigma_B A_b}{\pi n[\sigma]_{bt}}} + C_2 \tag{13-46}$$

式中，n 为地脚螺栓个数，可按 4 的倍数假定；$[\sigma]_{bt}$ 为地脚螺栓材料许用应力，对低碳钢可取 $[\sigma]_{bt}=147\text{MPa}$；$C_2$ 为腐蚀裕量，一般取 $C_2=3\text{mm}$。

4. 裙座与壳体的焊缝验算

裙座与塔体封头连接焊缝结构分对接焊缝和搭接焊缝，如图 13-14 所示。

1) 对接焊缝

对接焊缝受弯矩和质量载荷作用时，焊缝的组合应力应满足的强度条件为

$$\frac{4M_{max}^{J-J}}{\pi D_{it}^2 \delta_e} - \frac{m_0^{J-J} g - F_v^{J-J}}{\pi D_{it} \delta_e} \leqslant 0.6K[\sigma]_w^t \tag{13-47}$$

式中，D_{it} 为对接焊缝截面的内直径，mm；M_{max}^{J-J} 为对接焊缝截面 J-J 处的最大弯矩，N·mm；m_0^{J-J} 为对接焊缝载面 J-J 以上容器的操作质量，kg；$[\sigma]_w^t$ 为设计温度下焊接接头的许用应力，取两侧母材许用应力的小值，MPa。

2) 搭接焊缝

搭接焊缝承受弯矩和质量载荷作用时，焊缝上主要为剪应力，在焊缝与轴成 45°方向上，按正常操作和水压试验两种工况计算，最大组合剪应力应满足下列强度条件

$$\frac{M_{max}^{J-J}}{0.55D_{ot}^2 \delta_{es}} + \frac{m_0^{J-J} g + F_v^{J-J}}{0.7\pi D_{ot} \delta_{es}} \leqslant 0.8K[\sigma]_w^t \tag{13-48}$$

$$\frac{0.3M_w^{J-J} + M_e}{0.55D_{ot} \delta_{es}} + \frac{m_{max}^{J-J} g}{0.7\pi D_{ot} \delta_{es}} \leqslant 0.8 \times 0.9KR_{eL} \tag{13-49}$$

式中，D_{ot} 为裙座顶部截面的外直径，mm；M_{max}^{J-J} 为水压试验时焊缝截面 J-J 承受的最大质量，kg。

习 题

13-1 试分别叙述板式塔和填料塔的工作原理和结构特征。

13-2 裙座的结构特征是什么？说明裙座强度计算和校核应包括哪些内容？

13-3 塔设备进行强度计算时，除要承受压力、自重和装料重量外，还要考虑哪些载荷的作用？为什么？

13-4 某内径为 2400mm 的板式塔，设计压力 2.2MPa，设计温度 125℃，塔壳壁厚 24mm，壁厚附加量 3mm，塔体材料 Q345R，焊缝系数 0.85，裙座壁厚 24mm，壁厚附加量 2mm，

塔体与裙座对接焊连接，设备水压试验时液柱高度为 69.5m。已知：$m_0 = 2.69\times10^5$ kg，$m_{max} = 5.27\times10^5$ kg，$m_{min} = 1.71\times10^5$ kg，塔体底部 *I-I* 截面处的 $M_w^{I-I} = 6.29\times10^9$ N · mm，$M_E^{I-I} = 3.79\times10^9$ N · mm，$m_0^{I-I} = 2.65\times10^5$ kg，$m_T^{I-I} = 2.05\times10^5$ kg，裙座底截面处的 $M_w^{I-I} = 6.87\times10^9$ N · mm，$M_E^{0-0} = 4.12\times10^9$ N · mm。

(1) 校核塔壳底部截面处的强度和稳定性。

(2) 校核裙座底截面处的稳定性。

(3) 确定基础环的内、外径及厚度。

(4) 确定地脚螺栓的个数。

(5) 校核塔壳与裙座对接焊缝的强度。

第 14 章　搅拌反应器

§14-1　概　　述

化工生产过程中，用来完成化学反应过程的设备称为反应器。常用的反应设备有固定床反应器、流化床反应器和搅拌反应器，其中搅拌反应器是应用最广泛的一种。在医药、农药、有机染料及三大合成材料（合成橡胶、合成塑料、合成纤维）等工业部门，都使用搅拌反应器来完成液-液、液-气和液-固相的化学反应过程。

典型的搅拌反应器如图 14-1 所示。它主要由搅拌罐、搅拌装置和轴封三大部分组成。

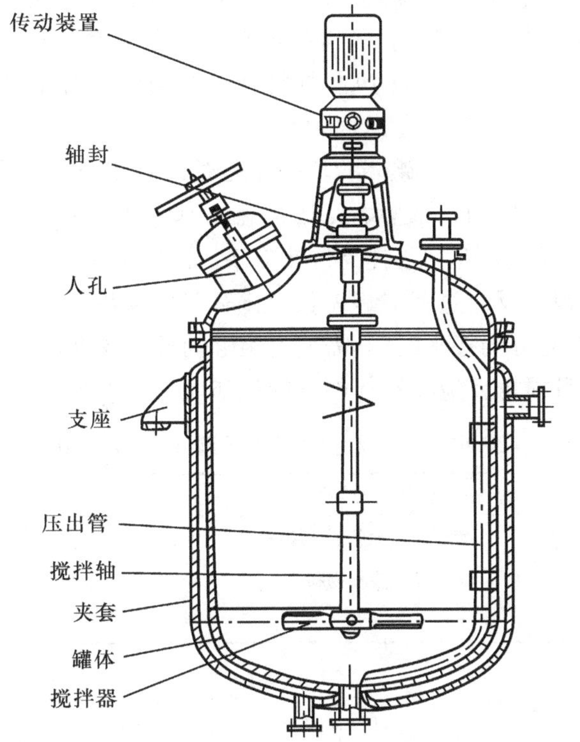

图 14-1　搅拌反应器的结构

搅拌罐包括罐体、加热装置及附件。罐体为一个提供化学反应空间的容器。由于化学反应一般都要吸收或放出热量，因此在容器的内部或外部设置加热或冷却装置。例如，在容器外部设置夹套或在容器内部设置蛇管等。另外，在罐体上还需设置工艺接管等附件。

搅拌装置包括传动装置、搅拌轴和搅拌器。搅拌过程通常由电动机经减速器减速后，再由联轴器连接搅拌轴来带动固定在轴上的搅拌器转动。

轴封为搅拌罐和搅拌轴之间的动密封，其作用是使罐内介质不致泄漏。

搅拌反应器的机械设计包括对搅拌罐、搅拌装置和轴封装置进行合理的选型、结构设计及强度(刚度)计算。

§14-2 搅拌罐的设计

一、罐体的几何尺寸

罐体的几何尺寸包括内直径 D_i、高度 H、容积 V 及壁厚 δ_n（图 14-2）。

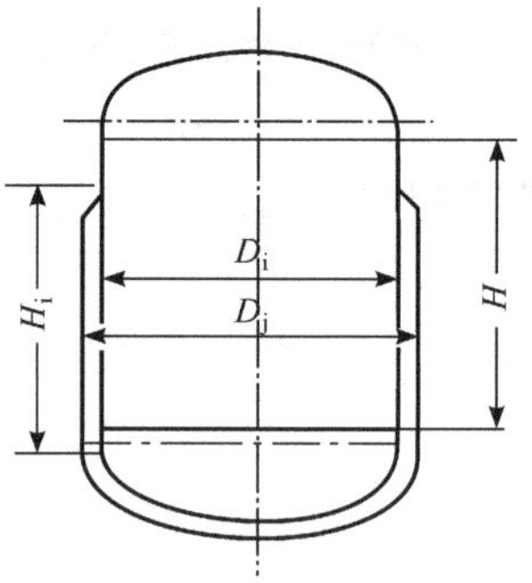

图 14-2 罐体的直径和高度

1. 罐体的长径比

罐体的长径比大小对搅拌功率产生影响。由于搅拌器桨叶直径与搅拌罐内径通常有一定比例范围，如果长径比减小，即高度减小而直径增大，搅拌桨叶直径也增大，在搅拌轴固定的转速下，搅拌器功率与桨叶直径的 5 次方成正比，故罐体长径比减小时，搅拌器功率增加。因此，为减小搅拌器功率，长径比可考虑取大些。

罐体的长径比还对夹套传热产生影响。当容积一定时，长径比越大，则罐体盛料部分表面积越大，传热表面距离罐体中心越近，物料的温度梯度越小，有利于提高传热效果。因此从传热角度考虑，长径比可取大些。

此外，某些物料的搅拌反应过程对罐体长径比有着特殊要求。例如，发酵罐中为了使通入罐内的空气与发酵液有充分的接触时间，需要有足够的液位高度，一般长径比取得大些。

根据实际经验，几种搅拌反应器罐体的长径比如表 14-1 所示。

表 14-1 几种搅拌反应器罐体的 H/D_i 值

种类	设备内物料类型	H/D_i
一般搅拌器	液-固相或液-液相物料	1～1.3
	气-液相物料	1～2
发酵罐类		1.7～2.5

2. 罐体的装料量

罐体全容积 V 与操作时物料容积 V_0 的关系为

$$V_0 = \eta V \tag{14-1}$$

式中，η 为装料系数，通常取 η=0.6～0.85。如果物料易起泡或呈沸腾状态，η 应取低值，如果反应状态平稳，则取高值。

3. 罐体直径和高度

在确定了罐体的 H/D_i、η 之后，先忽略罐底封头容积，则可认为

$$V = \frac{\pi}{4}D_i^2 H = \frac{\pi}{4}D_i^3(H/D_i)$$

故

$$D_i = \sqrt[3]{\frac{4}{\pi(H/D_i)}\frac{V_0}{\eta}} \tag{14-2}$$

将式(14－2)算出的结果圆整成标准直径，并按式(14－3)得罐体的高度

$$H = \frac{V-v}{\frac{\pi}{4}D_i^2} = \frac{4}{\pi D_i}\left(\frac{V_0}{\eta}-v\right) \tag{14-3}$$

式中，v 为封头容积。

将式(14－3)计算长度圆整，然后校核 H/D_i 及 η，如大致符合要求即可。

4. 罐体厚度

罐体厚度应根据其受压情况，按第 9 章及第 10 章介绍的方法计算。

二、传热构件

1. 夹套

夹套是在罐体外面套上一个直径稍大的容器。它与罐体外壁形成密闭空间，在此空间内通入载热或载冷流体，以加热或冷却物料。

常用的整体式夹套结构如图 14－3 所示。

图 14－3(a)仅圆筒部分有夹套，用在传热面积不大的场合。图 14－3(b)为部分圆筒与下封头有夹套，这是一种常用的典型结构。图 14－3(c)为分段式夹套，各段之间设置加强圈或采用能起加强作用的夹套封口结构，此结构适用于罐体细长的情况。图 14－3(d)为全包式夹套，这种结构具有最大的传热面积。

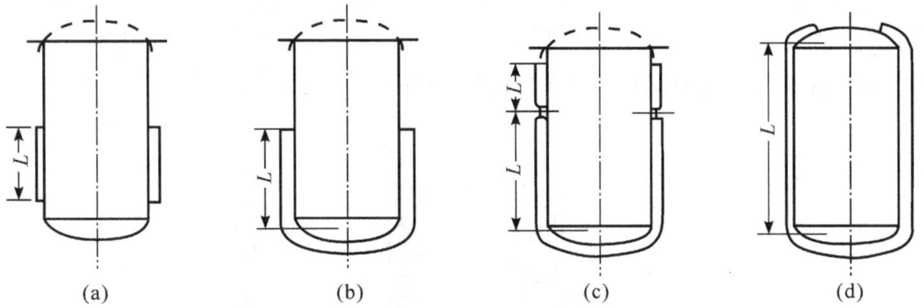

图 14－3　整体夹套的形式

夹套与罐体的连接方式有不可拆式和可拆式。不可拆式夹套如图 14－4(a)、(b)所示，采用夹套与罐体焊接连接，其结构简单，密封可靠。

可拆式夹套如图 14－5(a)、(b)所示，这种结构适用于操作条件差、需要定期检查罐体外表面或者要求定期对夹套进行清洗的场合。此外，当夹套与罐体材料不能用焊接连接时，也只能采用可拆式结构。

夹套的直径 D_j 可根据罐体内径 D_i 按表 14－2 中推荐的数据选取。

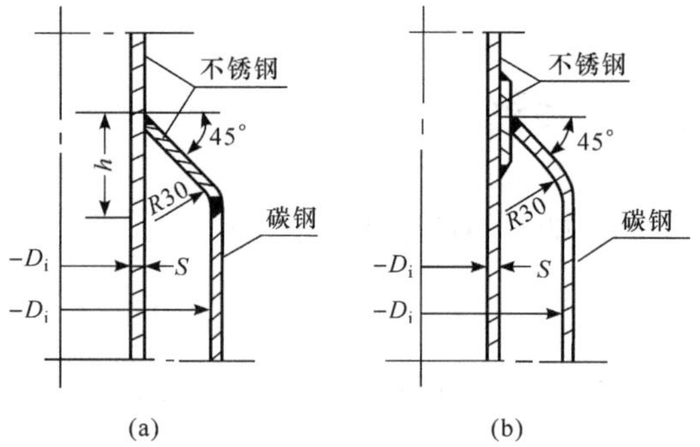

图 14-4　不可拆式整体夹套结构

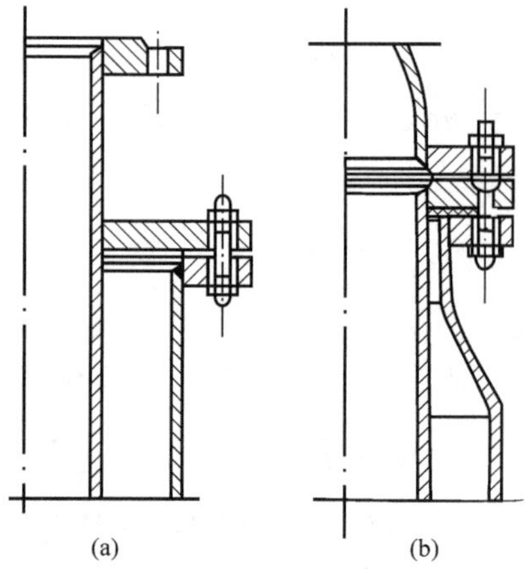

图 14-5　可拆式整体夹套结构

表 14-2　夹套直径 D_j 与罐体内径 D_i 的关系

D_i	50～600	700～1800	2000～3000
D_j	D_i+50	D_i+100	D_i+200

为了保证罐体内料液与夹套内的介质充分传热，夹套高度 H_j 应低于料液的高度。根据装料系数 η 及罐体容积 V，夹套高度 H_j 可按式(14-4)估算

$$H_j > \frac{V\eta - V}{\pi D_i^2/4} \tag{14-4}$$

夹套的壁厚按内压容器设计方法计算，通常整体夹套的压力不能太高，否则因罐体及夹套壁太厚，增加制造的困难。当夹套内介质压力较高或反应器直径较大时，可采用如图 14-6 所示的半圆管、型钢及蜂窝夹套结构。各种夹套的使用范围见表 14-3。

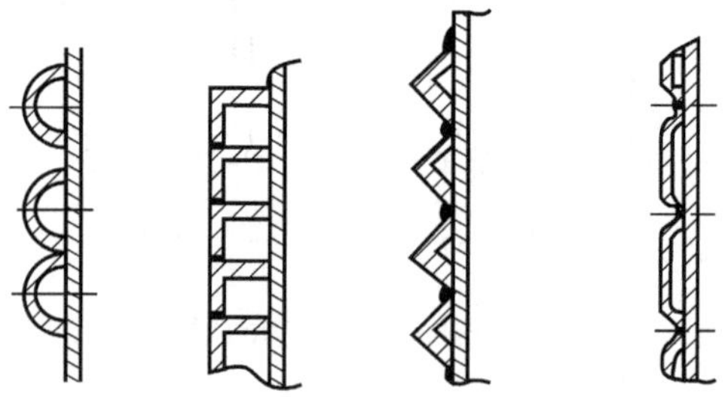

图 14-6　半圆管、型钢和蜂窝夹套结构

表 14-3　几种夹套的使用范围

夹套形式	整体夹套	半圆管夹套	型钢夹套	蜂窝夹套
温度/℃	300～350	280	225	250
压力/MPa	0.6～1.6	1.0～6.4	0.6～2.5	2.5～4.0

2. 蛇管

在搅拌反应器中，如果采用夹套传热不能满足工艺要求或罐体结构不能采用夹套，可采用蛇管传热，单排蛇管结构如图 14－7 所示。由于蛇管沉浸在物料中，热量损失小，传热效果好，还能起到提高搅拌效率的作用。

蛇管的长度不宜过大，否则会因凝液积聚而降低传热效果，而且从很长的蛇管中排出蒸气所夹带的惰性气体也困难。另外，蛇管过长，管内流体流动阻力也增大，如果管径过大，制造加工又困难。一般采用的蛇管公称直径 DN 为 25～70mm，蛇管长度与管径的比值可参考表 14－4 选取。

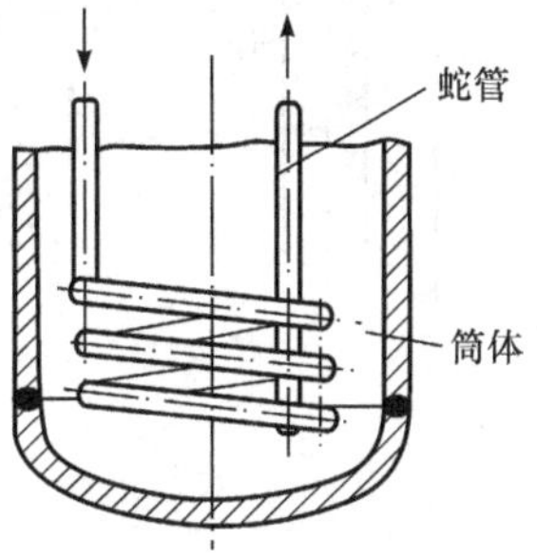

图 14－7　单排蛇管

表 14－4　蛇管长度与管径比值

蒸气压力/MPa	0.045	0.125	0.2	0.3	0.5
管长与管径最大比值	100	150	200	225	275

如果要求传热面积很大，可以制成数排并联的同心圆蛇管组(图 14－8)。其最外圈直径 $D_0=D_i-(200\sim300)$mm，圈间距 $t=(2\sim3)d_0$，圈间垂直距离 $H=(1.5\sim2)d_0$。

蛇管的固定形式有多种。当蛇管中心直径较小、圈数不多、质量不大时，可通过蛇管进出口接管固定在封头上。当蛇管中心直径较大、圈数较多、质量较大时，需将蛇管固定在型钢制作的支架上，常用的固定结构如图 14－9 所示。

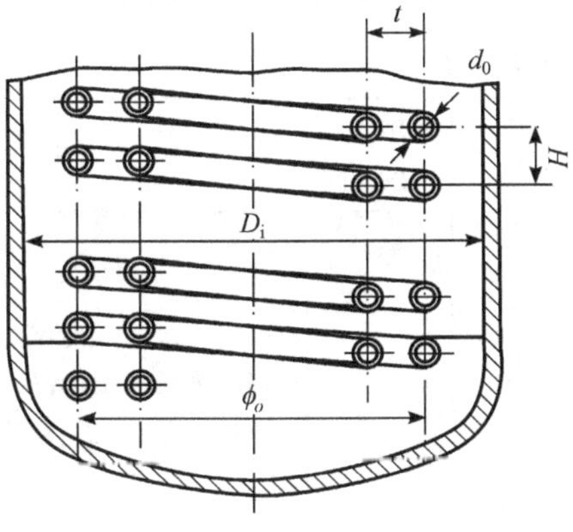

图 14－8　同心圆蛇管组

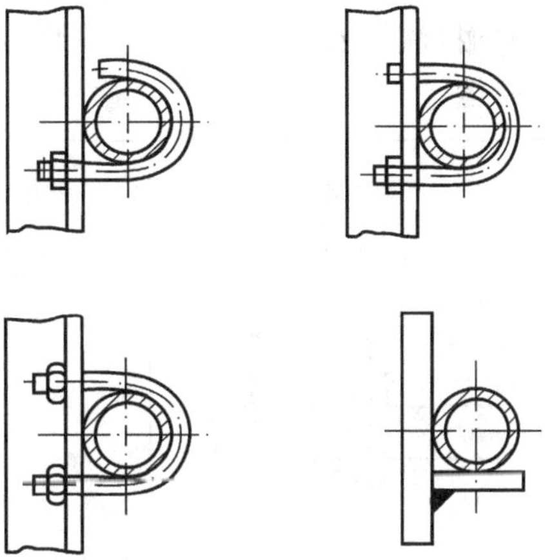
图 14－9　蛇管的固定形式

蛇管进出口一般都设置在封头上。进出口结构要求简单，装拆蛇管方便。常用的蛇管进出口结构如图 14－10 所示。

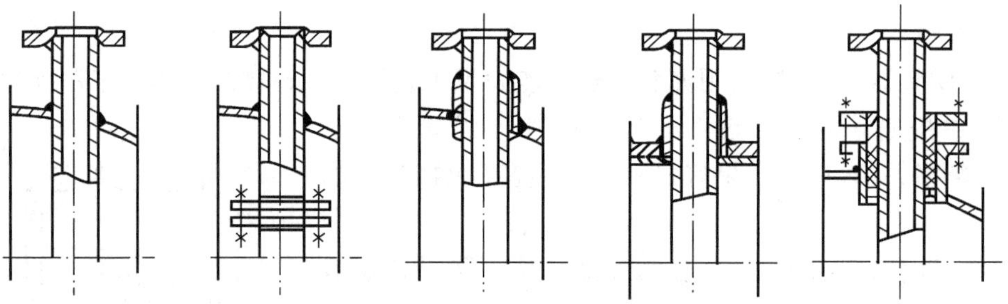

图 14-10　蛇管的进出口结构

§14-3　搅　拌　器

搅拌器是使搅拌介质形成适宜的流动状态而向其输入机械能的装置。不同介质通过搅拌彼此间互相分散，以达到均匀混和、提高化学反应、传质和传热速率的目的。

一、搅拌器的类型和流型

搅拌器的类型很多。常用的搅拌器有桨式、涡轮式、推进式、锚式和框式、螺杆式、螺带式等，它们的结构及主要参数如表 14-5 所示。详细内容参见标准 HG/J 3796.1-2005。

搅拌器的主要部件是桨叶。桨叶形状按搅拌器的运动方向与桨叶表面的角度可分为三类：平直叶、折叶和螺旋面叶。桨式、涡轮式、锚式和框式的桨叶都是平直叶或折叶，而推进式、螺杆式等的桨叶为螺旋面叶。

不同桨叶在搅拌过程中所产生的流型不完全相同。平直叶的运动方向与桨面垂直，桨叶低速运动时，流体的主要流场为水平环流，当桨叶转速增大时，液体的径向流就逐渐增大。

表 14-5　搅拌器类型及重要参数

桨型		简图	常用尺寸	常用运转条件	常用介质黏度范围	流动状态
桨式	平直叶	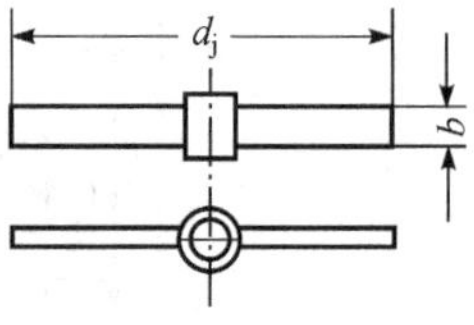	d_j/D_i=0.35～0.80 b/d_j=0.10～0.25 z=2 折叶 θ=45°,60°	n=1～100rpm v=1.0～5.0 m/s	<2Pa · s	低速时水平环向流为主；速度高时为径流型；有挡板时为上下循环流
	折叶	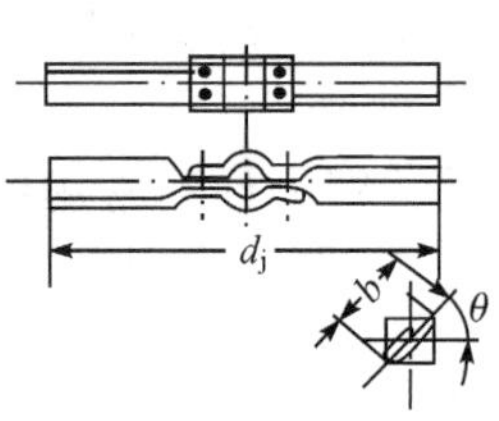				有轴向分流、径向分流和环向分流。多在层流、过渡流状态时操作

续表

桨型		简图	常用尺寸	常用运转条件	常用介质黏度范围	流动状态
涡轮式	平直叶开启涡轮	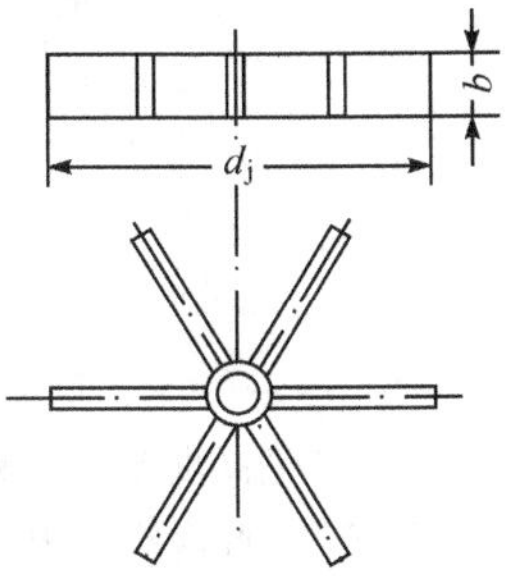	$d_j/D_i=0.2\sim0.5$ $b/d_j=0.15\sim0.3$ $z=3\sim16$	$n=10\sim300$rpm $v=4\sim10$m/s	<50Pa·s	径向流。在有挡板时可自桨叶为界形成上下两个循环流
	后弯叶圆盘涡轮	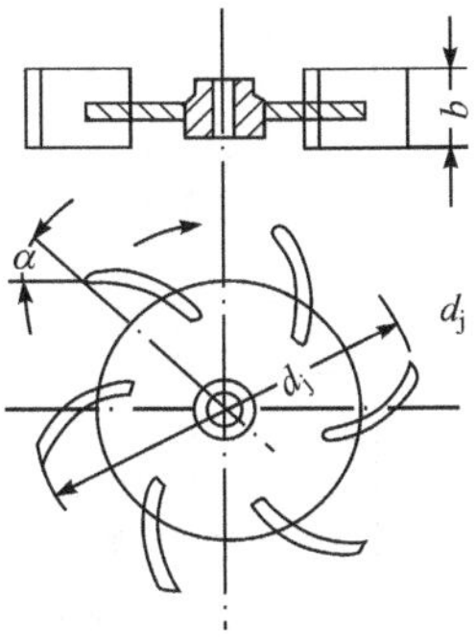	$d_j:l:b$ $=20:5:4$ $z=4$、6、8 $d_j/D_i=0.2\sim0.5$ 后弯叶后弯角 $\alpha=45°$	$n=10\sim300$rpm $v=4\sim10$m/s	<10Pa·s	径向流。在有挡板时可自桨叶为界形成上下两个循环流。圆盘上下的液体混合不如开启涡轮
推进式		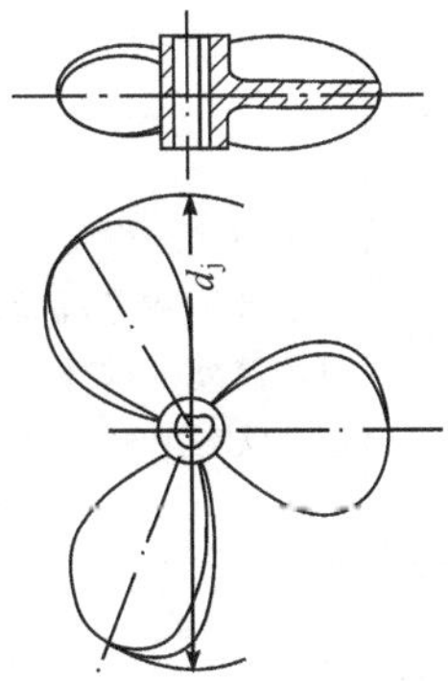	$d_j/D_i=0.2\sim0.5$ $s/d_j=1,2$ $z=2,3,4$	$n=100\sim500$rpm $v=3\sim15$m/s	<2Pa·s	轴流型,循环速率高,剪切力小。采用挡板或导流筒则轴向循环更强

续表

桨型	简图	常用尺寸	常用运转条件	常用介质黏度范围	流动状态
锚式	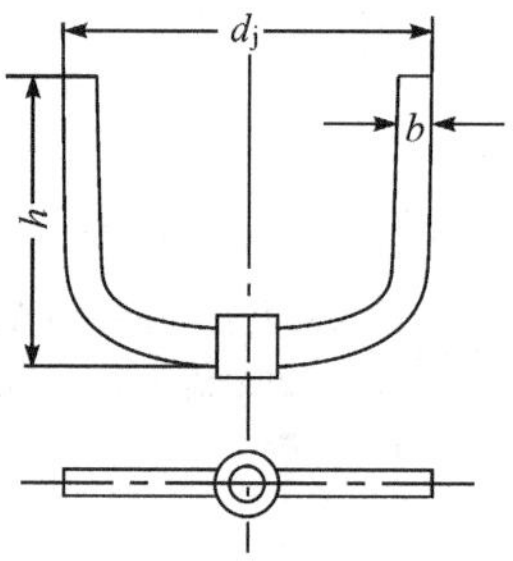	d_j/D_i=0.9～0.98 b/D_i=0.1 h/D_h=0.48～1.0	n=1～100rpm v=1～5m/s	<100Pa·s	不同高度上的水平环向流，如为折叶或角钢型叶可增加桨叶附近的涡流。层流状态操作
框式	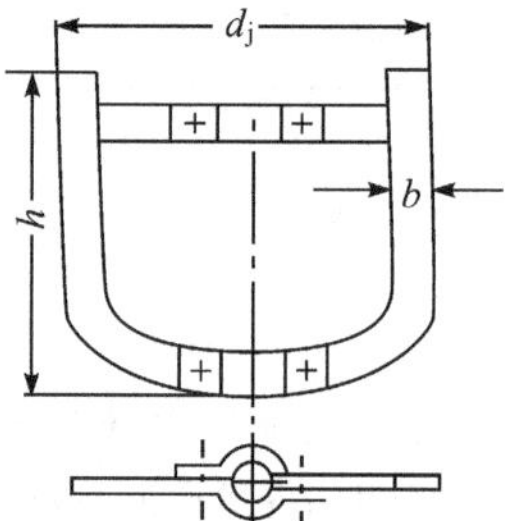				
螺带式	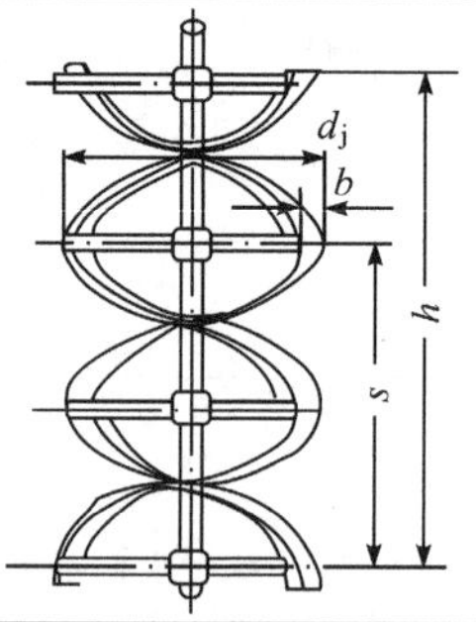	d_j/D_i=0.9～0.98 s/d_j=0.5,1,1.5 b/D_i=0.1 h/d_j=1.0～3.0 (可根据液层高度增大) 螺带条数1,2	n=0.5～50rpm v<2m/s	<100Pa·s	轴流型。一般是流体沿槽壁螺旋上升再沿桨轴而下。层流状态操作
螺杆式	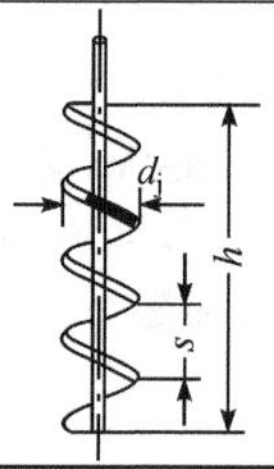	d_j/D_i=0.4～0.5 s/d_j=1、1.5 h/d_j=1.0～3.0 (视液层高度还可增大)	n=0.5～50rpm v<2m/s	<100Pa·s	轴流型。当带有导流筒时，一般液体在导流筒内向下，在导流筒外部的环形空间向上。层流状态操作

注：常用尺寸一栏中 D_i 指罐体的内径。

折叶的桨面与运动方向成一定倾斜角，所以在桨叶运动时，除有水平环流外，还有轴向流，在桨叶速度增加时，还会有径向流。螺旋面叶的桨面与运动方向的倾斜角是逐渐变化的，它产生的流向有水平环向流、径向流和轴向流，其中以轴向流的量最大。

为了区分桨叶排液的流向特点，根据主要排液方向将桨叶分为径向流和轴向流两种类型。平叶的桨式和涡轮式为径向流型，螺旋面叶的推进式、螺杆式等是轴流型，折叶桨则介于二者之间，一般认为它更接近于轴流型。

当搅拌器以一定的转速旋转时，从桨叶排出的高速流体将吸引挟带周围的液体，使静止液或低速流卷入到高速流中，从而使流体在搅拌设备内发生体积循环作用。液体的这种循环流动是物料混和必不可少的流动状态。当要求有效地混和或进行传热传质等搅拌操作时，必须提高液流速度以形成强烈的湍流扩散及剪切流动。

二、搅拌器的选用

根据搅拌过程的目的和搅拌器造成的流动状态选择搅拌器的类型。搅拌器的选用条件如表 14－6 所示。

表 14－6　搅拌器的类型选择

桨型	流动状态			搅拌目的									罐容量范围 /m^3	转速范围 /(m/s)	黏度范围 /(Pa·s)
	对流循环	湍流扩散	剪切流	低黏度液混合	高度黏液混合、传热反应等	分散	溶解	固体悬浮	气体吸收	结晶	传热	液相反应			
桨式	0	0	0	0	0		0	0		0	0	0	1～100	10～300	2
涡轮式	0	0	0	0	0	0	0	0	0	0	0	0	1～100	10～300	50
推进式	0	0		0		0	0	0			0	0	1～1000	100～500	50
锚式	0				0		0						1～100	1～100	100
螺带式	0				0		0						1～50	0.5～50	100
螺杆式	0				0		0						1～50	0.5～50	100

注：表中的记号“0”表示存在、合适；空白的表示没有、不合适或情况不明。

三、搅拌附件

1. 挡板

挡板的安装方式如图 14－11 所示。挡板的作用是将环向流动转变为轴向流动和径向流动，从而限制了流体的流型，增大被搅拌液体的湍动程度，加强搅拌效果。

2. 导流筒

导流筒是一个包围着桨叶的圆筒，常用于推进式和涡流式搅拌器，如图 14－12 所示。导流筒限制了流体的流动路线和流型，它使桨叶排出的液体在导流筒内、外部形成上下的循环流动，这样可得到更大的液流速度和液体循环量，提高搅拌效果。

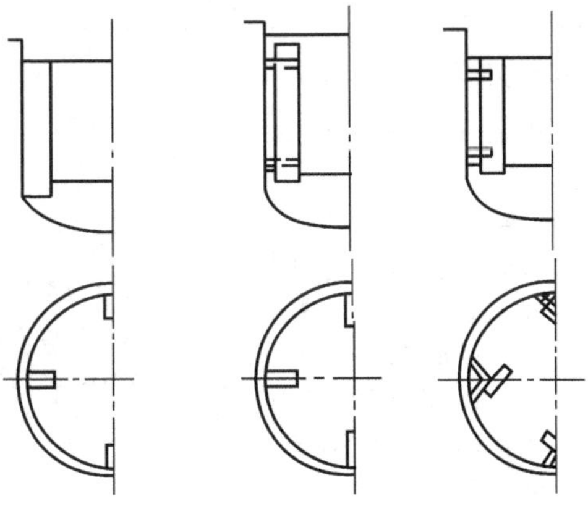

图 14－11　挡板的安装方式

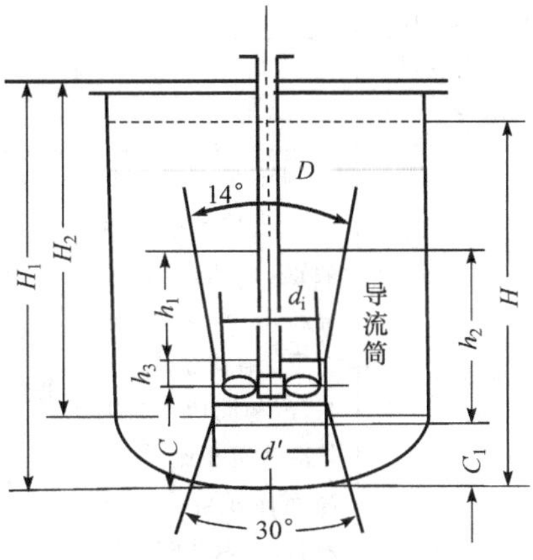

图 14－12　推进式搅拌器的导流筒

§14－4　传动装置及搅拌轴

一、传动装置

搅拌反应器的传动装置通常采用立式布置在罐体的顶部，如图 14－13 所示。它包括电动机、减速装置、联轴器及机座等。

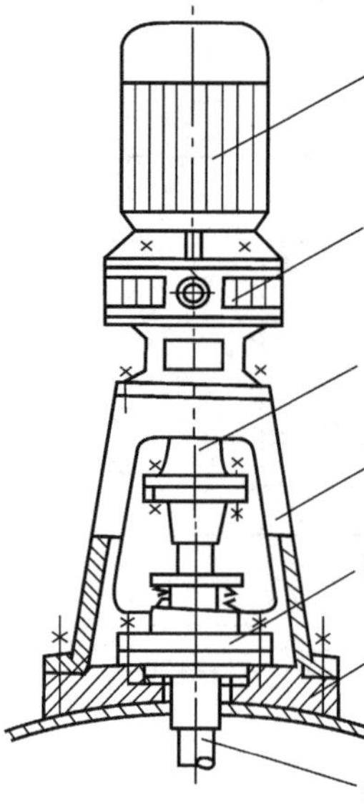

图 14－13　传动装置

1. 电机

电动机应按功率、转速、安装方式及防爆等要求选用。电动机的功率 N_e 主要取决于搅拌功率及传动装置的机械效率，即

$$N_e=\frac{N+N_m}{\eta} \tag{14-5}$$

式中，N 为搅拌功率，kW；N_m 为轴封的摩擦损失功率，kW；η 为传动装置的机械效率。

2. 减速装置

常用的减速装置有摆线针齿行星减速机、两级齿轮减速机、三角皮带减速机和谐波减速机四种。这几种减速机的有关数据、主要特点及应用条件等基本特性如表 14－7 所示。

表 14－7　搅拌反应器用立式减速机的基本特性

特性	减速机类型			
	摆线针齿行星减速机 BLD(电机类型)	两级齿轮减速机 LC(电机类型)	三角皮速减速机 P(电机类型)	谐波减速机 XB(电机类型)
减速比范围	71～15	11～6	4.5～3	360～90
输出轴转速范围 /min^{-1} (配用四极电动机)	20～100	125～250	320～500	4～16
功率范围/kW	0.6～30	0.6～30	0.6～5.5	0.6～13
效率	0.9～0.95	0.93	0.91	>0.83
主要特点	利用少齿差内啮合行星传动的减速装置，减速比大，寿命长，故障少。装拆方便，结构紧凑，重量轻，与同功率的蜗轮减速机相比，效率高而体积可少一半左右，有取代蜗轮减速机的趋向	两级同中心距斜齿轮传动的减速装置，传动比准确，寿命长	单级三角皮带传动的减速装置，结构简单，过载时会产生打滑现象，因此能起安全保护作用。但由于皮带滑动不能保持精确的传动比	利用行星轮为柔轮的少齿差内啮合行星传动的减速装置，减速比可很大

续表

特性	减速机类型			
	摆线针齿行星减速机 BLD(电机类型)	两级齿轮减速机 LC(电机类型)	三角皮速减速机 P(电机类型)	谐波减速机 XB(电机类型)
特性参数	功率、按输出轴轴径而分的机型号、减速比	中心距	三角皮带型号、根数	柔轮分度圆直径
应用条件	对过载和冲击载荷有较强承受能力,可短期过载 75%;允许正反旋转;可用于有防爆要求的车间;与电动机直联供应	允许正反旋转;应采用夹壳联轴器或弹性块式联轴器与搅拌轴连接;不允许承受外加轴向载荷;适用于连续搅拌的化工设备;可用于有防爆要求的车间;与电动机直联供应	允许正反旋转;一般以夹壳联轴器与搅拌轴连接,搅拌器重量可由本机承受,不能用于有防爆要求的车间;适用于连续搅拌的化工设备	可不需多级传动而用于转速极低的搅拌传动装置;可用于有防爆要求的车间

二、搅拌轴

搅拌轴将电动机的动力传递给搅拌器。它承受的是以扭转为主的扭-弯联合作用。轴的强度和刚度按第 5 章介绍的方法计算。下面介绍搅拌轴的临界转速及其支承问题。

1. 轴的临界转速

当搅拌轴的工作转速等于或接近轴的固有频率时,轴将发生强烈振动,即所谓共振现象。发生共振时的转速称为临界转速。工程上轴的转速应避开临界转速。搅拌轴与搅拌器作为一个整体,有多个临界转速。工作转速 n 低于第一临界转速 n_c 的轴称为刚性轴,要求 $n\leqslant 0.7n_c$;工作转速n 大于第一临界转速 n_c 的轴称为柔性轴,要求 $n\geqslant 1.3n_c$。搅拌器的转速一般不是太高,为刚性轴。轴的转速可按表 14-8 选取。

表 14-8 搅拌轴角速度的选取

搅拌介质	刚性轴		柔性轴
	非桨式搅拌器	桨式搅拌器	高速搅拌器
气体		$\frac{n}{n_c}\leqslant 0.7$	
液-固 液-液	$\frac{n}{n_c}\leqslant 0.7$	$\frac{n}{n_c}\leqslant 0.7$ 及 $\frac{n}{n_c}\neq 0.45\sim 0.55$	$\frac{n}{n_c}=1.3\sim 1.6$
液-气	$\frac{n}{n_c}\leqslant 0.6$	$\frac{n}{n_c}\leqslant 0.4$	

临界转速的大小与轴的支承情况及轴径等有关。对于常用的双支承的单层或多层搅拌器(图 14-14),第一临界转速 n_c(单位 r/min)为

$$n_c=\frac{30}{\pi}\sqrt{\frac{3EJ}{m_D L_1^2(L_1+B)}} \tag{14-6}$$

式中,m_D 为轴的等效质量

$$m_D=m_1+m_2\left(\frac{L_2}{L_1}\right)^3+m_3\left(\frac{L_3}{L_1}\right)^3+m_o A \tag{14-7}$$

式中,m_o 为轴外伸端的质量,kg;A 为系数,与轴的外伸端长度 L_1 和支承点距离 B 之比有关,见表 14-9。

表 14-9　双支承一端外伸等截面轴的系数

L_1/B	1.0	1.1	1.2	1.4	1.6	1.8	2.0	2.5	3.0	3.5	4.0	5.0
A	0.279	0.277	0.275	0.271	0.268	0.266	0.264	0.259	0.256	0.254	0.252	0.249

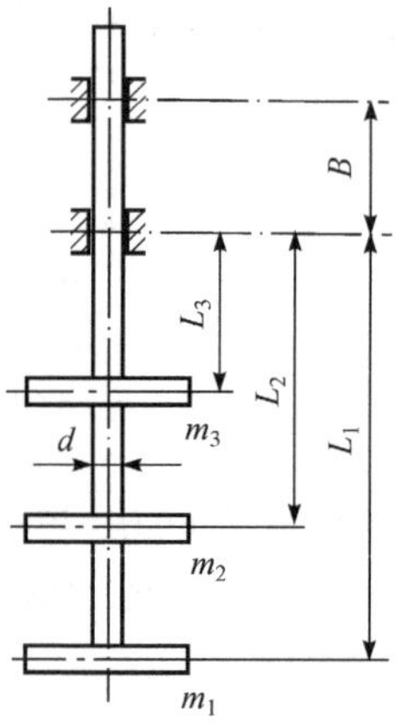

图 14-14　搅拌轴的临界转速计算图

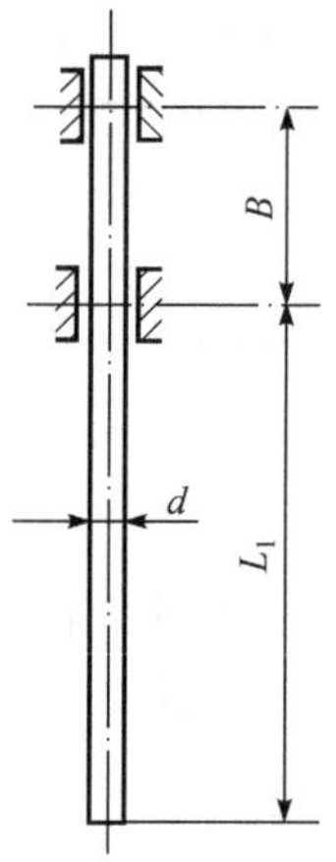

图 14-15　搅拌轴的支承

2. 搅拌轴的支承

一般的搅拌轴仅依靠减速箱内的一对轴承支承,如图 14-15 所示。由于轴的一端外伸入罐内,运转时易发生振动,当轴的悬臂长过大而轴径又很小时,常常会出现将轴扭弯,甚至完全破坏。因此,悬臂支承应满足下列条件

$$\frac{L_1}{B}\leqslant 4\sim 5 \tag{14-8}$$

$$\frac{L_1}{d}\leqslant 40\sim 45 \tag{14-9}$$

当上述两个条件不能满足时,可考虑设置中间轴承或底轴承。

§14-5　搅拌反应器的轴封

设置轴封的目的是保证设备内处于一定正压或真空条件操作,并防止物料的逸出或杂质

的渗入。轴封的主要形式有填料密封和机械密封两种。

一、填料密封

1. 填料密封的结构及工作原理

填料密封的结构如图 14－16 所示，它由填料箱体、填料，压盖及压紧螺栓等组成。箱体放在反应器的顶盖上，装在箱体与轴间环隙中的填料，通过上紧螺栓后由压盖压紧。填料对搅拌轴产生径向压紧力，并由填料中的润滑剂在轴表面形成一层极薄的液膜，使轴得到润滑且起到密封作用。

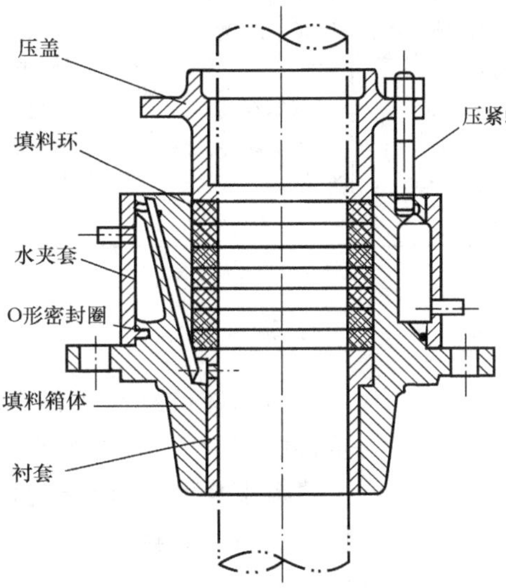

图 14－16　填料密封结构

当设备内温度高于 100℃或轴转动的线速度大于 1m/s 时，填料密封需设置冷却装置。

2. 填料

填料又称盘根，是保持密封的主要元件。为了有良好的密封效果，要求填料富有弹性、耐磨、减摩及良好的导热性等。介质特性、操作温度与填料材质的关系如表 14－10 所示。

表 14－10　几种填料的应用条件

填料名称	牌号(型号标记)	规格(正方形截面，mm)	介质极限条件		适用介质
			温度/℃	压力/MPa	
油浸石棉填料	YS250 YS350 YS450	3，4，5，6，8，10，13，16，19，22，25，28，23，35，38，42，45，50	250 350 450	4.5 4.5 6	蒸汽，空气，工业用水，重质石油，弱酸液等
石棉浸渍四氟乙烯填料	FFB-01 FFB-02 FFC-58	3，4，5，6，8，10，13，16，19，22，25	250 200 200	20	强酸，强碱及其他腐蚀性物质[如液化气(氧、氮等)]，气态有机物品，汽油，苯，甲苯，丙酮，乙烯，联苯，二苯醚，海水等
四氟纤维编结填料浸渍特殊润滑油	NFC1 型，2 型	3×3～20×20 方形 ϕ5～ϕ40 圆形 在此范围内可任选，特殊要求需订做	－200～＋250	30	强酸，强碱及其他腐蚀性强的介质(融熔碱金属和液氟除外)，浸油后不宜用于液氧

续表

填料名称	牌号(型号标记)	规格(正方形截面,mm)	介质极限条件		适用介质
			温度/℃	压力/MPa	
石棉线和尼龙线浸渍四氟乙烯填料	YAB	3×3～20×20 方形 ϕ5～ϕ40 圆形 在此范围内可任选,特殊要求需订做	−30～+200	25	适用弱酸,强碱(如氢氧化钠),纸浆废液,液氮,海水等
柔性石墨填料		圆环形。其截面为正方形,可切口安装。目前有模具规格 200 余种,适合本标准用的规格有: $\phi50\times\phi30$,$\phi60\times\phi40$ $\phi76\times\phi50$,$\phi106\times\phi80$ $\phi48\times\phi32$,$\phi152\times\phi108$ 其他规格均可订做	在非氧化性介质中为−200～+1600,在氧化性介质中为 400	20	乙酸,硼酸,柠檬酸,盐酸,硫化氢,乳酸,硝酸,硫酸,硬脂酸,氨水,氢氧化钠,氯化钠,溴,矿物油料,汽油,二甲苯,四氯化碳等

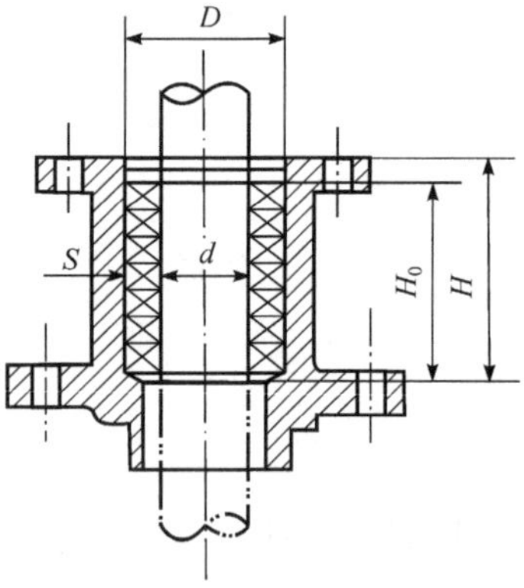

图 14-17 填料箱体的结构

3. 填料箱体

填料箱体的结构如图 14-17 所示,主要结构尺寸为填料室高度 H 和宽度 S。

填料室高度 H 由压力而定。压力越高,所需填料环数就越多,H 就越大,通常取 $H=(6\sim8)S$,常压取 $H=3S$。

填料室宽度 S 根据轴的直径确定

$$S=\frac{D-d}{2}=(1.4\sim2)\sqrt{d} \qquad (14-10)$$

式中,D 为填料室内直径,mm;d 为轴径,mm。

设计时,填料室宽度可按表 14-11 选用。

表 14-11 填料室宽度与轴径的关系

d	30	40	50	65	80	95	110
S	10	10	13	13	13	16	16

填料压盖(图 14-18)的高度 h 应保证填料在磨损后仍能压紧填料,故高度不宜太小,一般取

$$h=\left(\frac{1}{3}\sim\frac{2}{3}\right)H$$

二、机械密封

机械密封由于其密封性能好、使用寿命长、泄漏量低、摩擦功耗小以及不需要经常维护等特点,已经逐渐替代填料密封,广泛应用在搅拌器和反应釜上。

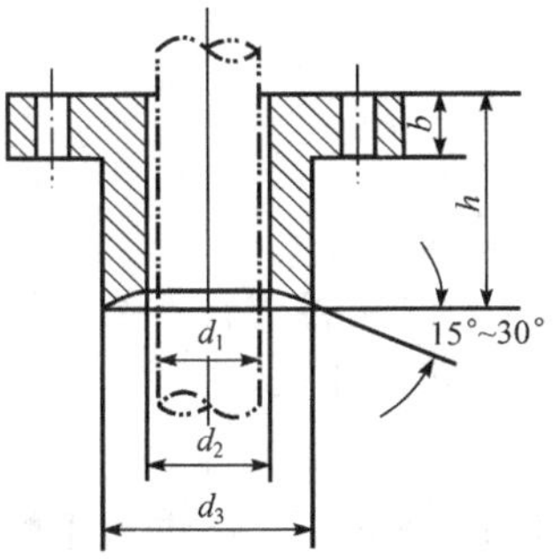

图 14－18　填料压盖

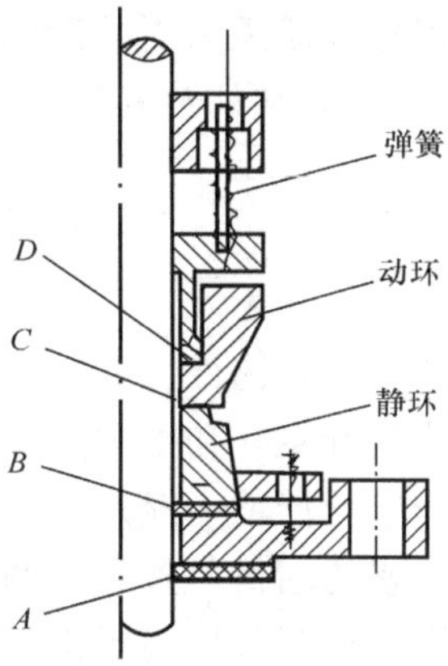

图 14－19　机械密封的结构

1. 机械密封的结构及工作原理

机械密封的结构如图 14－19 所示。它由动环、静环、弹簧加荷装置和辅助密封圈等组成。

机械密封是利用垂直于转轴的两个密封元件的平面贴合和相对转动而实现密封。当轴旋转时，与设备连接的静环不动，安装在轴上的动环与轴一起转动，并通过弹簧力使动环与静环紧密接触，以阻止介质的泄漏而形成密封。显然，机械密封是将易泄漏的轴向圆柱面的密封改变为不易泄漏的端面密封。由于机械密封的功耗小、泄漏量低、密封性可靠，因此广泛用于搅拌反应器、泵等的轴封。

机械密封共有四个密封点。除 C 点的动环与静环之间为动密封外，其余三点为静密封。A 点是静环座与设备间的密封，利用一般“O”形密封圈或者垫片作密封元件。B 点为静环与静环座之间的密封，一般采用具有弹性的辅助密封元件。D 点为动环与轴之间的密封，常用的密封元件为“O”形密封圈。

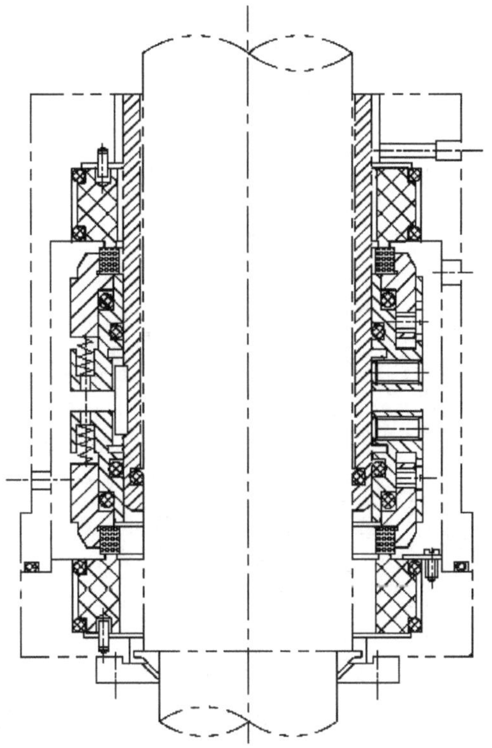

图 14－20　双端面密封

2. 机械密封的分类

根据摩擦副的对数可分为单端面和双端面密封。仅有一对摩擦副的为单端面密封(图 14－19)。单端面密封的结构简单，制造、安装容易，适用于操作压力较低和密封要求一般的场合。

有两对摩擦副的为双端面密封(图 14－20)。双端面密封结构比较复杂，但由于在两摩擦副间的空腔内注有带压的中性液体，使其起到堵封和润滑、冷却作用，故密封效果好，适应范围很广。

此外，根据介质压力对接触面负荷平衡情况分为平衡型和非平衡型；根据弹簧元件置于介质内外分为内装式和外装式等。

习　题

14-1　反应釜传热构件主要有哪几种结构？各使用在什么场合？

14-2　简述折叶桨叶和推进式桨叶的结构特征和流动状态，并说明各适合什么工况条件。

14-3　反应釜搅拌轴一般是刚性轴还是柔性轴？刚性轴的判据是什么？

14-4　反应釜的轴封装置有哪两种？各有何优缺点？

14-5　某搅拌反应釜最高操作压力为0.1MPa，最高操作温度为50℃，介质为丁酮、酮连氮、氨、水等。装料容积4m^3；介质密度ρ=1018kg/m^3，黏度μ=1.5×10^{-3}Pa·s。采用夹套通热水传热，最高温度为80℃。试设计该搅拌反应釜。

第三篇　机械传动装置

第 15 章　带　传　动

§15-1　概　　述

一、带传动的工作原理及类型

带传动是一种应用很广的机械传动装置。其组成如图 15-1 所示，由主动轮、从动轮及传动带组成。传动带以一定张紧力紧套在两带轮上，在带与轮之间的接触表面形成一定的正压力，当主动轮转动时，依靠带与轮之间的摩擦力使从动轮转动，以传递运动和动力。

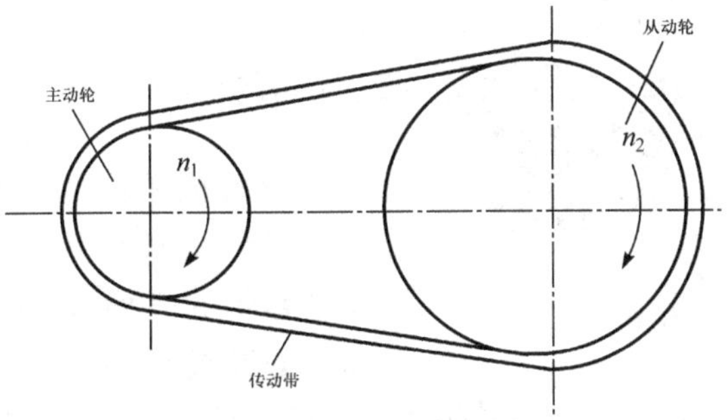

图 15-1　带传动

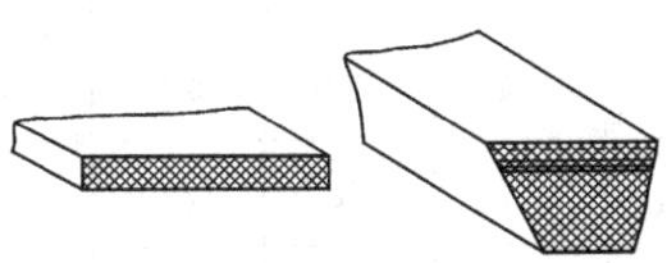

图 15-2　传动带的剖面形状

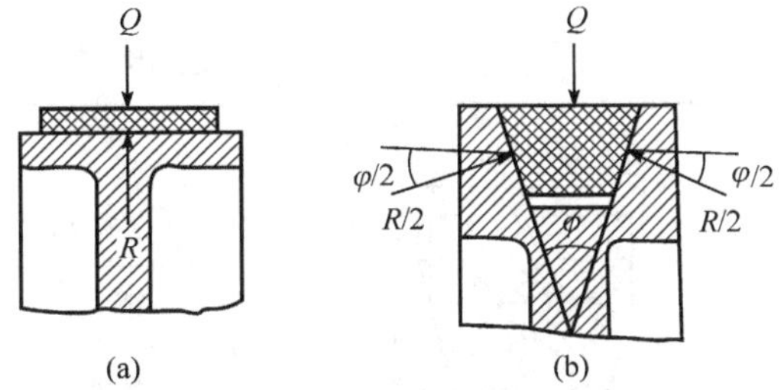

图 15-3　平带和 V 带的比较

传动带按其剖面形状分为平带、V 带、圆带等(图 15-2)。平带适用于中心距较大及传动比较小的场合。平带与 V 带比较，V 带是两侧面与轮槽侧面接触，当二者预紧力相等时，带压向带轮的压力均为 Q [图 15-3(a)、(b)]，则平带与带轮接触面的极限摩擦力为

$$F=Rf=Qf \qquad (15-1)$$

式中，f 为摩擦系数。而 V 带与带轮间的极限摩擦力为

$$F_v = Rf = \frac{Qf}{\sin\frac{\varphi}{2}} = Qf_v \qquad (15-2)$$

式中，φ 为 V 带轮槽的楔角；f_v 为 V 带传动的当量摩擦系数，$f_v = \frac{f}{\sin\frac{\varphi}{2}}$。

从以上分析可知，$f_v > f$，所以 V 带的摩擦力较大，传递的功率大。当传递功率相同时，V 带传动较平带传动紧凑，所以 V 带传动在一般机械中的应用最广泛。圆带则主要用于小功率的传动。

二、带传动的特点

传动带具有一定的弹性，能缓冲、吸振，使传动平稳；过载时，带在带轮上打滑，可防止其他零件的损坏；结构简单，成本低廉；适用于两轴中心距较大的场合。由于传动带的弹性变形，不能保持准确的传动比；传动效率 η 较低（$\eta = 0.94 \sim 0.97$）；轴及轴承的受力大；机构外形尺寸较大；带的寿命较短；传动比不能太大。

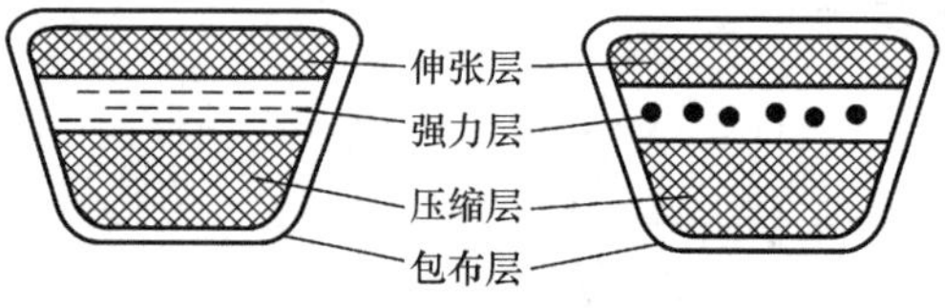

图 15-4　V 带的结构

三、V 带的结构

V 带的横截面为等腰梯形，由包布层、强力层、伸张层、压缩层组成（图 15-4）。包布层由胶帆布覆盖带的表面，起保护内层作用。强力层由胶帘布或胶线绳构成，主要承受工作拉力。伸张层及压缩层为橡胶填充物，弯曲时伸长和压缩，承受弯曲应力。V 带分为普通 V 带、窄 V 带等，普通 V 带又分为 Y、Z、A、B、C、D、E 七个型号，其尺寸如表 15-1 所示。

表 15-1　普通 V 带截面尺寸（mm）

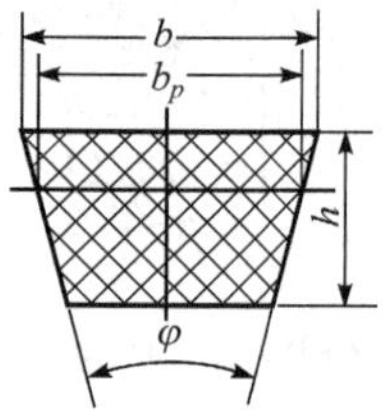	型号	Y	Z	A	B	C	D	E
	节宽 b_p	5.3	8.5	11	14	19	27	32
	顶宽 b	6.0	10	13	17	22	32	38
	高度 h	4.0	6.0	8.0	11	14	19	23
	楔角 φ	40°						

V 带弯曲时，在带中保持原长不变的中性层称为节面，带的节面宽度称为节宽 b_p。在带轮上，与 V 带的节面宽度 b_p 相对应的带轮直径称为基准直径 d。V 带的中性层长度称为基准长度 L_d。基准长度系列如表 15-2 所示。当表 15-2 中数系不满足要求时，可按标准选择其他尺寸。

表 15-2　普通 V 带基准长度系列（摘录）

L_d	型号
200 224 250 280 315 355	Y
400 450 500	Y、Z
560	Z
630 710 800	Z、A
900 1000 1120 1250 1400	Z、A、B
1600	Z、A、B、C
1800 2000 2240 2500	A、B、C
2800	A、B、C、D
3150 3550	B、C、D
4000 4500 5000	B、C、D、E
5600 6300 7100 8000 9000	C、D、E
10000 11200 12500 14000	D、E
16000～20000	E

四、带传动的主要几何参数

带传动的几何参数有包角 α、基准长度 L_d、中心距 a 及带轮的基准直径 d_1、d_2 等。对于带轮两轴平行，转向相同的开口传动（图 15-5），小轮的包角

$$\alpha_1 = 180 - 2\theta$$

θ 角一般较小，以 $\theta \approx \sin\theta = \dfrac{d_2 - d_1}{2a} \cdot \dfrac{180}{\pi}$ 代入上式得

$$\alpha_1 \approx 180° - \frac{d_2 - d_1}{a} \times 57.3° \quad (15-3)$$

带的基准长度

$$L_d = 2\,\overline{AB} + \overset{\frown}{BC} + \overset{\frown}{AD} = 2a\cos\theta + \frac{\pi}{2}(d_1 + d_2) + \theta(d_2 - d_1)$$

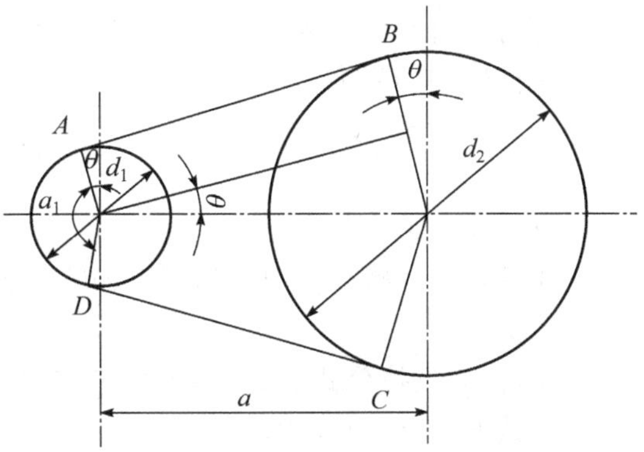

图 15-5　开口传动的几何关系

以 $\cos\theta \approx 1 - \dfrac{1}{2}\theta^2$，$\theta = \dfrac{d_2 - d_1}{2a}$ 代入上式得

$$L_d \approx 2a + \frac{\pi}{2}(d_1 + d_2) + \frac{(d_2 - d_1)^2}{4a} \quad (15-4)$$

§15-2　带传动的工作情况分析

一、带传动的受力分析

带传动在安装时，传动带以一定的初拉力 F_0 张紧在带轮上，如图 15-6(a)所示。此时带轮两边的拉力相等。传动时，由于带与带轮接触面的摩擦力作用，带轮两边的拉力不再相等［图 15-6(b)］。进入主动轮一边，拉力由 F_0 增至 F_1，称为紧边；进入从动轮的一边，拉力由

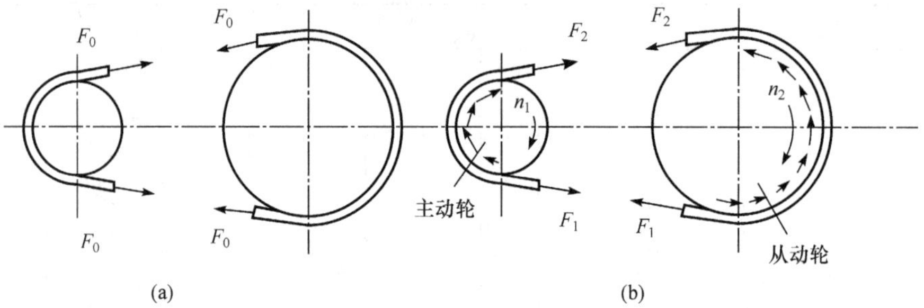

图 15-6 带的受力关系

F_0 降至 F_2，称为松边。设带的总长不变，则紧边拉力的增量 F_1-F_0 应等于松边拉力的减少量 F_0-F_2，即

$$F_1-F_0=F_0-F_2$$

或

$$F_0=\frac{1}{2}(F_1+F_2) \tag{15-5}$$

紧边拉力与松边拉力之差称为有效拉力，即带所传递的圆周力

$$F=F_1-F_2 \tag{15-6}$$

实际上，F 就是带和带轮接触面间摩擦力的总和，当初拉力 F_0 一定时，摩擦力的总和具有极限值，当带传递的有效拉力 F 超过这个极限值时，带将在轮上发生显著的相对滑动，这种现象称为打滑。打滑使带的磨损加剧，从动轮的转速急剧下降，致使传动失效。

带所传递的功率为

$$P=\frac{Fv}{1000} \tag{15-7}$$

式中，v 为带速，m/s。

带在带轮上即将打滑时，紧边拉力 F_1 和松边拉力 F_2 之间的关系为

$$F_1=F_2 e^{f\alpha} \tag{15-8}$$

式(15-8)称为欧拉公式。式中，f 为带与带轮间的摩擦系数；α 为带在带轮上的包角，rad；e 为自然对数的底，e=2.718。

将式(15-5)、式(15-6)、式(15-8)联立求解可得带的初拉力

$$F_0=\frac{1}{2}(F_1+F_2)=\frac{F}{2}\left(\frac{e^{f\alpha}+1}{e^{f\alpha}-1}\right) \tag{15-9}$$

及带在打滑临界状态下的圆周力

$$F=F_1\left(1-\frac{1}{e^{f\alpha}}\right)=2F_0\left(\frac{e^{f\alpha}-1}{e^{f\alpha}+1}\right) \tag{15-10}$$

由式(15-10)可知，增大 F_0、α、f 有利于提高带传动的工作能力。当传动比$i>1$时，$\alpha_1<\alpha_2$，计算式(15-10)时应以 α_1 代入。对于 V 带传动，式中的 f 应以当量摩擦系数 f_v 代入。

二、带传动工作时的应力

1. 带的拉力产生的应力

$$\left.\begin{aligned}&\text{紧边}\qquad \sigma_1=\frac{F_1}{A}\\&\text{松边}\qquad \sigma_2=\frac{F_2}{A}\end{aligned}\right\}\tag{15-11}$$

式中，A 为带的横截面面积。

2. 离心力引起的应力

带在带轮上做圆周运动时产生离心力，该离心力使带受到离心拉力作用，从而产生离心应力。对于做圆周运动的部分带，由离心力与离心拉力的静力平衡关系，得带的离心拉力 F_c 为

$$F_c=qv^2$$

式中，q 为每米带长的质量(表 15-3)，kg/m；v 为带速，m/s。

表 15-3　普通 V 带轮最小基准直径与 V 带质量

V 带型号	Y	Z	A	B	C	D	E
$d_{1\min}$/mm	20	50	75	125	200	355	500
q/(kg/m)	0.04	0.06	0.10	0.17	0.30	0.60	0.87

由离心拉力引起的应力为

$$\sigma_c=\frac{F_c}{A}=\frac{qv^2}{A}\tag{15-12}$$

虽然只有做圆周运动的部分带才产生离心力，但由此产生的拉力却作用于全带上。

3. 带弯曲引起的弯曲应力

传动带绕过带轮时，带受弯曲而产生弯曲应力 σ_b，由第 6 章可得

$$\sigma_b=\frac{2h_aE}{d}\tag{15-13}$$

式中，E 为带材料的弹性模量，MPa。

带的弯曲应力仅存在于包围带轮部分的带上。带在小轮上的弯曲应力比大轮上的弯曲应力大，故需对小带轮的最小直径加以限制，如表15-3所示。

带工作时，全带的合成应力如图 15-7 所示。从图15-7可看出，带经受变应力作用，最大应力在紧边与小带轮接触处，即

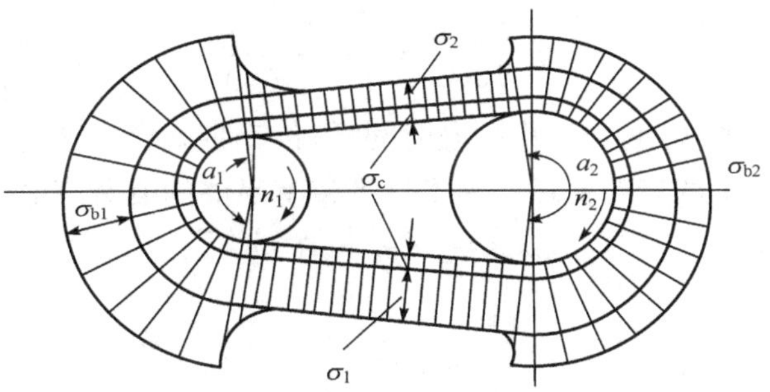

图 15-7　带的应力分布

$$\sigma_{max}=\sigma_1+\sigma_c+\sigma_{b1} \tag{15-14}$$

三、带传动的弹性滑动

传动带具有一定弹性，带承受拉力后必然产生弹性伸长，弹性伸长量与拉力大小成正比。传动时，带的紧边拉力大于松边拉力，所以紧边的弹性伸长量大于松边的弹性伸长量。当带刚绕上主动轮时，带与带轮的速度相等。但带绕过主动轮时，拉力 F_1 逐渐降至 F_2，带的伸长变形随着转动而逐渐减小，带在主动轮上逐渐缩短，因此带速小于轮速，而主动轮的速度不变，带与带轮表面发生相对滑动。这种由带的弹性变形引起带与带轮间的相对滑动称为弹性滑动。这种情况也发生在从动轮上，只是情况恰恰相反，带速大于轮速。

由于弹性滑动，主动轮圆周速度 v_1 大于从动轮的圆周速度 v_2，因此使带传动不能保证准确的传动比。从动轮线速度的降低率称为滑动系数，用 ε 表示，即

$$\varepsilon=\frac{v_1-v_2}{v_2}=\frac{\pi d_1n_1-\pi d_2n_2}{\pi d_1n_1}=\frac{d_1n_1-d_2n_2}{d_1n_1}$$

传动比

$$i=\frac{n_1}{n_2}=\frac{d_2}{d_1(1-\varepsilon)} \tag{15-15}$$

从动轮转速

$$n_2=\frac{n_1d_1(1-\varepsilon)}{d_2} \tag{15-16}$$

一般 V 带的滑动系数 ε=0.01～0.02，计算时可不予考虑。

§15-3　V带的计算准则及功率计算

带传动的主要失效形式是打滑和疲劳破坏。带的计算准则是：在不打滑的前提下，具有一定的疲劳强度。为了保证工作时不发生打滑，必须限制带所传递的圆周力不超过带的最大有效拉力，即

$$F_{max}=F_1-F_2=F_1\left(1-\frac{1}{e^{f_v\alpha}}\right)=\sigma_1A\left(1-\frac{1}{e^{f_v\alpha}}\right)$$

将上式代入式(15-7)得不发生打滑时所传递的功率为

$$P_0=\frac{F_{max}v}{1000}=\frac{\sigma_1A\left(1-\frac{1}{e^{f_v\alpha}}\right)v}{1000} \tag{15-17}$$

由于带经受变应力的作用，当工作一段时间后，传动带就会出现脱层、撕裂或断裂等现象，这就是带在变应力作用下的疲劳损坏。为了保证带有足够的疲劳寿命，应满足

$$\sigma_{max}=\sigma_1+\sigma_c+\sigma_{b1}\leqslant[\sigma]$$

或

$$\sigma_1\leqslant[\sigma]-\sigma_{b1}-\sigma_c \tag{15-18}$$

式中，$[\sigma]$为由疲劳寿命确定的带的许用应力。

将上式代入式(15-17)，得到单根 V 带所传递的功率

$$P_0=\frac{([\sigma]-\sigma_{b1}-\sigma_c)A\left(1-\frac{1}{e^{f_v\alpha}}\right)v}{1000} \tag{15-19}$$

为便于设计，将由实验分析计算得到单根 V 带传递的功率 P_0 列于表 15－4 中。表 15－4 中 P_0 值是在带长一定、载荷平稳、传动比 $i=1(\alpha_1=\alpha_2=180°)$的特定条件下得出来的。

当传动比 $i>1$ 时，带能传递的功率有所增大，其增量用 ΔP_0 表示，则

$$\Delta P_0=K_b n_1\left(1-\frac{1}{K_1}\right) \tag{15-20}$$

式中，K_b 为弯曲系数，见表 15－5；K_1 为传动比系数，见表 15－6；n_1 为主动轮转速，r/min。设计时，ΔP_0 可由标准查出。

表 15－4 普通 V 带基本额定功率 P_0（摘录）

带型	d_1/mm	n_1/(r/min)									
		100	200	400	700	800	900	1200	1450	1600	2000
Z	50		0.04	0.06	0.09	0.10	0.12	0.14	0.16	0.17	0.20
	63		0.05	0.08	0.13	0.15	0.18	0.22	0.25	0.27	0.32
	71		0.06	0.09	0.17	0.20	0.23	0.27	0.30	0.33	0.39
	80		0.10	0.14	0.20	0.22	0.26	0.30	0.35	0.39	0.44
A	75		0.15	0.26	0.40	0.45	0.51	0.60	0.68	0.73	0.84
	90		0.22	0.39	0.61	0.68	0.77	0.93	1.07	1.15	1.34
	100		0.26	0.47	0.74	0.83	0.95	1.14	1.32	1.42	1.66
	125		0.37	0.67	1.07	1.19	1.37	1.66	1.92	2.07	2.44
B	125		0.48	0.84	1.30	1.44	1.64	1.93	2.19	2.33	2.64
	140		0.59	1.05	1.64	1.82	2.08	2.47	2.82	3.00	3.42
	160		0.74	1.32	2.09	2.32	2.66	3.17	3.62	3.86	4.40
	180		0.88	1.59	2.53	2.81	3.22	3.85	4.39	4.68	5.30
C	200		1.39	2.41	3.69	4.07	4.58	5.29	5.84	6.07	6.34
	250		2.03	3.62	5.64	6.23	7.04	8.21	9.04	9.38	9.62
	315		2.84	5.14	8.09	8.92	10.05	11.53	12.46	12.72	12.14
	400		3.91	7.06	11.02	12.10	13.48	15.04	15.53	15.24	11.95
D	355	3.01	5.31	9.24	13.70	14.83	16.15	17.25	16.77	15.63	
	400	3.66	6.52	11.45	17.07	18.46	20.06	21.20	20.15	18.31	
	450	4.37	7.90	13.85	20.53	22.25	24.01	24.84	22.02	19.59	
	500	5.08	9.21	16.20	23.99	25.76	27.50	25.71	23.59	18.88	

表 15－5 弯曲影响系数 K_b

V 带型号	Z	A	B	C	D	E
$K_b\times10^3$	0.2925	0.7725	1.9875	5.625	19.95	37.35

如果 V 带的包角、长度与上述规定条件不同，还应引入相应的系数进行修正。

表 15-6　传动比系数 K_1

传动比 i	1.00～1.01	102～1.04	1.05～1.08	1.09～1.12	1.13～1.18
K_1	1.000	1.0136	1.0276	1.0419	1.0567
传动比 i	1.19～1.24	1.25～1.34	1.35～1.51	1.52～1.99	≥2.00
K_1	1.0719	1.0875	1.1036	1.1202	1.1373

§15-4　V 带传动的设计计算

设计 V 带传动的原始条件为：传动的用途、工作条件、原动机种类、传递的功率、带轮转速及外廓尺寸要求等。

设计计算的主要内容包括：V 带的型号、长度、根数、中心距、带轮直径、材料、结构及作用在轴上的压力等。

设计计算的步骤如下：

1. 确定设计功率 P_d

$$P_d = K_A P \tag{15-21}$$

式中，P 为传递的名义功率，kW；K_A 为工作情况系数，见表 15-7。

表 15-7　工作情况系数 K_A

工作机		原动机					
载荷性质	机器举例	普通鼠笼式交流电动机，同步电机，直流电动机（并激），$n>600$ r/min的内燃机			交流电动机（大转差率，双鼠笼式，单相、滑环式），直流电动机（复激、串激），单缸发动机，$n\leqslant 600$r/min 的内燃机		
		一天运转时间/h					
		≤10	10～16	>16	≤10	10～16	>16
载荷平稳	液体搅拌机，鼓风机，轻型运输机	1.0	1.1	1.2	1.1	1.2	1.3
载荷变动小	带式运输机（砂、煤、谷物），发电机，机床，剪床，压力机，印刷机	1.1	1.2	1.3	1.2	1.3	1.4
载荷变动较大	运输机（斗式、螺旋式），锻锤，磨粉机，纺织机，木工机械	1.2	1.3	1.4	1.4	1.5	1.6
载荷变动很大	破碎机（旋转式，颚式等），辗磨机（球式、棒式），起重机	1.3	1.4	1.5	1.5	1.6	1.8

注：反复启动，正反转频繁，工作条件恶劣场合，K_A 值应乘 1.2；增速传动时，K_A 与增速比有关，K_A 应乘以 1.05～1.28 的系数。

2. 选择胶带型号

根据设计功率 P_d 和小轮转速 n_1，由图 15-8 选取。若临近两种型号的交线时，可选取两种型号分别计算，最后取较好的一种。

3. 确定带轮直径 d_1、d_2

带轮直径小时传动尺寸紧凑，但带的弯曲应力增大，寿命降低，且在一定的转矩下的圆周力增大，带的根数增加，所以带轮直径不能过小。各种型号的 V 带都规定了基准直径，如表 15 - 8 所示。设计时首先确定的小带轮直径 d_1 不得小于表 15 - 3 中的最小直径。

大带轮直径 d_2 为

$$d_2=\frac{n_1}{n_2}d_1(1-\varepsilon)\approx\frac{n_1}{n_2}d_1$$

d_2 仍应按表 15 - 8 的带轮基准直径系列圆整。

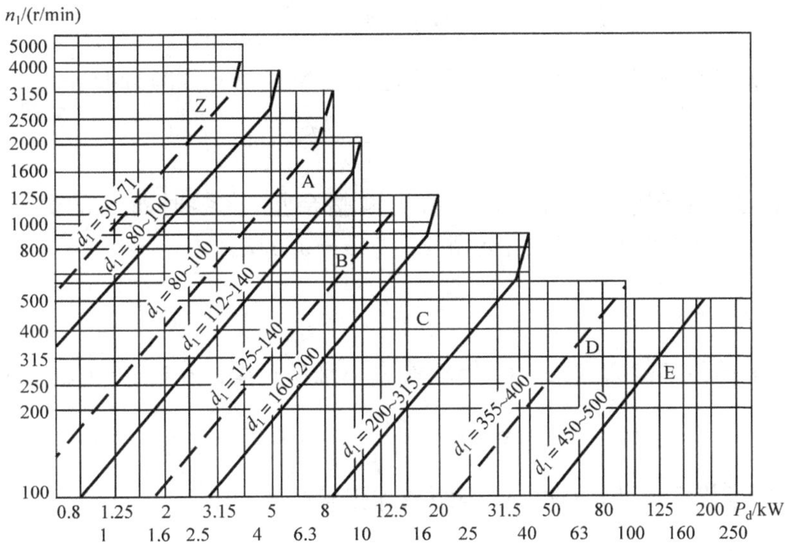

图 15 - 8　普通 V 带的型号选择

表 15 - 8　普通 V 带带轮基准直径（摘录）

d/mm	Z	A	B	d/mm	Z	A	B	C	d/mm	Z	A	B	C
63	★			125	★	★	★		250	★	★	★	★
71	★			132	★	★	★		265				★
75	★	★		140	★	★	★		280	★	★	★	★
80	★	★		150	★	★	★		315	★	★	★	★
85		★		160	★	★	★		355	★	★	★	★
90	★	★		170			★		375				
95		★		180	★	★	★		400	★	★	★	★
100	★	★		200	★	★	★	★	425				
106		★		212					450		★	★	★
112	★	★		224	★	★	★	★	475				
118		★		236				★	500	★	★	★	★

注：带★为优先系列。

4. 带速

$$v=\frac{\pi d_1 n_1}{60\times1000} \tag{15-22}$$

一般应使带速 v 在 5～25m/s。

5. 确定中心距、带长和核算包角 α_1

中心距过大时，有利于增大包角，但易引起带的颤动。中心距过小时，带的变化频率快，小带轮的包角减小，带的寿命和传动能力降低。一般按以下推荐范围初定中心距 a_0

$$0.7(d_1+d_2)\leqslant a_0\leqslant 2(d_1+d_2)$$

由式(15-4)初算带的基准长度，即

$$L_0=2a_0+\frac{\pi}{2}(d_1+d_2)+\frac{(d_2-d_1)^2}{4a_0}$$

并按表 15-2 圆整到标准基准长度 L_d，实际中心距 a 按式(15-23)近似计算

$$a\approx a_0+\frac{L_d-L_0}{2} \tag{15-23}$$

为了便于带的安装调整，应给中心距留出调整余量，安装时所需的最小中心距 $a_{min}=a-0.015L_d$，补偿带伸长所需的最大中心距 $a_{max}=a+0.03L_d$。

6. 小带轮包角 α_1

包角 α_1 大，带的传动能力大；α_1 小，传动能力小且易打滑。小轮包角按式(15-3)计算

$$\alpha_1=180°-\frac{d_2-d_1}{a}\times 57.3°$$

并应满足 $\alpha_1\geqslant 120°$，若不满足，应加大中心距或加张紧装置。

7. 确定 V 带根数 Z

V 带根数按式(15-24)计算

$$Z=\frac{P_d}{(P_0+\Delta P_0)K_\alpha K_L} \tag{15-24}$$

式中，K_α 为包角系数，设计时按表 15-9 取值；K_L 为长度系数，带长不等于特定长度时对寿命的影响，见表 15-10。

表 15-9　包角系数 K_α

小轮包角	180°	175°	170°	165°	160°	155°	150°	145°	140°	135°	130°	125°	120°	110°	100°	90°
K_α	1.00	0.99	0.98	0.96	0.95	0.93	0.92	0.91	0.89	0.88	0.86	0.84	0.82	0.78	0.74	0.69

表 15-10　普通 V 带长度系数(摘录)

基准长度 L_d/mm	K_L			基准长度 L_d/mm	K_L				基准长度 L_d/mm	K_L			
	Z	A	B		Z	A	B	C		A	B	C	D
400	0.87			900	1.03	0.87	0.81		2000	1.03	0.98	0.88	
450	0.89			1000	1.06	0.89	0.84		2240	1.06	1.00	0.91	
500	0.91			1120	1.08	0.91	0.86		2500	1.09	1.03	0.93	
560	0.94			1250	1.11	0.93	0.88		2800	1.11	1.05	0.95	0.83
630	0.96	0.81		1400	1.14	0.96	0.90		3150	1.13	1.07	0.97	0.86
710	0.99	0.83		1600	1.16	0.99	0.93	0.84	3550	1.17	1.10	0.98	0.89
800	1.00	0.85		1800	1.18	1.01	0.95	0.85	4000	1.19	1.13	1.02	0.91

8. 确定带的张紧力

为了保证带的传递功率而又不打滑，单根 V 带所需张紧力，根据式(15－9)并考虑离心力的影响可得

$$F_0 = \frac{F}{2}\left(\frac{e^{f_v\alpha}+1}{e^{f_v\alpha}-1}\right)+F_c$$

将 $F=\frac{1000P}{Zv}$，$F_c=qv^2$ 代入上式，并引进包角系数后化简，得

$$F_0=\frac{500P}{Zv}\left(\frac{2.5}{K_\alpha}-1\right)+qv^2 \qquad (15-25)$$

9. 作用在轮轴上的压力 Q

作用在轮轴上的压力 Q 是设计带轮轴和轴承的依据，通常按带两边初拉力 F_0 的合力计算(图 15－9)

$$Q = 2ZF_0\sin\frac{\alpha_1}{2} \qquad (15-26)$$

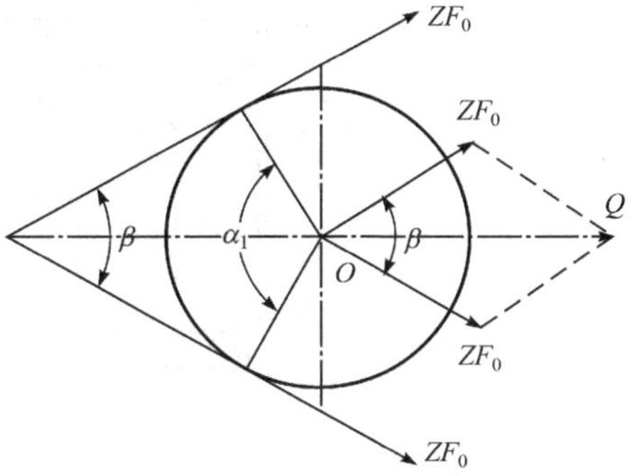

图 15－9　带轮轴的载荷

§15－5　V 带轮的结构和张紧装置

一、V 带轮结构

带传动要求带轮结构合理，易于制造。带轮材料一般用铸铁，转速较高时可用铸钢，小功率时可用铸铝或塑料。根据带轮直径大小采用不同的带轮结构。直径较小时用实体式(图 15－10)，中等直径时用辐板式(图 15－11)，大直径时用轮辐式(图 15－12)。带轮的结构尺寸可从有关设计手册中查取。

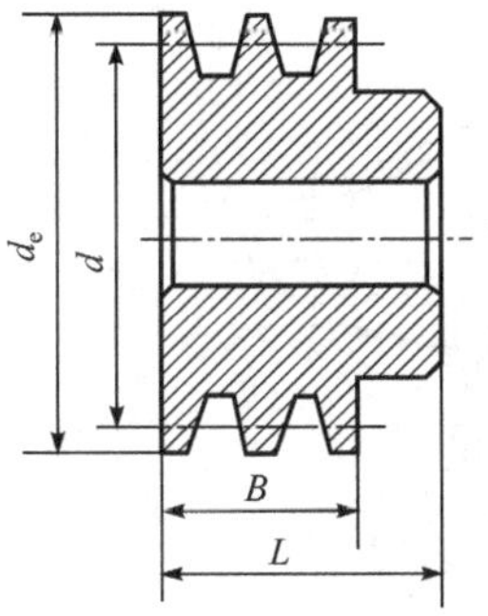

图 15－10　实体式带轮结构

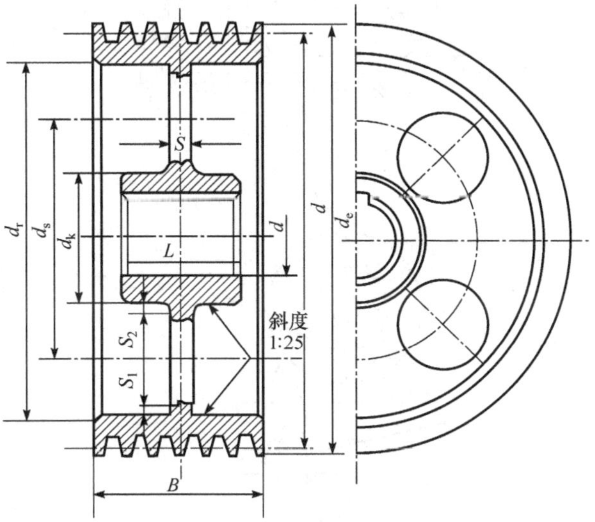

图 15－11　辐板式带轮结构

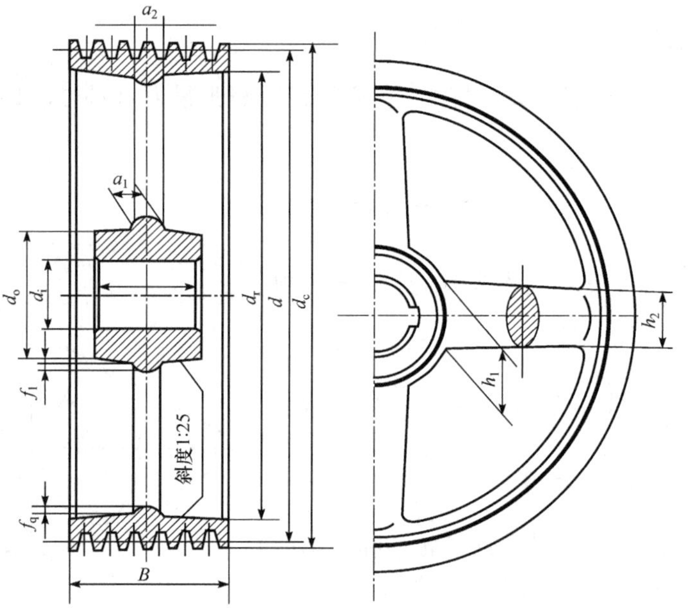

图 15 - 12　轮辐式带轮结构

二、张紧装置

带传动在安装时以一定的初拉力紧套在带轮上，但工作一定时间后，其初拉力将随带的伸长而减小，即产生松弛现象，使传递能力下降。为保证带传动能正常工作，应设置张紧装置，以定期调整或自动张紧。常见的张紧装置如图 15 - 13 所示，(a)、(b)为中心距可调节的定期张

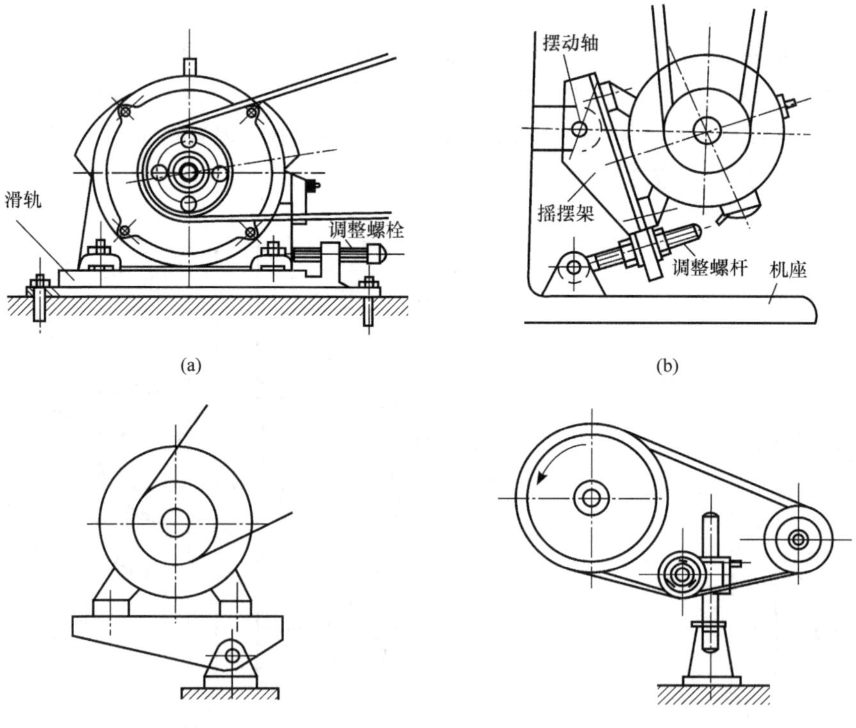

图 15 - 13　带传动的张紧装置

紧装置;(c)为利用电机自重作用的自动张紧装置;(d)是在松边内侧设置张紧轮的装置。

【例】 设计一运输机传动装置的 V 带传动。采用 Y 系列电动机,额定功率$P=7.5\text{kW}$,$n_1=1440\text{r/min}$,$n_2=450\text{r/min}$,载荷变化小,单班制工作。

解　(1) 确定设计功率 P_d。

由表 15-6 得 $K_A=1.1$,故

$$P_d=K_AP=1.1\times7.5=8.25(\text{kW})$$

(2) 选择带型号。

由图 15-8 选用 A 型 V 带。

(3) 确定带轮直径 d_1、d_2。

由表 15-3 及表 15-8 选取 $d_1=125\text{mm}$,则

$$d_2=\frac{n_1}{n_2}d_1=\frac{1440}{450}\times125=400(\text{mm})$$

按表 15-8 取 $d_2=400\text{mm}$。

(4) 验算带速

$$v=\frac{\pi d_1n_1}{60\times1000}=\frac{\pi\times125\times1450}{60\times1000}=9.42(\text{m/s})$$

在推荐带速 5～25m/s 范围内。

(5) 计算中心距 a 和带长 L_d。

按中心距推荐范围 $0.7(d_1+d_2)\leqslant a_0\leqslant2(d_1+d_2)$,即

$$0.7\times(125+400)\leqslant a_0\leqslant2\times(125+400),367.5\leqslant a_0\leqslant1050$$

初取 $a_0=480\text{mm}$。

V 带基准长度

$$\begin{aligned}L_0&=2a+\frac{\pi}{2}(d_1+d_2)+\frac{(d_2-d_1)^2}{4a_0}\\&=2\times480+\frac{\pi}{2}(125+400)+\frac{(400-125)^2}{4\times480}=1824.06(\text{mm})\end{aligned}$$

由表 15-2 取 $L_d=1800\text{mm}$。

实际中心距

$$a\approx a_0+\frac{L_d-L_0}{2}=480+\frac{1800-1824.06}{2}=468(\text{mm})$$

(6) 验算小轮包角

$$\begin{aligned}\alpha&=180^\circ-\frac{d_2-d_1}{a}\times57.30^\circ\\&=180^\circ-\frac{400-125}{468}\times57.30^\circ=138^\circ>120^\circ\end{aligned}$$

满足要求。

(7) 确定 V 带根数。

由表 15-4 得 $P_0=1.91\text{kW}$,由表 15-5 得 $K_b=0.7725\times10^{-3}$。

因为 $i=\dfrac{d_2}{d_1}=\dfrac{400}{125}=3.2$,查表 15-6 得 $K_i=1.14$,故

$$\Delta P_0 = K_b n_1 \left(1-\frac{1}{K_i}\right)$$
$$= 0.7725\times10^{-3}\times1440\left(1-\frac{1}{1.14}\right)=0.14(\text{kW})$$

由表 15 - 9 得 $K_\alpha=0.88$，由表 15 - 10 得 $K_L=1.01$。

$$Z=\frac{P_d}{(P_0+\Delta P_0)K_\alpha K_L}=\frac{8.25}{(1.91+0.14)\times0.88\times1.01}=4.53$$

取 $Z=5$ 根。

(8) 初拉力及轴上的作用力。

由表 15 - 3 得 $q=0.10\text{kg/m}$，则

$$F_0 = 500\frac{P_d}{Zv}\left(\frac{2.5}{K_\alpha}-1\right)+qv^2$$
$$=500\times\frac{8.25}{5\times9.42}\left(\frac{2.5}{0.88}-1\right)+0.10\times9.42^2=170.1(\text{N})$$

$$Q=2ZF_0\sin\frac{\alpha_1}{2}=2\times5\times170.1\times\sin\frac{138}{2}=1588(\text{N})$$

(9) 带轮结构设计(略)。

习　　题

15 - 1　已知 V 带传动所传递的功率 2.2kW，主动轮转速 $n_1=940\text{r/min}$，主动轮直径 $d_1=100\text{mm}$，传动比 $i=2.5$，中心距 $a=530\text{mm}$，当量摩擦系数 $f_v=0.48$，求该传动的有效拉力和紧边拉力。

15 - 2　有一 V 带传动用 A 型带 5 根。已知 $n_1=1440\text{r/min}$，$d_1=125\text{mm}$，$d_2=315\text{mm}$，中心距 $a=445\text{mm}$，载荷平稳，两班制工作，采用 Y 系列电机驱动。计算此 V 带传动所传递的功率。

15 - 3　设计一带式输送机的 V 带传动。已知电机(Y 系列)功率 $P=7.5\text{kW}$，$n_1=720\text{r/min}$，$n_2=250\text{r/min}$，载荷变化小，两班制工作。

第 16 章 齿轮传动

§16-1 概　　述

齿轮传动用来传递任意两轴间的运动和动力，它是现代机械中广泛应用的一种传动零件。齿轮传动具有传动比恒定、工作平稳、效率高、传动功率范围大、结构紧凑、寿命长等优点，但是齿轮也有制造及安装的精度要求高、成本较高、不宜用于轴间距离大的传动等缺点。

齿轮传动的类型很多，按齿轮两轴的相对位置和齿向的不同，齿轮传动分类见图 16-1 及图 16-2。

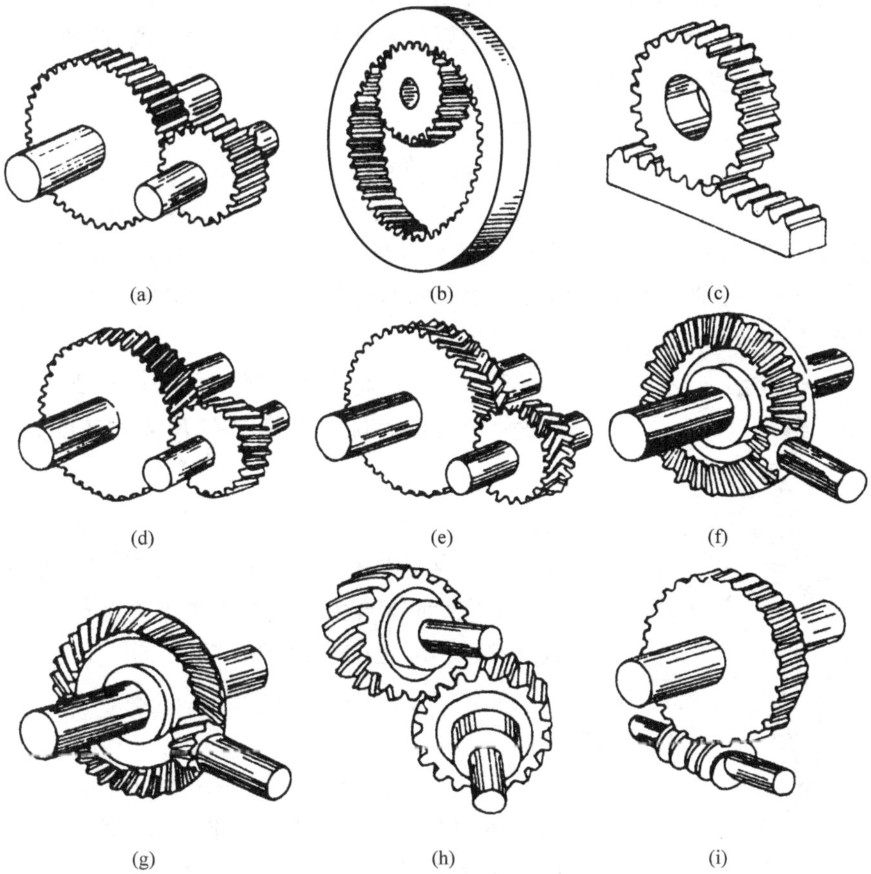

(a)　(b)　(c)　(d)　(e)　(f)　(g)　(h)　(i)

图 16-1　齿轮传动的类型

此外，若按齿轮传动的工作情况，可分为闭式齿轮传动和开式齿轮传动两种。

- 齿轮传动
  - 平面齿轮（两轴平行）——圆柱齿轮
    - 直齿
      - 外啮合[图 16－1(a)]
      - 内啮合[图 16－1(b)]
      - 齿轮与齿条啮合[图 16－1(c)]
    - 斜齿
      - 外啮合[图 16－1(d)]
      - 内啮合
      - 齿轮与齿条啮合
    - 人字齿[图 16－1(e)]
  - 空间齿轮（两轴不平行）
    - 圆锥齿轮（两轴相交）
      - 直齿[图 16－1(f)]
      - 曲齿[图 16－1(g)]
    - 两轴交错
      - 交错轴斜齿轮[图 16－1(h)]
      - 蜗杆蜗轮[图 16－1(i)]

图 16－2　齿轮机构的类型

为了保证齿轮传动的正常运转，齿轮传动应满足以下两个基本要求：

(1) 传动平稳，即传动过程中的瞬时传动比恒定，尽量减少冲击、振动和噪声。

(2) 承载能力高，即要求在尺寸小、质量轻的前提下，轮齿的强度高、耐磨性好，不能因出现断齿、磨损等而降低其使用寿命。

§16－2　齿廓啮合基本定律

齿轮传动是依靠两轮齿的相互嵌合，由主动轮的轮齿依次推动从动轮的轮齿来进行的，这种传动过程称为啮合传动。为了使啮合传动时的瞬时传动比保持不变，轮齿齿廓形状必须遵循一定的规律，下面分析这个问题。

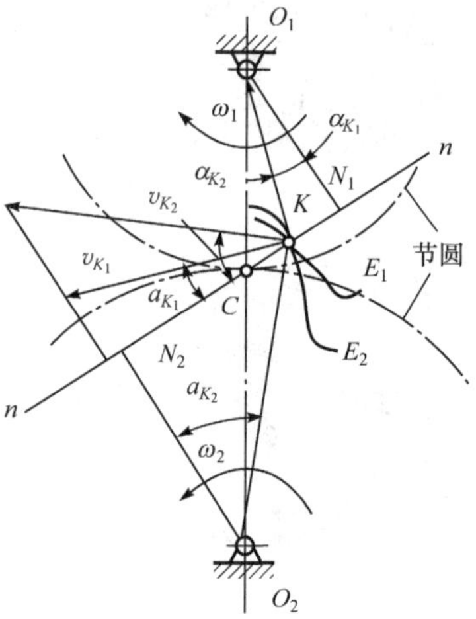

图 16－3　相啮合的二齿廓

图 16－3 为齿轮 1 和齿轮 2 的齿廓在 K 点接触，两轮的角速度分别为 ω_1 和 ω_2，两齿廓在 K 点的速度分别为

$$\left.\begin{aligned} v_{K_1} &= \omega_1 O_1K \\ v_{K_2} &= \omega_2 O_2K \end{aligned}\right\}$$

过 K 点作两齿廓的公法线 nn 与两轮的轴心连线 O_1O_2 交于 C 点。为了保证啮合传动时两齿廓不会互相嵌入或分离，v_{K_1} 和 v_{K_2} 在法线 nn 上的分速度应相等，即

$$v_{K_1}\cos\alpha_{K_1} = v_{K_2}\cos\alpha_{K_2}$$

或

$$\omega_1 O_1K\cos\alpha_{K_1} = \omega_2 O_2K\cos\alpha_{K_2}$$

过 O_1、O_2 点分别作 nn 的垂线交于 N_1、N_2 点，则 $O_1K\cos\alpha_{K_1} = O_1N_1$，$O_2K\cos\alpha_{K_2} = O_2N_2$，又因为 $\triangle O_1CN_1 \backsim \triangle O_2CN_2$，故

$$i_{12} = \frac{\omega_1}{\omega_2} = \frac{O_2N_2}{O_1N_1} = \frac{O_2C}{O_1C} \tag{16-1}$$

式(16－1)表明，两轮的瞬时传动比与两轮连心线被齿廓啮合点的公法线所分得的两线段

成反比。要保证啮合传动的传动比不变，则其两齿廓不论在哪点接触，过接触点所作的齿廓公法线必须与两轮的轴心连线交于一定点 C，这就是齿廓啮合基本定律。C 点称为节点。以 O_1、O_2 为圆心，O_1C、O_2C 为半径所作的两个相切的圆称为节圆。

§16－3　渐开线齿廓

能满足齿廓啮合基本定律的一对齿廓称为共轭齿廓。理论上能作为共轭齿廓的齿廓曲线有无穷多种，但是生产中必须考虑制造、安装等问题，因此实际使用的共轭齿廓曲线仅有渐开线、摆线、圆弧等少数几种，其中以渐开线齿廓应用最广。

一、渐开线的形成和特性

如图 16－4 所示，当一直线在半径为 r_b 的圆上做纯滚动时，直线上任意点 K 的轨迹称为该圆的渐开线，半径为 r_b 的圆称为渐开线的基圆，该直线称为渐开线的发生线。由渐开线的形成可知渐开线具有以下性质：

(1) 发生线沿基圆滚过的长度 $\overline{BK}$ 与所滚过的基圆弧长 $\widehat{AB}$ 相等，即 $\overline{BK}=\widehat{AB}$。

(2) 发生线与基圆的切点 B 为渐开线上 K 点的曲率中心，故发生线 $\overline{BK}$ 为渐开线上 K 点的法线。渐开线上任一点 K 的法线必与基圆相切，渐开线上距 A 点距离越远的点，曲率半径越大。

(3) 渐开线的形状取决于基圆的大小。基圆半径增大，渐开线越平直，当基圆半径趋于无穷大时，渐开线变为直线。

(4) 渐开线上任一点的法线与该点绕基圆转动的速度方向所夹的锐角称为压力角，由图 16－4 可知，K 点的压力角 α_K 可由式(16－2)求出

$$\cos\alpha_K=\frac{\overline{BO}}{\overline{KO}}=\frac{r_b}{r_K} \tag{16-2}$$

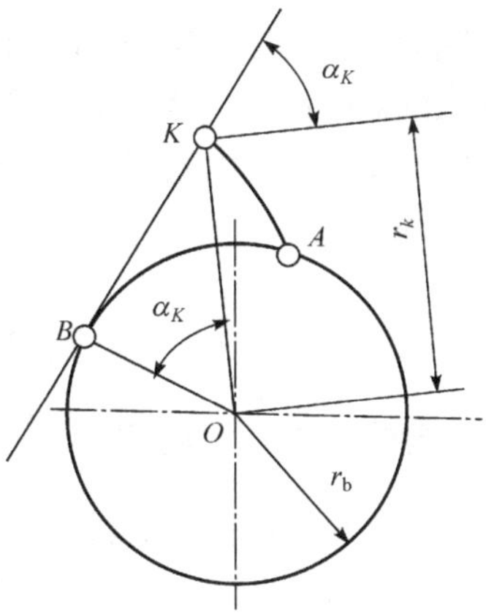

图 16－4　渐开线的形成

式(16－2)表明，渐开线上各点的压力角 α_K 不相等，它随 r_K 的增大而增大，基圆上的压力角为零。

(5) 基圆内无渐开线。

二、渐开线齿廓的特点

1. 渐开线齿廓的传动比不变

如图 16－5 所示的一对渐开线齿廓在 K 点啮合，设两轮的基圆半径分别为 r_{b_1}、r_{b_2}，K 点处的齿廓公法线为 $\overline{nn}$。由渐开线的性质可知，两齿廓曲线在啮合点的公法线就是两基圆的内公切线，而两固定基圆的内公切线只有一条，它与两基圆的连心线交点位置不变。即两齿廓全部啮合点所作公法线 nn 与$\overline{O_1O_2}$连心线交于一定点 C，其瞬时传动比为

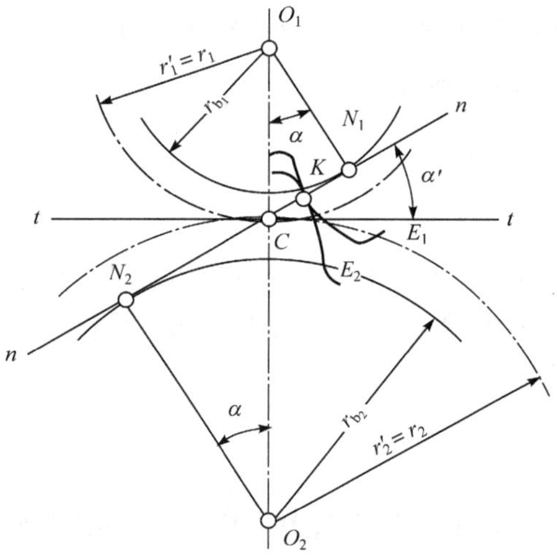

图 16－5 渐开线齿廓的啮合

$$i_{12}=\frac{\omega_1}{\omega_2}=\frac{O_2C}{O_1C}=\frac{r_{b_2}}{r_{b_1}}=\frac{r_2}{r_1}=常数 \quad (16-3)$$

式(16－3)表明渐开线齿廓在啮合过程中，其瞬时传动比恒定不变。当一对渐开线齿轮制成后，基圆半径不变，即使改变了两轮的中心距，其传动比仍将保持恒定，这种性质称为渐开线齿轮传动的可分性。这是渐开线齿轮传动的一大优点，制造、安装等原因导致中心距改变而不会改变瞬间传动比。

2. 渐开线齿廓的受力方向不变

齿轮传动时，两齿廓接触点的轨迹称为啮合线。由于一对渐开线齿廓的啮合点总是在两基圆的内公切线上移动，所以啮合线与两基圆的内公切线重合。啮合线 N_1N_2 称为渐开线齿轮传动的理论啮合线段。过节点作两节圆的公切线 tt，它与啮合线 N_1N_2 所夹的锐角称为啮合角。显然，渐开线齿轮传动中啮合角为常数，在数值上等于节圆上的压力角。啮合角不变，则齿廓间的压力方向不变。如果齿轮传递的转矩恒定，则轮齿之间、轴与轴承之间的压力大小和方向均不变。这对于传动的平稳性极为有利。

§16－4 渐开线标准直齿圆柱齿轮各部分名称和几何尺寸

一、齿轮各部分的名称

渐开线标准直齿圆柱齿轮每一个齿的两侧是由一对反向对称的渐开线组成。根据图 16－6，对齿轮各部分名称定义如表 16－1 所示。

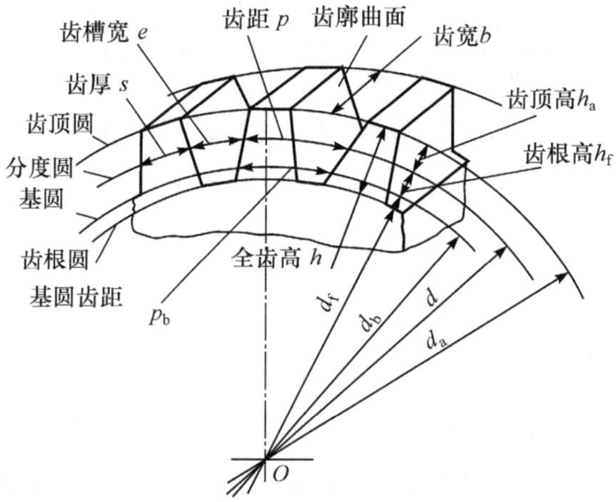

图 16－6 齿轮各部分名称

表 16-1　齿轮各部分名称

部分	符号	定义
齿顶圆	d_a	过齿轮各齿顶端的圆
齿根圆	d_f	过齿轮各齿槽底的圆
齿厚	S_r	轮齿在任意圆周上所切割的弧线长度
齿槽宽	e_r	齿槽在任意圆周上所切割的弧线长度
齿宽	b	齿轮沿轴线方向的宽度
分度圆	d	准标齿轮齿厚及齿槽宽相等的圆
齿顶圆	h_a	齿轮分度圆到齿顶圆间的径向长度
齿根高	h_f	齿轮分度圆到齿根圆间的径向长度
全齿高	h	齿轮齿根圆到齿顶圆间的径向长度
周节	p	相邻齿在分度圆上对应点间的弧长
径向间隙	c	一对啮合齿齿顶与齿根间的径向距离

二、标准直齿圆柱齿轮的基本参数和几何计算

1. 模数

根据齿轮各部分名称定义可知，齿轮的分度圆直径 d、齿数 z 和周节 P 之间的关系为

$$d=\frac{P}{\pi}z \tag{16-4}$$

因为 z 为整数，为使分度圆有比较完整的数值，人为地将周节 P 取为 π 的倍数，此值称为模数，以 m 表示，即

$$m=\frac{P}{\pi} \tag{16-5}$$

由此得

$$d=mz \tag{16-6}$$

模数是确定齿轮尺寸的重要参数。模数越大，周节就越大，齿轮的尺寸也就越大，齿轮承受的载荷也就越大。考虑到设计、制造等方便，模数系列已标准化，如表 16-2 所示。设计标准齿轮时，必须选用标准模数。

表 16-2　标准模数系列摘录(mm)

第一系列	1	1.25	1.5	2	2.5	3	4	5	6	8	10	12	16	20
	25	32	40	50										
第二系列	1.75	2.25	2.75	(3.25)	3.5	(3.75)	4.5	5.5	(6.5)	7	9	(11)	14	18
	22	28	36	45										

注：优先采用第一系列，括号的模数尽量不用。

2. 压力角

由渐开线齿廓性质可知，齿廓各点压力角是变化的，我国标准规定了齿轮分度圆上的压力角为标准值，取 $\alpha=20°$。

3. 齿高系数和径向间隙系数

$$\left.\begin{aligned} h_a &= h_a^* m \\ h_f &= (h_a + c^*) m \end{aligned}\right\} \tag{16-7}$$

式中，h_a^* 称为齿顶高系数；c^* 称为径向间隙系数。二者的标准数值如表 16－3 所示。工程上通常采用正常齿制。

表 16－3　系数 h_a^* 及 c^*

齿型标准	齿顶高系数 h_a^*	径向间隙系数 c^*
正常齿	1	0.25
短齿	0.8	0.3

若 m、α、h_a^*、c^* 均取标准值，且分度圆上齿厚 S 与齿槽宽 e 相等的齿轮称为标准齿轮。渐开线外啮合标准直齿圆柱齿轮的几何尺寸计算如表 16－4 所示。

表 16－4　渐开线标准直齿圆柱齿轮几何尺寸计算

名称	代号	计算公式或选择原则
模数	m	根据齿轮强度要求选用标准值
压力角	α	$\alpha=20°$
齿顶高	h_α	$h_a=h_a^* m$
齿根高	h_f	$h_f=(h_a^*+c^*)m$
全齿高	h	$h=h_a+h_f=(2h_a^*+c^*)m$
齿数	z	根据工作及结构要求确定
分度圆直径	d	$d=mz$
齿顶圆直径	d_a	$d_a=d+2h_a=(z+2h_a^*)m$
齿根圆直径	d_f	$d_f=d-2h_f=(z-2h_a^*-2c^*)m$
周节	p	$p=\pi m$
分度圆齿厚	S	$S=\frac{1}{2}\pi m$
分度圆齿槽宽	e	$e=S=\frac{1}{2}\pi m$
基圆直径	d_b	$d_b=d\cos\alpha$
标准中心距	a	$a=\frac{1}{2}(d_1+d_2)=\frac{m}{2}(z_1+z_2)$
径向间隙	c	$c=c^* m$

§16－5　渐开线直齿圆柱齿轮的啮合

一、渐开线齿轮的正确啮合条件

为了保证一对渐开线齿轮平稳连续传动，必须使两轮中有两对以上的齿同时接触。如图 16－7 所示，前后两对齿的啮合点分别为 K 点和 K' 点，正确啮合时，轮 1 和轮 2 相邻两齿同侧齿廓沿法线的距离 K_1K_1' 和 K_2K_2' 应相等，即

$$K_1K'_1=K_2K'_2$$

由渐开线的性质可知，$K_1K'_1=P_{b_1}$，$K_2K'_2=P_{b_2}$，则

$$P_{b_1}=P_{b_2}$$

又因

$$P_{b_1}=\frac{\pi d_{b_1}}{z_1}=\frac{\pi d_1\cos\alpha_1}{z_1}=\pi m_1\cos\alpha_1$$

$$P_{b_2}=\frac{\pi d_{b_2}}{z_2}=\frac{\pi d_2\cos\alpha_2}{z_2}=\pi m_2\cos\alpha_2$$

所以

$$m_1\cos\alpha_1=m_2\cos\alpha_2$$

由于模数和压力角均已标准化，为使上述关系成立，必须使

$$\left.\begin{aligned}m_1=m_2=m\\ \alpha_1=\alpha_2=\alpha\end{aligned}\right\} \tag{16-8}$$

式(16-8)表明，一对渐开线齿轮的正确啮合条件是：两轮分度圆上的模数和压力角相等。这样，一对齿轮的传动比可表示为

$$i=\frac{\omega_1}{\omega_2}=\frac{d_{b_2}}{d_{b_1}}=\frac{d_2}{d_1}=\frac{z_2}{z_1} \tag{16-9}$$

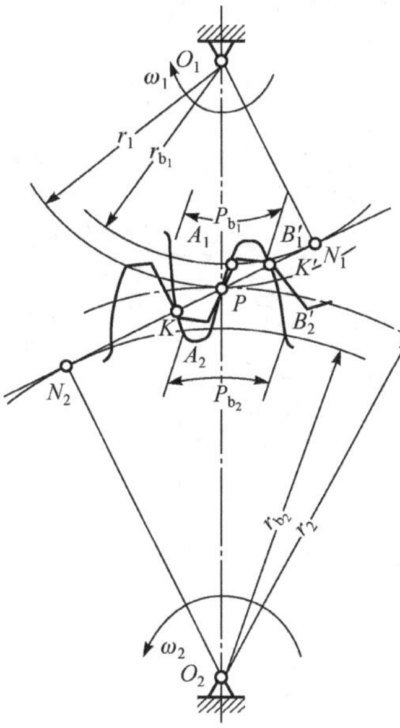

图 16-7　渐开线齿轮的啮合传动

二、渐开线齿轮连续传动的条件

图 16-8 所示为一对相互啮合的齿轮。主动轮 1 的齿根部分与从动轮 2 的齿顶部分在 A 点开始接触，当两齿廓的接触点沿理论啮合线 N_1N_2 移到 E 点时，两齿廓啮合终止。AE 段为点的实际轨迹，称为实际啮合线。如果前一对轮齿啮合于 E 点之前的 A' 点时，后一对轮齿已进入啮合点 A，则传动就能连续进行，即 $AE>AA'$，否则传动发生中断而引起冲击。

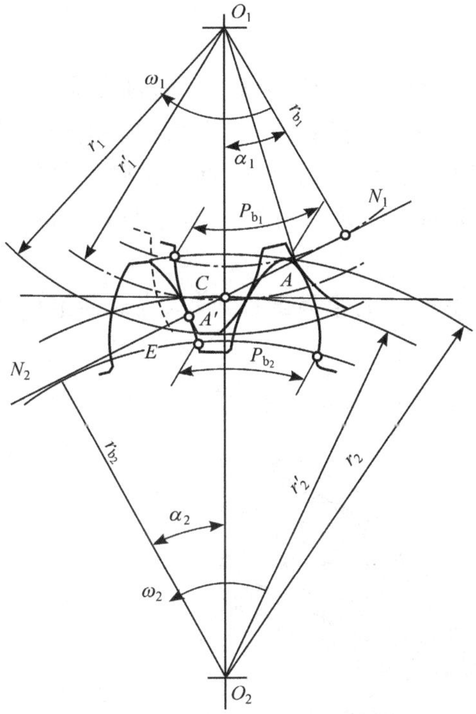

图 16-7　渐开线齿轮的连续传动

由渐开线的性质可知，法向齿距 AA' 等于基圆周节(基节)，即 $AA'=P_{b_1}=P_{b_2}=P_b$。所以保证连续传动的条件是：实际啮合线长度大于或等于基节，即

$$AE\geqslant P_b \text{ 或 } AE/P_b\geqslant 1$$

实际啮合线长度与基节的比值称为重合度，用 ε 表示，即

$$\varepsilon=AE/P_b\geqslant 1 \tag{16-10}$$

$\varepsilon=1$ 时，理论上能保证连续传动，但考虑到制造、安装等因素，设计时通常取 $\varepsilon>1$。

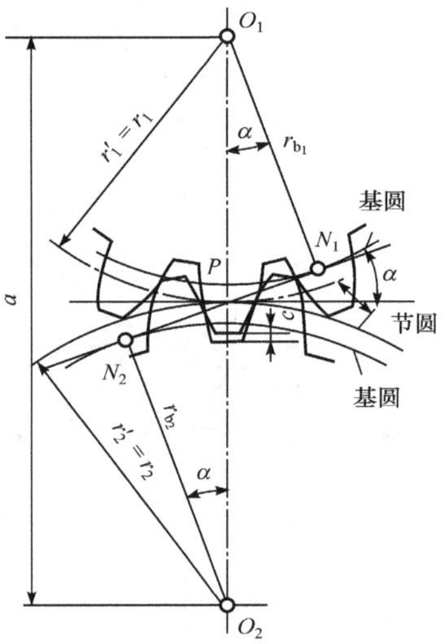

图 16-9　渐开线齿轮传动的中心距

三、渐开线齿轮传动的中心距

一对齿轮传动时，一轮节圆上的齿间 e_1 与另一轮节圆上的齿厚 S_2 之差称为齿侧间隙。一对齿轮啮合时，理论上应达到无齿侧间隙。标准齿轮分度圆上的齿间与齿厚相等，模数相同，故 $e_1=S_1=e_2=S_2=\frac{\pi m}{2}$，若令分度圆与节圆重合，即两分度圆相切，如图 16-9 所示，则 $e_1-S_2=e_2-S_1=0$，齿侧间隙为零。一对外啮合标准齿轮分度圆相切的中心距称为标准中心距，以 a 表示，即

$$a=r_1+r_2=\frac{m(z_1+z_2)}{2} \tag{16-11}$$

§16-6　齿轮的失效形式和齿轮材料

一、齿轮的失效形式

齿轮传递的载荷是直接作用在轮齿上的，轮齿因为载荷作用发生折断和齿面损伤而丧失工作能力的现象称为齿轮的失效。齿轮的失效有以下几种形式。

1. 轮齿折断

齿轮工作时，载荷作用下的轮齿相当于悬臂梁，齿根处弯曲应力最大，而且有应力集中。轮齿由于多次重复载荷作用所引起的弯曲应力超过材料的疲劳极限时，在齿根处出现疲劳裂纹(图 16-10)，裂纹随应力循环次数增加而逐渐扩展，直至轮齿疲劳折断。用脆性材料制成的齿轮，轮齿受短时过载或冲击载荷作用时，因最大弯曲应力超过材料的强度极限而发生轮齿的突然折断。

齿宽较小的直齿圆柱齿轮易产生全齿折断。齿宽较大的直齿圆柱齿轮，当载荷沿齿宽分布不均时，通常产生局部折断。

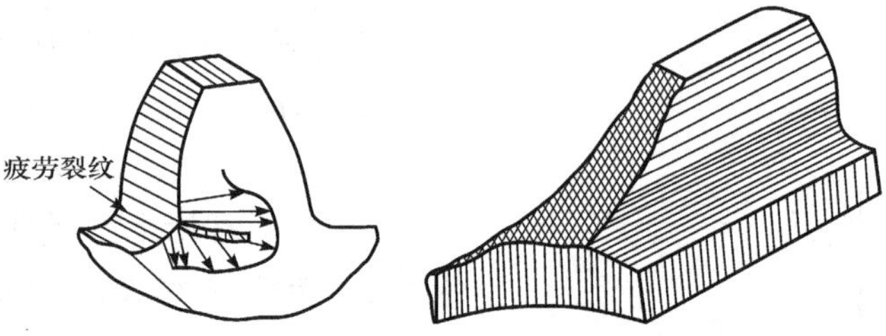

(a) 疲劳折断　　(b) 局部折断

图 16-10　轮齿折断

2. 齿面点蚀

齿轮传动过程中，齿面产生脉动循环变化的接触应力。如果齿面接触应力超过材料的接触持久极限，经载荷的多次重复作用后，齿面表层产生细微的疲劳裂纹，裂纹的扩展导致齿面小块金属的剥落，形成疲劳点蚀。疲劳点蚀一般发生在节线附近的齿根表面，如图 16－11 所示。

软齿面(HB≤350)的闭式传动中，疲劳点蚀是轮齿失效的主要形成。对于开式传动，由于齿面磨损较快，点蚀还未出现即被磨掉，一般看不到点蚀现象。

轮齿产生点蚀后，影响齿轮的正常工作，产生振动和噪声，破坏传动的平稳性。

3. 齿面胶合

高速重载齿轮的轮齿齿面压力大，相对滑动速度高，摩擦引起局部瞬时升温，使润滑油黏度下降致使润滑失效，啮合表面金属软化，造成金属的相互粘连，齿轮继续转动时，较软齿面上的金属沿滑动方向被撕出沟纹，称为齿面胶合，如图 16－12 所示。在低速重载时，齿面压力大，不易形成油膜，也可能出现胶合。

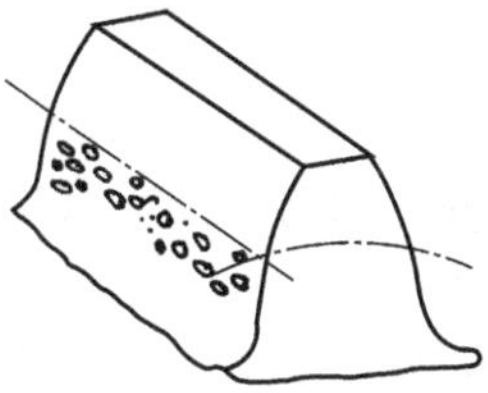

图 16－11　齿面点蚀

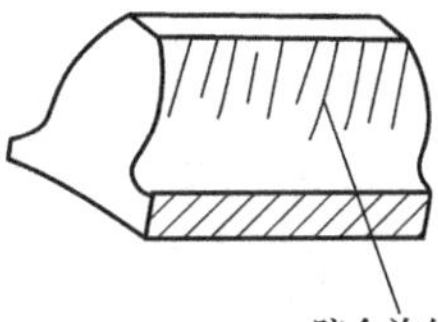

图 16－12　齿面胶合

提高齿面硬度和减小齿面的粗糙度，采用黏度较大的润滑油或含抗胶合添加剂的润滑油，都可以提高齿面抗胶合的能力。

4. 齿面磨损

齿轮的磨损有两种。一种是因灰尘、金属微粒等侵入齿面而产生的微粒磨损，如图 16－13 所示。磨损后齿廓变形，齿侧间隙加大，运转过程中产生冲击和噪声，使平稳的传动失效。另一种是齿面间的相互摩擦而产生的跑合磨损，这种磨损出现在齿轮传动运转的初期，经过一段时间后，磨损就逐渐减少，对齿轮传动并无影响。

磨粒磨损在开式传动中是很难避免的，对于闭式传动，减少齿面粗糙度、保持良好的润滑可防止或减轻磨损。

5. 齿面塑性变形

齿面较软的齿轮过载或重载时，轮齿表面沿摩擦力方向产生塑性变形，使齿面失去正确的形状，如图 16－14 所示。齿面塑性变形多发生在低速重载、频繁启动和过载传动中。提高齿面硬度和润滑油黏度可防止或减轻齿面塑性变形。

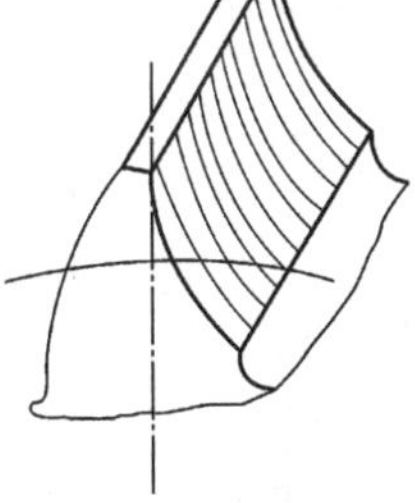

图 16－13　齿面磨损

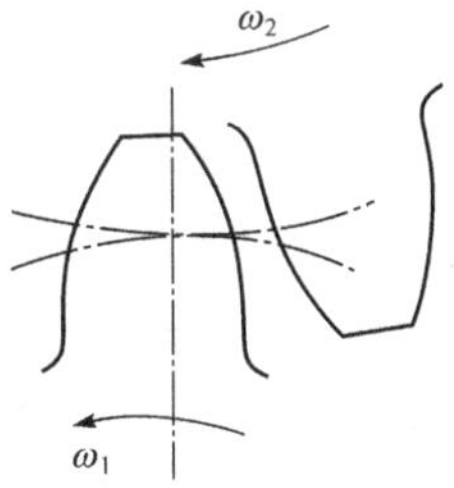

图 16－14　齿面塑性变形

二、齿轮材料

1. 锻钢

锻钢是制造齿轮最常用的材料，主要用于中小尺寸的齿轮。对于齿面硬度 HB≤350 的软齿面齿轮，常采用中碳钢和中碳合金钢，并采用正火及调质热处理。由于齿面硬度不高，因此可在热处理后进行切齿。这类齿轮制造工艺简单，成本低廉，广泛用于一般的机械传动。齿面硬度 HB>350 的硬齿面齿轮，齿坯先经正火或调质处理后切齿，切齿后进行表面淬火或渗碳淬火的硬化处理，齿轮齿面硬度一般为 HRC=40～60。这类齿轮制造工艺复杂，成本较高，常用于高速、重载及冲击载荷作用的机械传动。

2. 铸钢

铸钢可以是碳钢或合金钢。铸钢齿轮用于尺寸较大或结构复杂的齿轮，其热处理方法有退火、正火及调质等。

3. 铸铁

铸铁的弯曲强度、抗冲击能力及耐磨性均较差，但易于加工，成本低廉，常用于功率不大、无冲击及低速的开式齿轮传动中。

4. 非金属材料

对于高速、轻载及精度不高的齿轮传动，为了减少噪声，常用夹布胶塑、尼龙等材料制造。非金属材料齿轮常与钢制齿轮配对使用，传动时利于散热，噪声小。

齿轮常用材料如表 16－5 所示。

表 16－5　齿轮常用材料及力学性能(摘录)

材料	热处理	机械性能/MPa		硬度	
		σ_b	σ_s	HB	HRC
45	正火	588	294	169～217	
	调质	647	373	229～286	
	表面淬火				40～50
35SiMn	调质	785	510	229～286	
42SiMn	表面淬火				45～55
50SiMn	调质	834	539	229～286	
40Cr	调质、表面淬火	735	539	241～286	48～55
20Cr	渗碳、淬火、回火	637	392		56～62
20CrMnTi	渗碳、淬火、回火	1079	834		56～62
ZG310-570	正火	570	310	163～197	
ZG340-640	正火	640	340	179～207	
HT 250		270		175～263	
HT 300		300		182～273	
QT500-7		500	320	170～230	
QT600-3		600	370	190～270	
QT900-2		900	600	280～360	

§16－7 齿轮结构

直径较小的钢制齿轮，当齿根圆直径与轴的直径相差不大时，常将齿轮与轴制成整体，称为轴齿轮(图 16－15)，此时齿轮与轴用同一种材料制造。

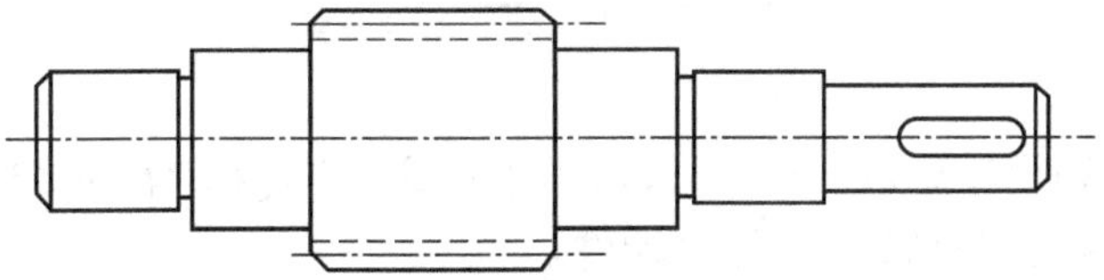

图 16－15 轴齿轮

齿轮的齿顶圆直径 $d_a \leqslant 500\text{mm}$ 时，常采用锻造方法制成辐板式结构，如图16－16 所示。

齿轮的齿顶圆直径 $d_a > 500\text{mm}$ 时，常用铸钢或铸铁制成轮辐式结构，如图16－17 所示。

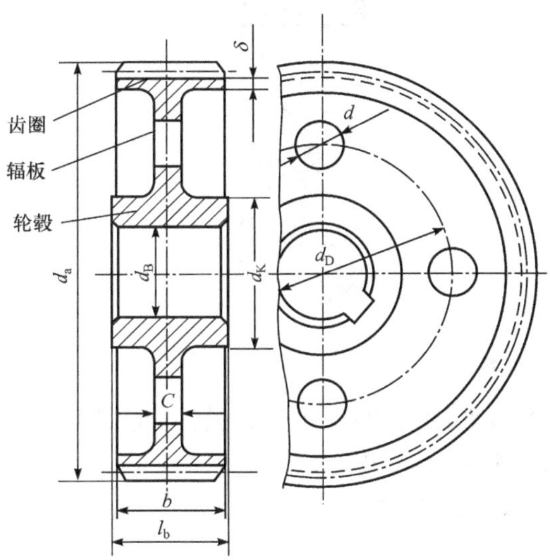

图 16－16 锻造齿轮结构

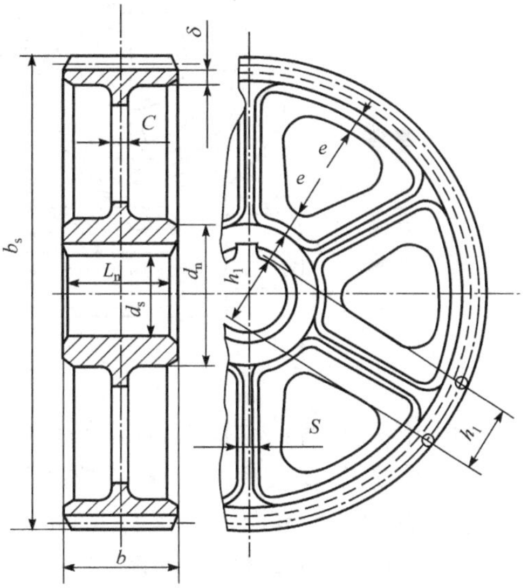

图 16－17 铸造齿轮结构

习 题

16－1 渐开线齿轮传动的可分性是什么？对渐开线齿轮传动的制造、安装有什么影响？

16－2 渐开线齿轮传动中啮合角有什么特征？它与节圆上的压力角有什么关系？

16－3 齿轮的失效形式有几种？齿轮常用材料有哪几种？

16－4 一对外啮合正常齿制标准直齿圆柱齿轮传动，$m=3\text{mm}$，$z_1=19$，$z_2=41$，试计算两齿轮的分度圆直径、齿顶高、齿根高、径向间隙、齿顶圆直径、齿根圆直径、基圆直径、周节、齿厚、齿槽宽和标准中心距。

16－5 已知一对标准直齿圆柱齿轮的标准中心距 $a=160\text{mm}$，$z_1=20$，$z_2=60$，求分度圆直径和模数。

第 17 章　蜗 杆 传 动

§17－1　概　　述

蜗杆传动由蜗杆和蜗轮组成(图 17－1),用于传递空间两交错轴之间的回转运动和动力,轴交角一般为 90°。传动中蜗杆通常是主动件。

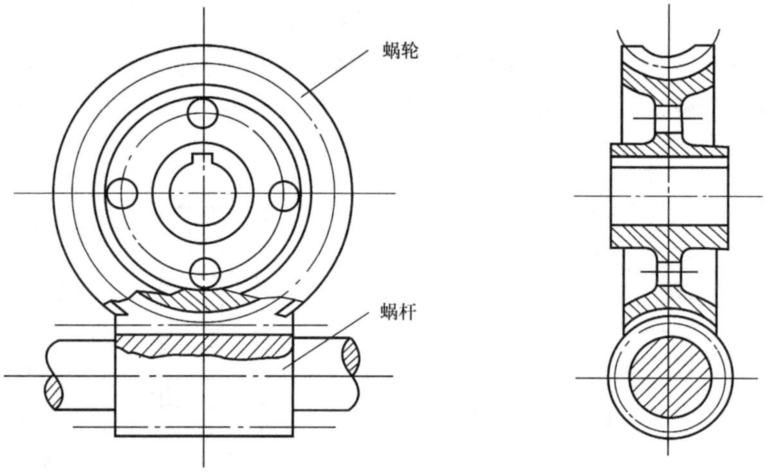

图 17－1　蜗杆传动

蜗杆传动具有传动比大、传动平稳、噪声低、结构紧凑,可以实现自锁的特点,但滑动速度大、磨损严重、传动效率低,且蜗轮常用贵重的青铜制造,成本较高。

根据蜗杆形状的不同,蜗杆传动可分为圆柱蜗杆传动[图 17－2(a)]、环面蜗杆传动[图 17－2(b)]和锥蜗杆传动[图 17－2(c)]。

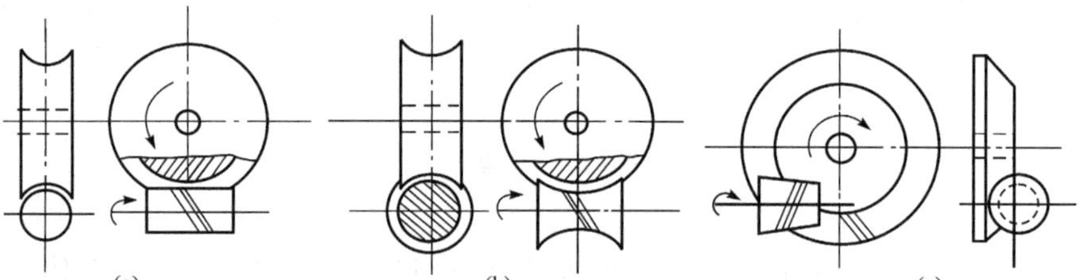

图 17－2　蜗杆传动的类型

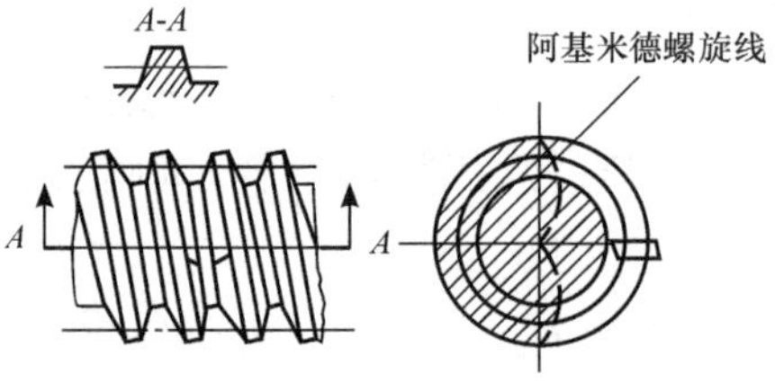

图 17－3　阿基米德蜗杆

圆柱蜗杆传动又有多种形式,按蜗杆的齿面形状分为阿基米德蜗杆和渐开线蜗杆等。

阿基米德蜗杆在垂直于轴线的截面上的齿廓为阿基米德螺旋线,如图 17－3 所示。这种蜗杆制造容易,应用很广。本章仅讨论阿基米德圆柱蜗杆传动。

§17－2　蜗杆传动的主要参数和几何计算

一、蜗杆传动的主要几何参数

1. 模数 m 和压力角 α

通过蜗杆轴线并垂直于蜗轮轴线的平面称为中间面，如图 17－4 所示。蜗杆传动的设计计算是以中间平面的参数和几何关系为准的。

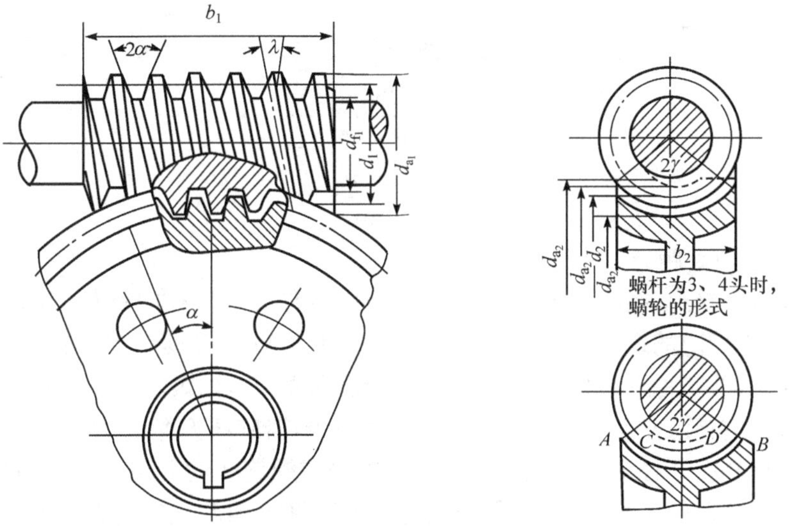

图 17－4　蜗杆传动

阿基米德蜗杆传动的正确啮合条件是：蜗杆轴面模数 m_{a_1} 和轴面压力角 α_{a_1} 应分别等于蜗轮端面模数 m_{t_2} 和端面压力角 α_{t_2}，即

$$m_{a_1}=m_{t_2}=m$$

$$\alpha_{a_1}=\alpha_{t_2}=\alpha$$

式中，m 为标准模数，见表 17－1；α 为标准压力角，$\alpha=20^\circ$。

表 17－1　m 与 d_1 的匹配值（摘录）

m/mm	1	1.25	1.6	2
d_1/mm	18	20　22.4	20　28	(18)　22.4　(28)　35.5
m/mm	2.5	3.15	4	
d_1/mm	(20)　25　(31.5)　45	(25)　31.5　(40)　56	(31.5)　40　(50)　71	
m/mm	5	6.3	8	
d_1/mm	(40)　50　(63)　90	(50)　63　(80)　112	(53)　80　(100)　140	
m/mm	10	12.5	16	
d_1/mm	(71)　90　(112)　160	(90)　112　(140)　200	(112)　140　(180)　250	

2. 蜗杆分度圆直径 d_1 和螺旋线升角 λ

蜗杆分度圆直径 d_1 与蜗杆螺旋线头数 z_1、螺旋线升角 λ 和模数 m 有关。如果沿蜗杆分

度圆直径 d_1 将螺旋线展开(图 17－5),得

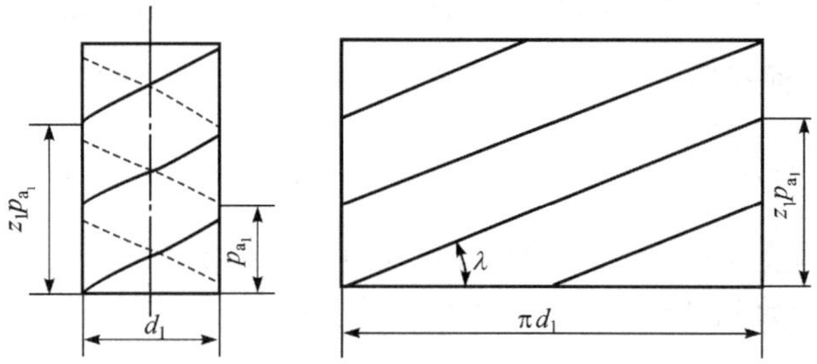

图 17－5

$$\tan\lambda=\frac{z_1 p_{a_1}}{\pi d_1}=\frac{z_1 m}{d_1}$$

$$d_1=\frac{z_1 m}{\tan\lambda} \tag{17-1}$$

式中,p_{a_1} 为蜗杆轴向齿距,$p_{a_1}=\pi m$。

由式(17－1)可看出,在同一模数下,因 λ 不同,会有很多直径的蜗杆,并且需要很多型号的蜗杆滚刀来切制相应的蜗轮,在制造中很不经济,为了减少刀具的型号和数目,蜗杆分度圆直径 d_1 亦标准化,并对每一个模数 m 规定了一定数量的 d_1,如表 17－1 所示。

蜗杆螺旋线有右旋、左旋之分。蜗杆分度圆柱上的螺旋线升角 λ 为蜗杆端面与螺旋线切线的夹角,而蜗轮分度圆柱上的螺旋角 β 是蜗轮轴线与螺旋线的夹角。对于轴交角为 90°的蜗杆传动,为了保证传动的正确啮合,必须使蜗杆分度圆柱上螺旋线升角 λ 等于蜗轮分度圆柱上的螺旋角 β,即

$$\lambda=\beta$$

当蜗杆分度圆直径 d_1 和头数 z_1 选定后,蜗杆分度圆柱上的螺旋升角 λ 也就确定了。为了提高传动效率,设计时宜采取较大的螺旋线升角 λ。但 λ 过大时,蜗杆的加工较困难,并且齿面间相对滑动速度增加。

3. 齿数和传动比

蜗杆齿数 z_1 即蜗杆螺旋线的头数,一般取 $z_1=1\sim4$,最多到 6。当要求传动比大或自锁时,可取 $z_1=1$,但传动效率低;当 z_1 增多时,可提高传动效率,但制造难度增大。

蜗杆传动的传动比等于蜗轮齿数 z_2 与蜗杆齿数 z_1 之比,即

$$i=\frac{n_1}{n_2}=\frac{z_2}{z_1} \tag{17-2}$$

蜗轮齿数 $z_2=iz_1$,一般取 $z_2=29\sim83$。i 与 z_1、z_2 的推荐值见表 17－2。

表 17－2 蜗杆传动的 i 与 z_1、z_2 的推荐值

传动比 $i=n_1/n_2$	7～8	9～13	14～27	28～40	≥40
蜗杆头数 z_1	4	3～4	2～3	1～2	1
蜗轮齿数 z_2	28～32	27～52	28～81	28～80	>40

4. 齿面间的相对滑动速度 v_s

由图 17－6 可知，蜗杆的圆周速度 v_1 和蜗轮的圆周速度 v_2 的方向都是沿各自的分度圆切线，蜗杆传动即使在节点 C 处啮合，齿廓间也有较大的相对滑动，相对滑动速度 v_s 沿蜗杆螺旋线方向，为

$$v_s=\sqrt{v_1^2+v_2^2}=\frac{v_1}{\cos\lambda}=\frac{\pi d_1 n_1}{6000\cos\lambda} \qquad (17-3)$$

相对滑动速度是蜗杆传动的一个重要参数，它对齿面的润滑情况、齿面失效形式及传递效率都有很大影响。

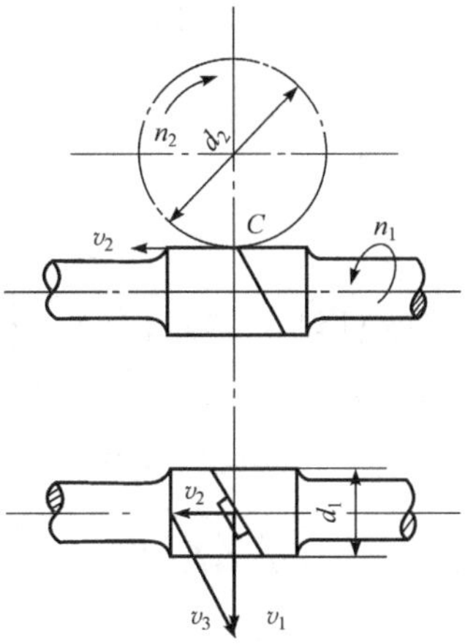

图 17－6　蜗杆传动的相对滑动速度

二、蜗杆传动的几何计算

普通圆柱蜗杆传动的几何尺寸计算如图 17－4 及表 17－3 所示。设计蜗杆传动时，首先确定传动的主要参数，然后计算蜗杆、蜗轮的几何尺寸。

表 17－3　普通圆柱蜗杆传动的几何尺寸计算

名称	计算分式	
	蜗杆	蜗轮
分度圆直径	d_1	$d_2=mz_2$
齿顶高	$h_a=m$	$h_a=m$
齿根高	$h_j=1.2m$	$h_j=1.2m$
齿顶圆直径	$d_{a_1}=d_1+2h_a$	$d_{a_2}=m(z_2+2)=d_2+2h_a$
齿根圆直径	$d_{f_1}=d_1-2h_j$	$d_{f_2}=d_2-2h_j$
蜗杆轴向齿距 p_{a_1} 蜗轮端面齿距 p_{t_2}	$p_{a_1}=p_{t_2}=p=\pi m$	
顶隙	$c=0.20m$	
中心距	$a=0.5(d_1+d_2)$	

§ 17－3　蜗杆传动的受力分析、失效及材料选择

一、蜗杆传动的受力分析

蜗杆传动的受力分析如图 17－7 所示。作用在齿面上的法向力 F_n 可分解为三个相互垂直的分力：圆周力 F_t、轴向力 F_a 和径向力 F_r。由于蜗杆轴与蜗轮轴交错成 90°，所以在蜗杆与蜗轮齿面间，F_{t_1} 与 F_{a_2}、F_{a_1} 与 F_{t_2} 及 F_{r_1} 与 F_{r_2} 是三对互为作用与反作用的力，即

$$\left.\begin{aligned} F_{t_1} &= -F_{a_2} = \frac{2T_1}{d_1} \\ F_{a_1} &= -F_{t_2} = \frac{2T_2}{d_2} \\ F_{r_1} &= -F_{r_2} = F_{a_1}\tan\alpha \end{aligned}\right\} \quad (17-4)$$

式中，T_1 为蜗杆轴的转矩，N·mm，按式(5－8)计算；T_2 为蜗轮轴的转矩，N·mm，$T_2=T_1 i\eta$，i 为传动比，η 为传动效率，按式(17－5)计算。

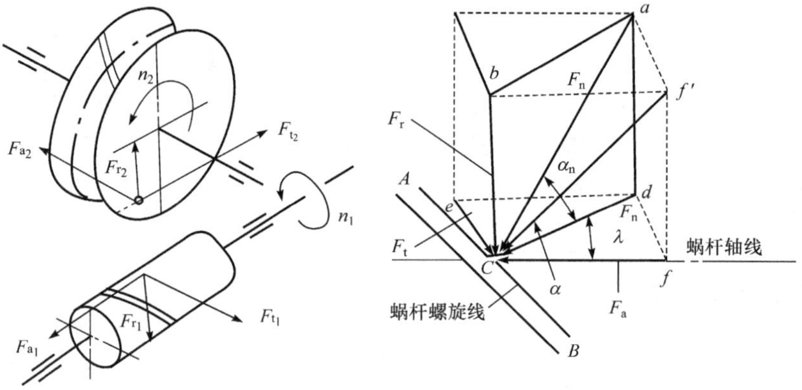

图 17－7　蜗杆传动的受力分析

二、蜗杆传动的失效形式

蜗杆传动的失效形式与齿轮传动类似，但由于蜗轮材料强度一般比蜗杆低，故失效多发生在蜗轮轮齿上。由于蜗杆传动齿面间的相对滑动速度大，效率低，发热量大，所以其主要失效形式是蜗轮齿面胶合、点蚀和磨损。

设计时除了采用良好的散热、润滑、合理选材及提高加工精度等措施外，对于闭式蜗杆传动，还必须控制齿面的接触应力而进行齿面接触疲劳强度计算，必要时校核齿根的弯曲疲劳强度，此外还需进行热平衡计算。对于开式传动，只需进行蜗轮齿根的弯曲疲劳强度计算。对蜗杆尚需进行刚度计算。

三、材料选择

蜗杆传动的材料不仅要有足够的强度，而且要求材料具有优良的跑合性能、耐磨性能和抗胶合能力。

1. 蜗杆材料

蜗杆一般用碳钢或普通低合金钢，对于低速中载的一般蜗杆，可采用 45 钢经调质处理。对于重要的蜗杆用渗碳钢，如 20Cr、20CrMnTi 等，也可用表面或整体淬火钢，如 40Cr、40CrNi 等。

2. 蜗轮材料

蜗轮材料主要根据滑动速度来选择，常用的蜗轮材料为铸造锡青铜(ZCuSn10Pb1、ZCuSn5Pb5Zn5)、铸造铝铁青铜(ZCuAl10Fe3)及灰铸铁(HT200、HT250)等。锡青铜耐磨性好、抗胶合能力强，但价格较高，一般用于滑动速度较大的重要传动中；铝铁青铜有足够的强度，价格便宜，但耐磨性和抗胶合能力差，用于滑动速度较低的传动中；灰铸铁则用于滑动速度 $v\leqslant 2\text{m/s}$ 的不重要传动。

§17-4　蜗杆传动的效率、润滑和热平衡计算

一、蜗杆传动的效率

闭式蜗杆传动的效率 η 由三部分组成，即

$$\eta = \eta_1 \eta_2 \eta_3 \tag{17-5}$$

式中，η_1 为啮合效率，当蜗杆为主动件时

$$\eta_1 = \frac{\tan\lambda}{\tan(\lambda + \rho)} \tag{17-6}$$

式中，ρ 为当量摩擦角，如表 17-4 所示；η_2 为轴承效率，$\eta_2=0.99$；η_3 为搅油效率，$\eta_3=0.99$。

表 17-4　蜗杆传动的当量摩擦角 ρ

滑动速度 v_s/(m/s)	锡青铜蜗轮蜗杆齿面硬度		无锡青铜蜗轮蜗杆齿面硬度
	HRC>45	其他情况	HRC≥45
0.01	6°17′	6°51′	10°12′
0.05	5°09′	5°43′	7°58′
0.10	4°34′	5°09′	7°24′
0.25	3°43′	4°17′	5°43′
0.50	3°09′	3°43′	5°09′
1.0	2°35′	3°09′	4°00′
1.5	2°17′	2°52′	3°43′
2.0	2°00′	2°35′	3°09′
2.5	1°43′	2°17′	2°52′
3.0	1°36′	2°00′	2°35′
4	1°22′	1°47′	2°17′
5	1°16′	1°40′	2°00′
8	1°02′	1°29′	1°43′
10	0°55′	1°22′	—
15	0°48′	1°09′	—
24	0°45′	—	—

二、蜗杆传动的润滑

蜗杆传动的发热量比齿轮传动大，因此合理选择润滑剂和润滑方式，对保证传动的正常运行，提高寿命十分重要。润滑方法的选择与齿面相对滑动速度有关，当齿面相对滑动速度 $v_s \leqslant 10$m/s 时多采用浸油润滑方式；当 $v_s > 10$m/s 时多采用压力喷油润滑。润滑油选择见表 17-5。

表 17-5　润滑油选择

滑动速度 v_s/(m/s)	≤2.2	2.2～5	5～12	>12
油黏度 /cst(40℃)	612～748	414～506	288～352	198～242
油牌号	680	460	320	220

三、热平衡计算

由于蜗杆传动的效率低、发热量大，在闭式传动中，如果散热条件不好，油温将不断升高而

导致齿面胶合失效。因此，对连续工作的闭式蜗杆传动应进行热平衡计算。使油温 t_1 与周围空气温度 t_0 之差不超过允许值，即

$$\Delta t = \frac{1000P_1(1-\eta)}{K_t A} \leqslant \Delta t_j \tag{17-7}$$

式中，Δt 为温差，$\Delta t = t_1 - t_0$，℃；P_1 为蜗杆传递的功率，kW；η 为传递效率；Δt_j 为温差允许值，通常取 $\Delta t_j = 60 \sim 70$℃；K_t 为箱体散热系数，K_t 与冷却方式有关，自然冷却时，$K_t = 7 \sim 15$ W/(m^2 · ℃)，风扇冷却 $K_t = 20 \sim 25$W/(m^2 · ℃)；A 为箱体散热面积，m^2。

为保证正常工作油温所需的散热面积为

$$A \geqslant \frac{1000P_1(1-\eta)}{K_t \Delta t_j} \tag{17-8}$$

当散热条件不能满足时，可采用增加散热面积或提高散热系数等方法来提高其散热能力。

§17－5　蜗杆和蜗轮的结构

蜗杆一般与轴做成一个整体，称为蜗杆轴，如图 17－8 所示。

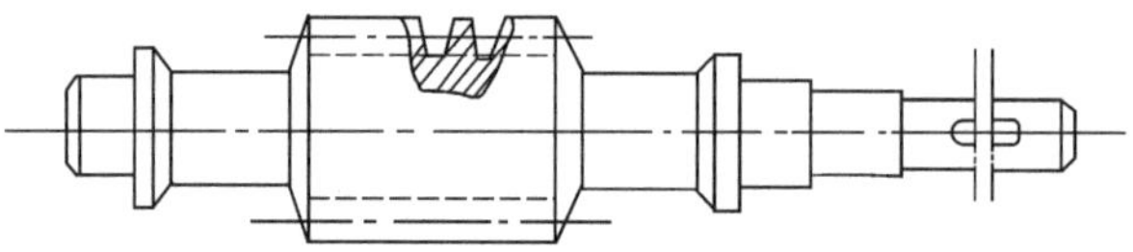

图 17－8　蜗杆结构

蜗轮的结构如图 17－9 所示。对于铸铁蜗轮或尺寸较小的青铜蜗轮，通常采用整体式[图 17－9(a)]。对于尺寸较大的蜗轮，为了节约贵重金属，通常采用组合式结构，青铜齿圈与铸铁轮芯可用过盈配合[图 17－9(b)]、螺栓连接[图 17－9(c)]或齿圈浇铸在轮芯上[图 17－9(d)]。

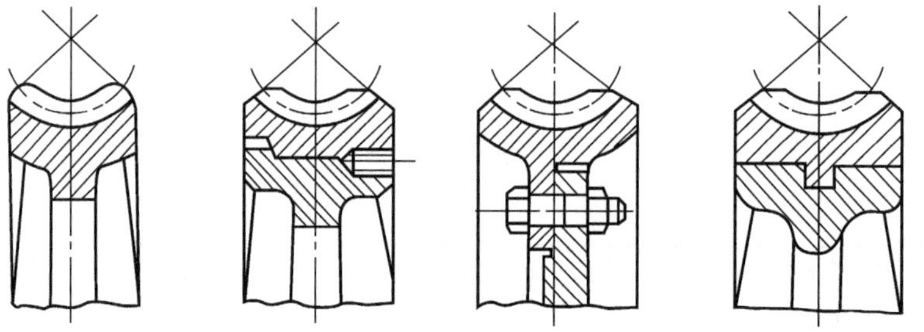

(a)　(b)　(c)　(d)

图 17－9　蜗轮结构

习　题

17－1　有一标准圆柱阿基米德蜗杆传动，已知模数 $m=8$mm，蜗杆分度圆直径 $d_1=80$mm，蜗杆头数 $z_1=2$，蜗轮齿数 $z_2=40$。计算传动比 i、蜗轮分度圆直径 d_2、中心距 a 及蜗杆分度圆柱上的螺旋线升角 λ。

17－2　一电动机驱动的蜗轮传动，已知传递功率 $P=10.5$kW，$n_1=970$r/min，蜗杆头数 $z_1=2$，传动比 $i=34$，模数 $m=10$mm，蜗杆分度圆直径 $d_1=90$mm，传动效率 $\eta=0.85$。试计算作用于蜗杆和蜗轮上的各个分力。

第 18 章　轮系及减速器

§18-1　轮系的分类

仅由一对齿轮组成的机构是齿轮传动中最简单的形式。在实际的机械传动中，为了获得大的传动比，或是将主动轴的一种转速变换为从动轴的多种转速等，通常采用由一系列相互啮合的齿轮所组成的齿轮系统来传动。这种由多个齿轮组成的传动系统称为轮系。

根据轮系运转时各齿轮轴线的相对位置是否固定，将轮系分为两种基本类型：定轴轮系和周转轮系。

一、定轴轮系

如果运转时轮系的各轮几何轴线固定不动，称之为定轴轮系。图 18-1 所示轮系运转时，各齿轮只能绕其自身的轴线转动，各轴线相对于箱体位置不变，故为定轴轮系。

图 18-1(a)所示轮系中，各轮的轴线相互平行，这种轮系称为平面定轴轮系。图 18-1(b)所示轮系含有空间齿轮机构，则称为空间定轴轮系。

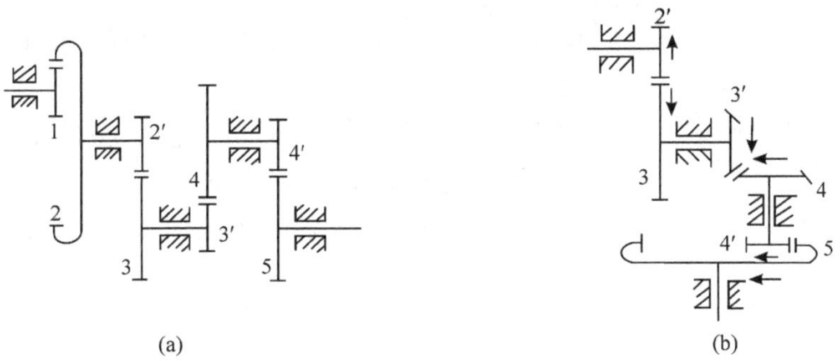

图 18-1　定轴轮系

二、周转轮系

如果轮系中至少有一个齿轮的几何轴线相对于其他齿轮的几何轴线有位置变化，称之为周转轮系。如图 18-2 所示周转轮系，松套在构件 H 上的轮 2 同时与齿轮 1、3 啮合。运转时，构件 H、齿轮 1、3 分别绕自身的几何中心旋转，轮 2 一方面绕自身几何轴线自转，同时随构件 H 一起绕固定轴线公转。轮 2 的运动和行星的运动相同，故称为行星轮。几何轴线固定的轮 1 和轮 3 称为中心轮。支承行星轮的构件 H 称为系杆。在这种由一个系杆、一个或两个中心轮组成的单一周转轮系中，系杆和中心轮的几何轴线必须重合，否则不能传动。

图 18-2(a)所示周转轮系中，它的两个中心轮都能转动，这种周转轮系称为差动轮系。图 18-2(b)所示轮系中有一个中心轮能转动，另一个中心轮固定，这种周转轮系称为行星轮系。

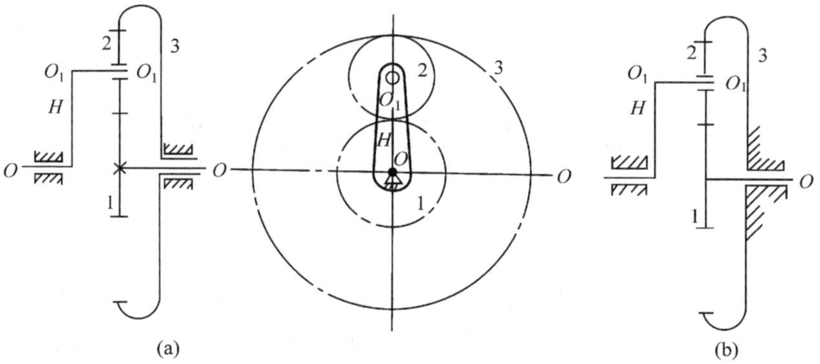

图 18-2　周转轮系

§18-2　定轴轮系的传动比

对于一对传动齿轮，根据式(16-9)，并考虑两轮的转向关系，其传动比可表示为

$$i=\frac{\omega_1}{\omega_2}=\pm\frac{z_1}{z_2} \tag{18-1}$$

式中，“±”表示主动轮与从动轮的转向关系。一对外啮合齿轮的转向相反，传动比取“−”；内啮合时两轮转向相同，传动比取“+”。轮系中主动轴和从动轴的角速度或转速之比称为轮系的传动比。下面分析定轴轮系传动比的计算方法。

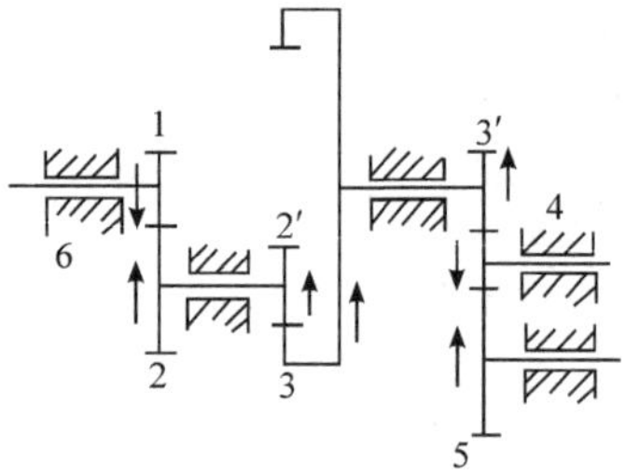

图 18-3　平面定轴轮系

如图 18-3 所示的平面定轴轮系，齿轮 1 为主动轮，齿轮 5 为从动轮，各轮的齿数分别为 z_1、z_2、$z_{2'}$、z_3、$z_{3'}$、z_4、z_5。设 ω_1、ω_2、$\omega_{2'}$、ω_3、$\omega_{3'}$、ω_4、ω_5 为各轮的角速度，各对相互啮合的齿轮的传动比分别为

$$i_{12}=\frac{\omega_1}{\omega_2}=-\frac{z_2}{z_1}$$

$$i_{2'3}=\frac{\omega_{2'}}{\omega_3}=-\frac{z_3}{z_{2'}}$$

$$i_{3'4}=\frac{\omega_{3'}}{\omega_4}=-\frac{z_4}{z_{3'}}$$

$$i_{45}=\frac{\omega_4}{\omega_5}=-\frac{z_5}{z_4}$$

由以上各式可得

$$i_{12}i_{2'3}i_{3'4}i_{45}=\frac{\omega_1}{\omega_2}\frac{\omega_{2'}}{\omega_3}\frac{\omega_{3'}}{\omega_4}\frac{\omega_4}{\omega_5}=\left(-\frac{z_2}{z_1}\right)\left(-\frac{z_3}{z_{2'}}\right)\left(-\frac{z_4}{z_{3'}}\right)\left(-\frac{z_5}{z_4}\right)$$

$$=(-1)^4\frac{z_2z_3z_4z_5}{z_1z_{2'}z_{3'}z_4}$$

因 $\omega_2=\omega_{2'}$，$\omega_3=\omega_{3'}$，故

$$i_{15}=\frac{\omega_1}{\omega_5}=(-1)^3\frac{z_2z_3z_4z_5}{z_1z_{2'}z_{3'}z_4}=-\frac{z_2z_3z_5}{z_1z_{2'}z_{3'}}$$

上式表明，平面定轴轮系的传动比等于轮系中各对啮合齿轮传动比的乘积，传动比的大小等于各对齿轮中所有从动轮的齿数的连乘积与所有主动轮轮齿连乘积之比，传动比的正负号取决于轮系中外啮合齿轮的对数 m，即 $(-1)^m$。据此可得平面定轴轮系传动比的一般公式

$$\text{传动比}=(-1)^m\frac{\text{所有从动轮齿数连乘积}}{\text{所有主动轮齿数连乘积}} \tag{18-2}$$

传动比的正负号还可用画箭头的方法来确定，如图 18-3 所示。

对于空间定轴轮系，其传动比的大小仍用式(18-2)计算，但各轮的转向只能在图上用箭头表示。

对于图 18-3 的轮系，齿轮 4 与齿轮 3′、5 同时啮合，计算传动比时，算式中分子、分母同时出现 z_4 而互相抵消，这表明齿轮 4 的齿数不影响传动比的大小，但改变了轮系外啮合的次数，这种齿轮称为惰轮。

§18-3　周转轮系的传动比

在周转轮系中，行星轮的运动不是只绕固定轴的简单运动，因此传动比不能直接应用求解定轴轮系传动比的方法来计算。但是，如果将系杆视为固定不动，并保持轮系中各构件之间的相对运动不变，这样就将原周转轮系转化为定轴轮系。

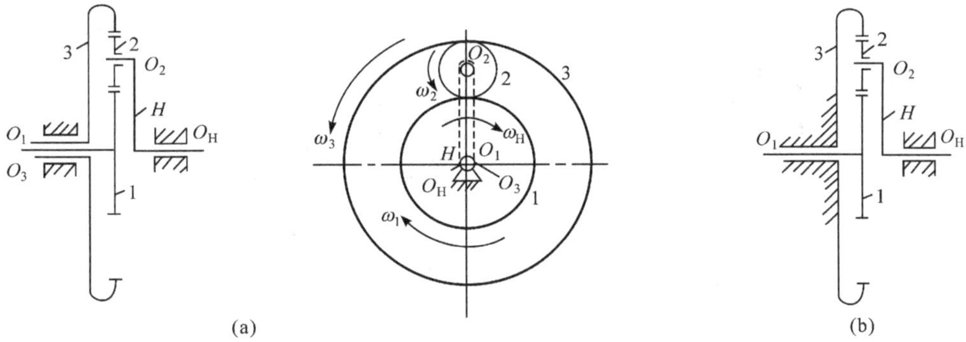

图 18-4　周转轮系

在图 18-4(a)、(b)所示周转轮系中，ω_1、ω_2、ω_3、ω_H 分别为齿轮 1、2、3 及系杆 H 的角速度。现给整个周转轮系加上一个角速度$(-\omega_H)$后，系杆就相对静止不动，而轮系中各构件之间的相对运动仍保持不变。这样就将周转轮系转化为定轴轮系。这种转化后的定轴轮系称为原周转轮系的转化机构，转化机构的传动比就用定轴轮系传动比的计算方法计算。转化机构中各构件的角速度用 ω_1^H、ω_2^H、ω_3^H、ω_H^H 表示，则

$$\omega_1^H=\omega_1-\omega_H$$
$$\omega_2^H=\omega_2-\omega_H$$
$$\omega_3^H=\omega_3-\omega_H$$
$$\omega_H^H=\omega_H-\omega_H=0$$

转化机构中的轮 1、3 间的传动比为

$$i_{13}^H=\frac{\omega_1^H}{\omega_3^H}=\frac{\omega_1-\omega_H}{\omega_3-\omega_H}=(-1)^1\frac{z_2z_3}{z_1z_2}=-\frac{z_3}{z_1}\tag{18-3}$$

式(18-3)表明，对图 18-4(a)所示差动轮系，可任意给定 ω_1、ω_3、ω_H 中的两个而求出第三个；对图 18-4(b)所示行星轮系，因中心轮 3 固定，$\omega_3=0$，因此，只要已知轮 1 和构件 H 中的一个构件运动，就可求出另一构件的运动。必须注意，式(18-3)中各构件的角速度必须是代数值，计算时可假定某一转向为正，与其相反者为负。

由定轴轮系和一个单一周转轮系或几个单一周转轮系组合而成的混合轮系，其传动比不能只用某一公式计算。计算混合轮系的传动比时，应首先分析轮系的组合方式，区分出定轴轮系和周转轮系，然后分别用相应公式计算各基本轮系的传动比，最后通过联立解出所要求的传动比。

【例 18-1】 如图 18-5 所示的差动轮系，已知 $z_1=30$，$z_2=20$，$z_3=60$，轮 1 顺时针方向转动，转速 $n_1=200\text{r/min}$，轮 2 逆时针方向转动，转速 $n_3=25\text{r/min}$，求系杆 H 的转速 n_H。

解 根据式(18-3)得

$$\frac{\omega_1-\omega_H}{\omega_3-\omega_H}=\frac{n_1-n_H}{n_3-n_H}=-\frac{z_3}{z_1}=-\frac{60}{30}=-2$$

设轮 1 转速 n_1 为正，因 n_3 的转向与 n_1 相反，故为负，则由上式得

$$\frac{200-n_H}{-25-n_H}=-2$$

解得 $n_H=50\text{r/min}$。

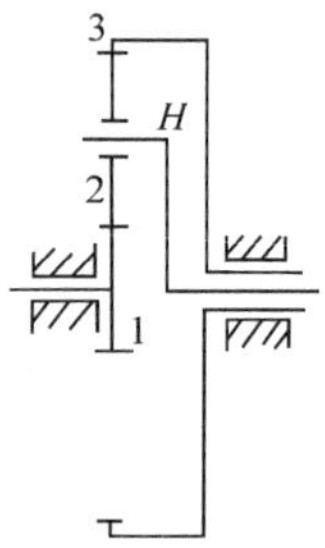

图 18-5

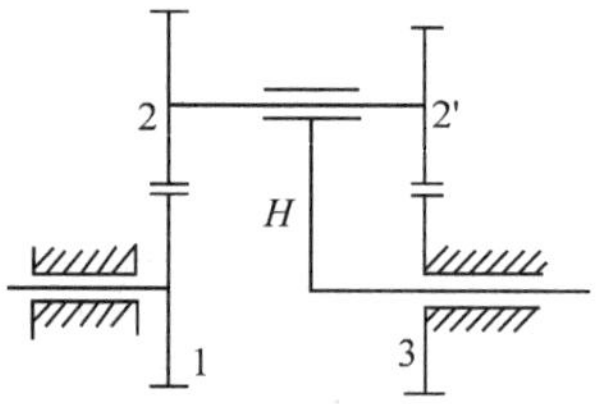

图 18-6

【例 18-2】 在图 18-6 所示的行星轮系中，已知 $z_1=100$，$z_2=101$，$z_{2'}=100$，$z_3=99$。求主动件 H 对从动件 1 的传动比 i_{H1}。

解 因轮 3 固定，$\omega_3=0$，由式(18-3)得

$$i_{13}^H=\frac{\omega_1-\omega_H}{\omega_3-\omega_H}=\frac{\omega_1-\omega_H}{0-\omega_H}=1-i_{1H}=(-1)^2\frac{z_2z_3}{z_1z_{2'}}$$

$$=\frac{101\times99}{100\times100}=\frac{9999}{10000}$$

$$i_{1H}=1-i_{13}^H=1-\frac{9999}{10000}=\frac{1}{10000}$$

$$i_{H1}=\frac{1}{i_{1H}}=10000$$

本例说明周转轮系用少量齿轮可获得大的传动比，因此这种传动装置十分紧凑。

【例 18-3】 在图 18-7 所示轮系中，已知 $z_1=20$，$z_2=35$，$z_{2'}=20$，$z_3=35$，$z_4=80$，$n_1=350\text{r/min}$。求系杆 H 的转速 n_H。

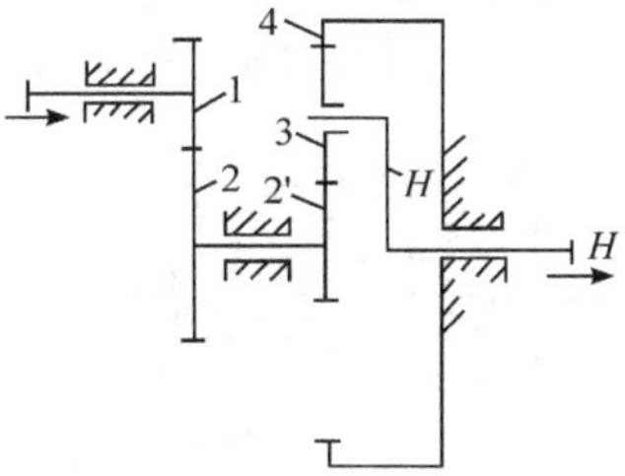

图 18-7

解　该轮系为混合轮系，其中轮 1 和 2 组成定轴轮系，轮 2′、3、4 和系杆组成行星轮系。

由定轴轮系得

$$i_{12}=\frac{\omega_1}{\omega_2}=\frac{n_1}{n_2}=-\frac{z_2}{z_1}=-\frac{35}{20}=-1.75$$

$$n_2=\frac{n_1}{i_{12}}=\frac{350}{-1.75}=-200(\text{r/min})$$

$$n_{2'}=n_2=-200(\text{r/min})$$

由行星轮系得

$$\frac{\omega_{2'}-\omega_H}{\omega_4-\omega_H}=\frac{n_{2'}-n_H}{n_4-n_H}=\frac{n_{2'}-n_H}{n_H}=-\frac{z_4}{z_{2'}}=-\frac{80}{20}=-4$$

$$\frac{n_{2'}-n_H}{n_H}=-4$$

$$n_H=-40(\text{r/min})$$

§18-4　减　速　器

减速器是由封闭在刚性壳体内的齿轮或蜗杆传动所组成的独立部件，它具有固定的传动比，常用在原动机和工作机之间作为减速的传动装置。减速器具有结构紧凑、效率较高、维护方便等优点，因此在现代机器中的应用极为广泛。常用减速器已标准化。

一、减速器的类型

减速器的类型很多，一般分为圆柱齿轮减速器、圆锥齿轮减速器、蜗杆减速器和行星齿轮减速器等。按减速器的级数又可分为单级、两级和三级减速器等。

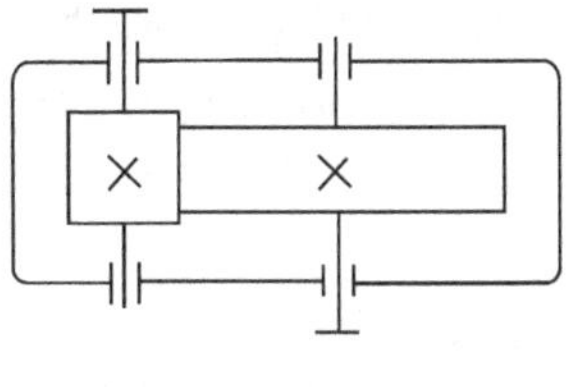

图 18-8　圆柱齿轮减速器

1. 圆柱齿轮减速器

圆柱齿轮减速器是应用最广泛的一种减速器。当传动比 i 小于等于 7.1 时，可采用单级圆柱齿轮减速器，如图 18-8 所示。当 i 为 7.1～50 时，若采用单级圆柱齿轮减速器，其外廓尺寸将很大。这时宜采用两级圆柱齿轮减速器(图 18-9)。两级圆柱齿轮减速器按其齿轮布置形式可分为展开式、分流式和同轴式。

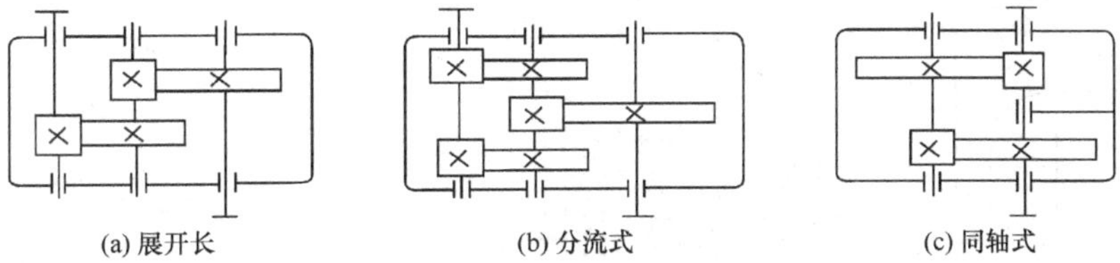

(a) 展开长　　(b) 分流式　　(c) 同轴式

图 18-9　两级圆柱齿轮减速器

展开式[图 18-9(a)]结构简单，但齿轮相对于轴承为不对称布置，受载时轴的变形导致载荷沿齿宽分布不均,因此要求轴承有较大的刚度。这种减速器适用于载荷比较平稳的场合。

分流式[图 18-9(b)]的齿轮相对于两侧的轴承对称布置,载荷沿齿宽分布均匀,轴承受载也较均匀,但结构比展开式复杂。

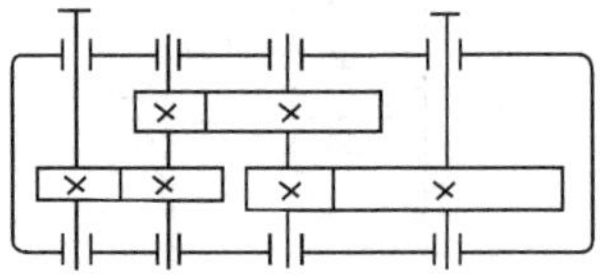

图 18-10　三级圆柱齿轮减速器

同轴式[图 18-9(c)]的输入轴与输出轴位于同一轴线上,故箱体长度尺寸较短,轴向尺寸和质量较大,且中间轴较长,刚性差,容易使载荷沿齿宽分布不均。

当减速器传动比 i 为 50～315 时,宜采用三级圆柱齿轮减速器,如图 18-10 所示。

2. 圆锥、圆锥圆柱齿轮减速器

这类齿轮减速器用于输入轴和输出轴相交的场合。当传动比 i 小于等于 8 时,采用单级圆锥齿轮减速器,如图 18-11(a)所示。当传动比 i 为 8～40 时,采用两级圆锥圆柱齿轮减速器,如图 18-11(b)所示。当传动比 i 为 35.5～160 时,宜采用三级圆锥圆柱齿轮减速器,如图 18-11(c)所示。由于圆锥小齿轮是悬臂支承,其受载较差,为了使其受力减小,常将圆锥齿轮作为高速级。

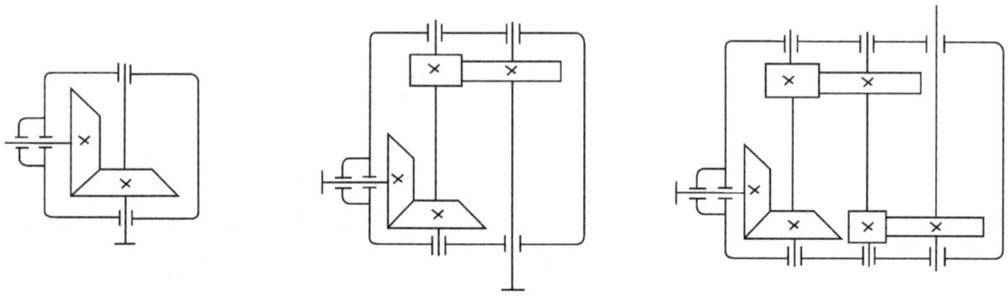

(a)　(b)　(c)

图 18-11　圆锥、圆锥圆柱齿轮减速器

3. 蜗杆减速器

这种减速器主要用于传动比较大的场合,当 i 为 10～80 时,可采用单级蜗杆减速器,如图 18-12(a)所示。两级蜗杆减速器[图 18-12(b)]适用于传动比 i 为 43～3600 的传动,其特点是结构简单,但传动效率不高。

4. 行星齿轮减速器

行星齿轮减速器具有传动比大、效率高、结构紧凑和体积小等优点,但结构复杂,制造精度要求高。这种减速器类型很多,按其传动级数也可分为单级、两级和多级。图 18-13 为单级行星齿轮减速器,这种减速器的传动比可达 12.5。

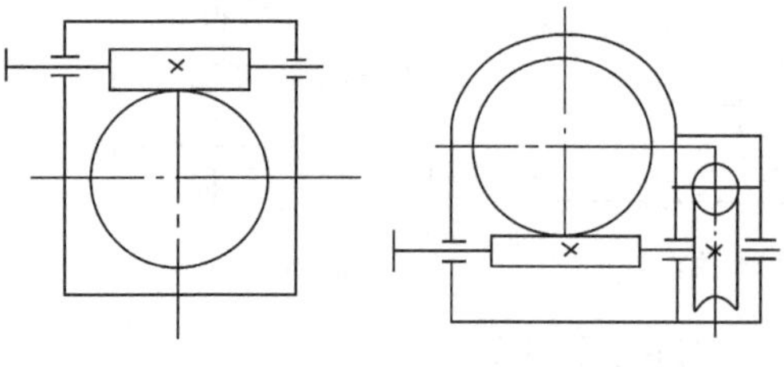

(a)　(b)

图 18-12　蜗杆减速器

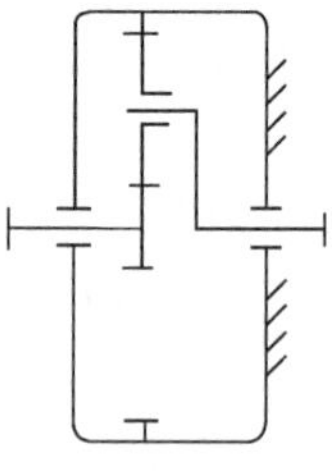

图 18-13　行星齿轮减速器

二、减速器的结构

单级圆柱齿轮减速器的结构如图 18－14 所示。它由齿轮、轴、轴承、箱体及附件组成。

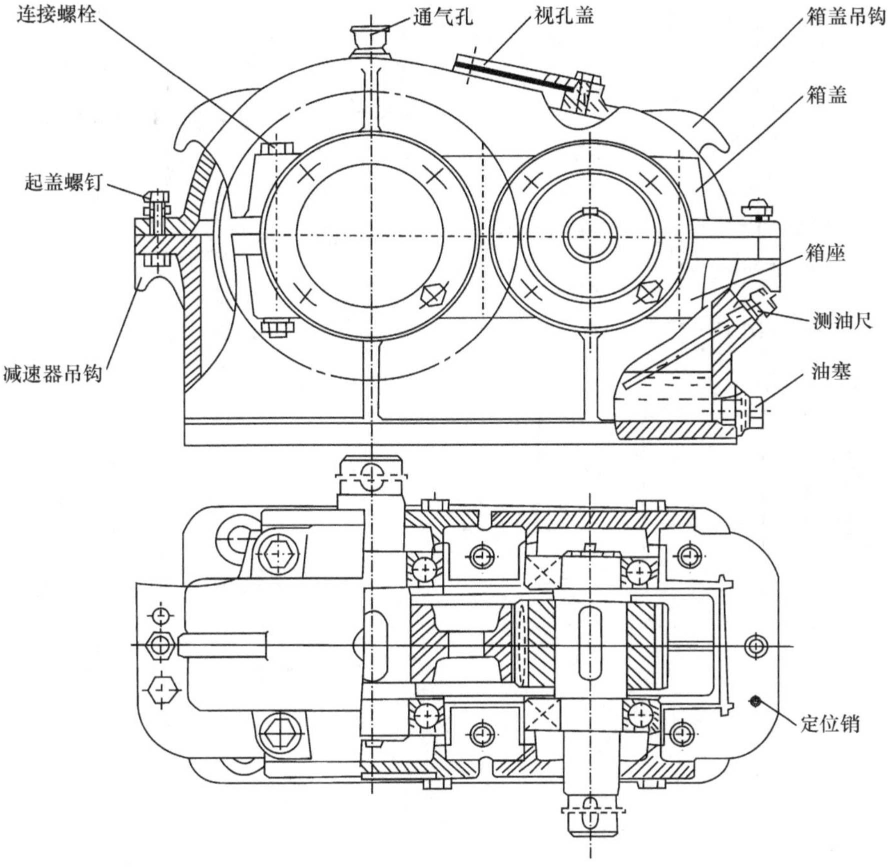

图 18－14　减速器的结构

箱体通常由箱座和箱盖组成，两者之间用螺栓连接，箱体除了应有一定的强度外，还要有足够的刚度，以免受载后变形过大而影响传动的质量。箱体材料通常用铸铁。

在箱盖上设置有视孔和通气孔，前者用于观察齿轮的传动啮合情况和向箱内注油，后者用于排出减速器工作时产生的热空气。在箱座上设有油面指示器和放油螺塞。

减速器一般采用滚动轴承。只有在载荷很大、冲击严重和转速很高时才用滑动轴承。

习　题

18－1　在图 18－15 所示周转轮系中，已知 $z_1=30, z_2=20, z_3=120, n_1=980\text{r/min}$。试求系杆 H 的转速 n_H。

18－2　在图 18－16 所示轮系中，已知 $z_1=17, z_2=22, z_{2'}=16, z_3=23, z_{3'}=25, z_4=15, z_5=45$。求传动比 i_{1H}。

18－3　在图 18－17 所示轮系中，已知 $z_1=z_2=20, z_3=30, z_{3'}=26, z_4=32, z_{4'}=24, z_5=34$。试计算传动比 i_{15}。

18－4　在图 18－18 所示的周转轮系中，已知 $z_1=15$，$z_2=25$，$z_{2'}=20$，$z_3=60$，$n_1=200\text{r/min}$，$n_3=50\text{r/min}$，轮 1 和轮 3 转向相同。求系杆 H 的转速 n_H。

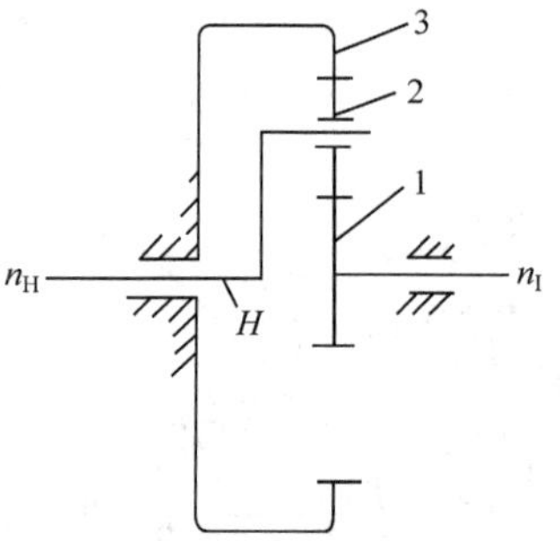

图 18－15

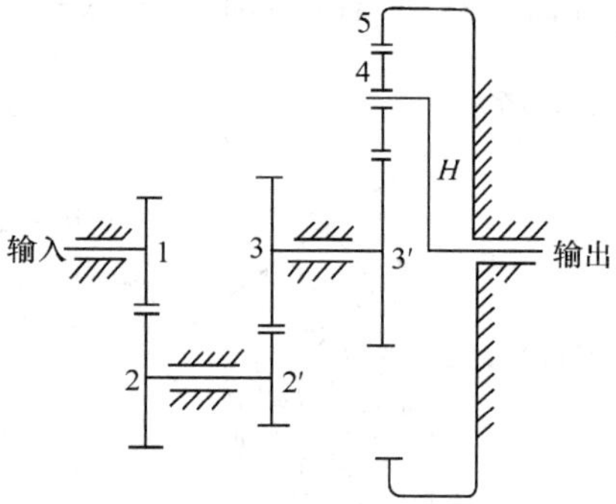

图 18－16

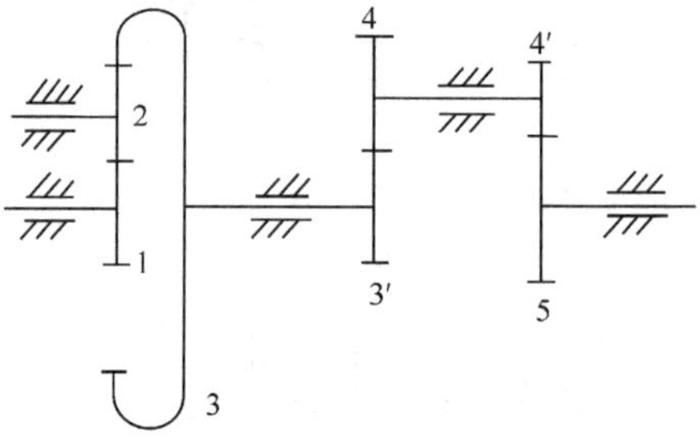

图 18－17

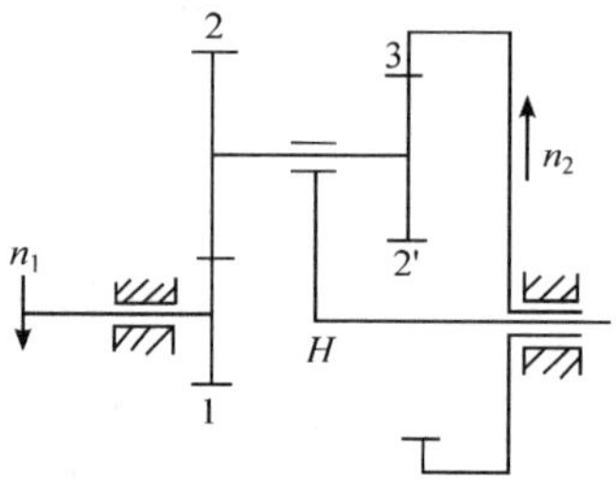

图 18－18

第 19 章　轴、轴承和联轴器

§19－1　轴

一、轴的功用和类型

轴是组成机器的重要零件之一，它用来支承旋转的机械零件(如齿轮、带轮等)，并传递运动和动力。

轴按其轴线的几何形状可分为直轴[图 19－1(a)]、曲轴[图 19－1(b)]和挠性钢丝轴[图 19－1(c)]。在一般的机器设备中，最常见的是直轴。曲轴常用于往复式机器中，挠性钢丝轴常用于振捣器等设备中，它是由若干层紧贴在一起的钢丝层构成的，可以把转矩和旋转运动灵活地传到任何空间位置。本章只讨论直轴。

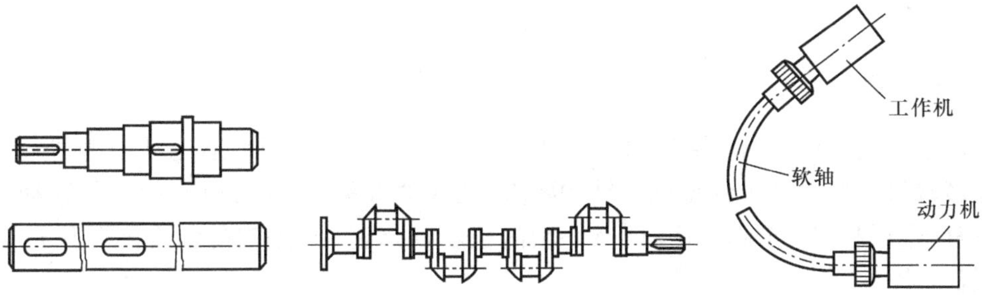

(a) 直轴　　(b) 曲轴　　(c) 挠性钢丝轴

图 19－1　轴

根据承受载荷的不同，直轴分为心轴、转轴及传动轴三种。

(1) 心轴：工作时只承受弯矩不承受转矩的轴称为心轴。心轴又可分为两类：① 转动心轴，心轴随传动零件一同转动，如铁路车辆的轴；② 固定心轴，心轴不随转动零件一同转动，如自行车的前轴。

(2) 转轴：工作时既承受弯矩又承受转矩的轴称为转轴。转轴是机器中最常见的轴，如齿轮减速器中的轴。

(3) 传动轴：工作时主要承受转矩而不承受弯矩或弯矩很小的轴称为传动轴，如汽车变速箱到后桥传动装置的传动轴。

二、轴的材料

轴的材料除了应具有一定的强度、刚度、韧性、耐磨性、耐腐蚀性和较小的应力集中敏感性等性能外，还应考虑其结构工艺性和经济性。轴的材料主要采用碳素钢、合金钢及球墨铸铁。

1. 碳素钢

35、45、50 号等优质碳素钢因具有较高的综合力学性能，故应用较多，常用于一般机械的轴，其中 45 号钢用得最为广泛。为了改善其力学性能，应进行正火或调质处理。不重要或承受载荷较小的轴，则可选用 Q235～Q275 普通碳素钢。

2. 合金钢

合金钢具有较高的力学性能和热处理性能，但价格较贵，多用于传递动力较大并要求减小尺寸和质量，提高轴的硬度和耐磨性以及有特殊要求的轴，常用的有 20Cr、40Cr、12CrNi2、12CrNi3 和 38SiMnMo 等。采用合金钢制造的轴必须进行热处理或化学热处理。合金钢经淬火、渗碳、渗氮等热处理，对提高轴的疲劳强度和耐磨性有显著的效果。但是通过热处理来提高轴的刚度并无实效。此外，合金钢对应力集中的敏感性较高，设计合金钢轴时，更应从轴的结构上避免或减小应力集中，并减小其表面粗糙度。

轴的毛坯一般用轧制的圆钢或锻制毛坯，对形状复杂的轴可采用铸钢或球墨铸铁。

三、轴的结构设计

轴的设计与选择要考虑很多因素的影响，在满足不同截面的强度和刚度要求的同时，还要便于轴上零件的固定、定位、拆装、调整，尽可能减小应力集中以提高轴整体的疲劳强度以及轴本身的加工工艺性。

1. 轴的毛坯

尺寸较小的轴常用圆钢棒料车制，对于尺寸较大的轴一般用锻造毛坯或铸造毛坯加工而成，为了减轻轴的质量和节约金属或结构要求，某些轴常采用空心剖面，因为传递动力主要靠轴的外表面金属材料，当外径相同时空心轴内径若取 0.625d，则它的强度削弱只有 24%而质量则减轻 39%。

2. 零件在轴上的周向定位和固定

周向固定的目的是使轴上的零件随轴一起转动传递运动和扭矩，周向定位和固定的方法常采用键连接、花键连接、销钉连接、锥面过盈配合，在传递载荷不大时可用紧钉螺钉连接，如图 19－2 所示。

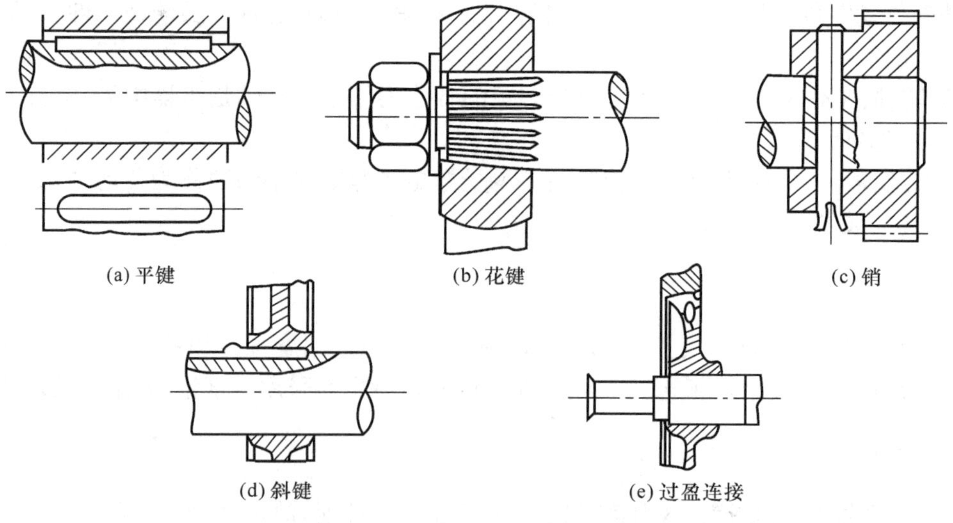

(a) 平键　(b) 花键　(c) 销　(d) 斜键　(e) 过盈连接

图 19－2　轴上的周向定位和固定

3. 零件在轴上的轴向定位和固定

零件在轴上的轴向固定常采用轴肩、轴环、套筒、圆螺母、过盈配合。当轴向载荷较小时常采用销钉、紧钉螺钉、挡圈、轴端挡圈，如图 19－3 所示。

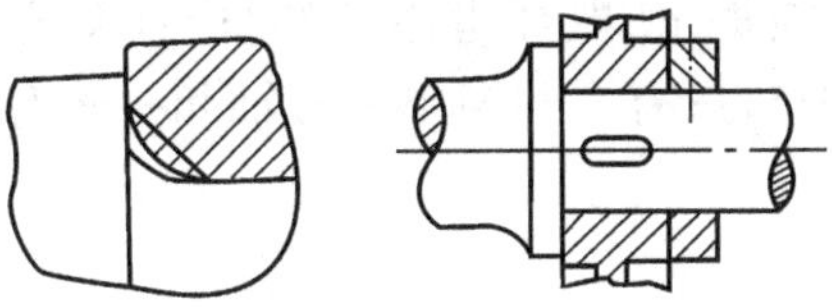

(a) 轴肩、轴环

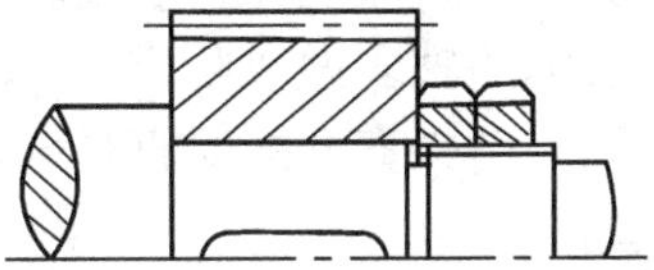

(b) 螺母

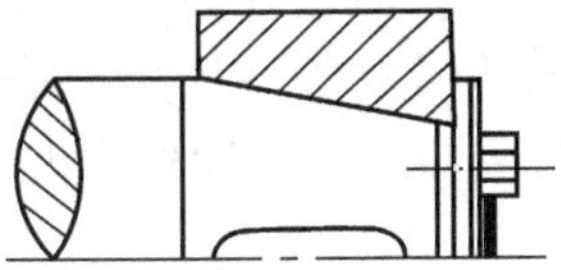

(c) 圆锥面

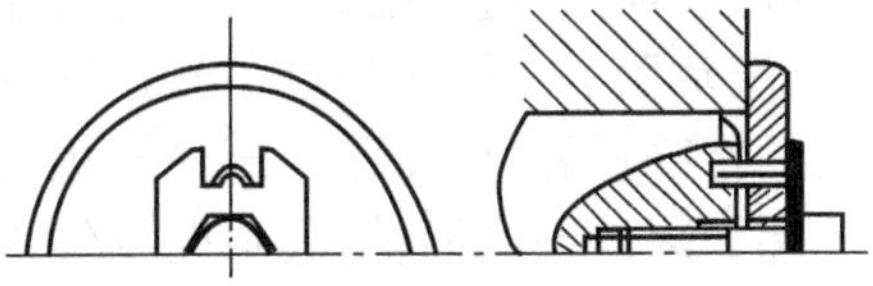

(d) 轴端挡圈

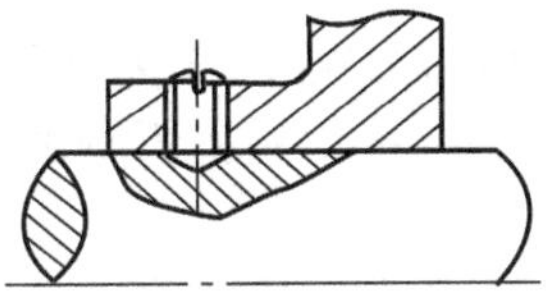

(e) 紧钉螺钉

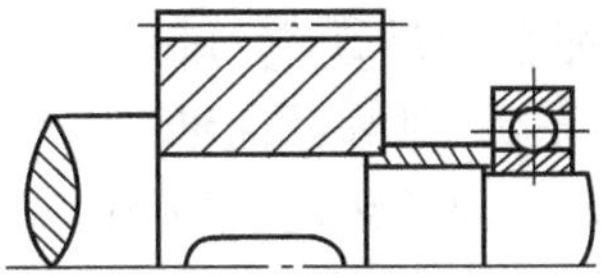

(f) 轴套

图 19－3　轴上的轴向定位和固定

4. 轴的结构工艺性

轴的结构工艺性是指轴的结构形式应便于加工和装配轴上零件，并且生产率高、成本低。一般地说，轴的结构越简单，工艺性越好。因此，在满足使用要求的前提下，轴的结构形式应尽量简化。

为了便于装配零件并去掉毛刺，轴端应制出 45°的倒角；需要磨削加工的轴段，应留有砂轮越程槽；需要切制螺纹的轴段，应留有退刀槽，如图 19－4 所示。它们的尺寸可参看标准或手册。

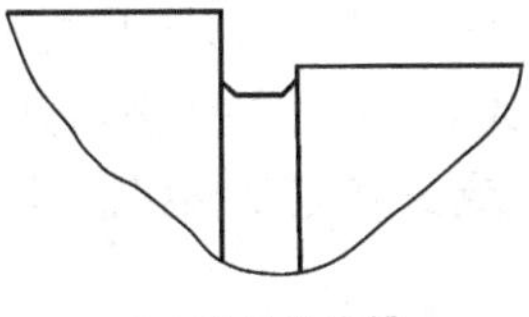

(a) 砂轮越程槽

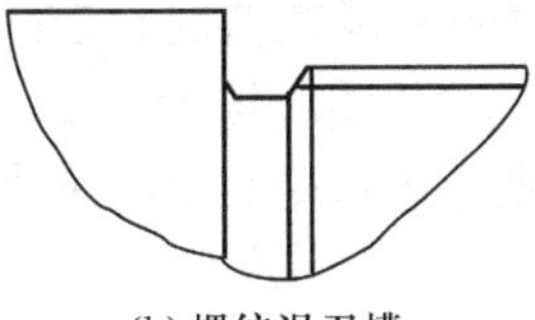

(b) 螺纹退刀槽

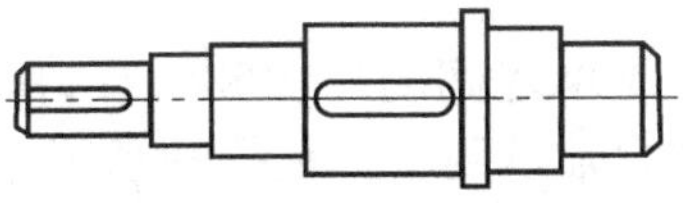

(c) 不同轴段键槽布置在同一母线

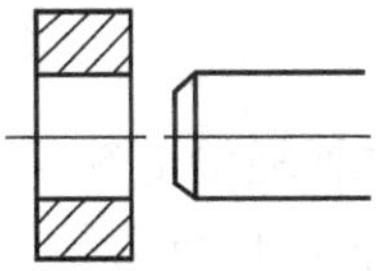

(d) 轴端加工45°倒角

图 19－4　轴的结构工艺性

为了减少装夹工件的时间，在同一轴上，不同轴段的键槽应布置(或投影)在轴的同一母线上。为了减少加工刀具种类和提高劳动生产率，轴上直径相近的圆角、倒角、键槽宽度、砂轮越程槽宽度和退刀槽宽度等应尽可能采用相同的尺寸。

从节省材料、减少质量的观点来看，轴的各横截面最好是等强度的，但是从加工工艺观点来看，轴的形状却是越简单越好。简单的轴制造时省工，热处理不易变形，并有可能减少应力集中。当决定轴的外形时，在能保证装配精度的前提下，既要考虑节约材料，又要考虑便于加工和装配。因此，实际的轴多做成阶梯形(阶梯轴)，只有一些简单的心轴和一些有特殊要求的转轴，才做成具有同一名义直径的等直径轴。

四、轴的直径计算

轴在结构设计后必须进行强度校核，有时还需进行刚度和稳定性校核。强度计算的方法很多，这里仅介绍常用的按扭转强度条件计算方法。按扭转强度条件计算方法适用于只承受转矩的传动轴的精确计算，也可用于既受转矩又受弯矩的转轴的初步计算或近似计算。

对于只传递转矩的圆截面轴，其强度条件为

$$\tau=\frac{T}{W_T}=\frac{T}{0.2d^3}=\frac{9.55\times10^5 P}{0.2d^3 n}\leqslant[\tau] \qquad (19-1)$$

式中，τ 和$[\tau]$分别为轴的扭转切应力和相应的许用扭转切应力，MPa；T 为轴传递的转矩，N·mm；W_T 为抗扭截面系数，对圆截面轴，$W_T=\pi d^3/16\approx0.2d^3$($mm^3$)；$d$ 为轴的直径，mm；P 为轴传递的功率，kW；n 为轴的转速，r/min。

表 19-1 常用材料的$[\tau]$值和 C 值

轴的材料	Q235,20	35	45	40Cr,35SiMn,42SiMn,38SiMnMo,20CrMnTi
$[\tau]$/MPa	12～20	20～30	30～40	40～52
C	160～135	135～118	118～107	107～98

对于既传递转矩又承受弯矩的转轴，在用式(19-1)进行初步计算轴的直径时，应把轴的许用扭转切应力$[\tau]$值适当降低(表 19-1)，即把系数 C 值适当加大，以补偿弯矩对轴的影响。将降低后的许用扭转切应力$[\tau]$代入式(19-1)，并改写为如下设计公式

$$d\geqslant\sqrt[3]{\frac{9.55\times10^6}{0.2[\tau]}}\sqrt[3]{\frac{P}{n}}=C\sqrt[3]{\frac{P}{n}} \qquad (19-2)$$

式中，C 是由轴的材料和承载情况确定的系数。应用式(19-2)求出的 d 值为轴的最小直径。当轴上开有键槽时，轴径还应增大 4%(一个键槽)或 8%(两个键槽)，并圆整成标准轴径。

注：当作用在轴上的弯矩相对传递的转矩很小或只传递转矩时，C 取较小值，$[\tau]$取大值，否则相反。

§19-2 轴　承

轴承的功用是支撑轴和轴上零件，减少轴与支承之间的摩擦和磨损，保证轴的旋转精度。按照承受载荷的方向，轴承可分为径向轴承和推力轴承两类。根据轴承工作的摩擦性质，又可分为滑动摩擦轴承(简称滑动轴承)和滚动摩擦轴承(简称滚动轴承)两类。

一、滑动轴承

滑动轴承工作平稳、可靠、无噪声。若能保证摩擦的润滑，使滑动表面被润滑油膜分开不

直接接触，表面间的摩擦实为液体分子间的摩擦。这样就能大大减小摩擦损失和表面磨损，且油膜还具有一定的吸振作用。由于以上特点，滑动轴承常用在转速特别高、冲击振动载荷和特殊装配要求的场合。

1. 滑动轴承的结构

滑动轴承按照承受载荷的方向主要分为：①向心滑动轴承，承受径向载荷；②推力滑动轴承，承受轴向载荷。

1）向心滑动轴承

常用的向心滑动轴承分为整体式和剖分式两类。

(1) 整体式滑动轴承。图 19－5 是一种常见的整体式径向滑动轴承。最常用的轴承座材料为铸铁。轴承座用螺栓与机座连接，顶部设有装油杯的螺纹孔。轴承孔内压入用减摩材料制成的轴套，轴套上开有油孔，并在内表面上开油沟以输送润滑油。整体式轴承构造简单，常用于低速、载荷不大的间歇工作的机器上，但有下列缺点：①当滑动表面磨损而间隙过大时，无法调整轴承间隙；②轴颈只能从端部装入，对于粗重的轴安装不便。如果采用剖分式轴承，可以克服这两项缺点。

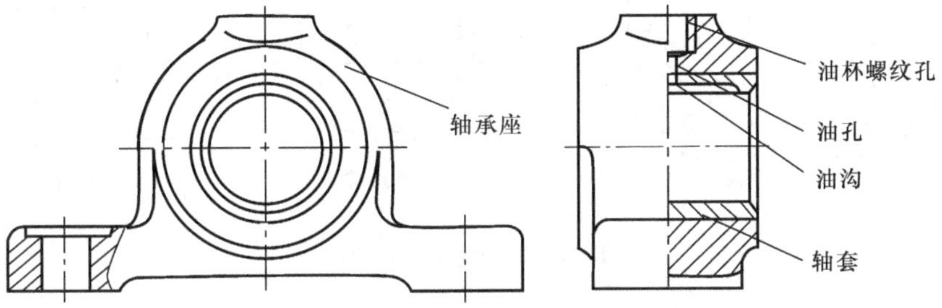

图 19－5　整体式径向滑动轴承

(2) 剖分式轴承。图 19－6 是剖分式轴承，由轴承座、轴承盖、剖分轴瓦、轴承盖螺柱等组成。轴瓦是轴承直接和轴颈相接触的零件。为了节省贵金属或其他需要，常在轴瓦内表面上黏附一层轴承衬。不重要的轴承也可以不装轴瓦。在轴瓦内壁不负担载荷的表面上开设油沟，润滑油通过油孔和油沟流进轴承间隙。剖分面最好与载荷方向近于垂直。多数轴承的剖分是水平的，也有倾斜的。轴承盖和轴承座的剖分面常作成阶梯形，以便定位和防止工作时错动。

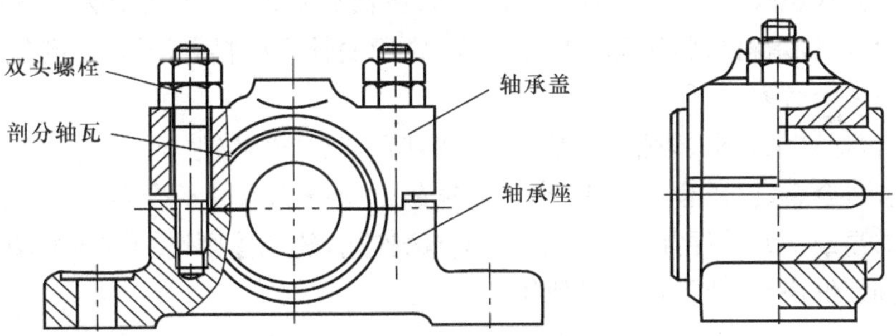

图 19－6　剖分式径向滑动轴承

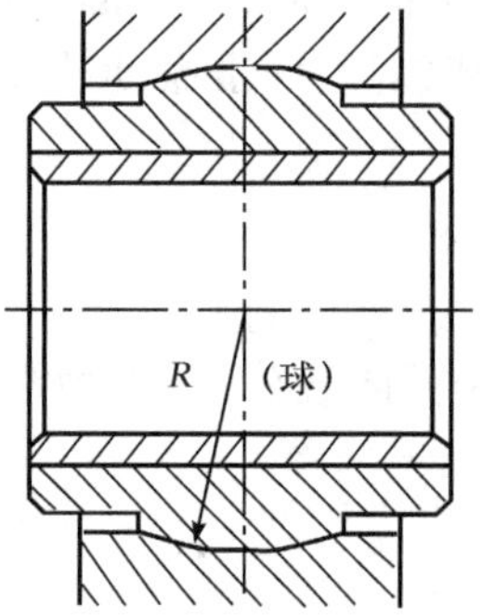

图 19－7 自动调心轴承

轴承宽度与轴颈直径之比（B/d）称为宽径比。对于$B/d>1.5$的轴承，可以采用自动调心轴承(图 19－7)，其特点是：轴瓦外表面做成球面形状，与轴承盖及轴承座的球状内表面相配合，轴瓦可以自动调位以适应轴颈在轴弯曲时所产生的偏斜。

2）推力滑动轴承

图 19－8 所示为常用的推力滑动轴承的几种结构。图 19－8(a)所示为实心式结构，其承载面沿直径方向速度变化大，磨损不均匀。空心式结构[图 19－8(b)]和单环式结构[图 19－8(c)]避免了实心式结构的缺点。多环式结构[图 19－8(d)]承载面积大，承载能力大，可承受双向轴向载荷，但各环之间载荷分布不均匀，承载能力受误差影响较大。

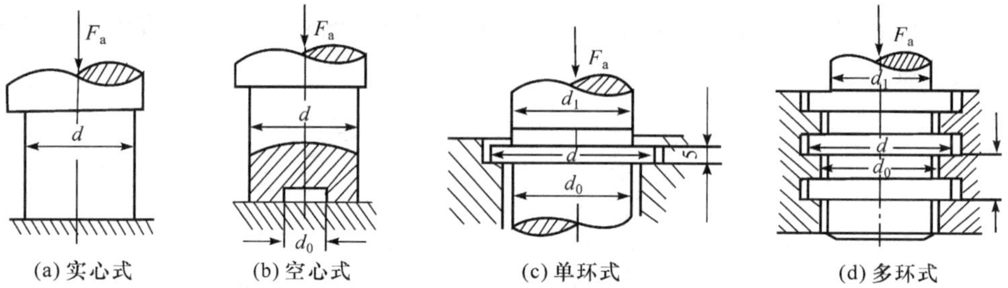

图 19－8 推力滑动轴承

2. 轴瓦

1）轴瓦材料

轴瓦的主要失效形式是磨损，由于强度不足而出现的疲劳损坏和由于工艺原因而出现的轴承衬脱落等现象也时有发生。滑动轴承的工作情况要求轴瓦材料具备下述性能：①摩擦系数小；②导热性好，热膨胀系数小；③耐腐蚀，抗胶合能力强；④要有足够的机械强度。

轴瓦可以用单金属制造，也可以用两层不同金属做成，两种金属在性能上取长补短。在工艺上，可以用浇铸或压合的方法，将薄层材料黏附在轴瓦基体上，黏附上去的薄层材料通常称为轴承衬。轴瓦或轴承衬材料统称为轴承材料，常用的轴承材料有金属、多孔质金属和非金属材料，如表 19－2 中所列。

金属材料包括轴承合金、青铜、铝基合金、锌基合金、减摩铸铁等。

轴承合金(白合金、巴氏合金)：锡、铅、锑、铜的合金统称为轴承合金。一般是以锡或铅作为基体，悬浮锑锡或铜锑的硬晶粒。硬晶粒起抗磨作用，软基体则增加材料的塑性。巴氏合金的机械强度较低，价格贵，通常作轴衬使用。

表 19-2　常用的轴瓦或轴承衬材料的性能及应用

轴承材料		[p]/MPa	[v]/(m/s)	[pv]/(MPa·m/s)	t/℃	应用
名称	代号	平稳载荷				
铸造锡基轴承合金	ZSnSb11Cu6 ZSnSb8Cu4	25	80	20	150	用于高速重载条件下的重要轴承，如汽轮机、大于750kW的电动机、内燃机、高转速机床主轴的轴承等
		冲击载荷				
		20	60	15		
铸造铅基轴承合金	ZPbSb16Sn16Cu2	12	12	12	150	车床、发电机、压缩机，轧钢机轴承
	ZPbSb15Sn5Cu3	20	15	15	150	中等功率的电动机、拖拉机、空压机
铸造锡青铜	ZCuSn10P1	20	10	15	280	用于中速、重载及变载荷轴承
	ZCuSn5Pb5Zn5	5	3	10	280	用于中速中载的轴承，如减速机、起重机的轴承和机床的一般轴承
铸造铅青铜	ZCuPb30	25	12	30	280	用于高速轴承，能承受变载荷和冲击载荷，如精密机床主轴轴承
铸造铝青铜	ZCuAl10Fe3	15	4	12	150	最宜用于润滑充分的低速重载的轴承
铸造黄铜	ZCuZn16Si4	12	2	10	200	如起重机、机车、掘土机、破碎机的轴承
	ZCuZn38Mn2Pb2	10	1	10	200	
灰铸铁	HT150	4	0.5		163～241	用于低速、轻载不重要的轴承，价格低廉
	HT200	2	1		163～241	
	HT250	0.1	2		163～241	
非金属材料	酚醛塑料	40	12	0.5	110	耐水、酸，抗振性极好，导热性差，重载时需要用水或油充分润滑，吸水时易膨胀，轴承间隙宜大
	尼龙	7	5	0.1	90	摩擦系数低，自润滑好，用水润滑最好。导热性差，吸水时易膨胀
	聚四氟乙烯	3.5	12	0.035	250	摩擦系数低，自润滑好，耐腐蚀。低速时无爬行

青铜：用得最广的是以铸锡锌铅青铜，它有很好的疲劳强度。铸锡磷青铜的减摩性和耐磨性都很好，机械强度较高，适用于重载。铜铅合金适用于高温。

铸铁：它的各项性能均不如轴承合金和青铜，由于价格便宜，常用于低速、轻载和无冲击的场合。

多孔质金属是一种粉末冶金材料，具有多孔组织。采取措施使轴承所有细孔都充满润滑油的称为含油轴承，因此它具有自润滑性能。常用的含油轴承材料有多孔铁(铁-石墨)与多孔青铜(青铜-石墨)两种。

非金属轴承材料包括塑料、尼龙、硬木、橡胶和石墨等，常用酚醛塑料和聚四氟乙烯等。塑料轴承用油(也可用水)润滑，它的摩擦系数小，功率损耗小，具有足够的强度，耐磨性和塑性均好，但耐热性差。

2) 轴瓦的结构

轴瓦和轴承衬：轴瓦是轴承上直接和轴颈接触的零件，根据安装条件，轴瓦可做成整体式(图 19－9)和剖分式两种。为了防止轴瓦与轴承间的轴向窜动，常将轴瓦两端做成凸肩，如图 19－10 所示。轴瓦常用单一的减摩材料做成，但有时为了节约贵重金属，通常用两种或两种以上金属做成轴瓦(如在钢、铸铁或青铜制成的轴瓦内表面黏附一层或两层减摩材料轴承衬，如图 19－11)，可大幅度地降低轴承成本，轴承衬的厚度随轴承的直径增加而增加，一般在0.6～6mm。

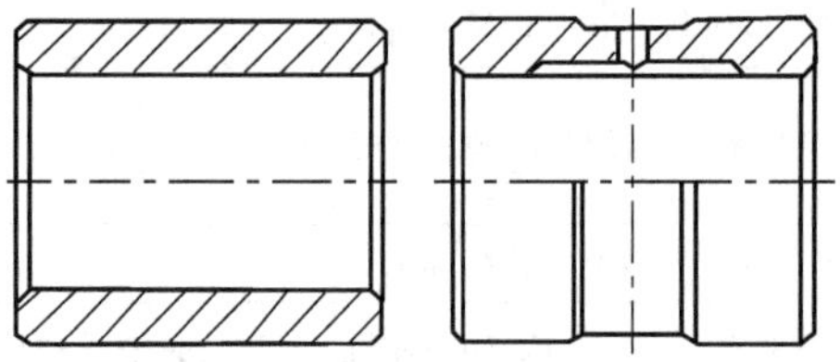

图 19－9　整体式轴瓦

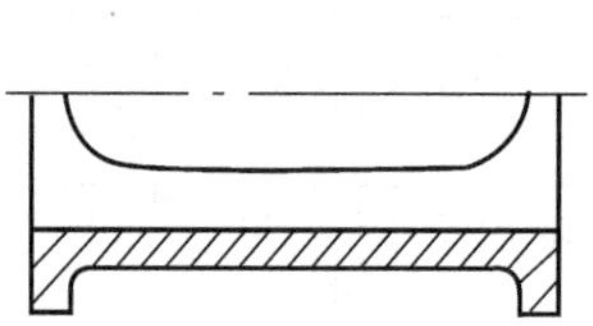

图 19－10　轴瓦的凸肩

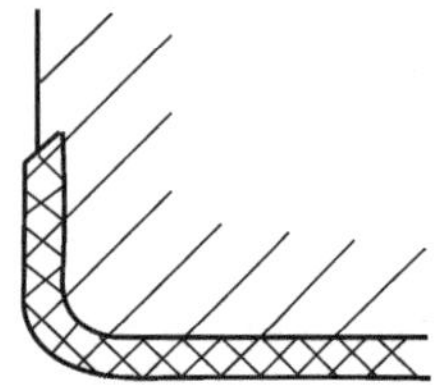

图 19－11　浇注轴承合金的轴瓦

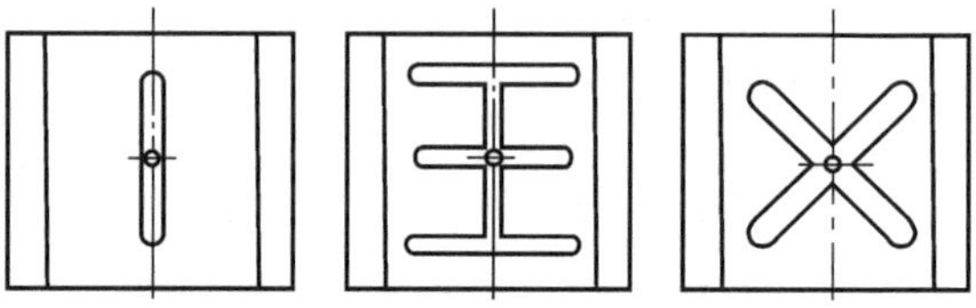

图 19－12　油沟(非承载区轴瓦)

油孔、油沟和油室：为了使轴颈与轴瓦间得到充分润滑需在轴瓦或轴颈上开设油孔、油沟。油孔用来供应润滑油，油沟用来输送和分布润滑油，如图 19－12 所示；轴向油沟也可开设在轴瓦剖分面上。油沟的形状和位置直接影响轴承中的油膜分布，为了不影响轴承中的油膜压力分布润滑油应从油膜压力最低的地方输入轴承，故油沟的位置应开设在非承载区。油沟沿轴向应有相当于轴瓦宽度 80%的长度。不正确的油沟会降低油膜的承载能力，如图 19－13。油室可使润滑油沿轴向均匀分布的同时还起到贮油和稳定供油的作用。

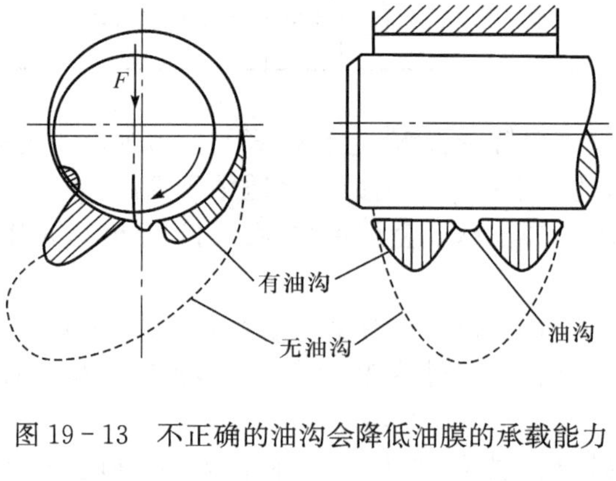

图 19－13　不正确的油沟会降低油膜的承载能力

3. 非液体摩擦滑动轴承的校核

非液体摩擦滑动轴承(轴颈与轴瓦之间既有润滑油膜又有局部直接接触)，其工作状况十分复杂，磨损和胶合是主要失效形式，目前还没有完善的计算方法。只是在结构尺寸确定后，校核轴瓦的比压 p 以及 pv 值来进行判断。

1) 向心滑动轴承

(1) 平均压强 p 的校核

$$p=F/dB\leqslant[p] \tag{19-3}$$

式中，$[p]$为许用压强，MPa，见表 19-2；F 为轴承承受的径向载荷，N；d 为轴颈直径，mm；B 为轴承宽度，mm。

(2) pv 值的校核。为了保证转速较高的轴承工作时不会因过度发热而产生胶合，应限制轴承单位面积上的摩擦功率 fpv(f 为滑动摩擦系数，在稳定工作条件下 f 可视为常数，v 为轴颈圆周速度)，轴承的发热量与 fpv 成正比，故限制 pv 就限制了升温

$$pv=\frac{F}{dB}\cdot\frac{\pi dn}{60\times1000}\leqslant[pv] \tag{19-4}$$

式中，$[pv]$为许用 pv 值，MPa · m/s，见表 19-2；v 为轴颈表面相对轴承的滑动速度，m/s；n 为轴的转速，r/min。

(3) 滑动速度 v 的校核。滑动速度过高也会加速磨损使轴失效，故在 p 值较小时应保证

$$v\leqslant[v] \tag{19-5}$$

式中，$[v]$为许用滑动速度，m/s，见表 19-2。

如果计算结果不满足以上校核要求，则可采用改变轴承材料或轴颈尺寸来满足。

2) 推力滑动轴承

(1) 平均压强的校核

$$p=\frac{4F}{\pi(d^2-d_0^2)Z}\leqslant[p] \tag{19-6}$$

式中，F 为作用在轴承上的轴向载荷，N；d、d_0 分别为推力环的外径和内径，mm；Z 为推力环数目；$[p]$为轴承材料许用压强，MPa。

(2) pv 值的校核

$$pv=\frac{Fn}{30000(d-d_0)Z}\leqslant[pv] \tag{19-7}$$

式中，F 为作用在轴承上的轴向载荷，N；d、d_0 分别为推力环的外径和内径，mm；Z 为推力环数目；n 为轴转速，r/min；$[pv]$为轴承材料许用 pv 值(MPa · m/s)(表 19-3)。

许用$[p]$和$[pv]$值可查阅相应手册。对于多环轴承，各环受力不均匀，$[p]$和$[pv]$值应降低 50%。

表 19-3　推力滑动轴承[p]和[pv]值

轴颈材料	未淬火钢			淬火钢		
轴承材料	铸铁	青铜	轴承合金	青铜	轴承合金	淬火钢
$[p]$/MPa	2～2.5	4～5	5～6	7.5～8	8～9	12～15
$[pv]$/(MPa · m/s)	1～2.5					

【例 19－1】　设计一非液体润滑滑动轴承，已知：径向外载荷为 6.0kN，轴颈转速为 1000r/min，工作温度最高为 130℃，轴颈允许最小直径 65mm。

解　(1) 初选轴承内径 $d=75$mm。

(2) 选宽径比 $B/d=1$，则轴承宽度 $B=75$mm。

(3) 选轴瓦材料：选铝青铜 ZCuAl10Fe3。查表 19－2：$[p]=15$MPa，$[pv]=12$MPa·m/s，$[v]=4$m/s。

(4) 轴承的工作能力校核

$$p=\frac{F}{Bd}=\frac{6000}{75\times75}=1.07(\text{MPa})\leqslant[p]$$

$$v=\frac{\pi dn}{60\times1000}=\frac{\pi\times75\times1000}{60\times1000}=3.93(\text{m/s})\leqslant[v]$$

$$pv=1.07\times3.93=4.21(\text{MPa}\cdot\text{m/s})\leqslant[pv]$$

以上设计合理。

二、滚动轴承

滚动轴承与滑动轴承相比是以滚动摩擦代替滑动摩擦，摩擦阻力小，启动灵活、效率高、润滑方式简单、使用方便，故应用很广。但它抗冲击性能差，高速运转时会出现噪音，工作寿命较短。滚动轴承是标准件，由专门的轴承工厂成批生产。在设计中只需根据工作条件选用合适的滚动轴承类型和型号进行组合结构设计。

1. 滚动轴承的结构、类型和代号

1) 滚动轴承的结构

典型的滚动轴承结构如图 19－14 所示，由外圈、内圈、滚动体和保持架组成。内圈、外圈分别与轴颈及轴承座孔装配在一起。多数情况是内圈随轴回转，外圈不动，但也有外圈回转、内圈不转或内、外圈分别按不同转速回转等使用情况。滚动体是滚动轴承中的核心元件，它使相对运动表面间的滑动摩擦变为滚动摩擦。根据不同轴承结构的要求，滚动体有球、圆柱滚子、圆锥滚子、球面滚子等，如图 19－15。内外圈上制有凹槽称为滚道，它起着降低接触应力和限制滚动体轴向移动的作用。保持架把滚动体均匀分开。

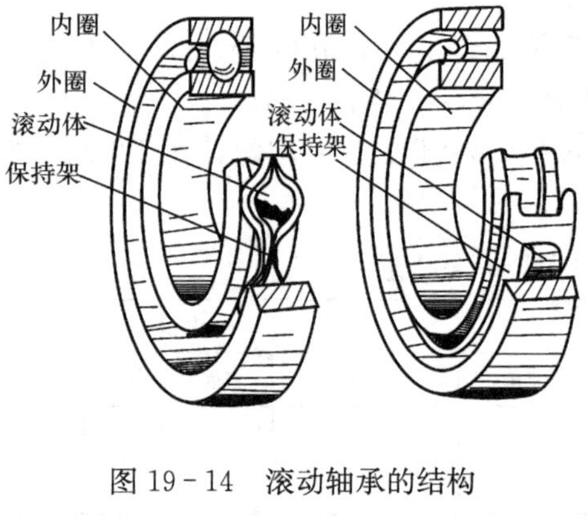

图 19－14　滚动轴承的结构

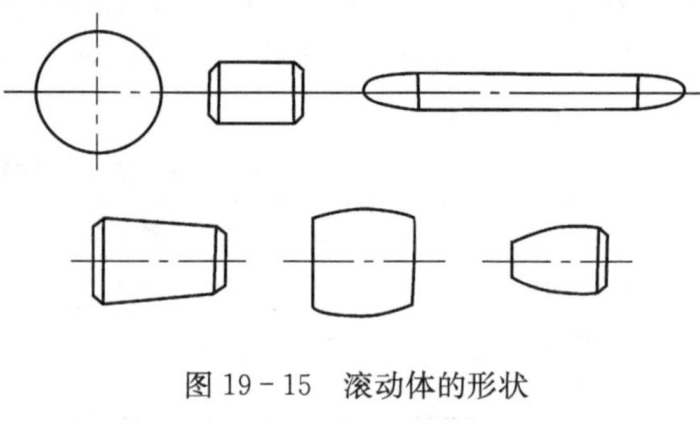

图 19－15　滚动体的形状

2）滚动轴承的类型

滚动轴承的类型可以按以下几种方式分类：

按承受载荷的方向分：
- 向心轴承，如表 19－4 中轴承类型为 1、6、N、NA
- 推力轴承，如表 19－4 中轴承类型为 5
- 向心推力轴承，如表 19－4 中轴承类型为 3、7

按滚动体类型分：
- 球轴承
- 滚子轴承，包括圆柱滚子、圆锥滚子、球面滚子
- 滚针轴承

按滚动体的列数分：
- 单列
- 双列
- 多列

滚动轴承基本上是按上述分类和特殊结构来命名的。若是单列轴承，“单列”可省略。

滚动体与外圈接触点的法线与轴承径向平面的夹角，称为滚动轴承的公称接触角 α，如表 19－4 中类型代号为 3 和 7 所示。

滚动轴承是标准件，在滚动轴承的国家标准中，将滚动轴承分为 13 种基本类型，表 19－4 中列出了其中常见的几种。

表 19－4　常用滚动轴承的类型、代号及特性

类型代号	类型名称	结构代号	结构简图及承受载荷方向	基本额定动载荷比[1)]	极限转速比[2)]	特性
1	调心球轴承	10000	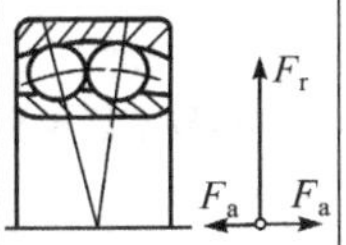	0.6～0.9	中	外圈滚道是以轴承中心为球心的内球面，故可以自动调心，允许内外圈轴线在倾斜 1.5°～3°条件下工作。主要承受径向载荷，也能承受微量的轴向载荷。适用于轴的刚度较低、轴承座孔的同轴度较差以及多支点的轴承上
2	调心滚子轴承	20000	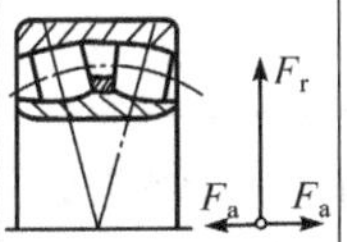	0.8～4	中	性能特点与调心球轴承相同，但具有较大的承载能力，具有调心能力，允许内外圈轴线在倾斜 1.5°～2.5°条件下工作
3	圆锥滚子轴承	30000 α=10°～18°	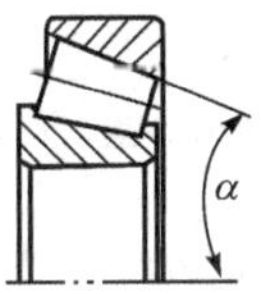	1.5～2.5	中	能承受径向载荷和单向轴向载荷。承载能力大，但极限转速较低 公称接触角 α 较大者，则承受轴向载荷的能力较大。适用于转速不太高、轴的刚性好、轴向和径向载荷大的场合。允许偏斜角在 2′以内。通常成对使用，对称安装；安装时应调整游隙
		30000B α=27°～30°		1.1～2.1		

续表

类型代号	类型名称	结构代号	结构简图及承受载荷方向	基本额定动载荷比[1]	极限转速比[2]	特性
5	推力球轴承	51000	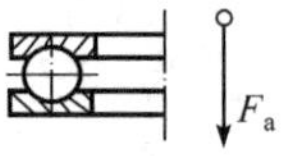	1	低	只能承受单向轴向载荷，内孔较小的是紧圈，它与轴配合；内孔较大的是松圈，与机座固定在一起。极限转速较低
	双向推力球轴承	52000	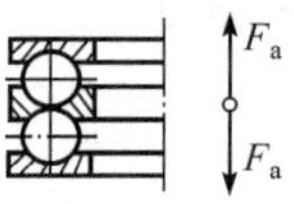			可以承受双向轴向载荷。中间圈为紧圈，与轴配合；另两个圈为松圈。极限转速较低
6	深沟球轴承	60000	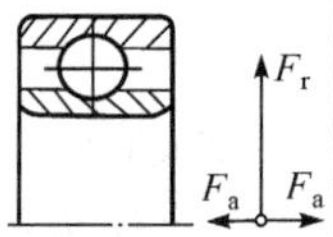	1	高	主要承受径向载荷，也能承受一定的轴向载荷 适用于高速场合，内、外圈的轴线允许相对倾斜2′～10′
7	角接触球轴承	70000C $\alpha=15°$ 70000AC $\alpha=25°$ 70000B $\alpha=40°$	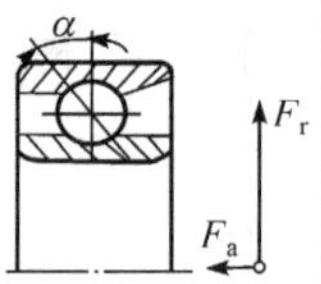	1～1.4 1～1.3 1～1.2	高	能承受径向载荷和单向轴向载荷。承载能力较大，极限转速较高 适用于转速不太高、轴的刚性好、轴向和径向载荷大的场合。允许偏斜角在2′以内。通常成对使用，对称安装。安装时应调整游隙
N	外圈无挡边的圆柱滚子轴承	N0000	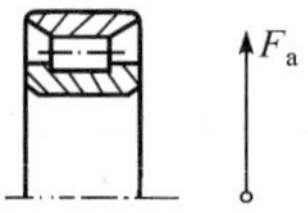	1.5～3	高	内、外圈可以分离，故不能承受轴向载荷，内、外圈的轴线允许相对倾斜2′～10′
	内圈无挡边的圆柱滚子轴承	NU000	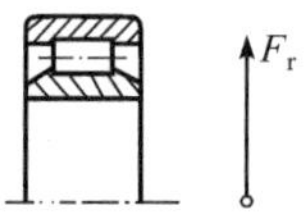			
NA	滚针轴承	NA0000	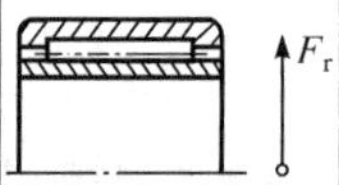	—	低	在相同的内径下，其外径最小。用于承受纯径向载荷。由于滚针数目多，承载能力大。高、低速都可以使用。对轴的变形和安装误差非常敏感。适用于径向尺寸受限制的场合

1) 基本额定动载荷比：指同一尺寸系列（直径及宽度）各种类型和结构形式的轴承的基本额定动载荷与单列深沟球轴承（推力球轴承为单向推力球轴承）的基本额定动载荷之比。

2) 极限转速比：指同一系列 P0 级公差的各类轴承脂润滑时的极限转速与单列深沟球轴承脂润滑时的极限转速之比。

3）滚动轴承的代号

滚动轴承的类型很多，各类型中又有不同的结构、尺寸和公差等级等，为了便于制造、标记和选用，在滚动轴承标准 GB/T 272 和 JB/T 2974 中规定了轴承代号表示方法。轴承代号分为基本代号、前置代号和后置代号三部分，其含义如表 19－5 所示。

表 19-5 滚动轴承代号

<table>
<tr><th>前置代号</th><th colspan="5">基本代号</th><th colspan="2">后置代号</th></tr>
<tr><td rowspan="3">成套轴承分部件代号</td><td>五</td><td>四</td><td>三</td><td>二</td><td>一</td><td rowspan="3">内部结构代号
密封与防尘结构代号
保持架及其材料代号
特殊轴承材料代号</td><td rowspan="3">公差等级代号
游隙代号
多轴承配置代号
其他代号</td></tr>
<tr><td rowspan="2">类型代号</td><td colspan="2">尺寸系列代号</td><td colspan="2" rowspan="2">内径代号</td></tr>
<tr><td>宽度系列代号</td><td>直径系列代号</td></tr>
</table>

(1) 基本代号。基本代号表示滚动轴承的类型、内径、直径系列和宽度系列。

(i) 内径代号。用基本代号右起第一、第二位数字表示。内径 $d=10\sim480$mm(其中 22mm、28mm、32mm、38mm、42mm 除外)的常用轴承,其内径表示方法如表 19-6 所示。内径小于 10mm 和大于 500mm 的轴承的内径代号另有规定,见滚动轴承标准 GB/T 272。

表 19-6 滚动轴承内径尺寸代号

内径代号	00	01	02	03	04～96
轴承内径/mm	10	12	15	17	内径代号×5

(ii) 尺寸系列代号。对于同一内径的轴承,为了适应不同承载能力、转速或结构尺寸的需要,采用不同大小的滚动体、外径和宽度(对于推力轴承则为高度),以基本代号右起第三(直径系列)和第四位数字(宽度系列)为尺寸系列代号。

(iii) 类型代号。从基本代号右起第五位起,用 1～2 位数字或拉丁字母表示轴承的类型。常用类型代号如表 19-4 所示。

(2) 前置代号。前置代号表示成套轴承的分部件,用拉丁字母表示,代号及其含义见滚动轴承标准。

(3) 后置代号。后置代号是轴承在内部结构、密封防尘与座圈形式、轴承材料、保持架结构及其材料、公差等级、游隙、成对轴承在一个支点处配置方式等有变化时,在基本代号后面所加的补充代号。后置代号用拉丁字母(或加数字)表示,代号及其含义见滚动轴承标准。

(i) 内部结构代号。用字母表示。例如,表 19-4 中角接触球轴承用 C、AC、B 分别代表公称接触角 $\alpha=15°$、$25°$、$40°$。

(ii) 公差等级代号。表示轴承制造的精度等级。分别用/P0(普通级精度,可省略)、/P6x、/P6、/P5、/P4、/P2 表示,精度按以上次序由低到高。

(iii) 游隙代号。轴承内、外圈和滚动体之间存在一定的间隙,因此内圈相对外圈有一定的游动量,该游动量就称为游隙。游隙代号分别用/C1、/C2、0、/C3、/C4、/C5 表示,游隙自小到大。0 组省略不注。在一般工作条件下,应优先选 0 组游隙轴承。

【例 19-2】 某轴承代号为 6008,试判断它的类型、内径尺寸、公差等级和游隙组别。

解 查表 19-4 和表 19-6,或查滚动轴承标准,6 为类型代号,表示深沟球轴承;08 为内径代号,内径 $d=08\times5=40$mm;无后置代号,说明该轴承公差等级为 0 级,径向游隙为 0 组。

2. 滚动轴承的类型选择

在设计机械时,合理选择滚动轴承是重要的一环。首先选择轴承类型,然后选择轴承型号。

1）载荷的大小、方向和性质

轴承所受载荷的大小、方向和性质是选择轴承类型的主要依据。

当轴承受纯径向载荷 F_r 时，应选用向心轴承；当承受纯轴向载荷 F_a 时，宜用推力轴承；当同时承受径向载荷 F_r 和轴向载荷 F_a 时，应根据径向载荷与轴向载荷比值 F_r/F_a 的大小来选择轴承的类型。当比值较小时，可选择深沟球轴承或接触角 α 较小的角接触轴承；当比值很大时，可选择接触角 α 较大的角接触轴承，亦可采用向心轴承和推力轴承的组合，分别承受径向载荷和轴向载荷。

在尺寸相同的条件下，滚子轴承比球轴承具有较大的承载能力，故适用于载荷较大或有冲击的场合；当载荷较小时，宜优先采用球轴承。

采用角接触球轴承和圆锥滚子轴承时，需成对使用、对称安装。

2）轴承的转速

轴承转速对其寿命有显著影响。因此，在滚动轴承标准中规定了轴承极限转速 $n_{\lim}$ 值，轴承的工作转速不得超过其极限转速。

球轴承与滚子轴承比较，前者具有较高的极限转速（推力球轴承除外），故在高速时应优先选用球轴承。

在内径相同的条件下，外径越小则滚动体越小，运转时滚动体的惯性离心力也就越小，因而适宜于在更高的转速下工作。

此外，轴承的接触角越小，其座圈承受的滚动体的惯性离心力的条件越好。所以，深沟球轴承的高速性能优于角接触轴承。

3）对调心性能的要求

当轴在工作时弯曲变形较大，或轴的跨距较大，轴承座的制造、安装精度较低时，要求轴承内、外圈能有一定的相对角位移，故应采用调心轴承。

此外，在选择轴承类型时还应考虑轴承的装拆、调整、游隙等使用要求，有关内容将在轴承组合设计一节中讨论。

3. 滚动轴承的计算

1）滚动轴承的失效形式、基本额定寿命和基本额定动载荷

滚动轴承的滚动体与内、外圈之间的接触应力是不断变化的，因此，在安装、润滑和维护良好的条件下，滚动轴承的主要失效形式是滚动体和内外圈滚道表面产生疲劳点蚀或疲劳剥落，使轴承产生振动、噪声、发热增大，旋转精度降低，故应按接触疲劳强度计算其疲劳寿命。不转动、转速很低（$n<10\text{r/min}$）或仅有缓慢摆动的滚动轴承，其主要失效形式为轴承元件在过大载荷作用下产生塑性变形，故应按静强度计算，即计算其静态承载能力。

滚动轴承的基本额定寿命是指一批轴承在同一条件下，其中 10% 的轴承产生疲劳点蚀，而 90% 的轴承不产生疲劳点蚀时，轴承所转的总圈数，用 L_{10} 表示；或在一定转速下的工作小时数，用 L_h 表示。

滚动轴承在基本额定寿命 L_{10} 恰好等于 10^6 r（转）时所能承受的载荷，称为基本额定动载荷，用 C 表示。对于向心轴承，记为 C_r；对于推力轴承，记为 C_a。C 值与滚动轴承的类型、材料、尺寸等有关。各种型号轴承的 C_r 和 C_a 值在机械设计手册中可查得。

2）寿命计算

当作用在轴承上的载荷 P 等于基本额定动载荷 C 时，轴承的寿命等于 10^6 r。大量试验表

明，滚动轴承的当量动载荷 P 与寿命 L_{10}(10^6r)的关系为

$$L_{10}=\left(\frac{C}{P}\right)^{\varepsilon} \tag{19-8}$$

式中，ε 为寿命指数，球轴承 $\varepsilon=3$；滚子轴承 $\varepsilon=10/3$。

通常，滚动轴承的寿命是按一定转速 n(r/min)下的工作小时数(h)计算，即

$$L_{h}=\frac{10^6}{60n}\left(\frac{C}{P}\right)^{\varepsilon} \tag{19-9}$$

由于滚动轴承的基本额定动载荷 C 是在工作温度不大于 100℃下确定的，如果工作温度大于 100℃，轴承元件表面软化将降低其承载能力，故引入温度系数 f_T，如表 19-7 所示。又由于机器在工作中往往有振动和冲击，滚动轴承实际承受载荷大于名义工作载荷，故引入一个载荷系数 f_P，将当量动载荷予以适当放大。载荷系数 f_P 值可参考表 19-8 确定。

表 19-7　滚动轴承的温度系数 f_T

轴承工作温度/℃	≤100	125	150	175	200	225	250	330
f_T	1.0	0.95	0.9	0.85	0.8	0.75	0.7	0.6

表 19-8　滚动轴承的载荷系数 f_P

载荷性质	f_P	应用举例
无冲击或轻微冲击	1.0～1.2	电动机、汽轮机、通风机、水泵等
中等冲击或中等惯性力	1.2～1.8	车辆、动力机械、起重机、造纸机、冶金机械、选矿机、水力机械、卷扬机、木材加工机械、传动装置、机床等
强大冲击	1.8～3.0	破碎机、轧钢机、石油钻机、振动筛

考虑温度和载荷影响后，式(19-9)变为

$$L_{h}=\frac{10^6}{60n}\left(\frac{f_T C}{f_P P}\right)^{\varepsilon} \tag{19-10}$$

如果预期寿命 L_h' 选定，并且当量动载荷 P 和转速 n 均为已知时，可将式(19-10)变换为轴承满足预期寿命要求所应具备的额定动载荷 C' 值的计算式

$$C'=\frac{f_P P}{f_T}\left(\frac{60nL_h'}{10^6}\right)^{\frac{1}{\varepsilon}} \tag{19-11}$$

根据 C' 值可在设计手册中选取所需的轴承型号。

【例 19-3】　有一滚动轴承，其型号为 7214C，转速 $n=500$r/min，当量动载荷 $P=7750$N，工作时有轻微冲击，工作温度在 100℃以下，试预测其寿命。

解　查机械设计手册，7214C 型是角接触球轴承，其基本额定动载荷 $C_r=62900$N。根据工作时有轻微冲击，参考表19-7，取载荷系数 $f_P=1.2$；参考表19-8，取温度系数 $f_T=1$。对于球轴承，寿命指数 $\varepsilon=3$，由式(19-10)得轴承寿命为

$$L_h=\frac{10^6}{60n}\left(\frac{f_T C}{f_P P}\right)^{\varepsilon}=\frac{10^6}{60\times500}\left(\frac{1\times62900}{1.2\times7750}\right)^3=10313(\text{h})$$

【例 19-4】　试选择一圆锥滚子轴承。已知载荷平稳，当量动载荷 $P=7700$N，转速 $n=640$r/min，工作温度在 100℃以下，轴颈直径 $d=60$mm，预期使用寿命$L_h'=20000$h。

解 根据已知条件，取 $\varepsilon=10/3$；$f_P=1$；$f_T=1$。由式(19-11)可计算出该轴承应具有的额定动载荷值 C_r'

$$C_r'=\frac{1\times7700}{1}\left(\frac{60\times640\times20000}{10^6}\right)^{\frac{3}{10}}=56506.6(\mathrm{N})$$

根据 $C_r'=56506.6\mathrm{N}$，查机械设计手册，并考虑轴颈直径 $d=60\mathrm{mm}$，选择 30212 型轴承，其主要参数如下：内径 $d=60\mathrm{mm}$，外径 $D=110\mathrm{mm}$，宽度 $T=23.75\mathrm{mm}$，接触角 $\alpha=15°6'34''$，基本额定动载荷 $C_r=60400\mathrm{N}$(略大于所需的 56506.6N)。

3) 滚动轴承的当量动载荷 P 的计算

滚动轴承实际运转时所受的载荷性质和工作条件与试验时的载荷性质和工作条件不可能一致。当实际载荷是既有径向载荷又有轴向载荷时，必须把它们换算成纯径向载荷值或纯轴向载荷值，才能和基本额定动载荷 C 相比较。换算后的载荷是一个等效的假想载荷，称为当量动载荷 P。

通过大量的试验研究和理论分析，人们研究了径向载荷 F_r 和轴向载荷 F_a 联合作用时对轴承寿命的影响，建立了滚动轴承当量动载荷的计算公式

$$P=XF_r+YF_a \tag{19-12}$$

式中，F_r 为径向载荷，N；F_a 为轴向载荷，N；X 为载荷的径向系数；Y 为载荷的轴向系数。X、Y 值如表 19-9 所示。

用表 19-9 查 X、Y 时，一些轴承需要先确定系数 e，它是表征轴向载荷对向心轴承受力影响的判别系数，其数值与轴承的类型和实际接触角有关。深沟球轴承和公称接触角较小($\alpha=15°$)的角接触球轴承的实际接触角随实际轴向载荷 F_a 的增大而增大。在表 19-9 中，以 F_a/C_{0r} 值来表征接触角的变化程度。C_{0r} 是滚动轴承的额定静载荷。轴承尺寸越大，C_{0r} 值越大。F_a/C_{0r} 值越大，说明该轴承承受的轴向载荷越大，实际接触角和 e 值越大。考虑到双列轴承和多列轴承，表中以 iF_a/C_{0r} 表征接触角的变化程度。i 是滚动体的列数。因此，在表 19-9 中列出了对应于不同 iF_a/C_{0r} 值及 X、Y 值。表 19-9 中的 X、Y 值还与 $F_a/C_{0r}\leqslant e$ 和 $F_a/C_{0r}>e$ 有关。例如，当 $F_a/C_{0r}\leqslant e$ 时，表明轴向载荷 F_a 对向心单列轴承寿命的影响很小或可不计。

表 19-9 当量动载荷的径向系数 X 和轴向系数 Y

轴承类型		相对轴向载荷 iF_a/C_{0r}	e	单列轴承				双列轴承			
				$F_a/C_{0r}\leqslant e$		$F_a/C_{0r}>e$		$F_a/C_{0r}\leqslant e$		$F_a/C_{0r}>e$	
名称	公称接触角			X	Y	X	Y	X	Y	X	Y
深沟球轴承	$\alpha=0°$	$\leqslant0.014$	0.19	1	0	0.56	2.30	1	0	0.56	2.30
		0.028	0.22				1.99				1.99
		0.056	0.26				1.71				1.71
		0.084	0.28				1.55				1.55
		0.11	0.30				1.45				1.45
		0.17	0.34				1.31				1.31
		0.28	0.38				1.15				1.15
		0.42	0.42				1.04				1.04
		$\geqslant0.56$	0.44				1.00				1.00

续表

轴承类型		相对轴向载荷 iF_a/C_{0r}	e	单列轴承				双列轴承			
				$F_a/C_{0r}\leqslant e$		$F_a/C_{0r}>e$		$F_a/C_{0r}\leqslant e$		$F_a/C_{0r}>e$	
名称	公称接触角			X	Y	X	Y	X	Y	X	Y
角接触球轴承	$\alpha=15°$	⩽0.015	0.38	1	0	0.44	1.47	1	1.56	0.72	2.39
		0.029	0.40				1.40		1.57		2.28
		0.058	0.43				1.30		1.46		2.11
		0.087	0.46				1.23		1.38		2.00
		0.12	0.47				1.19		1.34		1.93
		0.17	0.50				1.12		1.26		1.82
		0.29	0.55				1.02		1.14		1.66
		⩾0.44	0.56				1.00		1.12		1.63
	$\alpha=25°$		0.68	1	0	0.41	0.87	1	0.92	0.67	1.41
	$\alpha=40°$		1.41	1	0	0.35	0.57	1	0.55	0.57	0.93
圆锥滚子轴承	$\alpha\neq0°$		查手册	1	0	0.40	查手册	1	查手册	0.67	查手册
调心球轴承			查手册					1	查手册	0.65	查手册
调心滚子轴承			查手册					1	查手册	0.67	查手册
圆柱滚子轴承	$\alpha=0°$	$X=1;Y=0$									
滚针轴承	$\alpha=0°$	$X=1;Y=0$									

注:1. i 为滚动体列数。2. "查手册"可查机械设计手册和轴承样本。

4）角接触轴承轴向载荷 F_a 的计算

为了计算滚动轴承的当量动载荷,需先计算轴承所受的径向载荷 F_r 和轴向载荷 F_a。在计算角接触轴承(70000 型及 30000 型)所承受的载荷时,应注意:①由于角接触轴承结构上的原因,它的支反力作用点不在轴承宽度的中点,而在各滚动体的法向载荷作用线与轴线的交点 O,如图 19－16 所示。点 O 称为载荷作用中心,点 O 到轴承外侧面的距离 a 可从机械设计手册中查到。②在它承受径向载荷 F_r 时,各承载的滚动体均产生派生轴向力 F_{si}。各滚动体派生轴向力之和 $\sum F_{si}=F_s$,称为角接触承派生轴向力。派生轴向力 F_s 的计算式列于表 19－10。

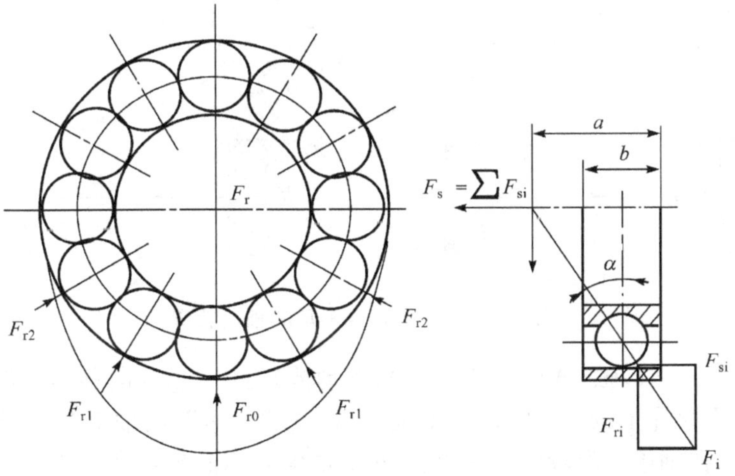

图 19－16　角接触轴承派生轴向力

表 19－10 角接触轴承派生轴向力 F_s 计算

轴承类型	向心角接触球轴承			向心圆锥滚子轴承
F_s	70000C $\alpha=15°$	70000AC $\alpha=25°$	70000B $\alpha=40°$	30000
	eF_r 1)	$0.68F_r$	$1.14F_r$	$F_r/2Y$ 2)

1) e 值由表 19－9 查出。

2) Y 是对应表 19－9 中 $F_a/F_r>e$ 的 Y 值。

图 19－17 所示为成对使用的角接触轴承的两种安装方式。图 19－17(a)为正装(或称“面对面”安装),图 19－17(c)是它的简化画法;图 19－17(b)为反装(或称“背靠背”安装),图 19－17(d)是它的简化画法。F_A 是作用在轴上的外加轴向载荷,F_{r_1}、F_{r_2} 分别是轴承 1 和轴承 2 的径向载荷,F_{s_1}、F_{s_2} 分别是轴承 1 和轴承 2 派生轴向力。

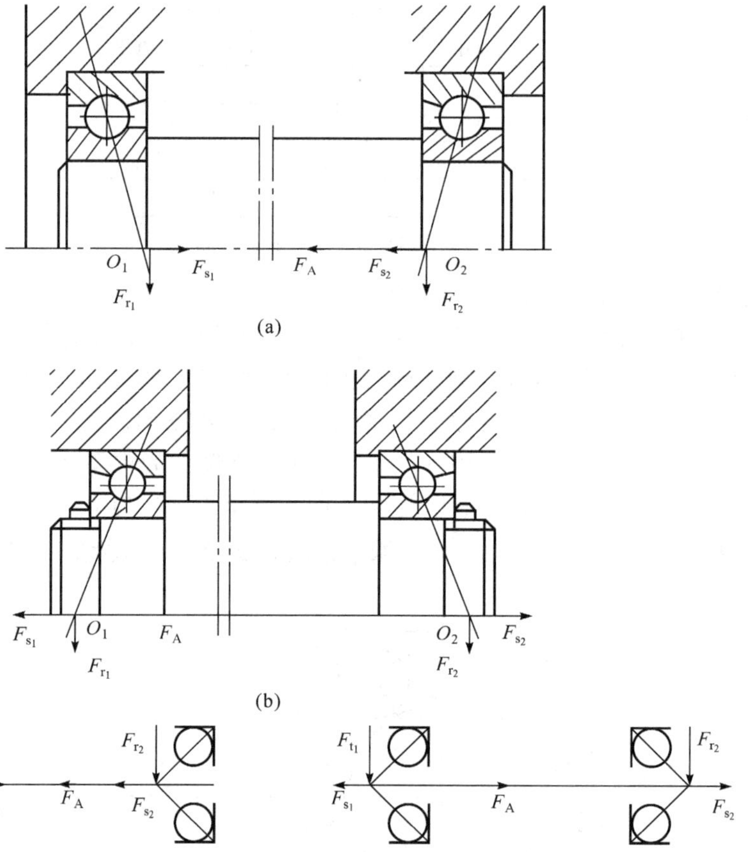

图 19－17 角接触轴承的轴向载荷

当 $F_A+F_{s_2}>F_{s_1}$ 时,轴(连同轴承内圈和滚动体)有沿 F_{s_2} 方向移动的趋势。由于轴承 1 的外座圈是固定在机座上的,不能移动,于是轴承 1 被“压紧”,而轴承 2 被“放松”。由轴的轴向平衡条件可知,在轴承 1 的轴向力为 $F_A+F_{s_2}$;轴承 2 的轴向力等于自身派生轴向力 F_{s_2},即

$$F_{a_1}=F_A+F_{s_2}$$

$$F_{a_2}=F_{s_2}$$

当 $F_A+F_{s_2}<F_{s_1}$，同理可知

$$F_{a_1}=F_{s_1}$$
$$F_{a_2}=F_{s_1}-F_A$$

上面的分析对于图 19－17(a)、(b)所示的两种情况都适用。

计算角接触轴承轴向载荷的方法可归纳如下：① 根据轴上全部轴向力（包括外加轴向力 F_A 和轴承派生轴向力 F_s 合力）的指向，判明哪端轴承被“压紧”，哪端轴承被“放松”；② 被“放松”的轴承的轴向载荷等于它本身的派生轴向力；③ 被“压紧”的轴承的轴向载荷等于除它本身派生轴向力以外的其他轴向力的向量和。

【例 19－5】 某减速器的一根轴用两个 P0 级的 30308 轴承支承，图 19－18 为其安装示意图。两轴承的径向载荷分别为 $F_{r_1}=5000$N，$F_{r_2}=2600$N，轴的轴向外载荷 $F_A=1250$N，各载荷方向如图 19－18 所示。转速 $n=1450$r/min，工作时有轻微冲击，轴承工作温度 100℃以下。要求轴承寿命不少于 10 年（一年以 300 天计算，三班制工作），试校核轴承。

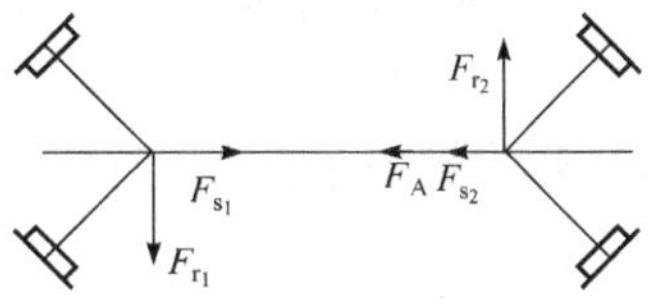

图 19－18　轴承的轴向载荷分析

解　(1) 计算轴承的轴向载荷。

查机械设计手册，30308 轴承为圆锥滚子轴承，其基本额定动载荷 $C_r=90500$N，$Y=1.7$，$e=0.35$。查表 19－10，两轴承的派生轴向力分别为

$$F_{s_1}=\frac{F_{r_1}}{2Y}=\frac{5000}{2\times1.7}=1470(\text{N})$$

$$F_{s_2}=\frac{F_{r_2}}{2Y}=\frac{2600}{2\times1.7}=764.7(\text{N})$$

F_{s_1}、F_{s_2} 的方向如图 19－18 所示。由于 $A+F_{s_2}=1250+764.7=2014.7(\text{N})>F_{s_2}$，轴承 1 被“压紧”，轴承 2 被“放松”，故

$$F_{a_1}=F_A+F_{s_2}=2014.7(\text{N})$$
$$F_{a_2}=F_{s_2}=764.7(\text{N})$$

(2) 计算当量动载荷

$$\frac{F_{a_1}}{F_{r_1}}=\frac{2014.7}{5000}=0.403>e=0.35$$

$$\frac{F_{a_2}}{F_{r_2}}=\frac{764.7}{2600}=0.294<e=0.35$$

查表 19－9 得 $X_1=0.4$，$Y_1=1.7$；$X_2=1.0$，$Y_2=0$。由式(19－12)，$P=XF_r+YF_a$

$$P_1=0.4\times5000+1.7\times2014.7=5425(\text{N})$$
$$P_2=1\times2600+0\times764.7=2600(\text{N})$$

$P_1>P_2$，所以只需校核轴承 1 的寿命。

(3) 求轴承 1 的寿命。

在轻微冲击，查表 19－7 和表 19－8，取 $f_T=1.0$，$f_P=1.1$。轴承 1 的寿命为

$$L_{h_1}=\frac{10^6}{60n}\left(\frac{f_TC_r}{f_PP_1}\right)^{\varepsilon}=\frac{10^6}{60\times1450}\left(\frac{1.0\times90500}{1.1\times5425}\right)=99145(\text{h})$$

即 $\frac{99145}{300\times24}=13.77$ 年，满足要求。

5）滚动轴承的静态承载能力计算

对于受过大冲击载荷或缓慢摆动和转速极低（$n<10\text{r/min}$）的滚动轴承，主要失效形式是滚动体与内、外座圈轨道接触处产生过大的塑性变形，这时应按静态承载能力选择轴承型号。

GB/T 4662-2012 规定，使受载最大的滚动体与滚道接触中心处引起的接触应力达到一定值的载荷，称为基本额定静载荷，用 C_0 表示，其值可查机械设计手册或轴承手册。

轴承上作用的径向载荷 F_r 和轴向载荷 F_a，折合成一个当量静载荷 P_0

$$P_0 = X_0F_r + X_0F_a \tag{19-13}$$

式中，X_0、Y_0 分别为当量静载荷的径向载荷系数和轴向载荷系数，其值可查机械设计手册或轴承手册。

滚动轴承静态承载能力计算公式为

$$C_0 \geqslant S_0P_0 \tag{19-14}$$

式中，S_0 为轴承静强度安全系数，可按表 19－11 取值。

表 19－11　轴承静强度安全系数

旋转条件	载荷条件	S_0	使用条件	S_0
连续旋转轴承	普通载荷	1.0～2.0	高精度旋转场合	1.5～2.5
	冲击载荷	2.0～3.0	振动冲击场合	1.2～2.5
不常旋转或做摆动运动的轴承	普通载荷	0.5	普通旋转精度场合	1.0～1.2
	冲击或不均匀载荷	1.0～1.5	允许有变形量	0.3～1.0

6）极限转速校核

滚动轴承转速过高时会使摩擦面间产生高温，影响润滑剂性能，破坏油膜，从而导致滚动体回火或元件胶合失效。滚动轴承的极限转速是指滚动轴承在一定载荷和润滑条件下允许的最高转速。轴承的工作转速应低于其极限转速。

滚动轴承性能表中所给出的极限转速值分别是在脂润滑和油润滑条件下确定的，且仅适用于 0 级公差、润滑冷却正常、与刚性轴承座和轴配合、轴承载荷 $P\leqslant 0.1C$（C 为轴承的基本额定动载荷，向心轴承只受径向载荷，推力轴承只受轴向载荷）的轴承。轴承载荷发生变化（$P>0.1C$）需要载荷系数 f_1 修正；对于承受联合载荷的向心轴承需要 f_2 修正。实际许用转速值可按公式（19－15）计算

$$n_{max} \leqslant f_1f_2n_{lim} \tag{19-15}$$

式中，n_{max}为滚动轴承的最大工作转速；n_{lim}为滚动轴承的极限转速；f_1、f_2 的值可从图 19－19、图 19－20 中查得。

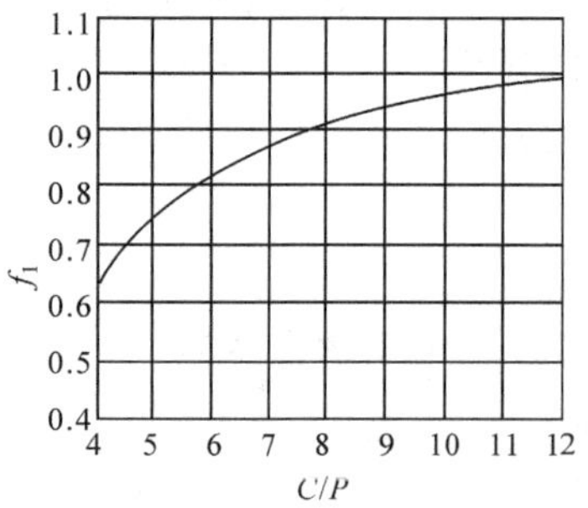

图 19－19　载荷系数 f_1

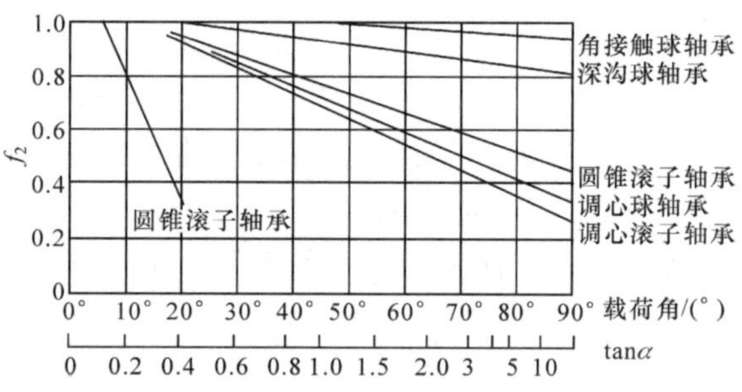

图 19－20　载荷分配系数 f_2

§19-3　联　轴　器

联轴器是用来连接轴与轴、轴与其他传动件使之一起旋转、传递运动和扭矩的部件。此外，联轴器还具有补偿两轴相对位移、缓冲、减震以及安全防护等功能。

一、联轴器的分类

联轴器大多已标准化。联轴器的分类如表 19-12。

表 19-12　联轴器的分类

<table>
<tr><td rowspan="15">联轴器</td><td colspan="2" rowspan="3">刚性联轴器</td><td>凸缘联轴器(GB/T 5843)</td></tr>
<tr><td>套筒联轴器</td></tr>
<tr><td>夹壳联轴器(HG 5-213)等</td></tr>
<tr><td rowspan="11">挠性联轴器</td><td rowspan="4">无弹性元件</td><td>齿式联轴器(JB/ZQ 4218)</td></tr>
<tr><td>滚子链联轴器(GB/T 6069)</td></tr>
<tr><td>滑块联轴器(尼龙,JB/ZQ 4384)</td></tr>
<tr><td>十字块万向联轴器等</td></tr>
<tr><td rowspan="2">金属弹性元件</td><td>蛇形弹簧联轴器(JB/T 8869)</td></tr>
<tr><td>膜片联轴器(JB/T 9147)等</td></tr>
<tr><td rowspan="5">非金属弹性元件</td><td>弹性套柱销联轴器(GB/T 4323)</td></tr>
<tr><td>弹性柱销联轴器(GB/T 5014)</td></tr>
<tr><td>弹性套柱销齿式联轴器(GB/T 5015)</td></tr>
<tr><td>梅花形弹性联轴器(GB/T 5272)</td></tr>
<tr><td>轮胎式联轴器(GB/T 5844)等</td></tr>
<tr><td colspan="3">安全联轴器</td></tr>
</table>

二、刚性联轴器

刚性联轴器结构简单，价格便宜，但不具有补偿两轴相对偏移的能力和缓冲减震性能，只有在载荷平稳、转速稳定、能保证被连两轴轴线相对偏移极小的情况下，才可选用刚性联轴器。常用的刚性联轴器有套筒联轴器、夹壳联轴器和凸缘联轴器等。其中凸缘联轴器应用最多，如图 19-21 所示。图 19-21(a)所示的形式，两个半联轴器采用普通螺栓连接，并通过凸台和凹槽的嵌合来保证两个半联轴器的同轴度。图 19-21(b)所示的形式，两个半联轴器借助铰制孔螺栓连接来保证两个半联轴器的同轴度。后者装拆时不需被联两轴做轴向移动。

三、挠性联轴器

采用刚性联轴器的一个必要条件是两轴应保持对中，但由于制造、安装误差，两轴严格对中并非在任何情况下都能实现。图 19-22 所示为被连接的两轴可能发生的相对偏移情况。图 19-22 中 x 为轴向偏移，y 为径向偏移，α 为角倾斜。图 19-22(d)表示综合偏移。在不能避免两轴线相对偏移的场合中采用刚性联轴器，将会在轴与联轴器中引起附加载荷，使轴、轴

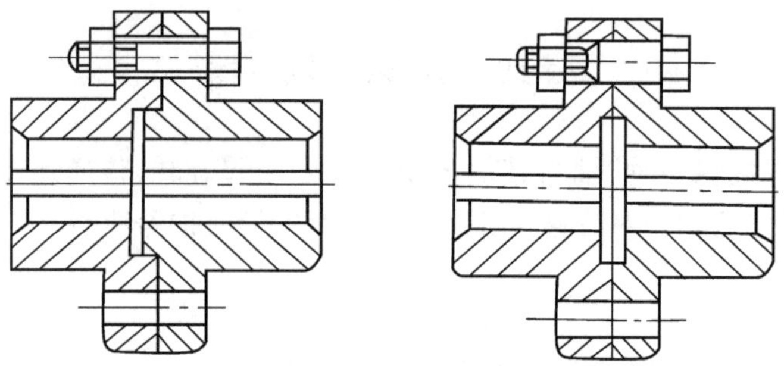
(a)　　(b)

图 19－21　凸缘联轴器

承、联轴器等工作情况恶化。挠性联轴器具有补偿两轴相对偏移的能力。当被联两轴的同轴度不易保证时，应选用挠性联轴器。

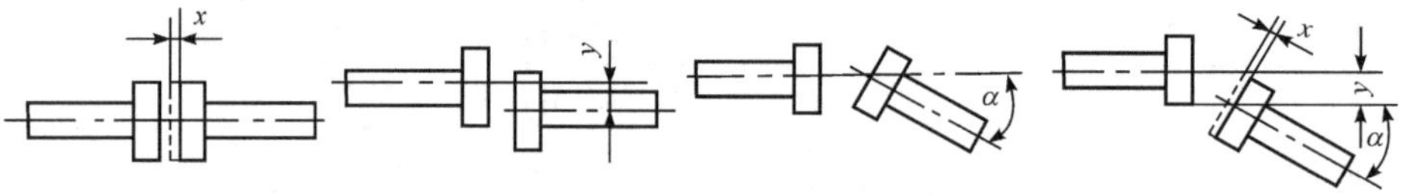

(a) 轴向位移 x　(b) 径向位移 y　(c) 角位移 α　(d) 综合位移 x、y、α

图 19－22　轴线的相对位移

1. 无弹性元件的挠性联轴器

这种联轴器承载能力大，但不具有缓冲减震性能，在高速、转速不稳定或经常正、反转时有冲击噪声，适用于低速、重载、转速平稳的场合。

1）齿轮联轴器

由两个具有外齿的半联轴器 1、4 和两个具有内齿的外壳 2、3 组成，外壳与半联轴器通过内、外齿的相互啮合而相连，如图19－23所示。轮齿间留有较大的齿侧间隙，外齿轮的齿顶做成球面，球面中心位于轴线上，转矩靠啮合的齿轮传递。图 19－24 所示为齿轮联轴器在被联两轴轴线相对偏移时的工作情况。齿轮联轴器有较好的补偿两轴相对偏移的能力，承载能力较大。但齿轮啮合处需润滑，结构较复杂，造价较高，适用于低速、重载的场合。

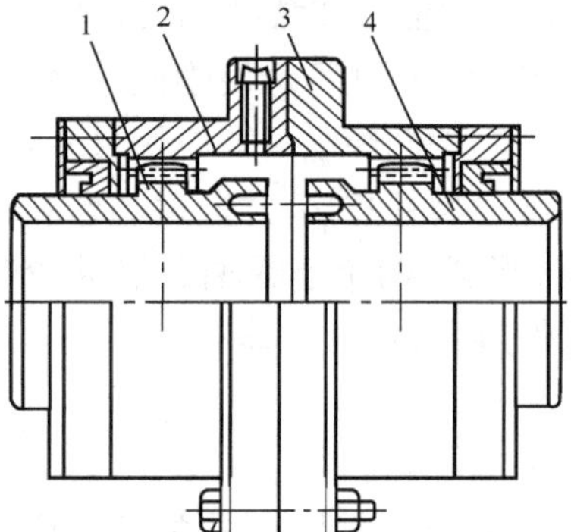

图 19－23　齿轮联轴器

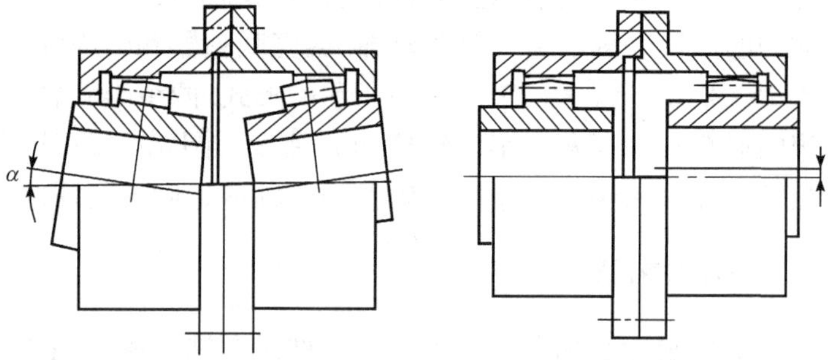

(a) 角向偏移　(b) 径向偏移

图 19－24　齿轮联轴器补偿两轴偏移情况

2）链条联轴器

链条联轴器是由两个带有相同齿数链轮的半联轴器，用一条滚子链连接组成，如图 19 - 25 所示。其结构简单，装拆方便，效率高，可在高温、多尘、油污、潮湿等恶劣环境下工作，但不能承受轴向力。

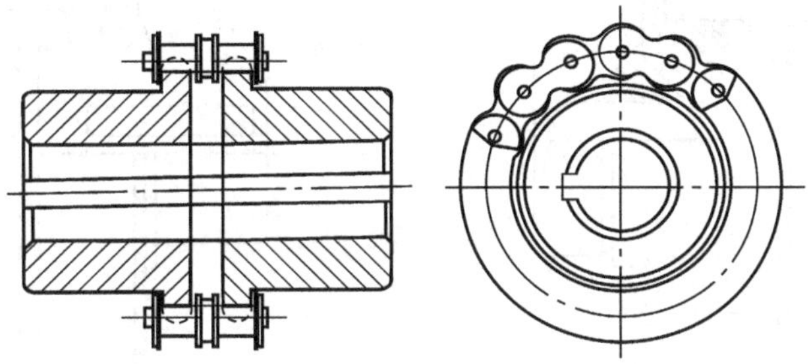

图 19 - 25　链条联轴器

3）万向联轴器

万向联轴器用于两轴有较大角偏移的场合，最大角向补偿量 α 可达 35°～45°。由于单万向联轴器的从动轴为变速运动，所以，一般成对使用。图 19 - 26 所示为十字轴双万向联轴器，它在汽车、拖拉机、轧钢机及金属切削机床中广泛使用。

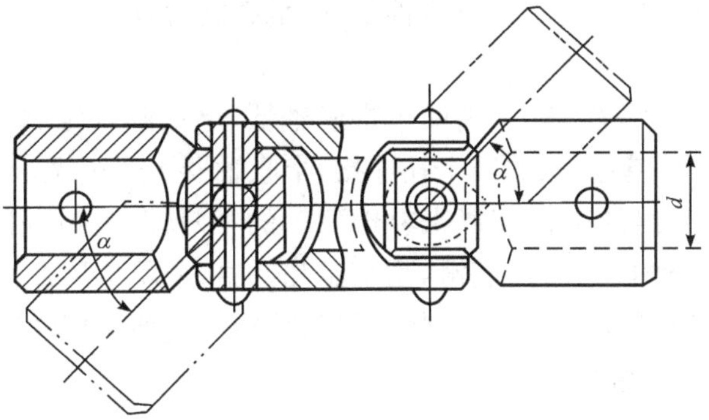

图 19 - 26　万向联轴器

2. 非金属弹性元件的挠性联轴器

这类联轴器在转速不平稳时有很好的缓冲减震性能，但由于非金属（橡胶、尼龙等）弹性元件强度低、寿命短、承载能力小、不耐高温和低温，故适用于高速、轻载和常温的场合。

1）弹性套柱销联轴器

弹性套柱销联轴器的结构与凸缘联轴器相似，只是用带有非金属（如橡胶等）弹性套的柱销取代联接螺栓，如图 19 - 27 所示。它靠弹性套的弹性变形来缓冲减震和补偿两轴的相对偏移。安装这种联轴器时，应在两个半联轴器之间留出一定间隙 c，以便给两个半联轴器留出足够的相对偏移量，适用于启动频繁、载荷变化不很大的场合。

2）弹性柱销联轴器

弹性柱销联轴器是用聚酰胺柱销置于两个半联轴器的凸缘孔中以实现两者连接的，为了防止柱销滑出，在柱销两端配置挡圈，如图 19 - 28 所示。聚酰胺有一定弹性，可缓冲减震，也靠它的弹性变形来补偿两轴的相对偏移，适用于载荷和转速变化不大的场合。

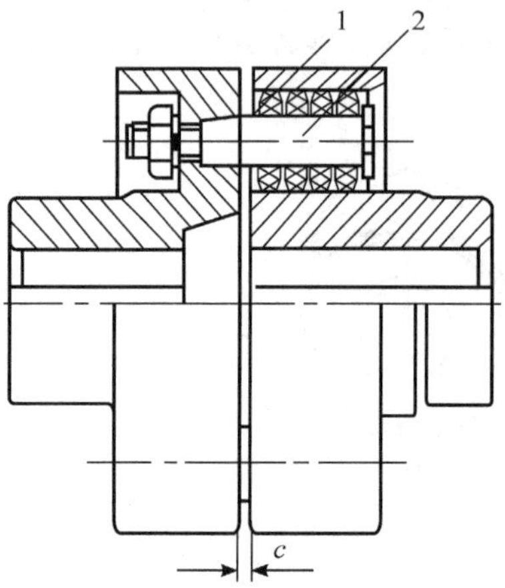

图 19－27　弹性套柱销联轴器

1. 弹性圈；2. 柱销

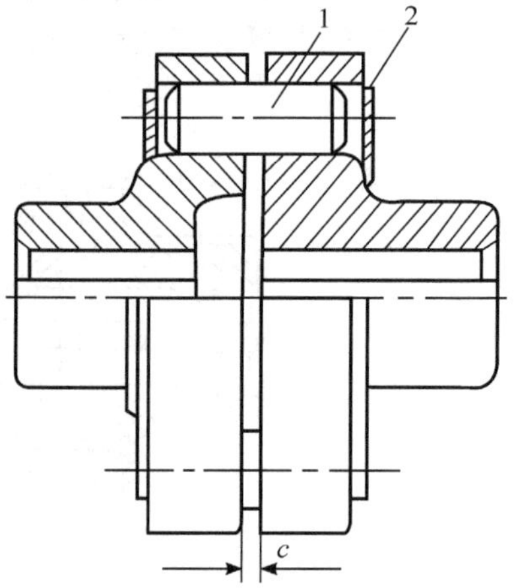

图 19－28　弹性柱销联轴器

1. 柱销；2. 挡圈

3. 金属弹性元件的挠性联轴器

这种联轴器除了具有较好的缓冲减震性能外，承载能力较大，适用于速度和载荷变化较大及高温或低温场合。

图 19－29 所示为膜片联轴器，它由两个半联轴器、金属膜片组、螺栓、和螺母所组成。半联轴器 4 通过螺栓与金属膜片组、的两个孔连接，半联轴器 1 通过螺栓与金属膜片组的另外两个孔连接，转矩通过膜片组的弹性变形来补偿两轴的相对偏移。这种联轴器结构简单、质量轻，具有良好的缓冲减震性能且不需润滑，耐高温和低温，金属膜片经特殊处理和表面涂层，具有良好的耐磨性和很高的疲劳强度，是取代齿轮联轴器的一种新型联轴器，适用于石化、造纸、制药、冶金、矿山、航空等领域的机械。

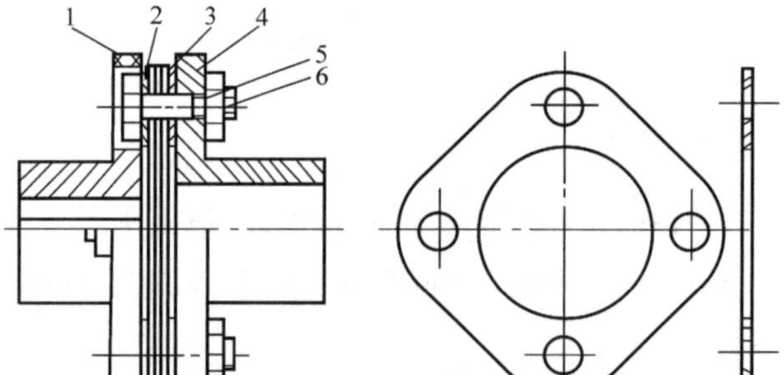

图 19－29　膜片联轴器

1,4. 半联轴器；2. 垫片；3. 金属膜片组；5. 螺栓；6. 螺母

四、安全联轴器

安全联轴器在结构上存在一个保险环节（如销钉可动联接等），这种保险环节只能承受某一限定载荷。当实际载荷超过事前限定的载荷时，保险环节就发生变化，截断运动和动力的传

递，从而保护机器的其余部分不致损坏，起到安全保护作用。

图 19－30 所示为销钉剪断式安全联轴器。它的结构类似凸缘联轴器，只是用特定的销钉代替联接螺栓。当载荷超过限定值时，销钉被剪断，转矩的传递被截止。为了销钉剪断时不损坏机器的其他部分，常在每个销钉外套上两个硬质的剪切钢套。这种安全联轴器结构简单。但在更换销钉时必须停机操作，也不能补偿两轴的相对偏移。所以，这种安全联轴器不宜用在经常发生过载而需频繁更换销钉场合，也不宜用在被联两轴不易对中的场合。

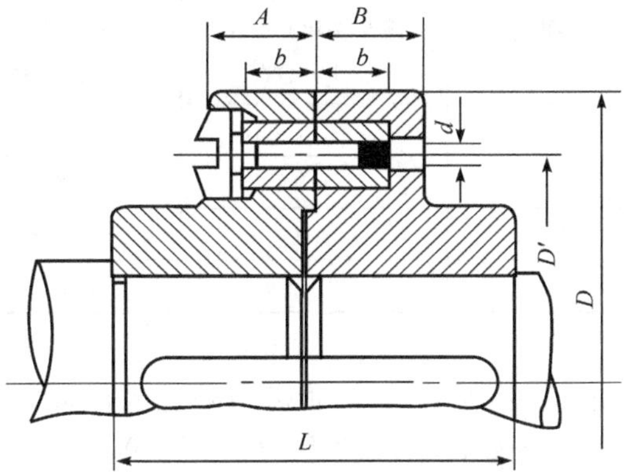

图 19－30　销钉剪断式安全联轴器

五、联轴器的选择

已标准化的联轴器的类型和型号，可根据计算扭矩、工作转速、轴径、轴头结构、两轴最大偏移量、工作状况及环境温度等条件来选择。

1. 联轴器类型选择

(1) 转矩 T 大时，选刚性联轴器。T 无冲击振动，选无弹性元件或金属弹性元件的挠性联轴器；T 有冲击振动，选有弹性元件的挠性联轴器。

(2) 转速 n 大时，选非金属弹性元件的挠性联轴器。

(3) 对中性好选刚性联轴器，需补偿时选挠性联轴器。

(4) 考虑装拆方便，可选不需轴向移动即可装拆的联轴器。

(5) 在高温环境下工作，不可选有非金属元件的联轴器。

(6) 同等条件下，尽量选择价格低、维护简单的联轴器。

2. 联轴器型号选择

联轴器的型号不仅应根据所传递的名义转矩 T 来选择，还应考虑原动机和工作机的特性及其载荷状况等引起的附加转矩。对于具有非金属弹性元件的联轴器，还应考虑温度影响下非金属材料强度降低的因素。为简化起见，通常引入一个考虑这些附加转矩和因素的工作情况系数 $K(K>1)$，即按计算扭矩 $T_{ca}=KT$ 来选择联轴器的型号。

$$T_{ca}=KT=9550K\frac{P_w}{n}\leqslant[T]$$

式中，T_{ca}为计算扭矩，N·m；T为理论（名义）转矩，N·m；K为工作情况系数，见表19－13；P_w为理论（名义）工作功率，kW；n为工作转速，r/min；$[T]$为联轴器的公称转矩、许用转矩，N·m，见机械设计手册。

表19－13　联轴器工作情况系数K

动力机特性	工作机特性			
	载荷均匀和载荷变化较小	载荷变化并有中等冲击载荷	载荷变化并有严重冲击载荷	载荷变化并有特严重冲击载荷
电动机、汽轮机	1.3	1.7	2.3	3.1
四缸及四缸以上内燃机	1.5	1.9	2.5	3.3
双缸内燃机	1.8	2.2	2.8	3.6
单杠内燃机	2.2	2.6	3.2	4.0

【例19－6】　一带式运输机，试选择电动机与减速器间联轴器。电动机转速n＝970r/min，减速器为非标准减速器，减速器输入功率P＝7.5kW。其中：电动机输出轴直径d_1＝42mm，轴头长度E_1＝110mm，初定减速器输入轴直径d_2＝24mm，轴头长度E_2＝30mm。

(1) 类型选择。带式运输机载荷平稳且为高速轴，所以选择非金属弹性元件的挠性联轴器。本题选用弹性柱销联轴器。

(2) 型号选择。联轴器计算转矩

$$T_{ca}=KT=9550K\frac{P_w}{n}\leqslant[T]$$

已知，电动机功率P＝7.5kW，转速n＝970r/min，由表19－13查得K＝1.3。

$$T_{ca}=KT=9550K\frac{P_w}{n}=9550\times1.3\times\frac{7.5}{970}=96(\text{N}\cdot\text{m})$$

由机械设计手册选HL1型弹性柱销联轴器。$[T]$＝160N·m，但轴孔直径不符要求。

重选HL3型弹性柱销联轴器。$[T]$＝630N·m，d_1＝42mm，E_1＝110mm，符合要求。但轴孔直径d_{min}＝30mm，由于电动机及联轴器均为标准件，不能更改，只有减速器为非标准件，所以只能调整减速器轴径为d_2＝30mm，E_2＝60mm。

(3) 校核最大转速$n<[n]$

$$n=970\text{r/min}<[n]=5000\text{r/min}$$

结论：选用HL3联轴器$\frac{\text{L}42\times110}{\text{J}30\times60}$GB/T 5014。

习　题

19－1　怎样确定轴的长度和最小直径？

19－2　光轴和阶梯轴各有什么特点？为什么一般转轴都设计成阶梯轴？

19－3　空心轴有哪些优点？什么情况下选用空心轴？

19－4　滑动轴承和滚动轴承结构上有何区别？适用范围有何不同？

19 - 5　轴颈 $d=70$mm，转速 $n=1250$r/min，工作时有轻微振动冲击，轴承受径向载荷为 5000N，轴向载荷为 2500N，试选择轴承型号。

19 - 6　排风机轴颈直径 $d=40$mm，转速 $n=3000$r/min，轴承受径向载荷为 1400N，轴向载荷 500N，试选择轴承型号。

19 - 7　简述弹性圈柱销联轴器的优缺点和使用范围。

19 - 8　电机与水泵连接可选什么样的联轴器？

19 - 9　夹壳式联轴器主要用在哪些场合？

参考文献

陈匡民.2000.化工机械材料腐蚀与防护.北京:化学工业出版社
哈尔滨工业大学理论力学教研室.1981.理论力学.4版.北京:人民教育出版社
聂清德.1991.化工设备设计.北京:化学工业出版社
邱宣怀.1989.机械设计.北京:高等教育出版社
孙训方,方孝淑,关来泰.1979.材料力学.北京:人民教育出版社
王志文.1991.化工容器设计.北京:化学工业出版社
吴宗泽.2002.机械设计师手册(上、下册).北京:机械工业出版社
郑津洋,董其伍,桑芝富.2001.过程设备设计.北京:化学工业出版社